岩土工程与土木工程施工技术研究

郭霞　陈秀雄　温祖国　主编

图书在版编目（CIP）数据

岩土工程与土木工程施工技术研究 / 郭霞，陈秀雄，温祖国主编 . —北京：文化发展出版社，2020. 12(2022.1重印)

ISBN 978-7-5142-3176-2

Ⅰ . ①岩… Ⅱ . ①郭… ②陈… ③温… Ⅲ . ①岩土工程－工程施工－研究②土木工程－工程施工－研究 Ⅳ . ① TU4 ② TU7

中国版本图书馆 CIP 数据核字（2020）第 223760 号

岩土工程与土木工程施工技术研究

主　　编：郭　霞　陈秀雄　温祖国

责任编辑：唐小君　　　　　　　　　　责任校对：岳智勇
责任印制：邓辉明　　　　　　　　　　责任设计：侯　铮
出版发行：文化发展出版社有限公司（北京市翠微路 2 号　邮编：100036）
网　　址：www. wenhuafazhan. com
经　　销：各地新华书店
印　　刷：阳谷毕升印务有限公司

开　　本：787mm×1092mm　1/16
字　　数：454 千字
印　　张：24.625
印　　次：2021 年 5 月第 1 版　2022 年 1 月第 2 次印刷
定　　价：60. 00 元
I S B N：978-7-5142-3176-2

◆ 如发现任何质量问题请与我社发行部联系。发行部电话：010-88275710

◇ 编委会 ◇

作　者	署名位置	工作单位
郭　霞	第一主编	核工业湖州工程勘察院有限公司
陈秀雄	第二主编	中水珠江规划勘测设计有限公司
温祖国	第三主编	中水珠江规划勘测设计有限公司
殷　乐	副 主 编	广西壮族自治区烟草公司柳州市公司
吕凡参	副 主 编	寿光市勘察设计院有限责任公司
钟均民	副 主 编	浙江省大成建设集团有限公司
史文刚	副 主 编	中铁投资集团有限公司
莫　军	副 主 编	重庆市地勘局南江水文地质工程地质队
杨　娇	副 主 编	浙江省地球物理地球化学勘查院

◇前　言◇

在工程建设中，岩土工程作为关键的组成部分，其施工技术的高低直接关系着工程建设质量和安全，在施工中占据着重要的位置。随着城市化建设的加快，我国建设项目数量也在日益剧增，岩土工程施工作为一门理论和实践性、技术型较强的应用技术，在施工过程中涉及到了桩基础施工、基坑支护技术和地下连续墙施工等。这些技术作为现代岩土工程的关键技术，其科学合理的应用对达到工程质量标准具有重要的意义。此外，在岩土施工中，引进先进的技术、设备以及材料，为提升工程效率和质量以及企业经济效益奠定基础保障。现如今，我国在岩土工程中还存在着很多的影响因素造成一些新技术无法得到运用，在降低工程效率的同时，也影响了工程质量和效益的提升。首先，当前大部分施工企业都缺乏综合素养高的技术人才，也不重视专业人才的培养，及时施工企业引进先进的设备的技术后，如果不对员工定期进行培训和学习，那么新技术和设备只能成为摆设，无法对其进行有效的运用，也无法提升岩土工程的施工效率和质量。其次，目前由于一些企业对新技术的适应能力较差，在岩土工程施工中仍然在采用传统的施工技术和观念，满足于传统技术的應用，技术和观念的滞后直接阻碍了我国建筑行业的发展，也影响了岩土工程的施工质量和经济效益的提升。

土木工程作为一类大型工程项目，在技术和管理上都要比传统的建筑工程更复杂，尤其是技术上的实施，要涉及到整个施工过程的每个细节。施工过程中采用的各项施工技术是否先进，往往会影响到整个工程项目的质量。实际上，先进的施工技术在很大程度上可以为工程的工期控制、质量控制和风险控制等方面带来好处，反之，满后的技术或者技术管理不到位则会给整个工程项目的质量埋下严重的隐患。目前土木工程项目规模越来越大，施工难度越来越高，传统的施工技术已经很难胜任新时期的土木工程建设。因此，对土木工程施工技术的创新及发展进行深入研究具有有重要的现实意义。

由于编写时间和水平有限，尽管编者尽心尽力，反复推敲核实，但难免有疏漏及不妥之处，恳请广大读者批评指正，以便做进一步的修改和完善。

《岩土工程与土木工程施工技术研究》编委会

◇目　录◇

第一章　岩体和土体的工程性质及评价

第一节　工程土体主要设计参数的确定

一、压缩性参数

土在压力作用下体积缩小的特性称为土的压缩性。一般来说，在荷载作用下，透水性大的无粘性土，其压缩过程在短时间内就可以结束；而对于透水性低的饱和粘性土，土体中水的排除所需时间较长，压缩过程的完成持续时间较久，有时甚至几十年。土的压缩随时间而增长的过程叫做固结。因此，在荷载作用下，建筑物的总沉降是由 3 部分组成，即瞬时沉降、主固结沉降和次固结沉降。

$$s=s_i+s_c+s_s$$

式中　s——总沉降；

s_i——瞬时沉降；

s_c——主固结沉降；

s_s——次固结沉降。

对于一般工程，常用室内侧限压缩试验确定土的压缩性指标。虽然其试验条件不完全符合土的实际工作状况，但有其实用价值。

1. 压缩曲线和压缩性指标

由压缩试验结果绘制土的压力和孔隙比的关系曲线有两种：e–p 曲线或 e–logp 曲线，这些曲线称为土的压缩曲线，如图 1–1 所示。对于曲线上任意两点（p_1，e_1）和（p_2，e_2），定义压缩系数 a 为

$$a=\frac{e_1-e_2}{p_2-p_1}\times 1000$$

式中，压力单位为kPa，压缩系数单位为MPa^{-1}。显然，对于曲线上的不同区段，a值不是相等的。《建筑地基基础设计规范》取p_1为上覆土层自重，p_2为上覆土

层自重p_1和建筑物产生的附加压力△p之和。为了统一评价土的压缩性，规定取p_1=10OkPa，p_2=20OkPa时的压缩系数a_{1-2}作为评价土的压缩性高低的指标。

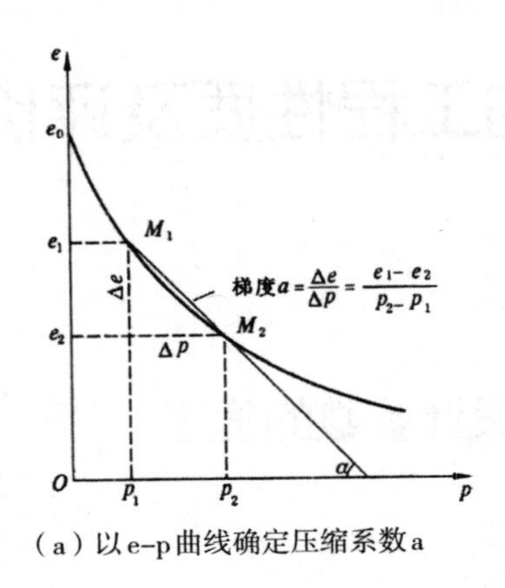

（a）以e–p曲线确定压缩系数a

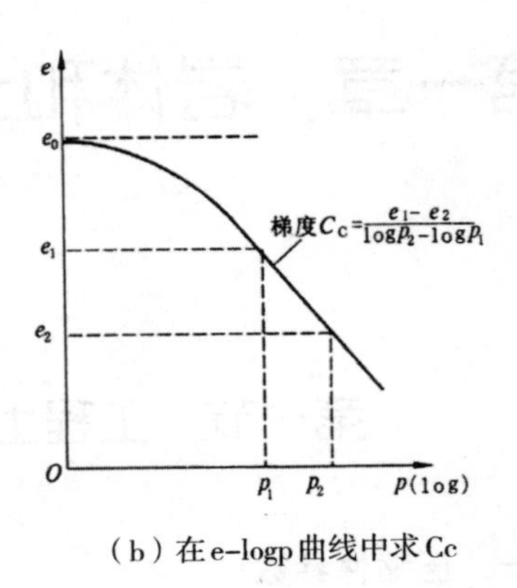

（b）在e–logp曲线中求Cc

图1–1 压缩曲线示意图

低压缩性土：$a_{1-2} < 0.1\text{MPa}^{-1}$

中等压缩性土：$0.1\text{MPa}^{-1} \leqslant a_{1-2} < 0.5\text{MPa}^{-1}$

高压缩性土：$a_{1-2} \geqslant 0.5\text{MPa}^{-1}$

试验表明，正常固结情况下，e–logp 曲线为一直线。压缩指数定义为

$$C_c = \frac{e_1 - e_2}{\log p_2 - \log p_1}$$

对于超固结土，e–logp 曲线的前段并非直线［如图 1–1（b）所示］。

由压缩系数 a 和压缩指数 Cc 的定义可以推出

$$C_c = \frac{a\Delta p}{\log\left(1+\dfrac{\Delta p}{p_1}\right)} \text{或} a = \frac{C_c \log\left(1+\dfrac{\Delta p}{p_1}\right)}{\Delta p}$$

在完全侧限条件下土的竖向压缩应力 σz 与竖向单位变形 εz 之比，称为土的压缩模量 Es，其单位为 kPa，即

$$E_s = \frac{\acute{o}_z}{\mathring{a}_z}$$

由式（$a = \dfrac{e_1 - e_2}{p_2 - p_1} \times 1000$），并且 σz=△p，εz=—$\dfrac{\Delta e}{1+e_1}$，得

$$E_s = \frac{\Delta p}{\frac{-\Delta e}{1+e_1}} = \frac{1+e_1}{a}$$

在完全侧限条件下，土层单位厚度受单位压力增量作用所引起的压缩量称为土的体积压缩系数 m_v，其单位为 kPa^{-1}。因此，m_v 为 E_s 的倒数，即

$$m_v = \frac{1}{E_s} = \frac{a}{1+e_1}$$

2. 回弹指数 C_s

压缩试验中，在某压力 p_i 下卸荷回弹至 p_{i+1}，再加荷压缩，于是可得表征土的回胀特性的减压曲线（图 1.2 中的线 ab 段和再压缩曲线（图 1-2 中的线段 ba′）。试验表明，不同压力下卸荷回弹再压缩曲线的平均梯度基本保持相同，定义回弹指数 C_s 为

$$C_s = \frac{e_i - e_{i+1}}{\log p_{i+1} - \log p_i} = \frac{\Delta_e}{\log \frac{p_{i+1}}{p_i}}$$

该指标在计算预测土的回弹量时使用。

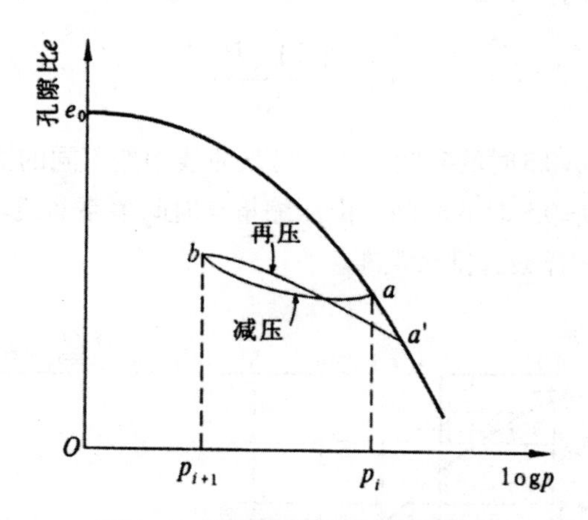

图 1-2　回弹在压缩曲线示意图

3. 固结系数 C_v

土的固结系数 C_v 是表征土固结速率的一个特征系数，表达式为

$$C_v = \frac{k(1+e)}{a\gamma_w}$$

式中 k——土的渗透系数（cm/s）；

γ_w ——水的重度（kN/m^3）。

其余符号同前。

C_v 的单位一般为 cm^2/s 或 m^2/ 年。土的渗透性越小，Cv 值越小。它可根据压缩试验结果推算，常用的方法有时间对数法（logt 法）和时间平方根法（ $\sqrt{t}$ 法）。

（1）时间对数法（logt 法）

在压缩量与时间对数的坐标图上（图 1–3），取试验曲线主段的切线与尾段切线的交点 A 之纵坐标，作为固结度 U_t=1.0 时的最终压缩量，在此点以下的压缩都假定由土的次固结效应所引起。此外，渗透固结的真正零点也不能用实测 t=0 时的读数，而应取图 1–3 中纵坐标轴上的 B 点作为相应于 U_t=0.0 的真正零点读数。B 点的位置按下列方法确定：根据曲线首段上较接近的两试验读数点 a 与点 b（两者的时间比值为 1：4）的压缩量读数差值 y，向上推相同的读数差值 y，画平行于时间坐标轴的虚直线交于纵坐标轴，即可得 U_t=0.0 时的真正零点读数 B。这是因为，在直角坐标上，渗透固结理论曲线的首段符合抛物线特征，即纵坐标值增加 1 倍，横坐标值就增加 4 倍。取得 U_t=0.0 和 U_t=1.0 首尾两个读数后，可算出相当于 U_t=0.5 时的土层压缩量及相应的固结历时。那么

$$C_v = \frac{(T_v)_{0.5} H^2}{t_{0.5}}$$

式中 （Tv）$_{0.5}$ ——U_t=0.5 时的时间因数，可从曲线中按不同的情况查得；

$t_{0.5}$——U_t=0.5 时的时间，由压缩量与时间关系曲线可得；

H ——试样最远排水距离。

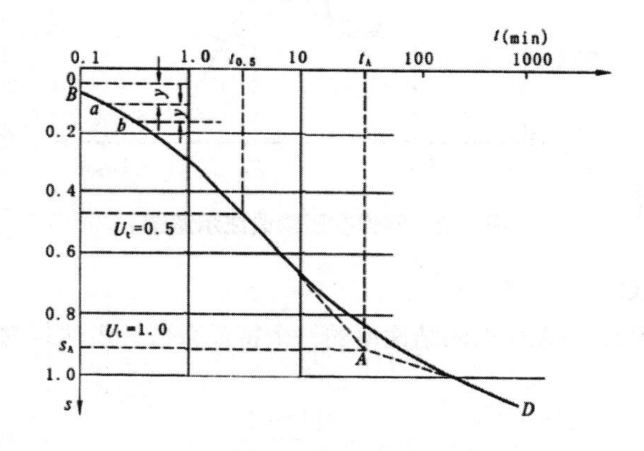

图 1–3 时间对数法示意图

（2）时间平方根法（$\sqrt{t}$ 法）

在压缩量 s 与时间平方根 $\sqrt{t}$ 的坐标上，如图 1–4，渗透固结理论曲线首段与主段（约相当于（U_t=0.0 ~ 0.6 的范围内）呈现为一根斜直线，故可根据试验曲线在该坐标上的直线段向左上方延伸交于纵坐标轴，即得真正零点读数 s_0，然后过 s_0 点绘制一虚直线 s_0c，该线上各点的横坐标值为试验曲线的主段延长线 s_0b 的横坐标值的 1.15 倍。s_0c 交试验曲线尾段于 c。研究表明，c 点的纵坐标位置 α 相应于固结度 U_t=0.9 的压缩量，而它的横坐标相应于 $\sqrt{t_{0.9}}$ 。于是

$$C_V = \frac{(T_V)_{0.9}H^2}{t_{0.9}}$$

式中 $(T_V)_{0.9}$——相应于 U_t=0.9 时的时间因数，查 U_t–T_v 关系曲线可得；

$t_{0.9}$——U_t=0.9 时的时间；

H——试样的最远排水距离。

（3）时间对数法和时间平方根法的讨论

无论是时间对数法还是时间平方根法，都难以准确确定土的固结系数，这是因为土骨架的蠕变性能在渗透过程中或多或少都在起作用，特别是对于坚实而结构性强的粘土，蠕变影响可以说是在渗透的全过程都在发挥作用。即使是饱和软粘土，每级荷载增量作用下，土的骨架蠕变作用大都也会在渗透固结的后段逐渐发挥出来。因此，用时间平方根法处理渗透固结曲线首段比较方便，也较精确；而用时间对数法确定相应于 U_t=1.0 的变形量较为可靠。故而，建议根据试验曲线的首段用时间平方根法确定 U_t=0.0 的点，而尾段则用时间对数法确定 U_t=1.0 的点，以相互克服其不足之处。

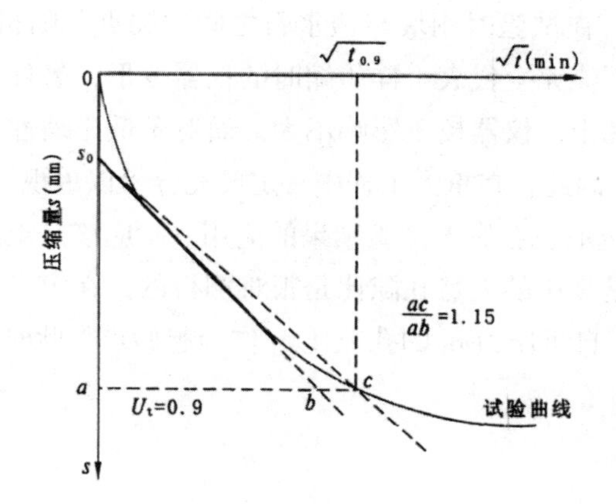

图 1–4　时间平方根法示意图

4. 次固结系数Ca

大量试验表明，次固结变形与时间在半对数坐标上接近一条直线。该直线的斜率称为次固结系数 Ca

$$C_a = \frac{e_1 - e_2}{\log t_2 - \log t_1} = \frac{\Delta e}{\log \frac{t_2}{t_1}}$$

次固结对大多数土而言，相对于主固结是次要的，可以不考虑。对于可塑性较大的软弱土，以及淤泥与有机质土，次固结在总沉降中占的比例较大，则不可忽略。

次固结系数也可用经验公式进行估算

$$C_a = 0.018 w_0$$

式中 w_0——土的天然含水量，以小数计。

5. 影响压缩试验成果的一些因素

压缩试验所用土样多为 $\Phi 79.8 \times 20$mm 与 $\Phi 61.8 \times 20$mm，侧表面与体积之比为 0.501 ~ 0.647cm^2/cm^3，两端面与体积之比为 0.5cm^2/cm^3。侧面切削和端面切削对土样均有扰动，均应采用正确的切削方法和下压方式，以减少对土样的扰动。

影响压缩试验结果的另一个因素是加荷持续时间。土工试验规程规定要求每级荷载持续 24h，对一些沉降完成较快的土，也可按照每小时沉降量小于 0.005mm 的稳定标准。在有经验的地区，对于某些经对比试验证实的土类，一般工程可以使用快速法，最终进行校正。

试验规程规定压缩仪应定期校正，并在试验值中扣除仪器变形值。然而，一些单位的试验表明，多次校正几乎无重复性，同一压力下的校正值不唯一。这是因为用刚性铁块代替土样，在试验时刚块与透水石之间“尖点”随机接触，产生压缩，因此，所得校正值并不能完全代表土样压缩时的仪器变形，另外，还有仪器随机安装问题。对于高压缩性土，仪器校正影响不大，而对于低压缩性土，校正值在变形读数中所占比例很大。因此，在重大工程中一定要充分予以重视。

初始孔隙比 e_0 的选取也会影响试验结果的应用。e_0 应该是土层在天然埋藏条件下具有的孔隙比。但是真正的天然孔隙比是很难测得的。在定义压缩性指标时，以室内试验曲线上对应于自重压力 p_1 的孔隙比 e_1 作为起始点，此时的压缩曲线实际上是再压缩曲线。

二、渗透性参数

土的渗透性一般是指水流通过土中孔隙难易程度的性质，常用的渗透性指标为渗透系数 k。土的渗透系数可以通过室内渗透试验或现场抽水试验来测定。

室内准确测定 k 是一项困难的试验项目。在室内试验时应特别注意：

（1）试样的孔隙比应与实际工程相符合，最好找出 k–e 曲线；

（2）试样必须完全饱和，试验用水需经脱气处理，水温宜高于室温 3 ～ 4℃；

（3）室内切削试样应注意尽量减少对试样的扰动，同时保证环刀与试样密合。

当无粘性土测定了毛管水上升高度，可用下式计算 k

$$k=\frac{n}{2\eta}\left(\frac{n}{S}\right)^2$$

$$\frac{n}{S}=\frac{hp}{T}g$$

式中　h——毛管水上升高度；

n——孔隙率；

S——单位体积的毛细管表面积；

η——液体粘滞系数；

T——液体表面张力；

P——土的密度；

g——重力加速度。

对于渗透性很低的软土，可通过由压缩试验测定的 C_v 计算

$$k=\frac{C_v\gamma_w a}{1+e}$$

采用上述公式进行计算时，宜慎重考虑，要结合经验综合判定。表 1–1 列出各种土的渗透系数数量级范围，可供参考。

表 1–1　各种土的渗透系数数量级范围

土类	砸石	砾砂	粗砂	中砂	细砂	粉砂	粉土、裂隙粘土	粉质粘土	粘土
k 值范围（cm/s）	$>10^{-1}$	10^{-1}	10^{-2}	10^{-2} ～ 10^{-3}	10^{-3}	10^{-3} ～ 10^{-4}	10^{-4} ～ 10^{-5}	10^{-5} ～ 10^{-7}	$<10^{-7}$

三、土的抗剪强度参数

通常土的抗剪强度用库伦公式表示，即

$$\tau_f' = c' + \sigma' \tan\phi'$$
$$或 \tau_f = c + \sigma \tan\phi$$

式中　　或 τ_f ——土的抗剪强度（kPa）;

c、ϕ ——总应力条件下，土的粘聚力（kPa）和土的内摩擦角（°）;

σ、σ' ——剪切滑动面上法向总（有效）应力（kPa）;

c'、ϕ' ——土的有效粘聚力（kPa）和土的有效内摩擦角（°）。

c、ϕ 或 c'、ϕ' 称为土的抗剪强度参数，它们在进行建筑地基承载力计算、边坡稳定分析、挡土结构上土压力的估算、基坑支护设计、地基稳定性评价中都是不可缺少的指标。确定土的抗剪强度参数的室内试验方法常用的有直剪试验和三轴压缩试验。后者因其具有受力状态明确、大小主应力可以控制、剪切面不固定、排水条件能够控制，并能测定试样的孔隙压力及体积变化等优点而在勘察设计中得到越来越广泛的应用。按照排水条件不同可以分为不固结不排水剪（UU）、固结不排水剪（CU）、固结排水剪（CD）3 种。

粘性土的强度性状是很复杂的，它不仅随剪切条件的不同而不同，而且还受土的各向异性、应力历史、蠕变等因素的影响。对于同一种土，强度指标的大小与试验方法以及试验条件都有关，实际工程问题的情况更是千变万化，用试验室的试验条件去模拟现场条件毕竟还会有差别。因此，对于某个具体工程问题，如何选择试验条件，在室内确定土的抗剪强度参数并不是一件容易的事。在设计中究竟采用总应力法还蓖有效应力法，取决于对实际工程中孔隙压力 u 的估计是否有把握。当把握不大或缺乏这方面的数据时，则用总应力法分析较为稳当。此时，亦根据实际情况和土体的排水条件决定应采用 c_{uu}、ϕ_{uu} 还是 c_{cu}、ϕ_{cu} 或 c_{cd}、ϕ_{cd}。例如，在验算地下水位以下粘性土挖方边坡的施工期稳定时，应采用不固结不排水剪切实验结果，即 c_{uu}、$\phi_{uu}=0$；若验算建筑物地基的长期稳定，则应采用固结排水剪切实验结果，即 c_{cd} 和 ϕ_{cd}；而在验算大坝坝身在长期运行条件下遇水位骤降时的稳定性，则应采用固结不排水剪切实验结果，即 c_{cu} 和 ϕ_{cu}。

四、影响土的工程性质的主要因素

土是自然历史的产物。它的基本组成、结构特征、工程性质直接记录了在其形成过程中自然和人为作用的影响。影响土的工程性质的主要因素可以概括为如下几个方面（见表 1–2）:

表1–2　影响土的工程性质的主要因素

影响因素	内容
土的密实度	土体愈密实，其抗剪强度愈高、渗透性愈低、压缩性亦愈低，特别是对于土的渗透性影响更为直接。试验资料表明，对于砂土，渗透系数大致与土的孔隙比的二次方成正比；对于粘性土，孔隙比对渗透系数的影响更为显著，但由于涉及到结合水膜的厚度而难以建立两者之间的定量关系
土的粒度组成	土中固体颗粒的大小及级配情况，直接影响土的强度、压缩性和渗透性。特别是对于无粘性土，固体颗粒的形状、颗粒级配直接影响土体的强度。而对于粘性土，不仅固体颗粒的粒度组成，而且构成土体颗粒的矿物成分亦对土体的强度和变形有着显著的影响。某些在一定地理区域内形成的特殊土，如黄土、膨胀土、红粘土等就具有其独特的工程性质
粘性土的结构性	土体经扰动后，土粒间的胶结质以及土粒、离子、水分子所组成的平衡体系受到破坏，即土的天然结构受到破坏，致使土的强度降低，压缩性提高。粘性土的这种性质叫做结构性。显然，粘性土的结构性愈强，扰动后土的强度就愈低。因此，在工程中一定要注意保护土体，尽量减少扰动
粘性土的稠度	稠度是指粘性土的软硬程度。它可用液性指数I_L来表示。I_L愈大，土愈软。液性指数和土的含水量成正比，而含水量和孔隙比是决定粘性土强度和压缩性的两个主要因素。对于饱和土，含水量与孔隙比成正比。因此，含水量愈大，土的液性指数愈大，承载力就愈低，压缩性就愈高
应力历史	在土的形成过程中，土中应力的变化即应力历史的状况，对土都会或多或少地产生一定影响，并被土体所“记忆”下来。在地基固结沉降计算中考虑应力历史的影响，可使计算结果更符合实际。对于超固结土，其静止侧压力系数会大于正常固结土，有时甚至会大于1，因此，超固结土中会存在较大的侧压力，在开挖基坑或边坡时，要正确计算土压力值，否则，很大的侧向压力会导致坍方或边坡破坏，造成生命财产的损失

第二节　工程岩体参数的确定及质量评价

一、岩体强度参数的确定

1. 岩体单轴抗压强度

为在室内测定岩石单轴抗压强度 σ_c，应先从工地取回相应岩石试样，制成标准试件，例如，直径为50mm、高为100mm的正圆柱体。在压力机上施加沿试件轴向的压力P，测出轴向和径向变形△h和△r，并绘出应力–应变曲线，如图1–5所示。

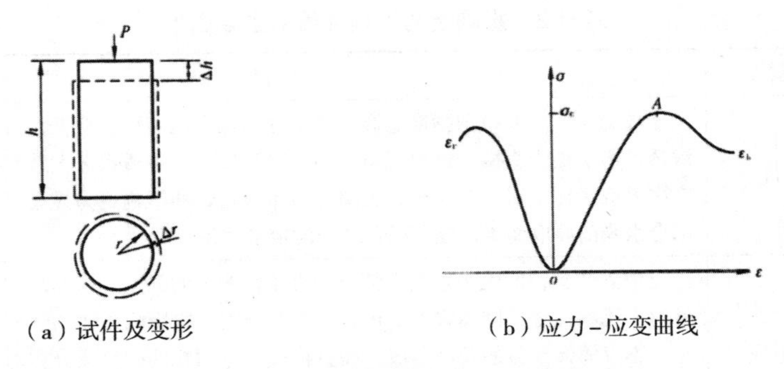
（a）试件及变形　　（b）应力 - 应变曲线

图 1-5　岩石单轴抗压试验及其应力 - 应变曲线

此时试件内的应力及其应变按下式计算

$$\sigma=\frac{P}{A};\varepsilon_h=\frac{\Delta h}{h};\varepsilon_r=\frac{\Delta r}{r}$$

式中　A——试件横截面面积，对于圆柱体，试件 $A=\pi r^2$。

试件发生破坏时，应力 - 应变曲线达到最高点 A，A 对应的应力 σ_c 就是试件抗压强度。岩体是含节理裂隙并赋存于一定地质环境的地质体，而岩石试件内基本上不具备这些特征。因此，岩石试件的强度 σ_c 大于岩体强度 R_c。为了确定岩体的单轴抗压强度 R_c，用声波仪在现场测出岩体声波速度 v_{pm}，再测出室内岩石试件的声波速度 v_{pr}，按下式求出折减系数 β

$$\beta=\left(\frac{v_{pm}}{v_{pr}}\right)^2$$

岩体抗压强度按下式确定：

$$R_c=\beta\sigma_c$$

β 值反映了岩体中节理裂隙的影响程度。对于完整岩体 β ＞ 0.75；块状岩体 β =0.4 ~ 0.75；碎裂状岩体 β ＜ 0.4。

2. 岩体三轴抗压强度

岩体中的应力状态一般是三轴压缩的应力状态，如图 1-6（a）所示。采用试验方法确定岩体三轴抗压强度时，3 个方向的压力加载方式不同，测出的结果差异较大。室内一般采用常规三轴压缩试验，此时 $\sigma_1>\sigma_2=\sigma_3$。在岩石三轴压力机上进行试验，试件为直径 50mm、高 100mm 或直径 90mm、高 200mm 的正圆柱体。试件在三轴压力室内承受轴压 σ_1 和围压 p（$\sigma_2=\sigma_3$），如图 1-6（b）所示。图 1-6（c）是加载方式图，即先将 σ_1 和 p 加到预定的 p_0，然后围压保持不变，增加 σ_1 直到试件破坏。由常规三轴试验得出的结果如下：

预定的围压 p：p_0，p_1，p_2，p_3，p_4，……

测出的强度 σ_1：σ_{10}，σ_{11}，σ_{12}，σ_{13}，σ_{14}，……

按回归分析可得出 σ_1 与 p 的关系，在低围压下，此关系是线型的，即

$$\sigma_1 = Ap + B$$

式中　B——实际上是岩石的单轴抗压强度 σ_c。

上式两边同乘以折减系数，令 $\beta_{\sigma 1} = \sigma_{1c}, \beta A = m, \beta B = R_c$，则岩体强度为

$$\sigma_{1c} = mp + R_c$$

上式也是由实验得出的岩体破裂准则。

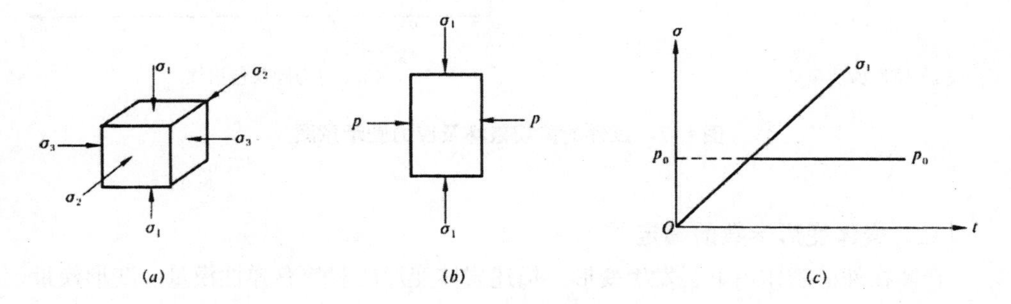

图1-6　三轴试验及加载图

3. 岩体抗剪强度参数

岩体抗剪强度参数是粘结力 c 和内摩擦角 ϕ。在此介绍用常规三轴试验结果确定 c、ϕ 的方法。常规三轴试验中，试件发生剪切破坏，剪切面 AB［图 1-7（a）］上的剪力 τ 和正应力 σ 有 τ=f（σ）的关系。若 σ_1 与 p 是线型关系，则 τ 与 σ 也是线型的。即

$$\tau = \sigma \tan\phi + c$$

上式也是应力圆 σ_1 和 σ_3（σ_3=p）的包络线，如图 1-7（b）所示。由实验得出式（$\sigma_{1c} = mp + R_c$）后，岩体的 c、ϕ 值按下式求出

$$\left.\begin{aligned}\phi &= \arctan\frac{m-1}{2\sqrt{m}} = \arcsin\frac{m-1}{m+1}\\ c &= \frac{R_c}{2\sqrt{m}} = \frac{1-\sin\phi}{2\cos\phi}R_c\end{aligned}\right\}$$

由图 1-7 可求出剪切破裂面上的剪应力 τ 和正应力 σ，即

$$\left.\begin{aligned}\tau&=\frac{1}{2}(\sigma_1-\sigma_3)\cos\phi\\ \sigma&=\frac{1}{2}(\sigma_1+\sigma_3)-\frac{1}{2}(\sigma_1-\sigma_3)\sin\phi\end{aligned}\right\}$$

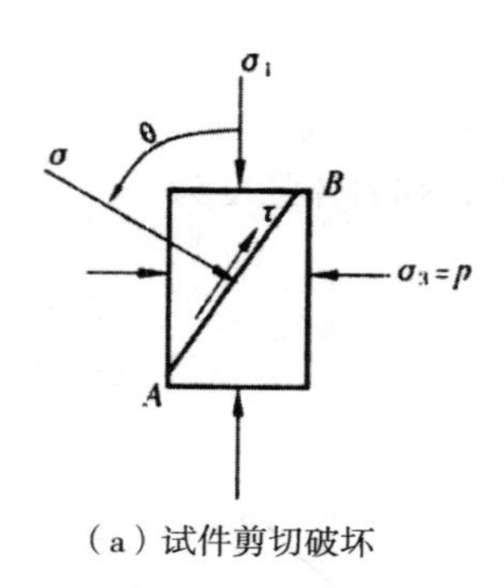

（a）试件剪切破坏

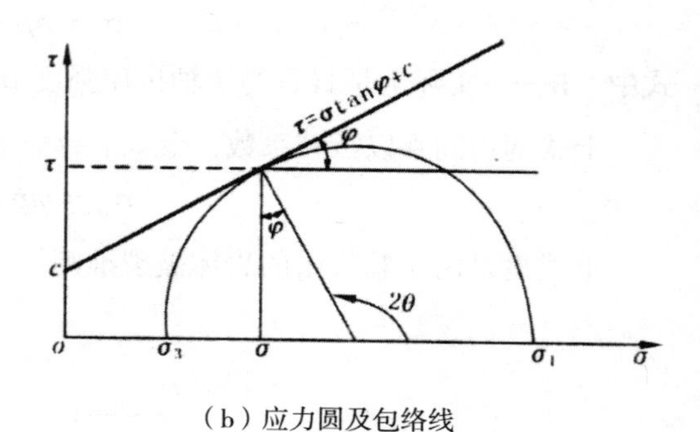

（b）应力圆及包络线

图 1–7 试件的剪切破坏及应力圆示意图

二、岩体变形参数的确定

岩体在外荷载作用下会发生变形，描述岩体变形的参数有弹性模量、变形模量、动泊松比和动弹性模量。岩体内的节理裂隙等因素对变形参数影响很大，一般用现场试验确定这些参数。

1. 弹性模量 E_e 和变形模量 E_0

现场单轴压缩试验得出岩体的应力 – 应变曲线如图 1–8 所示。卸载时曲线不回到原点，有残余变形 ε_P。每次加卸后的残余变形，随加载次数的增多而减少。弹性模量 E_e 和变形模量 E_0 为

$$E_e=\frac{\sigma}{\varepsilon_e}$$

$$E_o=\frac{\sigma}{\varepsilon_p+\varepsilon_e}$$

式中 ε_e 和 ε_P——加卸载一定次数后，σ 对应的弹性应变和残余应变。显然 $Ee>E_0$。

现场测定岩体 E_e 和 E_0 的方法较多，例如，承压板法、独缝法、环形试验法等。其中以刚性承压板法较为简单实用，试验布置如图 1–9。承压板面积大于 $2000cm^2$，厚度 6cm。用油压千斤顶做循环加卸载，用位移计测岩体沿荷载方向的位移。岩体

变形参数按下式计算

$$E=\frac{\pi d(1-\mu^2)p|}{4\omega}$$

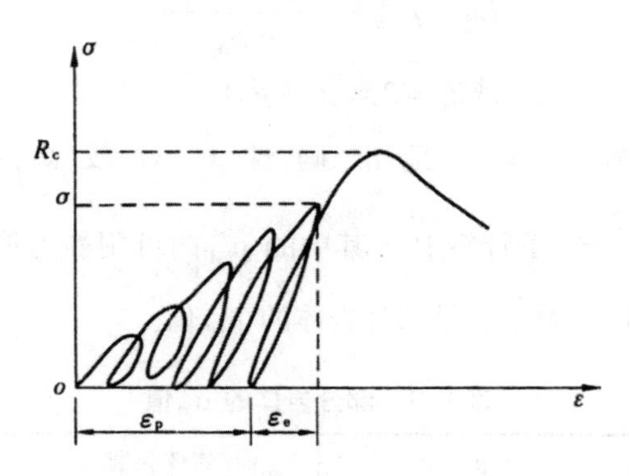

图 1–8　岩体的应力 – 应变曲线

式中　d——承压板直径；

μ——岩体泊松比，可按岩石应力 - 应变曲线选取；

p——承压板单位面积计算的压应力；

ω——岩体沿荷载方向的位移，若取总位移时，得出的是变形模量 E_0；若取弹性位移时，则得出弹性模量 E_e。

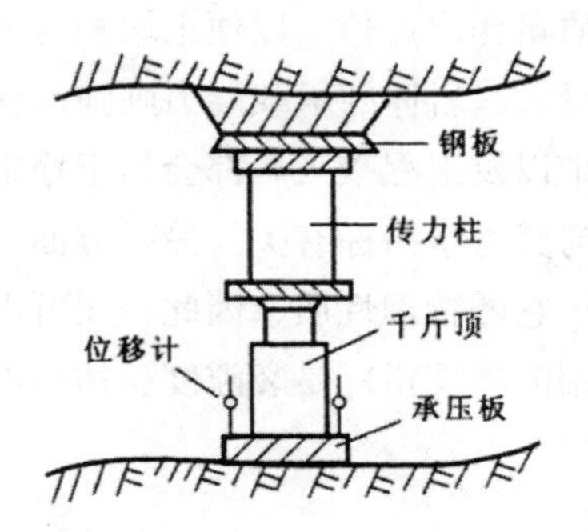

图 1–9　刚性承压板试验示意图

2. 岩体动泊松比 μ_d 和动弹性模量 E_d

弹性波在岩体中传播时会引起岩体变形，μ_d 和 E_d 是描述其变形的参数。用声波仪测出弹性波在岩体中传播的纵波波速 v_p 和横波波速 v_s 后，按下式求出 μ_d 和 E_d。

$$\mu_d = \frac{v_p^2 - 2v_s^2}{2(v_p^2 - v_s^2)}$$

$$Ed = pv_p^2 \frac{(1+\mu_d)(1-2\mu_d)}{1-\mu_d}$$

$$或E_{\mathrm{d}} = 2pv_s^2(1+\mu_d)$$

工程中测 v_p 较容易，且准确性相对较高，此时，可用式（$Ed = pv_p^2 \frac{(1+\mu_d)(1-2\mu_d)}{1-\mu_d}$）计算 E_d。其中的 μ_d 内可用静力泊松比 μ 代替，或者根据已有数据进行选择。表 1–3 是部分岩体的 μ_d 值。

表 1–3　部分岩体的 μ_d 值

岩体类型	μ_d	岩体类型	μ_d
粘土页岩	0.286	大理岩	0.181 ~ 0.350
砂岩	0.240 ~ 0.280	花岗岩	0.190 ~ 0.280
石灰岩	0.220 ~ 0.330	辉绿岩	0.277 ~ 0.308

三、工程岩体质量评价

岩体作为地面和地下建筑的载体，其稳定性直接与建筑物安全相关。为确保建筑物安全，设计前应对岩体质量作出评价，以便采取相应的措施。岩体的抗压强度大，抗剪切强度高，变形模量大，岩体的承载能力则强，在外荷载作用下就不易变形。这样的岩体在开挖施工中以及工程竣工后都会处于稳定状态，此时则说岩体质量好，因此，工程岩体质量与其力学指标有关。另一方面，由于岩体是地质体，其力学指标的高低，主要决定于它的物理性质，因此，还可以由岩体的一些主要物理指标来评价其质量。在此介绍的物理指标是裂隙度、切割度、岩石质量指标、声波速度比和渗透系数。

1. 岩体裂隙度和切割度

裂隙度 k_j 是指沿着取样方向，单位长度上节理的数量。设岩体有一组节理，长度为 l 且垂直于节理走向的取样线上有 n 条节理，则

$$k_j = \frac{l}{n}$$

节理的平均距：

$$d = k_j^{-1} = \frac{n}{l}$$

若有两组节理 J_{a1}、J_{a2}、和 J_{b1}、J_{b2} 如图 1–10 所示。则沿取样线 l 上节理平均间距 m_{al} 和 m_{bl} 为：

$$m_{al} = \frac{d_a}{\cos\xi_a} mbl = \frac{d_b}{\cos\xi_b}$$

沿取样线上裂隙度 k_j 为各节理裂隙度之和，即：

$$k_j = k_a + k_b = \frac{1}{m_{al}} + \frac{1}{m_{bl}} = \frac{\cos\xi_a}{d_a} + \frac{\cos\xi_b}{d_b}$$

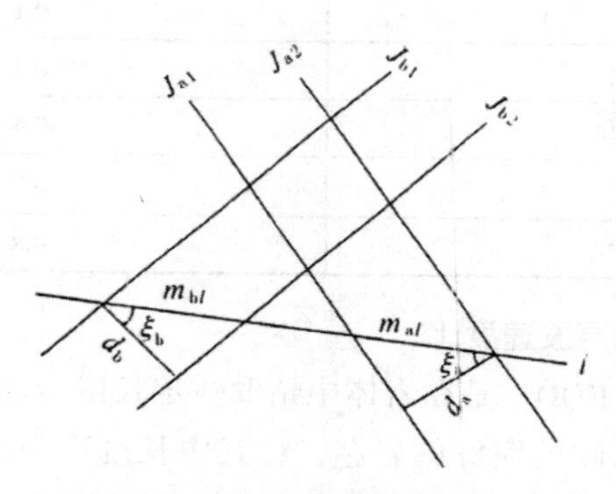

图1–10　两组节理的 k_j 计算示意图

对于多组节理的情况，照此方法计算 k_j。按 k_j 的大小，可将岩体分成：疏节理（k_j=0 ~ 1）；密节理（k_j=l ~ 10）；非常密集节理（k_j=10 ~ 100）；压碎或棱化带（k_j=100 ~ 1000）。显然，k_j 越小，岩体质量越好。

切割度 X_e 指节理切割岩体的程度。有些节理将整个岩体切割，有的因其延伸不长仅切割一部分。假设岩体中有一平断面的面积为 A，一条节理在它上切割的面积为 a，则切割度 X_e 为：

$$X_e = \frac{a}{A}$$

若有 n 条节理在 A 上切割出的面积为 a_1、a_2、a_3、……、a_n，则：

$$X_e = (a_1 + a_2 + a_3 + a_4 + \ldots\ldots + a_n) / A = \sum_{i=1}^{n} \frac{a_i}{A}$$

式中　X_e 一般以百分数表示，它是节理面面积占完整岩体的百分比。X_e=100% 时，表示岩体完全被节理切割；X_e=0时，则岩体完好。表1-4是；X_e与岩体节理化的关系。显然，X_e越小，岩体质量越好。有时为了研究岩体空间内部某组节理的切割程度X_r，可将k_j与X_e建立如下关系

$$X_r = X_e k_j$$

式中　X_r称为在给定岩体体积内部由一组节理所产生的实际切割程度，其单位为m^2/m^3。

表1-4　与岩体节理化关系

岩体名称	X_e
完整的	0.1 ~ 0.2
弱节理化	0.2 ~ 0.4
中等节理化	0.4 ~ 0.6
强节理化	0.8 ~ 1.0
完全节理化	0.8 ~ 1.0

2. 岩石质量指标和声波速度比

岩石质量指标简称RQD，是在岩体中钻取一定长度岩芯，去掉蚀变和泥化了的那些岩芯，收集能回收的完好的岩芯，将其中长度不小于10cm（4in）的完好岩芯的长度量测出来，再累加在一起，此长度占钻孔长度的百分比就是RQD指标。因人为因素折断的岩芯，若修复后的长度不小于10cm，也应用于计算RQD指标。如图1-11所示，某钻孔总长度为153cm，回收的岩芯长度是127cm，其中修复后不小于10cm的岩芯总长度是96cm。因此，岩芯恢复率为127/153=83%，RQD=96/153=61%。用RQD指标可评价岩体质量，如表1-5所示。RQD值只反映岩体中断裂、蚀变和软化程度，它没有反映岩石的强度、摩擦值，仅用它衡量岩体质量有一定片面性。

表1-5　岩体质量与RQD

RQD（%）	岩体质量
0 ~ 25	很差
25 ~ 50	差
50 ~ 75	一般
75 ~ 90	好
90 ~ 100	特好

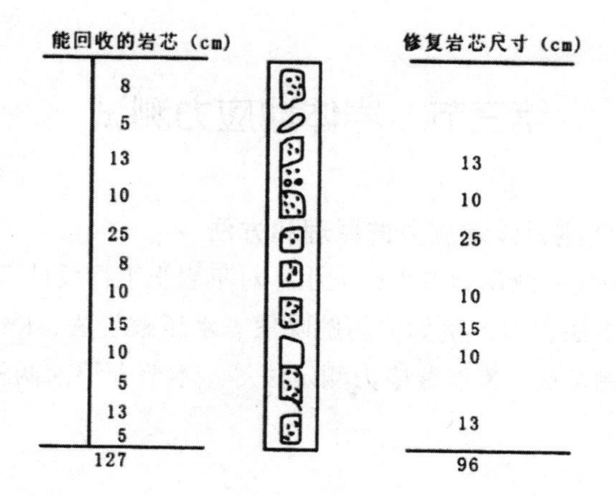

图1–11　岩石质量的RQD指标示意图

声波速度比的计算方法就是式（$\beta=\left(\frac{v_{pm}}{v_{pr}}\right)^2$）算出的折减系数。该比值反映了岩体节理裂隙的影响，除了用于计算岩体强度外，还可用于评价岩体质量。该比值越大，说明岩体质量越好。

3. 岩体渗透系数

岩体中存在地下水，当有水压力作用时，水就透过孔隙、节理及断层发生流动。流动的水在岩体中产生动水压、孔隙水压，还与岩石矿物发生物理化学作用，对岩体的力学性质影响很大。水在岩体中发生流动的性质就是岩体渗透性。水在岩体内的渗透一般遵循达西（Dercy）定律。若通过截面积 A 的水流量为 Q，则渗透速度 v 为：

$$v=\frac{Q}{A}$$

达西定律表明 v 与水头差成正比而与渗透长度成反比，即

$$v=k\frac{\partial h}{\partial l}$$

式中　k就是岩体渗透系数。k越大，表明岩体易受水侵蚀，质量较差。岩石渗透系数通过室内岩块试件测定，岩体渗透系数则通过现场试验测定。

第三节　岩体地应力测试

一、应力解除法测岩体地应力的原理和方法

岩体中存在地应力，测出地应力的大小，对于岩土工程设计有重要意义。目前，在现场测地应力的方法很多，例如应力解除法、水压致裂法、Kaiser效应、波速测定法、光弹性应力测试法、X射线应力测定法等。本节介绍前两种方法，下面先讨论应力解除法。

1. 基本原理

边长为x、y、z的岩块在岩体中受到的作用。假设将此岩块取出，则p_x、p_y、p_z的作用就被解除，岩块各边长因弹性恢复而变化为x+△x、y+△y、z+△z。若能测出变形量△z、△y、△z则可按弹性理论求出地应力p_x、p_y、p_z。这就是应力解除法的基本原理，它适于具有较好弹性性质的岩体。目前，常用的测试方法中有孔径变形法和孔壁应变法。

2. 孔径变形法

假设岩体中地应力的主应力为σ_1和σ_2，若在岩体中钻一个直径为d的孔，在σ_1和σ_2作用下，图1–12中周边A点的径向位移u为

$$u = k\left[\frac{\sigma_1 + \sigma_2}{2} + (\sigma_1 - \sigma_2)\cos 2\theta\right]$$

其中，对于平面应力，$k = d / E$；对于平面应变，$k = (1-\mu^2)d / E, E$、μ是岩体的弹性模量和泊松比。若将应力σ_1和σ_2解除，则孔径变形u就会恢复。图1–13中实线和虚线分别是应力解除前后孔的变化情况。用孔径变形传感器测出孔的直径变形u，则得出半径方向的变形$u = U / 2$。在E、μ、d已知时，就可求出σ_1和σ_2值。一般测出孔周3个不同方向θ_1、θ_2、θ_3处的直径变化U_1、U_2、U_3，则得$u_1 = \frac{1}{2}U_1, u_2 = \frac{1}{2}U_2, u_3 = \frac{1}{2}U_3$。

若$\theta_2 = \theta_1 + 60°$、$\theta_1 + 120°$，则

$$\frac{\sigma_1}{\sigma_2} = \frac{u_1 + u_2 + u_3}{3k} \pm \frac{\sqrt{2}}{6k}\sqrt{(u_1 - u_2)^2 + (u_2 - u_3)^2 + (u_3 - u_1)^2}$$

$$\tan 2\theta 1=\frac{-\sqrt{3}(u_2-u_3)}{2u_1-u_2-u_3}$$

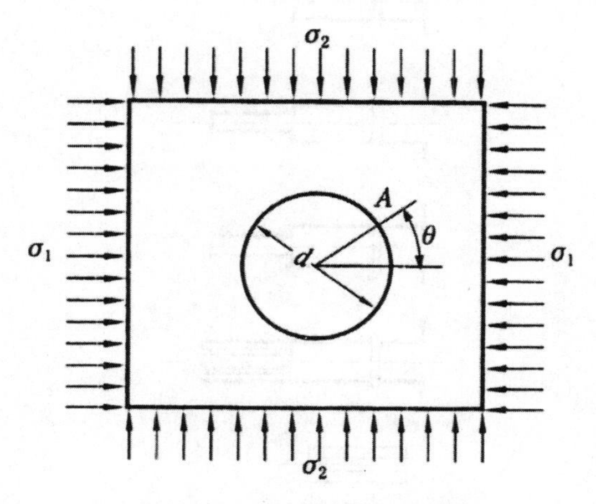

图 1–12　孔径位移计算示意图

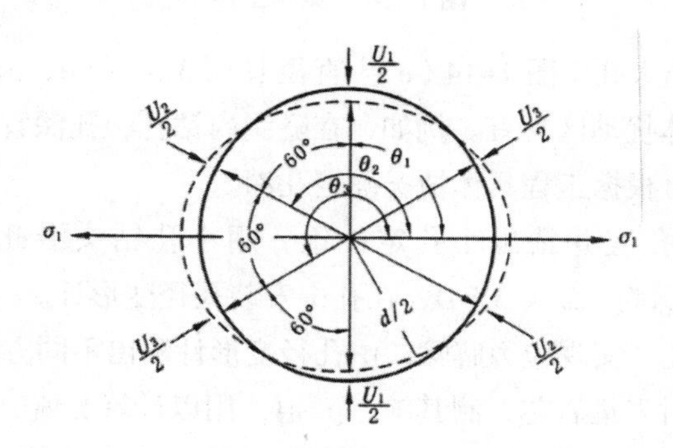

图 1–13　孔的变化示意图

若$\theta_2=\theta_1+45°$、$\theta_3=\theta_1+90°$，则

$$\frac{\sigma_1}{\sigma_2}=\frac{u_1+u_3}{2k}\pm\frac{\sqrt{2}}{4k}\sqrt{(u_1-u_2)^2+(u_2-u_3)^2}$$

$$\tan 2\theta_1=-\frac{2u_2-(u_1+u_3)}{u_1-u_3}$$

其中 θ_1 是主应力 σ_1 方向与径向变形 u_1 的夹角。

若钻孔较浅，取 k=d/E；对于深部钻孔，取 k=（$1-\mu^2$）d/E。用上述方法得出的 σ_1、σ_2 仅是垂直于钻孔轴线平面内的应力，不是岩体内真正的主应力。图 1–14

给出了实测工序。

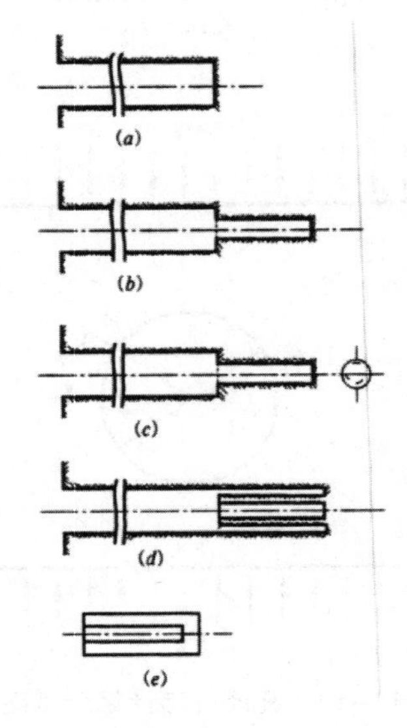

图1–14 实测工序

（1）用钻机钻出大孔［图 1–14（a）］直径 D=（3 ~ 5）d，d 是待测小孔的直径。孔的长度以穿过岩体扰动区为宜。例如，在隧洞内钻孔，孔深宜为 1.5 ~ 2.5 倍隧洞内空最大尺寸，也可根据工程具体情况确定孔深。

（2）磨平大孔孔底并钻出小孔定位锥，用小孔钻头沿此钻出小孔直径为 d［图1–14（b）］，孔深为（2 ~ 3）D，在孔中安装孔径变形计。

（3）继续钻大孔，实现应力解除，由孔径变形计测出不同方向上的 U_1、U_2、U_3。

（4）在钻小孔时采集岩芯，测其 E、μ 值，用以计算 k 值。

三孔交汇法测岩体三维应力。如上所述，用孔径变形法钻一孔仅能测出垂直于孔轴平面的次主应力，要测出岩体三维应力，应钻 3 个孔。下面仅介绍共面三孔交汇测试法，如图 1–15 所示。为了测出图 1–15（a）所示的三维应力，可在 XOZ 平面内分别钻出孔①、②、③，如图 1–15（b）。为了方便起见，使钻孔①在 Z 轴重合，其余两个钻孔与 Z 轴的交角分别为

δ_2、δ_3，3 孔交于 O 点。各钻孔底面的平面应力状态如图 1–15（c）所示，其坐标分别以 x_i、y_i 表示（i=1，2，3），其中 y_i 与 Y 轴平行，x_i 垂直于钻孔轴线。在每个孔底面的主应力可由式上面的式子求出，因此 σ_{1i} 和 σ_{2i}、θ_{1i} 为已知，该面上的应力分量 σ_{xi}、σ_{yi}、τ_{xiyi} 可按下式求出：

$$\left.\begin{aligned}
\sigma_{xi} &= \frac{\sigma_{1i}+\sigma_{2i}}{2}+\frac{\sigma_{1i}-\sigma_{2i}}{2}\cos 2\beta_i \\
\sigma_{yi} &= \frac{\sigma_{1i}+\sigma_{2i}}{2}+\frac{\sigma_{1i}-\sigma_{2i}}{2}\cos 2\beta_i \\
\tau_{xiyi} &= \frac{1}{2}(\sigma_{1i}-\sigma_{2i})\sin 2\beta_i
\end{aligned}\right\}$$

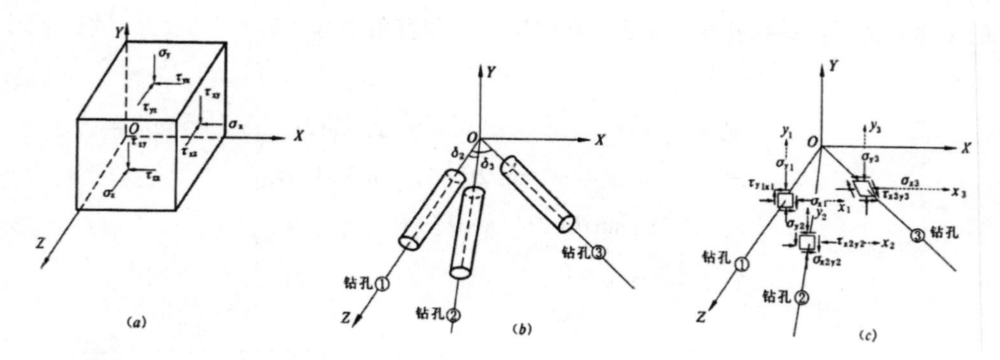

图1–15　岩体空间应力状态的测量示意图

式中，$\beta_i=\alpha_i-\theta_{1i}$，$\alpha_i$ 和 θ_{1i} 是已知的，3 者关系如图 1–16 所示。另外，σ_{xi}、σ_{yi}、τ_{xiyi} 与 6 个待求的三维应力分量间有下列关系

$$\left.\begin{aligned}
\sigma_{xi} &= \sigma_x l_{xi}^2+\sigma_y m_{xi}^2+\sigma_x n_{xi}^2+2\tau_{xy}l_{xi}m_{xi}+2\tau_{yz}m_{xi}n_{xi}+2\tau_{zx}n_{xi}l_{xi} \\
\sigma_{yi} &= \sigma_x l_{yi}^2+\sigma_y m_{yi}^2+\sigma_2 n_{yi}^2+2\tau_{xy}l_{yi}m_{yi}+2\tau_{yz}m_{yi}n_{yi}+2\tau_{zx}n_{yi}l_{yi} \\
\tau_{xiyi} &= \sigma_x l_{xi}l_{yi}+\sigma_y m_{xi}m_{yi}+\sigma_z n_{xi}n_{yi}+\tau_{zx}(n_{xi}l_{yi}+n_{yi}l_{xi}) \\
&+\tau_{xy}(l_{xi}m_{yi}+l_{yi}m_{xi})+\tau_{yz}(m_{xi}n_{yi}+m_{yi}n_{xi})
\end{aligned}\right\}$$

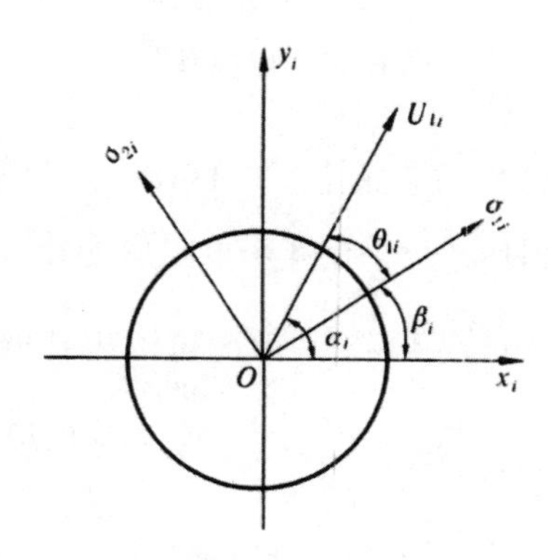

图1–16　3者关系示意图

3. 孔壁应变法

该方法的实测工序和图 1–14 基本相同，但在小孔内不是安装孔径变形计，而是安装三轴应变计。即通过三轴应变计将应变片粘在孔壁的预定位置，通过测出的孔壁应变就可求出岩体的 6 个应变分量。显然，这种方法只需钻一个孔。

图 1–17（a）是待求应力分量，图 1–17（b）钻半径为 a 的孔，z 轴为钻孔轴线，向孔口为正。x 轴为水平方向，y 轴为铅直方向，取圆柱坐标系的 z 轴与直角坐标系的 z 轴重合。在钻孔孔壁 r=a 处，圆柱坐标系和直角坐标系的 6 个应力分量有下列关系

$$\left.\begin{aligned}&\sigma_o^b=\sigma_x+\sigma_y-2(\sigma_x-\sigma_y)\cos\theta-\tau_{xy}\sin2\theta\\&\sigma_z^b=-2\mu[(\sigma_x-\sigma_y)\cos2\theta+2\tau_{xy}\sin2\theta]+\sigma_z\\&\tau_{\theta z}^b=-2\tau_{zx}\sin\theta+2\tau_{yz}\cos\theta\\&\sigma_r^b=\tau_{r\theta}^b=\tau_{zr}^b=0\end{aligned}\right\}$$

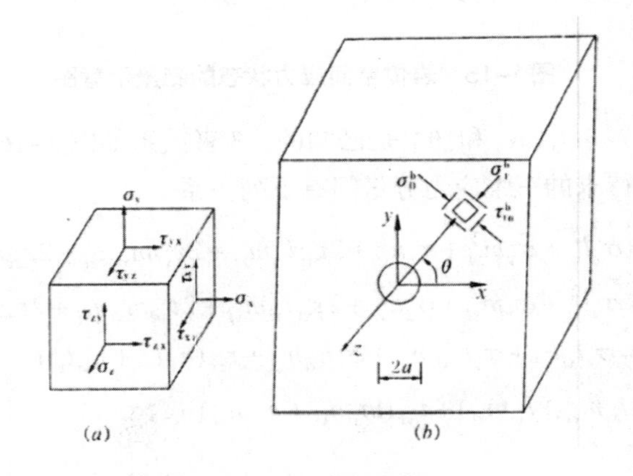

图1–17　坐标系图

一般在 $\theta=0,\dfrac{\pi}{2},\dfrac{5}{4}\pi$ 处分别贴应变花［图 1–18（a）]，应变花一般由 3 个应变片组成，但因实测中可能有损坏，故采用 4 个电阻应变片，如图 1–18（b）所示，它们与 z 轴的夹角一般是 $\phi=0,\dfrac{\pi}{4},\dfrac{\pi}{2},\dfrac{2}{3}\pi$。由此可测出孔壁的 12 个应变值，即 $e_{\theta i\phi j}$（i=1，2，3; j=1，2，3，4）。与应力 σ_θ^b、σ_z^b　$\tau_{\theta z}^b$ 对应的应变为 e_θ^b、e_z^b　$\gamma_{\theta z}^b$，它们与 $e_{\theta i\phi j}$ 的关系为

$$e_{\theta i\phi j}=e_z^b\cos^2\phi_j+e_\theta^b\sin^2\phi_j+y_{\theta z}^b\sin\phi_j\cos\phi_j$$

按平面问题的虎克定律，可得出$e_{\theta i\phi j}$与σ_z^b、σ_θ^b　$y_{\theta z}^b$的关系

$$Ee_{\theta i\phi j}=(\sigma_z^b-\mu\sigma_\theta^b)\cos^2\phi_j+(\sigma_z^b-\mu\sigma_z^b)\sin^2\phi_j+(1+\mu)\tau_{\theta z}^b\sin 2\phi_j$$

式中　E、μ——岩石弹性模量和泊松比。

4. 岩体应力分量的最佳值

由以上应力解除法得出的求解应力分量的方程组都是方程个数多于未知数个数，可采用最小二乘法解决此矛盾，求出应力分量的最佳值。此时，求解应力分量的方程组可写成如下数学方程组的形式

$$\sum_{j=1}^{m}a_{ij}x_j=b_i(i=1,2,......,n)$$

其中未知数个数为 x_1，x_2，……，xm 共 m 个；而有 n 个方程，且 m<n，观察量 b_i 为独立等权量。因此，找不到一组 x_1，x_2，……，xm 解能同时满足方程组（$\sum_{j=1}^{m}a_{ij}x_j=b_i(i=1,2,......,n)$）中的每个方程。但采用最小二乘法，可以找到一组近似解，使方程组（$\sum_{j=1}^{m}a_{ij}x_j=b_i(i=1,2,......,n)$）中每个方程所产生的误差最小，下面介绍如何求出这组近似解。设每个方程的偏差为 r_i，则

$$r_i=\sum_{j=1}^{m}a_{ij}x_j-b_i(i=1,2,......,n)$$

式（$r_i=\sum_{j=1}^{m}a_{ij}x_j-b_i(i=1,2,......,n)$）是残余误差方程，取误差平方和为

$$Q=\sum_{i=1}^{m}r_i^2=\sum_{i=1}^{n}(\sum_{j=1}^{m}a_{ij}x_j-b_i)^2\geq 0$$

使二次函数 Q 有最小值的条件是

$$\frac{\partial Q}{\partial xk}=0(k=1,2,......,m)$$

即$\sum_{j=1}^{m}(\sum_{i=1}^{n}a_{ij}a_{ik})x_j=\sum_{i=1}^{n}a_{ik}b_i$

令$\sum_{i=1}^{n} a_{ij}a_{ik} = C_{kj}, \sum_{i=1}^{n} a_{ik}b_i = dk(k=1,2,......,m)$

则有$\sum_{j=1}^{m} C_{kj}x_j = d_k$

上式即为 m 个方程 m 个未知数的方程组，称为矛盾方程（1.51）的正规方程。它有唯一解，即式（$\sum_{j=1}^{m} a_{ij}x_j = b_i(i=1,2,......,n)$）的最优近似解。

二、水压致裂法测地应力的原理和方法

1. 水压致裂法测量的基本原理

水压致裂法地应力测量是利用一对可膨胀的橡胶封隔器，在预定的测量深度上下封隔一段钻孔，然后泵入液体对这段个别孔施压，直至压裂，根据压裂参数计算地应力。

水压致裂法地应力测量以下列 3 个假设条件为前提：

（1）围岩是线性、均匀、各向同性的弹性体。

（2）围岩为多孔介质时，注入的流体按达西定律在岩石孔隙中流动。

（3）岩体中地应力的一个主应力方向与钻孔轴向平行。

水压致裂法地应力测量是对钻孔横截面上二维地应力状态的测量，对测量钻孔是否铅垂向并无要求。为与水压致裂法地应力测量的经典理论保持一致，本小节的测量钻孔方向仍假定为铅垂向。

根据弹性理论，在具有最大和最小水平主应力 σ_H 和 σ_h 的地应力场的岩体中钻一半径为 a 的钻孔，如图 1–18 所示孔周围岩产生二次应力场，在孔周岩壁（r=a）上任一点 A 为

$$\left.\begin{array}{l}\sigma_\theta' = (\sigma_H + \sigma_h) - 2(\sigma_H - \sigma_h)\cos 2(\theta - \alpha) \\ \sigma_z' = -2\mu(\sigma_H - \sigma_h)\cos 2(\theta - \alpha) + \sigma_{z0} \\ \sigma_r' = \tau_{\theta z}' = \tau_{zr}' = \tau_{r\theta}' = 0\end{array}\right\}$$

当钻孔承压段注液压 p_w 时，围岩产生附加应力场。根据无限厚厚壁圆筒弹性理论解，在孔周岩壁（r=a）上围岩的附加应力状态为：

$$\left.\begin{array}{l}\sigma_\theta'' = -p_w \\ \sigma_r'' = -p_w\end{array}\right\}$$

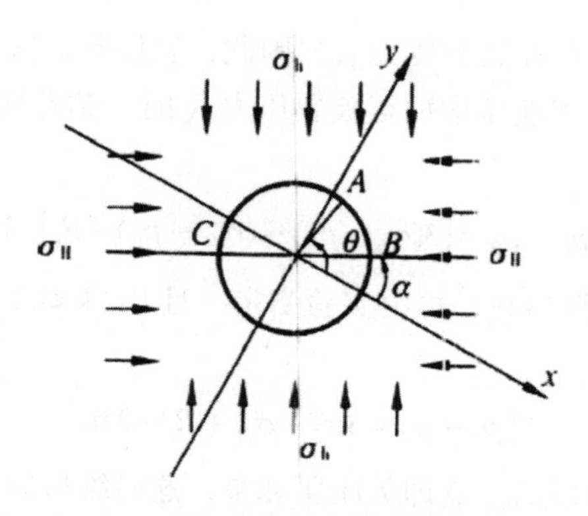

图1-18　孔壁应力计算示意图

水压致裂法地应力测量钻孔围岩的应力状态，是地应力二次应力场与液压引起的附加应力场的叠加，即：

$$\left.\begin{aligned}\sigma_\theta &= (\sigma_H+\sigma_h)-2(\sigma_H-\sigma_h)\cos 2(\theta-\alpha)-p_w\\ \sigma_z &= -2\mu(\sigma_H-\sigma_h)\cos 2(\theta-\alpha)+\sigma_{z0}\\ \sigma_r &= p_w\\ \tau_{\theta z} &= \tau_{zr}=\tau_{r\theta}=0\end{aligned}\right\}$$

水压致裂法地应力测量经典理论采用最大单轴拉应力的破坏准则。在这种破坏准则制约下，上式中轴向应力 σ_z 仅与地应力状态有关，与液压 p_w 大小无关，它与径向应力 σ_r 仅提供了孔周岩壁三维应力状态的条件，对围岩产生破裂状况无关，可暂不讨论。对岩壁破裂起控制的应力是切向应力 σ_θ，当钻孔承压段注液受压后，切向应力 σ_θ 以液压同等量值降低，最后转为拉应力状态。

水压致裂法地应力测量时，破裂缝产生在钻孔岩壁上拉应力最大部位，因此，最小水平主应力的位置最为关键。在孔周岩壁极角 $\theta=\alpha$ 或 $\pi+\alpha$ 位置上，也即最大水平主应力 σH 的方向上的 B、C 两点（这一位置与液压大小无关），孔周岩壁切向应力为最小，其量值为

$$\sigma_\theta = 3\sigma_h-\sigma_H-p_w$$

由式（$\sigma_\theta = 3\sigma_h-\sigma_H-p_w$）可知，当液压增大时，孔周岩壁切向应力 σ_θ 逐渐下降转为拉应力状态，当此拉应力等于或大于围岩的抗拉强度 R_t 时，孔周岩壁出现裂缝，这时承压段的液压 p_w 就是破裂压力 p_b。因此，钻孔承压段周壁围岩产生裂缝（未考虑孔隙压力）的应力条件为

$$3\sigma_h-\sigma_H-p_b+R_t=0$$

在深层岩体中，还存在孔隙压力 p_0，因此，岩体有效应力为（ $\sigma - p_0$ ）。在水压致裂法地应力测量中，当液压增加至破裂压力 p_b 时，钻孔周壁围岩即出现破裂缝，海姆森给出的关系式为

$$p_b - p_0 = [3(\sigma_h - p_0) \sim (\sigma_H - p_0) + R_t] / k$$

式中　k为孔隙渗透弹性参数，可由实验测定，且1≤k≤2。对非渗透性岩石k=1，上式写为

$$p_b - p_0 = 3\sigma_h - \sigma_H + R_t - 2p_0$$

钻孔周壁围岩破裂以后，立即关闭压裂泵，这时维持裂缝张开的瞬时关闭压力 p_s 与裂缝面相垂直的最小水平主应力 σ_h 得到平衡，也即

$$\sigma_h = p_s$$

根据式（ $p_b - p_0 = 3\sigma_h - \sigma_H + R_t - 2p_0$ ），最大水平主应力 σ_H 为

$$\sigma_H = 3\sigma_h - p_b + R_t - p_0 = 3p_s - p_b + R_t - p_0$$

围岩抗拉强度 R_t，可以根据压裂过程曲线确定。钻孔周壁围岩第一次破裂（压力为破裂压力 p_b ）以后，重复注液施压至破裂缝继续开裂，这时压力为重张压力 p_r。由于围岩已经破裂，它的抗拉强度近似为零，故可根据式（ $p_b - p_0 = 3\sigma_h - \sigma_H + R_t - 2p_0$ ）近似得到重张压力为

$$p_r = 3\sigma_h - \sigma_H - p_0$$

与式（ $p_b - p_0 = 3\sigma_h - \sigma_H + R_t - 2p_0$ ）相比较，得到围岩抗拉强度 R_t 为

$$R_t = p_b - p_r$$

因此，也可根据重张压力 p_r 按式（ $\sigma_H = 3\sigma_h - p_b + R_t - p_0 = 3p_s - p_b + R_t - p_0$ ）近似表示最大水平主应力

$$\sigma_H = 3p_s - p_r - p_0$$

在测量过程中，一般把测量仪表和压力传感器放在地面上，所测得的各压裂参数 p_b、p_r 和 p_s，需要加上压裂处的静水压力。

2. 水压致裂法的测量程序

水压致裂法地应力测量的加压系统有两种：单管加压和双管加压。单管加压系统的管路是钻杆，依靠安装在钻孔中部位的推拉阀控制压力液分别对封隔器和钻孔压力段加压。两种加压系统的操作程序大同小异（双管加压系统较单管加压系统简单），今以单管加压系统为例，说明水压致裂法地应力测量的测量程序。

水压致裂法地应力测量具体测试的方框图如图 1–19 所示，相对应的破裂过程曲线如图 1–20 所示。

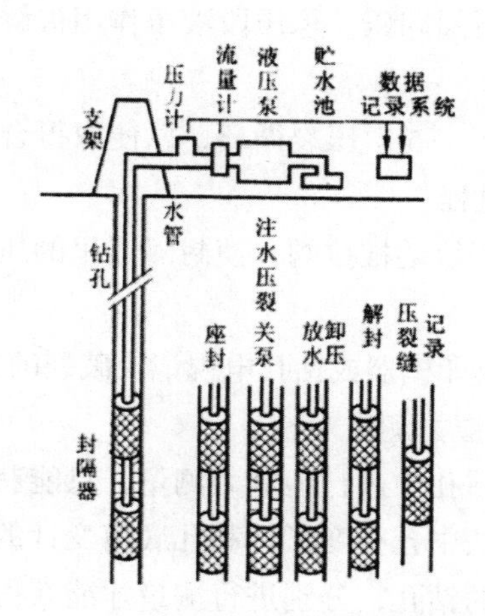

图 1–19　水压致裂法地应力测量示意图

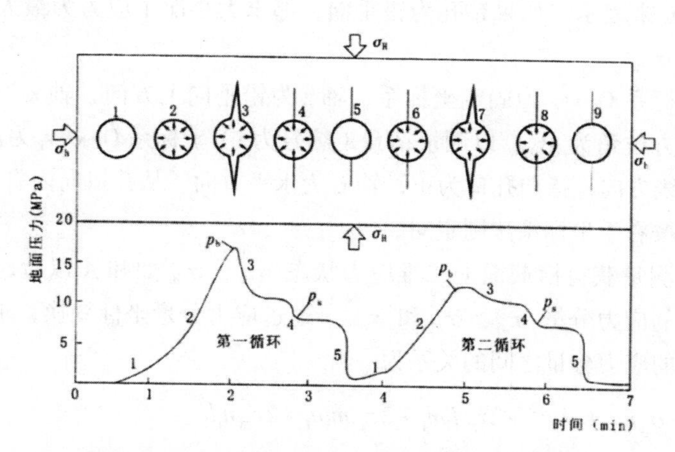

图 1–20　水压致裂法地应力测量破裂过程曲线

（1）座封。将封隔器下至选定的压裂段，令高压液由钻孔杆进入封隔器，使封隔器膨胀座封于钻孔岩壁上，形成压裂段空间。

（2）注液施压。通过钻杆推动推拉阀，液压泵对钻孔承压段注液施压，使钻孔岩壁承受逐渐增强的液压作用。

（3）岩壁致裂。不断提高泵压，当达到破裂压力时钻孔压力段岩壁沿阻力最小方向破裂，这时压力值急剧下降。

（4）关泵。关闭液压泵，压力迅速下降，然后随着压裂液渗透入地层，泵压变成缓慢下降，这时便获得了裂缝处于临界闭合状态时的平衡压力，称瞬时关闭压力。

（5）放液卸压。打开泵阀卸压，承压段液压作用被解除后，裂缝完全闭合，泵压记录降至零。

按上述步骤连续进行 3 ~ 5 次压裂循环，以便取得合理的压裂参数以及正确地判断岩石破裂和裂缝延伸过程。

（6）解封。通过钻孔杆拉动推拉阀，使封隔器里的压裂液从钻杆排出，封隔器解封。

（7）破裂缝记录。通过印模器或钻孔电视记录破裂的方向。

3. 水压致裂法三维地应力测量

用水压致裂法在单个钻孔中进行地应力测量，只能获得钻孔横截面上的二维应力状态，与应力解除测量法中孔径变形计和孔底应变计的测量一样，需要用交汇的不同方向 3 个或 3 个以上的钻孔，分别进行测量才能获得三维应力状态。这时钻孔方向为任意，钻孔横截面上二维应力状态以大次主应力 σ_{Ai} 和小次主应力 σ_{Bi} 以及 σ_{Ai}，的主向 A_i 来表示。如果钻孔为铅垂向，那末大小次主应力为最大和最小水平主应力 σ_H 和 σ_h。

以大地坐标系 O–xyz 为固定坐标系，轴 z 为铅垂向上方向，轴 x 为某工程建筑物轴线方向，方位角为 β_0。以测量钻孔（编号为 i）坐标系 $O–x_iy_iz_i$ 为活动坐标系，轴 z_i 为钻孔轴线方向，指向孔口为正，轴 x_i 为水平方向，从孔口向内看指向右为正，而轴 y 和轴 y_i 按右手坐标系法则定向。

每个钻孔测量获得横截面上二维应力状态 σ_{Ai}、σ_{Bi} 如和 A 以后，即已知用活动坐标系表示的应力分量 σ_{xi}、σ_{yi} 和 τ_{xiyi}，通过应力分量坐标变换，求得它们与固定坐标系表示的应力分量之间的关系为

$$\left.\begin{aligned}
\sigma_{xi} &= \sigma_x l_1^2 + \sigma_y m_1^2 + \sigma_z n_1^2 + 2\tau_{xy} l_1 m_1 + 2\tau_{yz} m_1 n_1 + 2\tau_{zx} n_1 l_1 \\
\sigma_{yi} &= \sigma_x l_2^2 + \sigma_y m_2^2 + \sigma_z n_2^2 + 2\tau_{xy} l_2 m_2 + 2\tau_{yz} m_2 n_2 + 2\tau_{zx} n_2 l_2 \\
\tau_{xiyi} &= \sigma_x l_1 l_2 + \sigma_y m_1 m_2 + \sigma_z n_1 n_2 + \tau_{xy}(l_1 m_2 + m_1 l_2) + \tau_{yz}(m_1 n_2 + n_1 m_2) + \tau_{zx}(n_1 l_2 + l_1 n_2)
\end{aligned}\right\}$$

设钻孔的倾角为 α_i，方位角为 β_i，则活动坐标系各坐标轴相对于固定坐标系的方向为：轴 z_i 的倾角为 α_i，相对方位角为（$\beta_0-\beta_i$）；轴 x_i 和轴 y_i 的倾角为 0° 和（90° $-\alpha_i$），

相对方位角为（$\beta_0-\beta_i$+90°）和（$\beta_0-\beta_i$+180°），如图 1–21 所示。当钻孔为铅垂方向时，它的倾角自然为 90°，方位角可任意定，但是破裂缝方向一定要与

所定的方位角相协调。例如，破裂缝方向为 NW60°，钻孔方位角如果定为 90°，则轴 x_i 相对方位角为 β_0，即轴 x_i 为正北向，A_i 的方向定为 60°，因此，活动坐标系各坐标轴相对于固定坐标系的方向余弦见表 1–6。

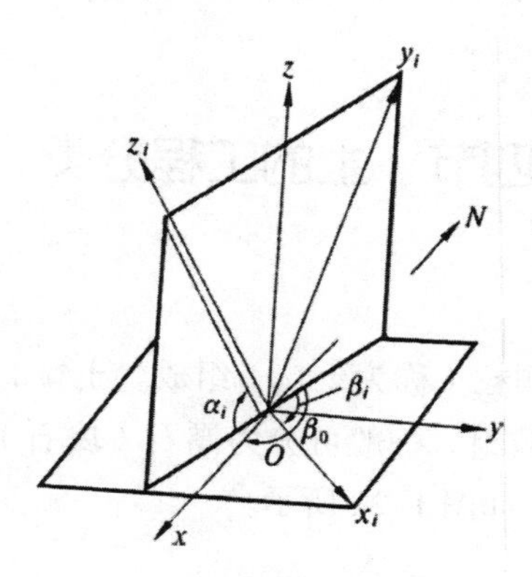

图 1–21　活动坐标系与固定坐标系的相对关系示意图

表 1–6　活动坐标系各坐标轴相对固定坐标系的方向余弦

	x	y	z
x_i	$\iota_1=-\sin(\beta_0-\beta_i)$	$m_1=\cos(\beta_0-\beta_i)$	$n_1=0$
y_i	$\iota_2=-\sin a_i\cos(\beta_0-\beta_i)$	$m_2=-\sin a_i\cos(\beta_0-\beta_i)$	$n_2=\cos a_i$
z_i	$\iota_3=\cos a_i\cos(\beta_0-\beta_i)$	$m_3=\cos a_i\sin(\beta_0-\beta_i)$	$n_3=\sin a_i$

把表 1–6 的方向余弦代入上式得：

$$\left.\begin{aligned}
&\sigma_{xi}=\sigma_x\sin^2(\beta_0-\beta_i)+\sigma_y\cos^2(\beta_0-\beta_i)-\tau_{xy}\sin2(\beta_0-\beta_i)\\
&\sigma_{yi}=\sigma_x\sin^2\alpha_i\cos^2(\beta_0-\beta_i)+\sigma_y\sin^2\alpha_i\sin^2(\beta_0-\beta_i)+\sigma_z\cos^2\alpha_i\\
&+\tau_{xy}\sin2\alpha_i\sin2(\beta_0-\beta_i)-\tau_{yz}\sin2\alpha_i\sin(\beta_0-\beta_i)-\tau_{zx}\sin2\alpha_i\cos(\beta_0-\beta_i)\\
&\tau_{xiyi}=\frac{1}{2}(\sigma_x-\sigma_y)\sin\alpha i\sin2(\beta_0-\beta_i)-\tau_{xy}\sin\alpha_i\cos2(\beta_0-\beta_i)\\
&+\tau_{yz}\cos\alpha_i\cos(\beta_0-\beta_i)-\tau_{zx}\cos\alpha_i\sin(\beta_0-\beta_i)
\end{aligned}\right\}$$

上式左边为对各测量钻孔进行测量所获得的已知观测值。需要研究的是如何建立使用方便的观测值方程组，由于钻孔横截面上次主应力与其应力分量之间存在如下关系

$$\left.\begin{aligned}\sigma_{xi}+\sigma_{yi}&=\sigma_{Ai}+\sigma_{Bi}\\ \sigma_{xi}-\sigma_{yi}&=(\sigma_{Ai}-\sigma_{Bi})\cos 2A_i\\ 2\tau_{xiyi}&=(\sigma_{Ai}-\sigma_{Bi})\sin 2A_i\end{aligned}\right\}$$

第四节　土的工程分类

一、无粘性土的分类

土是由大小不同的固体颗粒（称为土粒）组成。土粒的大小称为粒度。将大小接近的粒径合并为组，称为粒组。一般可分为漂石（块石）、卵石（碎石）、砾石、砂粒、粉粒和粘粒 6 个粒组，如图 1–22 所示。

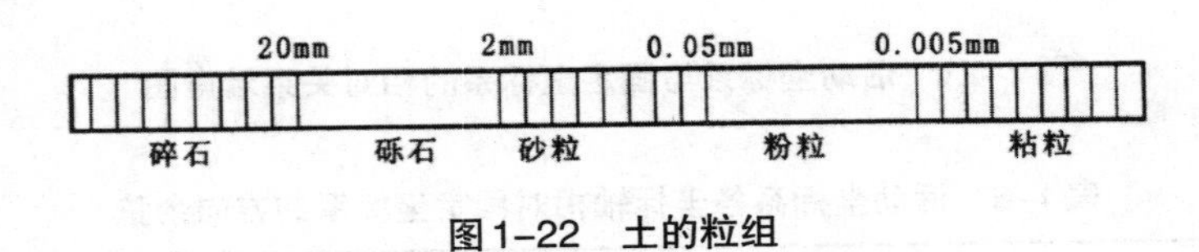

图 1–22　土的粒组

土的粒度成分是决定无粘性土的工程性质的最重要因素之一。世界各国无粘性土的划分均采用粒度组成作为其分类指标，这种划分既能反映影响无粘性土的工程性质的主要因素，又具有可操作性，因此是合理的。

一般认为当土的颗粒组成中大约有一半以上土粒（按重量计）大于 0.05 ~ 0.10mm 时，这种土便具有了无粘性土的特征。无粘性土的特征为：

颗粒肉眼可见；无粘性；具有单粒结构；压缩性和抗剪强度主要取决于其密实度；现场原状土样极难取得。

无粘性土又可分为砾类土和砂类土。当土中大于砂粒组尺寸的颗粒含量占总土重的 50% 以上时，称为砾类土。它还可进一步划分为砾石、卵石（碎石）和漂石（块石）。这类土具有较高的承载力，作为一般建筑物的地基多半问题不大。当土中大于砂粒组尺寸的颗粒含量不足 50% 时，称为砂类土。它还可进一步分为砾砂、粗砂、中砂、细砂和粉砂。粗颗粒含量的多少对砂类土的性质影响较大，对于粉砂和细砂含有较多的粉粒，在饱和状态下，受动力荷载作用易发生液化，在地震区和动力基础下要特别予以重视。对于无粘性土，在定名时应根据粒组含量由大到小以最先符合者确定（图 1–23）。

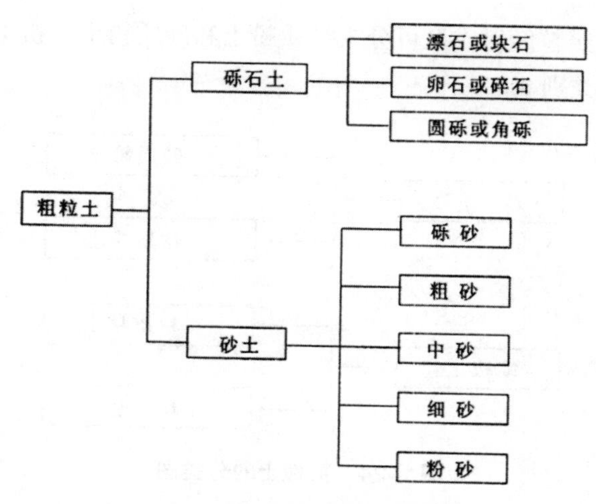

图1–23　无粘性土分类示意图

二、粘性土的分类

粘性土由于土中的颗粒组成以粉粒和粘粒为主，一般二者含量在 50% 以上，因此具有显著不同于无粘性土的特征。粘性土的特征见表 1–7：

表1–7　粘性土的特征

特征	具体内容
具有胀缩性	土的体积由于含水量变化而引起变化的性质称为胀缩性。粘性土的胀缩性容易使地基土产生不均匀变形，并使结构物产生附加应力，造成不利影响
具有结构性	鉴于粘性土的这些特征，显然，采用颗粒级配、粒度组成来进行分类已不合理。目前国内外工程界大多根据土的塑性指数Ip进行分类，因为塑性指数既能反映影响粘性土基本特征的两个因素，又便于测定
具有粘性和可塑性	粘粒与水相互作用产生粘结力，表现为土具有粘性和可塑性。粘性的大小取决于两个因素：一是土粒的矿物成分和土粒周围水的成分及其所含离子的种类和特征；二是土颗粒的总比表面积的大小。比表面积定义为单位体积或质量的土中，所有土颗粒的表面积和。显然，土的粒度组成中粘粒含量越多，粘性越大

按照塑性指数 I_p 分类时（见图 1–24），粘性最大的粘性土称为粘土（$I_p > 17$）；粘性中等的称为粉质粘土（$10 < I_p \leq 17$）。当塑性指数 $I_p \leq 10$ 时，某些规范称这类土为砂质粘土。但是由于 $I_p \leq 10$ 的土塑限 w_p 很难准确确定，而这类土中含粉粒较多，粘性较小，有时呈粉砂的某些特征如液化性，因此把这类土单独划分为一类，

称为粉土。粉土按照粒度组成又可分为粘质粉土和砂质粉土。粉土是从无粘性土到粘性土的一个过渡类别。

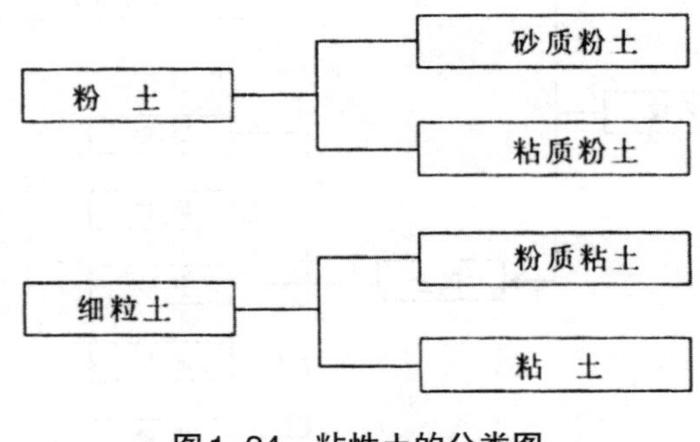

图1-24 粘性土的分类图

第五节 工程岩体的分类

一、我国铁路隧道围岩分类

围岩分类的主要因素：

（1）围岩结构特征和完整状态

围岩结构特征和完整状态是指岩体被各种结构面切割成为单元结构体的特征和块度。结构特征体现岩体的受力特征，完整状态体现岩体在受地壳内力或外力作用下所表现的形态。它们是评价围岩稳定程度最重要的标志，也是本分类中考虑的主要因素。

（2）围岩岩石强度

对于无裂隙或少裂隙具有整体结构的围岩，一般可用岩石试件的抗压极限强度 R_b（或抗剪强度）、点荷载强度（$I_{s(50)}$）表达。

在围岩分类中，只用 Rb 进行分级还不能全面反映某些岩石的质量特征，如页岩、千枚岩、泥岩、片岩等。虽然新鲜岩石的 R_b 可大于 30MPa，但在开挖暴露风化后，其强度将急剧降低。为此，除用 R_b 外，还应引入岩性因素，即在判定围岩类别时，必须同时考虑 Rb 和岩性这两个条件。如开挖后很快风化的泥岩，即使 $R_b >$ 30MPa，也应划入软岩类；对 VI 类可不衬砌、不防护的围岩，在满足结构特征和完整状态的前提下，还必须同时满足 $R_b >$ 50MPa 和属于不易风化的岩石，如石灰岩和其他硅质岩类。

当风化作用使得岩体结构松散、破碎并使岩石强度降低时，应按风化后的状况和强度确定围岩类别。

（3）地下水

地下水对坑道围岩稳定状况的影响主要表现为：

1）降低岩体强度，加速岩体风化，增大坑道围岩的压力和变形；

2）润湿、潜蚀、冲走软弱结构面中的充填物而使软弱结构面软化、摩阻力减小，促使岩块滑动或推移；

3）在某些地质条件下，如含盐地层、粘土、石膏等，遇水后饱和膨胀而产生膨胀压力；又如某些砂土层，由于孔隙水压力的作用导致砂土液化而向坑道内流动等。

因此，在确定围岩类别时，必须根据地下水状况（水量、水压、流通条件等）及其对不同围岩稳定性的影响，采用降级的办法加以处理。降级的原则是：

在 VI 类围岩或属于 V 类的硬质岩石中，地下水对其稳定性影响不大，可不考虑降级；

在 IV 类或 V 类围岩中的软岩，当地下水影响岩体稳定并产生局部坍塌或软化结构面时，可降低 1 级；

在Ⅲ类和Ⅱ类围岩中，地下水的影响较大，可降低 1 ~ 2 级；

在 I 类围岩中，分类表中已考虑了一般含水情况的影响。但对特殊含水地层，如处于饱和状态或具有较大承压水流时，需另作处理。

二、我国其他工程部门关于坑道围岩质量和稳定性的岩体分类

（1）水电系统岩体的工程分类

水电系统采用岩体质量指标（R.M.Q），而主要是用 M 值进行工程分类。

$$M = \beta S K_y K_p$$

式中　β ——岩体完整性系数；$\beta = (upm/upr)^2$；

K_y——岩体风化系数，$K_y=R_d/R_f$；R_d 为风化岩石干燥条件下的单轴抗压强度（MPa）；R_f 为新鲜岩石干燥条件下的单轴抗压强度（MPa）；

S ——岩石质量标准，$S=R_wE_w/(R_sE_s)$，R_w 为完整岩石的饱和单轴抗压强度（MPa）；E_w 为完整岩石的饱和弹性模量（MPa）；R_s 为规定的软岩的饱和单轴抗压强度（MPa）；E_s 为规定的软岩的饱和弹性模量（MPa）；

K_p——岩体的软化系数，$K_p=R_w/R_f$。

于是，岩体质量指标为

$$M=(v_{pm}/v_{pr})^2(R_wE_w/R_sE_w/R_sE_s)(R_d/R_f)(R_w/R_f)$$

按 M 值可将岩体质量分为 5 类，如表 1–8 所示。

表 1–8　按 M 值的工程分类

岩体质量	好	较好	中等	较坏	坏
M	＞12	12 ~ 2	2 ~ 0.12	0.12 ~ 0.04	＜0.04

（2）基建工程兵系统的岩体分类

工程兵系统采用岩体稳定性指标（W）进行岩体分类，其公式为

$$W=R_cT_eCS_e$$

式中 R_c——准围岩抗压强度（MPa），$R_c=R_b\beta$，R_b 为岩石单轴抗压强度；β 为岩体完整性系数；

T_e——围岩的相对完整性系数，$T_e=\beta/B$，B 为洞室跨度（m）；

C——地下水影响系数。当地下水对围岩稳定无影响或无地下水时，C=1；当地下水使裂面软化，但无水压力，C=0.5 ~ 0.75；当地下水使裂面软化，且有水压力时，C=0.25 ~ 0.5；

S_e——工程因素，$S_e=1/(B+SH)$，S 为洞室高度影响系数，其取值如下：Ⅰ类围岩，S=0；Ⅱ类围岩，S=0.25；Ⅲ类围岩，S=0.5；Ⅳ类围岩，S=l；Ⅴ类围岩，S=1.5。H 为洞室高度（m）。

因此

$$W=R_b\beta^2C/\left[B(B+SH)\right]$$

按 W 值将洞室围岩分成 5 类，如表 1–9 所示。

表 1–9　按 W 值的工程分类

围岩稳定性评价	稳定	基本稳定	稳定性较差	不稳定	很不稳定
W	＞4	4 ~ 2	2 ~ 1	1 ~ 0.5	＜0.5

三、其他的岩体分类

（1）巴顿的岩体质量指标 Q

巴顿等人于 1974 年，对 700 个隧道实例进行了统计分析后，提出了含有 6 项参数的岩体质量指标 Q，其表达式为

$$Q=\left(\frac{RQD}{J_n}\right)\left(\frac{J_r}{J_d}\right)\left(\frac{J_w}{SRF}\right)$$

式中　RQD——岩石质量指标；

J_n——裂隙组数，取值 0.5 ~ 20；

J_r——裂面粗糙度，取值 1 ~ 5；

J_d——裂面风化系数，取值 0.75 ~ 20；

J_w——裂隙水折减系数，取值 0.05 ~ 1；

SRF——应力折减系数，取值 2.5 ~ 20；

根据 Q 值，可将岩体分为 9 类，如表 1–10 所示。

表 1–10　巴顿按岩体质量指标 Q 值的工程分类

岩体质量	特好	极好	良好	好	中等	不良	坏	极坏	特坏
Q	400 ~ 1000	100 ~ 400	40 ~ 100	10 ~ 40	4 ~ 10	1.0 ~ 4.0	0.1 ~ 1.0	0.01 ~ 0.1	0.001 ~ 0.01

（2）谷德振的岩体质量分类

谷德振教授在《岩体工程地质力学基础》一书中，建议采用岩体质量系数来评价岩体质量的优劣。

$$Z=\beta fS$$

式中　β——岩体完整性系数，$\beta=\left(\frac{u_{pm}}{u_{pr}}\right)$；

f——裂面的摩擦系数，f=tan ϕ（ϕ 为裂面摩擦角）；

S——岩石的坚固性系数，S=R_c/100，R_c 是岩石单轴饱和抗压强度。

式中的 S 与普氏系数不同，求普氏系数用的 R_c 是单轴抗压强度，而 S 中的 R_c 是饱和单轴抗压强度。根据 Z 值可将岩体分为 5 类，如表 1–11 所示。

表 1–11　谷德振按岩体质量系数 Z 的工程分类

岩体质量	特好	好	一般	坏	极坏
Z	＞4.5	2.5 ~ 4.5	0.3 ~ 2.5	0.1 ~ 0.3	＜0.1

（3）岩体按地质力学的分类

这一分类法（RMR）考虑了 6 种因素，即岩石强度、钻孔岩石质量、地下水条件、裂隙面间距、裂隙特征和裂隙方位，每个因素又根据其特征给出不同岩体的分类指数。各因素的分类指数的总和就是 RMR，再根据及 RMR 指数把岩体分为 5 个等级。有关各因素的岩体分类数和岩体工程分类等级的划分见表 1–12 ~ 1–17。

表 1–12　相应于岩石抗压强度的岩体分类指数

钻孔岩芯的点荷载强度（MPa）	>8	4 ~ 8	2 ~ 4	1 ~ 2	—	—	—
无侧限抗压强度（MPa）	>200	100 ~ 200	50 ~ 100	25 ~ 50	10 ~ 25	3 ~ 10	<3
分类指数	15	12	7	4	2	1	0

表 1–13　相应于钻孔岩芯质量的岩体分类指数

RQD（%）	91 ~ 100	76 ~ 90	51 ~ 75	25 ~ 50	<25
分类指数	20	17	13	8	3

表 1–14　相应于影响的裂隙面特征的岩体分类指数

分类指数	25	20	12	6	0
裂隙面特征	有限范围内极粗糙的、表面坚硬的岩壁	较粗糙的表面，裂隙张开度小于1mm的坚硬岩壁	较粗糙的表面，裂隙张开度小于1mm软弱岩壁	光滑的表面，充填物厚度1 ~ 5mm或裂隙张开度1 ~ 5mm，裂隙延伸超过几米	裂隙张开，充填物大于5mm，或裂隙张开大于5mm，裂隙延伸超过几米

表 1–15　相应于最有影响的裂隙间距的岩体分类指数

裂隙间距（m）	>3	1 ~ 3	0.3 ~ 1	0.005 ~ 0.3	<0.005
分类指数	30	25	21	10	5

表 1–16　相应于地下水条件的岩体分类指数

每 10m 隧道长度的渗流量（1/min）	根据最大主应力确定的裂隙水压力	对应于前面因素的一般条件	分类指数
无	0	完全干燥	10
25	0 ~ 0.2	潮湿的	7
25 ~ 125	0.2 ~ 0.5	中等压力的水	4
125	0.5	地下水问题严重	0

表1–17　相应于裂隙方位（尺M尺）的修正值

裂隙方位对于工程影响的评价	很有利	有利	一般	不利	很不利
对于隧道的修正指数	0	–2	–5	–10	–12
对于基础的修正指数	0	–2	–7	–15	–25

根据以上6个表的分类指数总和（即RMR指数），可将岩体分成5级，如表1–18。

表1–18　根据RMR的岩体工程分类

岩体分类等级	Ⅰ	Ⅱ	Ⅲ	Ⅳ	Ⅴ
岩体质量描述	非常好	好	一般	差	非常差
RMR指数	81 ~ 100	61 ~ 80	41 ~ 60	21 ~ 40	0 ~ 20

四、岩体按结构类型分类

岩体内存在一定地质结构，若按结构类型分类，应符合表1–19的规定。岩层层厚分类如表1–20所示。对于岩体整体性，用岩体完整性指数 β，并按表1–21进行划分。

表1–19　岩体按结构类型分类

名称	地质体类型	主要结构体形状	结构面发育情况	岩体工程特征	可能发生的岩体工程问题
巨块状整体结构	均质、巨块状岩浆岩、变质岩、巨厚状的沉积岩、正变质岩	巨块状巨厚层状	以原生构造节理为主，多呈闭合型，结构间距大于1m。一般不超过1 ~ 2组，无危险结构面组成的落石掉块	整体性强度高，岩体稳定，可视为均质弹性的各向同性体	不稳定结构体的局部滑动或坍塌，深埋洞室发生岩爆
块状结构	厚层状沉积岩、正变质岩、块状岩浆岩、变质岩	厚层状块状柱状	只具有少量贯穿性较好的节理裂隙，结构面间距多数大于0.4m，一般为2 ~ 4组，有少量分离体	整体强度较高.结构面互相牵制，岩体基本稳定，接近弹性各向同性体	

续表

名称	地质体类型	主要结构体形状	结构面发育情况	岩体工程特征	可能发生的岩体工程问题
层状结构	多韵律的薄层及中厚层状沉积岩、副变质岩	层状板状透镜体	有层理、片理、节理、常有层间错动面，结构面间距一般为0.2 ~ 0.4m，一般为3组	接近均一的各向异性体，其变形和强度特征受层面及岩层组合控制，可视为弹塑性介质，稳定性较差	不稳定结构体可能产生滑塌，特别是岩层的弯张破坏及软弱岩层的塑性变形
碎裂状结构	构造影响严重的破碎岩层	碎石角砾石	断层、断层破碎带、片理、层理及层间结构面较发育，结构面间距小于0.2m，一般在3组以上，由多分离体组成	完整性破坏较大，整体强度很低，并受断裂等结构面控制，多呈弹塑性介质，稳定性很差	易引起规模较大的岩体失稳，地下水加剧岩体失稳
散体状结构	构造影响很严重的断层破碎带、风化严重带、风化极严重带	碎屑状颗粒状	断层破碎带交叉，构造及风化裂隙密集，结构面及组合错综复杂，并多充填粘性土，形成许多大小不一的分离岩块	完整性遭到很大破坏.稳定性极差，岩体属性接近松散体介质	易引起规模较大的岩体失稳，地下水加剧岩体失稳

表1–20 岩层层厚的分类

名称	巨厚层	厚层	中厚层	薄层
层厚h（m）	h＞1.0	1.0≥h＞0.5	0.5≥h＞0.1	h≤0.1

表1–21 岩体完整程度的划分

名称	结构面特征	结构类型	岩体完整性指数β
完整	1 ~ 2组，结构面以构造型节理或层面为主，密闭型	巨块状整体结构	β ＞0.75
较完整	2 ~ 3组，结构面以构造型节理、层面为主，裂隙多呈密闭型，部分为微张型，少存充填物	块状结构	0.75≥ β ＞0.55

续表

名称	结构面特征	结构类型	岩体完整性指数 β
较破碎	–般为3组，结构面以节理及风化裂隙为主.在断层附近受构造作用影响较大，裂隙宽度以微张型和张开型为主，多有充填物	层状、块、碎石结构	0.55≥β＞0.35
破碎	大于3组，结构面多以风化型裂隙为主.在断层附近受构造作用影响大，裂隙宽驭以张开型为主，多荀充填物	碎裂状结构	0.35≥β＞0.15
极破碎	结构面杂乱无序，在断层附近受断层作用影响很大，宽张裂隙全为泥质或泥夹岩屑充填，充填物厚度大	散体状结构	β≤0.15

第二章　岩土工程勘察

第一节　岩土工程勘察的基本任务与程序

一、岩土工程勘察的基本任务

通过工程地质调查与测绘、勘探与岩土取样、原位测试、室内试验和岩土工程监测等工作，岩土工程勘察将完成以下任务：

（1）场地稳定性的评价。对若干可能的建筑场地或建筑场地不同地段的建筑适宜性进行技术论证，对公路和铁路各线路方案和控制工程的工程地质和水文地质条件进行可行性分析。

（2）为岩土工程设计提供场地地层和地下水分布的几何参数和岩土体工程性状参数。

（3）对岩土工程施工过程中可能出现的各种岩土工程问题（如开挖、降水、沉桩等）作出预测，并提出相应的防治措施和合理施工方法的建议。

（4）对建筑地基作出岩土工程评价，对基础方案、岩土加固与改良方案或其他人工地基设计方案进行论证和提出建议，根据设计意图监督地基施工质量。

（5）预测由于场地及邻近地区自然环境的变化对建筑场地可能造成的影响，以及工程本身对场地环境可能产生的变化及其对工程的影响。

（6）为现有工程安全性的评定、拟建工程对现有工程的影响和事故工程的调查分析提供依据；指导岩土工程在运营和使用期间的长期观测，如建筑物的沉降和变形观测等工作。

二、岩土工程勘察的基本程序

根据政府或其主管部门的有关批文，按规划或设计部门所定的拟建工程地点或路线的必经点（县、市或特殊地点）及可能的线路方案进行岩土工程勘察工作，其基本程序如下：

（1）通过调查、搜集资料、现场踏勘或工程地质测绘，初步了解场地的工程地质条件、不良地质现象及其他主要问题。

（2）针对工程的特点，结合场地的工程地质条件，明确工程可能出现的具体岩土工程问题（可采用分析原理或计算模式），以及所需提供的岩土技术参数。

（3）有针对性地制定岩土工程勘察纲要，选择有效的勘探测试手段，积极采用新技术和综合测试方法，计算合理的工作量，获得所需的岩土技术参数。

（4）确定岩土参数的最佳估值。通过岩土的室内或现场测试，依据场地的地质条件，考虑到岩土材料的不均匀性、各向异性和随时间的变化，评估岩土参数的不确定性，比较工程中岩土体工程性状与室内试验和现场测试的岩土体工程性状间的关系，用统计分析方法，确定岩土参数的最佳估值。当岩土参数有较大不确定性时，建议的设计岩土参数尤应慎重，必要时可通过原型试验或现场监测检验，或修正所建议的设计参数。

（5）根据所建议的岩土设计参数和工程经验的判断，对特定的岩土工程问题作出分析评价，工的主要的技术要求提出建议，并提出改良和防治措施的方案。

（6）对重要工程进行岩土施工的监测和监理，检查和监督施工质量，使其符合设计意图，或根据现场实际情况的变化，对设计提出修改意见。这里所讲的监理并非指工程建设项目实施阶段的施工监理，即建设监理，而是指重要工程中由勘察单位对其岩土工程问题所实施的监理，其目的是使工程建设中岩土工程问题的勘察、设计、处理和监测密切结合，成为一体化的专业体制，即岩土工程体制，使其服务于工程建设的全过程。

（7）岩土工程运营使用期限内进行长期观测（如建筑物的沉降、变形观测），用工程实践检验岩土工程勘察的质量，积累地区性经验，提高岩土工程勘察水平。

可见，岩土工程勘察工作不仅在设计、施工前进行，而且在施工过程中，甚至延续到工程竣工后的长期观测，把勘察、设计、施工截然分开，各管一段的想法是有缺陷的。这里也对岩土专业工程师提出了拓宽专业理论、丰富实践经验的要求，只有懂得该工程建筑物的功能和工作特点，熟悉施工工艺，才能出色的完成岩土工程勘察的全过程任务。

第二节 岩土工程勘察的分级

一、岩土工程的安全等级

根据工程破坏后果的严重性，如危及人的生命、造成的经济损失、产生的社会影响和修复的可能性，岩土工程按表 2-1 分为 3 个等级。

表 2-1 岩土工程安全等级

安全等级	破坏后果	工程类别
一级	很严重	重要工程
二级	严重	一般工程
三级	不严重	次要工程

对于房屋建筑物和构筑物而言，属于重要的工业与民用建筑物、20 层以上的高层建筑、体形复杂的 14 层以上的高层建筑、对地基变形有特殊要求的建筑物、单桩承受的荷载在 4000kN 以上的建筑物等，其安全等级均划为一级；一般工业与民用建筑划为二级；次要建筑物划为三级。划为一级的其他岩土工程有：有特殊要求的深基开挖及深层支护工程；有强烈地下水运动干扰的大型深基开挖工程；有特殊工艺要求的超精密设备基础、超高压机器基础；大型竖井、巷道、平洞、隧道、地下铁道、地下洞室、地下储库等地下工程；深埋管线、涵道、核废料深埋工程；深沉井、沉箱；大型桥梁、架空索道、高填路堤、高坝等工程。划为二级的其他岩土工程有：大型剧院、体育场、医院、学校、大型饭店等公共建筑；设有特殊要求的公共厂房、纪念性或艺术性建筑物等。不属于一、二级岩土工程的其他工程划为三级岩土工程。

二、场地复杂程度分级

场地条件按其复杂程度分为一级（复杂的）、二级（中等复杂的）、三级（简单的）场地 3 个级别。

（1）一级场地可按下列条件划定：抗震设防烈度大于或等于 9 度的强震区，需要详细判定有无大面积地震液化、地表断裂、崩塌错落、地震滑移及产生其他高震害异常的可能性；存在其他强烈动力作用的地区，如泥石流沟谷、雪崩、岩溶、滑坡、潜蚀、冲刷、融冻等地区；地下环境已遭受或可能遭受强烈破坏的场地，如过量地采取地下油、地下气、地下水，而形成大面积地面沉降，地下采空区引起地表塌陷等；大角度顺层倾斜场地、断裂破碎带场地；地形起伏大、地貌单元多的场地。

（2）二级场地可按下列条件划定：抗震设防烈度为 7 ～ 8 度的地区，且需进行小区划的场地；不良动力地质作用一般发育的地区；地质环境已受到或可能受到一般破坏的场地；地形地貌较复杂的场地。

（3）三级场地可按下列条件划定：抗震设防烈度小于或等于 6 度的场地，或对建筑抗震有利的地段；无不良动力地质作用的场地；地震环境基本未受破坏的场地；地形较平坦、地貌单元单一的场地。

三、地基复杂程度分级

地基条件亦按其复杂程度分为一级（复杂的）、二级（中等复杂的）、三级（简单的）地基 3 个级别。

（1）一级地基为：岩土类型多，岩土性质变化大，地下水对工程影响大；需特殊处理的地基；极不稳定的特殊性岩土组成的地基，如强烈季节性冻土、强烈湿陷性土、强烈盐渍土、强烈膨胀岩土、严重污染土等。

（2）二级地基为：岩土类型较多，性质变化较大，地下水对工程有不利影响；需进行专门分析研究，可按专门规范或借鉴成功建筑经验的特殊性岩土。

（3）三级地基为：岩土类型单一，性质变化不大或均一，地下水对工程无影响；虽属特殊性岩土，但邻近即有地基资料可利用或借鉴，不需进行地基处理的。

四、岩土工程的勘察等级

根据岩土工程安全等级、场地等级和地基等级，按表 2–2 对岩土工程勘察划分等级。

表 2–2　岩土工程勘察等级划分

勘察等级	确定勘察等级的条件		
	工程安全等级	场地等级	地基等级
一级	一级	任意	任意
	二级	一级	任意
		任意	一级
二级	二级	二级	二级或三级
		三级	二级

续表

勘察等级	确定勘察等级的条件		
	工程安全等级	场地等级	地基等级
二级	三级	一级	任意
		任意	一级
		二级	二级
三级	二级	三级	三级
	三级	二级	三级
		三级	二级或三级

由表 2–2 可以看出，勘察等级是工程安全等级、场地等级和地基等级的综合表现。如一级勘察等级，当工程安全等级为一级时，场地等级和地基等级均可任意；还可看出，勘察等级均等于或高于工程安全等级，如二级勘察等级，其工程安全等级可为二级或三级，高于安全等级的原因，则是考虑场地等级或地基等级只要有一个是一级或两者均为二级即可。这些结论正是确定岩土工程勘察等级综合考虑上述 3 个因素的结果。

（1）对于一级岩土工程勘察，由于结构复杂，荷载大，要求特殊，或具有复杂的场地条件和地基条件，设计计算需采用复杂的计算理论和方法，采用复杂的岩土本构关系，考虑岩土与结构的共同作用，故必须由具有较高水平和较丰富工程经验的工程师参加；岩土工程勘察除进行常规的室内试验外，还要进行专门测试目的的测试项目和方法，以获取非常规的计算参数；为保证工程质量，常采用多种手段进行测试，以便进行综合分析，并进行原型试验和工程监测，以便相互检验。

（2）对于二级岩土工程勘察，其岩土工程为常规结构物，基础为标准型式，故采用常规的设计与施工方法；需要定量的岩土工程勘察，常由具有相当经验和资历的工程师参加，采用常规的室内试验和原位测试方法，即可获得地基的有关指标参数；有时也可能要进行某些特殊的测试项目。

（3）对于三级岩土工程勘察，因结构物为小型的或简单的，或场地稳定，地基具有足够的承载力，故只需通过经验与定性的岩土工程勘察，就能满足设计和施工要求，设计采用简单的计算模式。

第三节 岩土工程勘察阶段

一、选址勘察

选址勘察的目的是为了得到若干个可选场址方案的勘察资料。其主要任务是对拟选场址的场地稳定性和建筑适宜性作出评价，以便方案设计阶段选出最佳的场址方案。所用的手段主要侧重于搜集和分析已有资料，并在此基础上，对重点工程或关键部位进行现场踏勘，了解场地的地层、岩性、地质结构、地下水及不良地质现象等工程地质条件，对倾向于选取的场地，如果工程地质资料不能满足要求时，可进行工程地质测绘及少量的勘探工作。

二、初步勘察

初勘是在选址勘察的基础上，在初步选定的场地上进行的勘察，其任务是满足初步设计的要求。初步设计内容一般包括：指导思想、建设规模、产品方案、总平面布置、主要建筑物的地基基础方案、对不良地质条件的防治工作方案。初勘阶段也应搜集已有资料，在工程地质测绘与调查的基础上，根据需要和场地条件，进行有关勘探和测试工作，带地形的初步总平面布置图是开展勘察工作的基本条件。

初勘应初步查明：建筑地段的主要地层分布、年代、成因类型、岩性、岩土的物理力学性质，对于复杂场地，因成因类型较多，必要时应作工程地质分区和分带（或分段），使利于设计确定总平面布置；场地不良地质现象的成因、分布范围、性质、发生发展的规律及对工程的危害程度，提出整治措施的建议；地下水类型、埋藏条件、补给径流排泄条件，可能的变化及侵蚀性；场地地震效应及构造断裂对场地稳定性的影响。

三、详细勘察

经过选址和初勘后，场地稳定性问题已解决，为满足初步设计所需的工程地质资料亦已基本查明。详勘的任务是针对具体建筑地段的地质地基问题所进行的勘察，以便为施工图设计阶段和合理的选择施工方法提供依据，为不良地质现象的整治设计提供依据。对工业与民用建筑而言，在本勘察阶段工作进行之前，应有附有坐标及地形等高线的建筑总平面布置图，并标明各建筑物的室内外地坪高程、上部结构特点、基础类型、所拟尺寸、埋置深度、基底荷载、荷载分布、地下设施等。

详勘主要以勘探、室内试验和原位测试为主。

四、施工勘察

施工勘察指的是直接为施工服务的各项勘察工作。它不仅包括施工阶段所进行的勘察工作，也包括在施工完成后可能要进行的勘察工作（如检验地基加固的效果）。但并非所有的工程都要进行施工勘察，仅在下面几种情况下才需进行：对重要建筑的复杂地基，需在开挖基槽后进行验槽；开挖基槽后，地质条件与原勘察报告不符；深基坑施工需进行测试工作；研究地基加固处理方案；地基中溶洞或土洞较发育；施工中出现斜坡失稳，需进行观测及处理。

以上说明了各勘察阶段所要侧重解决的问题，总的说来，场地稳定性是选址阶段所要侧重解决的问题，场地工程地质条件的均匀性是初勘阶段的重点，具体建筑地段的评价和选择施工方法是详勘的重点，后一勘察阶段总是在前面勘察阶段工作的基础上进行的。

第四节　岩土工程勘察的主要工作

一、勘察纲要

勘察纲要是勘察工作的设计书，是开展勘察工作的计划和指导性文件。

在勘察工作开始以前，由设计单位会同建设单位提出《勘察任务书》，其中应说明工程的意图、设计阶段、要求提出的勘察资料内容，并提供为勘察工作所必须的各种图表资料（场地地形图、建筑物平面布置图、建筑物结构类型与荷载情况表等）。勘察单位即以此为依据，搜集场地范围附近的已有地质、地震、水文、气象以及当地的建筑经验等资料，由该项勘察工作的工程负责人负责编写勘察纲要，经领导审核批准后，进行勘察工作。

勘察纲要的内容取决于设计阶段、工程重要性和场地的地质条件，其基本内容有以下几个方面：

（1）工程名称、建设单位及建设地点；

（2）勘察阶段及勘察的目的和任务；

（3）建筑场地自然条件及其研究程度的简要说明；

（4）勘察工作的方法和工作量布置，包括尚需搜集的各种资料文献、工程地质测绘、勘探、原位测试、土和水分析，各种长期观测及需总结的项目的内容、方法、数量，以及对各项工作的要求；

（5）资料整理及报告书编写的内容要求；

（6）勘察工作进行中可能遇到的问题及采取的相应措施；

（7）附件，包括工程地质勘察技术要求表、勘探试验点布置图及勘察工作进度计划表等。

二、工程地质测绘与调查

当地质条件复杂或有特殊要求的工程项目，在选址或初勘阶段，应先进行工程地质测绘与调查，其目的在于查明拟建场地的地形地貌、地层岩性、地质构造、水文地质条件、物理地质现象及工程活动对场地稳定性的影响等，为确定勘探、测试工作及对场地进行工程地质分区与评价提供依据。

测绘范围包括场地内外和研究内容有联系的地段。对工业与民用建筑，测绘范围应包括建筑场地及其邻近地段；对于渠道和各种线路建设，测绘范围应包括线路及轴线（或中线）两侧一定宽度的地带；对于洞室工程，应包括洞室本身、进洞山体及其外围地段。对复杂场地，应考虑不良地质现象可能影响的范围，例如拟建在靠近斜坡地段的建筑物，测绘范围应包括邻近斜坡可能产生滑坡的影响地带；对于泥石流，不仅要研究与工程建设有关的堆积区，而且要研究补给区（形成区）和通过区的地质条件。

测绘方法常用的有路线穿越法、界线追索法和布点法等 3 种。

（1）路线穿越法是沿着与地层的走向、构造线方向及地貌单元相垂直的方向，穿越测绘场地，详细观察沿线的地质情况，并将观察到的地质情况标示在地形图上。

（2）界线追索法是一种辅助方法，系沿地层走向或某一构造线方向追索，以查明其接触关系。

（3）布点法是在上述方法工作的基础上，对某些具有特殊意义的研究内容布置一定数量的观察点，逐步观察。

上述 3 种方法都需设立观察点来观察地质现象。因此，确定观察点的位置是个关键，通常将观察点定在不同岩层的接触处，不同地貌单元及微地貌的分界处，地质构造或物理地质现象地段，以及对工程性质有重要意义的地方。

测绘的比例尺：选址阶段应不小于 1∶50000；初勘阶段可选用 1∶2000 ~ 1∶5000；详勘阶段可选用 1∶500 ~ 1∶1000。测绘精度：要求地质界线在图上的最大误差不超过 5mm；与工程设计有关部位不超过 3mm。

三、勘探工作

工程地质测绘只能查明地表出露的现象，对于地下深部的地质情况需靠勘探来解决，但勘探点的布置又需要在测绘的基础上予以确定。通过勘探可查明场地内地层的分布和变化，并鉴别和划分地层；了解基岩的埋藏深度和风化层的厚度；探查岩溶、断裂、破碎带、滑动面的位置和分布范围等。

勘探包括掘探（探井或探槽）、钻探、触探和物探等4大类。

1. 掘探

探井常根据开口形状分为圆形、椭圆形、方形和长方形几种，其截面有1m×1m、1m×1.2m和1.5m×1.5m等不同尺寸，挖掘硬土层时用较小的尺寸，松土层时用较大的尺寸，当土层松软易于坍塌时，必须支护井壁，确保施工安全。

在挖掘过程中，必须随时记录和描述，并作探井展开图。其内容包括：探井编号、位置、标高、尺寸、深度；井壁加固情况；地下水的初见水位和稳定水位；岩土的名称、颜色、粒度、包含物、湿度、密度和状态；土层厚度及产状。

探槽适用于了解地质构造线、断裂破碎带的宽度、地层、岩性分界线、岩脉宽度及其延伸方向等，一般在覆土厚度小于3m时使用。

2. 钻探

在工程地质勘探中，钻探是目前最常用、最广泛、最有效的一种勘探手段。利用钻探设备及工具，在地壳中钻进直径小（如浅孔钻钻孔直径小于325mm）、深度大（浅孔钻深度可达100m），叫做“钻孔”的圆柱形空间，从钻孔中取出岩土试样，以测定岩土物理力学性质指标，鉴别和划分地层。

在掘探和钻探过程中，不仅可取岩芯和地下水试样，进行室内土、水分析试验，还可利用这些坑孔进行原位试验或长期观测，如在孔内做十字板剪切试验或地下水位长期观测，在坑内做载荷试验等。

3. 触探

触探可分为静力触探和动力触探，它既是一种勘探方法，也是一种测试手段，它还可以确定地基土的物理力学性质、天然地基和桩基的承载力。

4. 物探

物探是根据各种岩土具有不同的物理性能，对岩土层进行研究，以解决某些地质问题的一种勘探方法，同时，也是一种测试手段。例如，电法勘探是以不同岩土具有不同的电学性质为基础的一种勘探方法；地震勘探则是利用振动方法使地基土产生振动，根据土的振动原理来勘探地基土的物理力学性质。国内目前使用的其他物探方法尚有磁法勘探、孔内无线电波透射法和超声波波速法等。

我国用物探方法在解决下述工程地质问题方面已取得了较好的效果：查明地层界线及其在水平和垂直方向的分布和变化；查明基岩的埋藏深度和风化层的厚度；探查岩溶、断裂破碎带的分布和发展规律；测定地基土的动力特性；查明地下水的水位、流速和流向等。

四、测试工作

测试工作包括室内试验和现场原位试验。前者有室内的土工试验和水分析试验；后者包括载荷试验、十字板剪切试验、大型直剪和水平推剪试验、地基土动力参数测定、桩基承载力测定和抽水试验等。通过测试，为设计和施工提供所需计算指标。

五、长期观测工作

勘察中的长期观测工作主要指建筑物的沉降观测、滑坡的位移观测和地下水的动态观测。这3个问题的研究，往往需要延续较长的时间，不是一般工程勘察周期内能完成的。长期观测所得到符合客观规律的资料，一方面可用于设计和施工，另一方面也可检验一般测试资料及对工程问题的计算和评价的适用性，以便总结经验，不断提高勘察工作水平。

六、岩土工程分析评价与成果报告

岩土工程勘察的成果应编写成一份岩土工程报告，这是一份十分重要的文件，它不仅是全体勘察人员劳动的结晶，特别是对设计、施工、工期、质量和投资起着至关重要的作用。岩土工程报告常由3部分组成：

（1）岩土工程资料包括室内试验、野外勘探工作的方法和工作量。

（2）岩土工程资料的评价应评价岩土参数的变异性、可靠性和适用性。对不同测试手段所得的成果应进行比较分析，应指出不合格的、不相关的、不充分的或不准确的数据，凡有矛盾的测试结果均应仔细分析，以便确定是错误的还是反映真实情况的。

（3）结论和建议包括对岩土工程主要问题的评述；地层变化情况以及岩土工程参数的选择；最简便和最廉价的基础方案的建议；对施工时预期可能出现的问题的预防或解决措施的建议。

第三章　土地基和岩石地基工程

第一节　一般土质地基

一、地基极限承载力计算公式

地基极限承载力计算公式很多，一般都包括有3项：反映粘聚力c作用的一项；反映基础宽度d影响的一项；反映基础埋深d作用的一项。每项中均含有一个数值不同的无量纲系数，称为承载力系数。它们均是土的内摩擦角ϕ的函数。不同的承载力公式，其承载力系数的数值不同。产生这种差别的原因是由于各个公式推导过程中所做的假设不同，因此，在选用承载力公式时一定要注意其适用条件。

1. 太沙基（K. Terzaghi）承载力公式

太沙基在40年代按照塑性平衡理论，假设地基土体在条形垂直荷载作用下，产生整体剪切破坏时沿对数螺旋线和直线段构成的滑动边界滑动，并考虑了土的自重影响，导出了条形垂直荷载作用下粘性土地基的极限承载力公式为

$$p_u = cN_c + \gamma dN_q + \frac{1}{2}\gamma bN_\gamma$$

式中　p_u——地基极限承载力（kPa）；

c——土的粘聚力（kPa）；

γ——土的重度（kN/m^3）；

b，d——分别为基础宽度和埋置深度（m）；

N_c、N_q、N_γ——承载力系数，无量纲，由图3-1中的实线查得，是土的内摩擦角ϕ的函数。

对于松散砂土和软土，地基破坏时为冲剪破坏或局部剪切破坏。太沙基建议通过

调整抗剪强度指标来反映破坏模式的不同。他建议采用$c'=\frac{2}{3}c,\phi'=\arctan\left(\frac{2}{3}\tan\phi\right)$。此时太沙基公式变为

$$p_u=\frac{2}{3}cN_c'+\gamma dN_q'+\frac{1}{2}\gamma bN_\gamma'$$

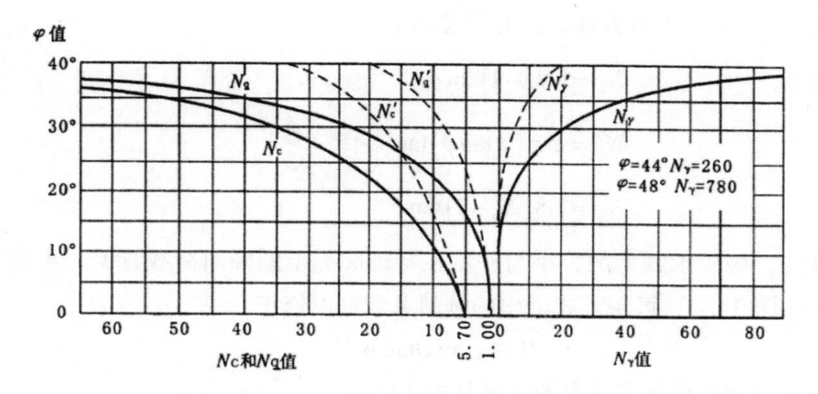

图3-1　太沙基公式中的承载力系数示意图

式中　其余符号同上式，N_c' 、N_q' 、N_γ' 为局部剪切破坏时的承载力系数，可由图3-1中的虚线查得。

当基础形状为圆形或方形时，地基承载力问题属于三维问题，太沙基根据试验结果，建议用以下半经验公式确定。

对于边长为b的正方形基础：

$$p_u=1.3cN_c+\gamma dN_q+0.4\gamma bN_\gamma$$

对于直径为b′的圆形基础：

$$p_u=1.3cN_c+\gamma dN_q+0.4\gamma' bN_\gamma$$

对于矩形基础（b×l）可以按b/l值，在条形基础（b/l=0）和方形基础（b/l=1）的承载力之间以插入法求得。

2. 汉森（Hansen. J. B）承载力公式

汉森除了考虑土的性质与基础埋深对地基极限承载力的影响外，还考虑了基础形状、荷载倾斜以及地面和基底倾斜的影响，提出如下地基极限承载力公式，该公式被欧洲规范所采用。

$$p_u=cN_cS_cd_ci_cg_cb_c+\gamma dN_qS_qd_qi_qg_qb_q+\frac{1}{2}\gamma bN_\gamma S\ d\ i\ g\ d$$

式中 S_c、S_q、S_γ——基础形状系数；

d_c、d_q、d_γ——基础埋深系数；

i_c、i_q、i_γ——荷载倾斜系数；

g_c、g_q、g_γ——地面倾斜系数；

b_c、b_q、b_γ——基底倾斜系数；

N_c、N_q、N_γ——承载力系数，由下式决定

$$N_c = \left(N_q - 1\right)\cot\phi$$

$$N_q = \exp\left(\pi\tan\phi\right)\tan^2\left(45^o + \frac{\phi}{2}\right)$$

$$N_\gamma = 1.8\left(N_q - 1\right)\tan\phi$$

汉森认为，极限承载力的大小与作用在基础底面上的倾斜荷载有关。当满足下式条件时（如图 3-2），可用下式给出的倾斜系数加以修正。

$$H \leqslant c_a A + Q\tan\delta$$

式中 H ——倾斜荷载在基底上的水平分力（kN）；

Q ——倾斜荷载在基底上的垂直分力（kN）；

A ——基础面积（m^2）；

c_a ——基底与土之间的粘着力（kPa）；

δ ——基底与土之间的摩擦角（° ）。

$$\left.\begin{aligned} i_c &= \begin{cases} 0.5 - 0.5\sqrt{1 - \dfrac{H}{cA}}\,(\phi = 0) \\ iq - \dfrac{1 - i_q}{cN_c}\,(\phi > 0) \end{cases} \\ i_q &= \left(1 - \frac{0.5H}{Q + cA\cot\phi}\right)^5 > 0 \\ i_\gamma &= \begin{cases} \left(1 - \dfrac{0.7H}{Q + cA\cot\phi}\right)^5 > 0\left(\text{水平基底}\right) \\ \left(1 - \dfrac{0.7 - \eta/450}{Q + cA\cot\phi}\right)^5 > 0\left(\text{倾斜基底}\right) \end{cases} \end{aligned}\right\}$$

式中 η——倾斜基底与水平面的夹角（° ），见图3-2。

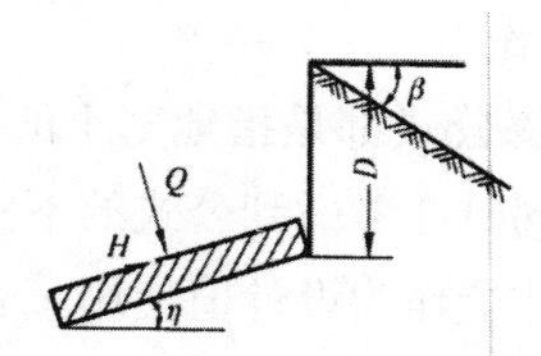

图3-2　地面或基底倾斜情况示意图

基础形状系数由下式决定，即

$$\left.\begin{aligned}S_c&=1+0.2i_c\frac{b}{l}\\S_q&=1+\frac{bi_q}{l}\sin\phi\\S_\gamma&=1-\frac{0.4b}{l}i_\gamma\geq0.6\end{aligned}\right\}$$

式中　b、ι——分别为基础的宽度和长度（m）。

显然，对于条形基础，$S_c=S_q=S_\gamma=1$。

埋深系数由下式确定，它是考虑了基础与两侧土的相互作用以及基础底面以上土的抗剪强度作用，对承载力而言是有利影响。

$$\left.\begin{aligned}d_c&=\begin{cases}1+0.35d/b(d>\mathrm{b})\\1+0.4\mathrm{aretan}(d/b)(d>\mathrm{b})\end{cases}\\d_q&=\begin{cases}1+2\tan\phi(1-\sin\phi)2d/b(d>\mathrm{b})\\1+2\tan\phi(1\text{-}\sin\phi)2are\tan(d/b)(d>\mathrm{b})\end{cases}\\d_\gamma&=1\end{aligned}\right\}$$

式中　d——基础埋深（m）。

地面倾斜或基底倾斜均对承载力产生影响，若地面的倾角为 β 和基底的倾角为 γ（如图 3-2 所示），且 β + γ ≤ 90° ，这二者的影响可用下面两式确定

$$\left.\begin{aligned}g_c&=1-\beta/147^0\\g_q&=g_\gamma=(1-0.5\tan\beta)^5\end{aligned}\right\}$$

$$\left.\begin{aligned}b_c&=1-\eta/147^0\\b_q&=\exp(-2\eta\tan\phi)\\b_\gamma&=\exp(-2.7\eta\tan\phi)\end{aligned}\right\}$$

3. 地基承载力理论公式讨论

无论是太沙基公式还是汉森公式都是指地基土的极限承载力。在设计时，为了使建筑物有一定的安全储备，同时亦考虑到公式的不完善性和土体参数的不准确性，一般要将极限承载力进行折减才能作为设计值使用（有时也叫承载力特征值）。地基极限承载力的折减是一个复杂的问题，它和上部结构的类型、荷载的性质、结构物的重要性、土的抗剪强度指标取值的可靠度等因素有关，一般折减系数为$\frac{1}{2}$ ~ $\frac{1}{3}$，视公式不同而异。

公式推导过程中采用应力叠加原理分别求得 $e \neq 0$、$\gamma d \neq 0$ 和 $\gamma \neq 0$ 的情况下承载力大小，然后组合而成，而叠加是在$\phi \neq 0$的情况下进行的，这显然是不正确的。这种误差导致计算结果偏小，是偏于安全的。当ϕ =30° ~ 40° 时，可能低估承载力 17% ~ 20%。

另外，公式的推导是基于均质地基浅基础情况。当基础埋深较大 d/b=3 ~ 4 时，应按深基础考虑；但当 d/b=1 ~ 3 时，实用上仍可作为浅基础对待。对于成层地基，可近似采用地基各层土的抗剪强度指标加权平均值计算。

由公式可见，地基极限承载力与土的抗剪强度指标 c、ϕ值密切相关，随 c、ϕ值的提高而提高。同时和上覆土重量 γd（=q）有关，γd 大意味着基础两侧地面上的超载大，则阻止滑动的力也大，故承载力就大；另外还和基础宽度 b 有关，b 增大，基础下的土体弹性核增大，整个滑动土体要增大，故承载力提高。因此，地基极限承载力不仅与土的性质有关，还与基础埋深、基础宽度有关。在工程实践中，当遇到地基土不能满足承载力要求时，常常采用加大基础宽度来提高地基承载力。但是有的学者研究表明，在一定ϕ值时，承载力系数 N_γ 不是常数，而是随着基础尺寸的增大而减小的。因此，不能任意借加大基础宽度的办法来提高地基的承载力，否则将会达不到应有的效果。另外，对于压缩性高的软土，如增加基础宽度，反而增加了受压层的范围，增大了基础的沉降，影响到建筑物的安全和正常使用，应特别注意。

地下水位的存在对地基承载力亦有影响，会使承载力降低。一般有两种可能性：一是沉没在水下的土，将失去由毛细管应力或弱结合水所形成的表观凝聚力，使承载力降低；二是由于水的浮力作用，使土的有效质量减小而降低了土的承载能力。前一影响因素在实际应用上尚有困难，因此，目前一般都假定水位上下的强度指标相同，而仅仅考虑由于水的浮力作用对承载力所产生的影响。

对于均质土，在完全浸水的情况下，太沙基建议将承载力公式中的重度 γ 用土的有效重度 γ′ 代替。一般土的有效重度仅为天然重度的 0.5 ~ 0.7 倍，因此，地下水位上升将使承载力大为降低，这种影响对于 c=0 的无粘性土更为显著，在基础设计时应特别引起注意。

二、粘性土地基承载力

粘性土地基的承载力与加荷方式，特别是加荷历时的长短有着非常密切的关系。在大多数情况下，荷载施加相对较快，饱和粘性土地基中的孔隙水来不及排除，孔隙水压力来不及完全消散，可近似认为土的抗剪强度指标 $c=c_{uu}$，$\phi=\phi_{uu}=0$，则极限承载力系数 $N_q=N_\gamma=0$，$N_c\neq0$。实验表明 N_c 并非常数，而是随基础埋深而增加，因此，Skemptcm 提出半经验公式如下

$$p_u=\left(1+0.2\frac{b}{l}\right)\left(1+0.2\frac{d}{b}\right)N_c c_{uu}+\gamma d$$

式中　c_{uu}——由不固结不排水剪试验所得土的粘聚力（kPa）。

其余符号同前。

该公式适用于 $\frac{d}{b}\leqslant2.5$ 的情况；当 $\frac{d}{b}>2.5$ 时，p_u 不再增加。

当荷载施加速率非常缓慢，比如修土坝，有时可能会持续若干年，土体中的含水量在荷载作用下会随时间增长而减小，此时土体抗剪强度的提高在设计中必须予以考虑。对于这种情况，土体的沉降也是不容忽视的，因此构筑物应为柔性结构，对沉降不敏感。在长期荷载作用下，地基土的承载力由前述公式确定时，应采用有效应力强度指标 c' 、ϕ' 来计算。

对于饱和粘性土的 c_{uu} 一般由不固结不排水三轴压缩试验确定，有时由于原状软土样难以取得，也可由现场十字板剪切试验确定 c_{uu} 值。值得注意的是，两种试验方法所得 c_{uu} 值不同，原因在于土体的各向异性特性。在三轴试验中，土样是在垂直方向受压而剪坏，现场十字板剪切试验则是由土体水平面直接受剪为主。因此，在使用上述地基承载力理论公式时，若采用由十字板剪切试验所得 cus 计算时，要进行修正，即 $c_{uu}=fc_{us}$。Bjermm 由试验对比得出修正系数 f 与土的塑性指数有关，二者间的关系如图 3-3 所示。

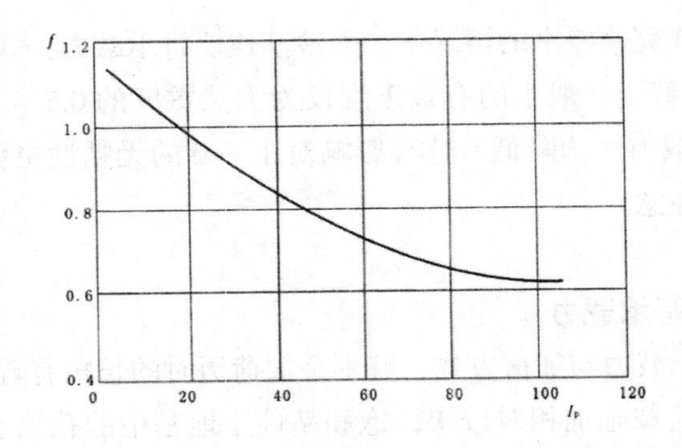

图 3–3　Bjerrum 修正系数 f 与塑性指数 I_P 的关系曲线

三、无粘性土地基承载力

无粘性土地基具有较高的渗透性。在荷载的施加过程中可以认为土中的孔隙水压力消散很快，基本为零。因此，在进行地基极限承载力计算时应采用土的有效应力强度指标 c′、ϕ'。一般对于砂类土或碎石类土，认为其有效粘聚力 c′ =0 或很小，可以忽略不计。

无粘性土的有效内摩擦角 ϕ' 是确定地基土极限承载力系数的基本参数。由于现场很难取得原状未扰动的无粘性土样，特别是碎石类土或粗砂、砾砂等粗颗粒含量较大的砂类土，ϕ' 值很难从室内试验确定，一般均由现场原位试验间接确定。常用的方法是由现场标准贯入试验确定土体的标准贯入击数 $N_{63.5}$，然后由 $N_{63.5}$ 间接确定有效内摩擦角 ϕ'。图 3–4 给出了由 Peck 等人总结建立的 $N_{63.5}$ 与 ϕ' 的关系曲线，供参考。

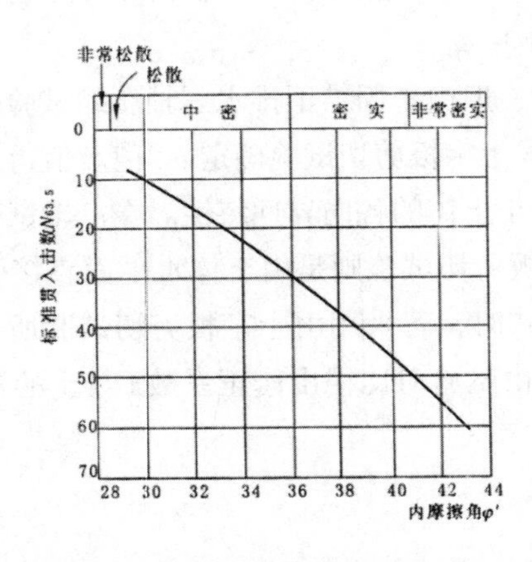

图 3–4　标准贯入击数 N63.5 和内摩擦角 ϕ' 的关系曲线示意图

太沙基根据试验得出干燥状态下某些砂土的内摩擦角范围，见表3-1，供工程人员在获得现场工程地质勘察报告前进行初步设计方案选择时参考。对于饱和状态下的土体，其中ϕ'值要比干燥状态下低1° ~ 2°。对于含有较多细颗粒的粉砂、细砂，在饱和状态下，当受到往复荷载作用（如地震荷载），孔隙水来不及排除，孔隙水压力急剧增长，致使土体的有效应力减小为零，产生液化，导致地基丧失承载力，在设计中对于这类砂土要予以高度重视。一般对于液化土体均应进行处理，对于桩基设计时要按照有关规范，对于液化土层的桩侧阻力进行折减。

表3-1 干燥状态下某些砂类土的内摩擦角ϕ（°）取值范围

状态土类	均匀圆砾	级配良好角砾	粉质砂土	砂质砾石
松散	27.5	33	27 ~ 33	35
密实	34	45	30 ~ 34	50

另外值得高度重视的一点是松砂达到峰值强度后强度保持不变，但密砂达到峰值强度后，随着变形增加，强度产生下降，有时下降幅度较大。下降稳定后的强度称为残余强度，在进行支护结构设计计算时，要注意使用土的残余强度值进行土压力计算。

第二节 特殊土质地基

一、黄土地基

1. 黄土的特征及其分布

黄土是一种第四纪沉积物。世界上黄土分布很广，集中在中纬度干旱和半干旱地区。法国的中部和北部、罗马尼亚、保加利亚、前苏联境内北纬40°以北及中亚地区，以及美洲密西西比河上游都有分布。黄土在我国特别发育，地层全、厚度大，总分布面积约63.5万km^2，占世界黄土分布总面积的4.9%左右，主要分布在北纬33° ~ 47°之间，而以34° ~ 45°之间最为发育，如甘肃、陕西秦岭以北、青海、河南、山西等省。堆积厚度一般都在10 ~ 40m，最大厚度达200m。

黄土按其成因可分为两类：以风力搬运堆积，又未经次生扰动，不具层理的称为原生黄土；由风力以外的其他成因堆积而成的，常具有层理或砾石、砂类层，称为次生黄土。原生黄土和次生黄土统称为黄土。在天然含水量时，黄土往往具有较高的强度和较小的压缩性，但遇水浸湿后，有的土即使在其上覆土层自重压力作用下也会发生显著附加下沉，其强度也随着迅速降低。凡天然黄土在一定压力作用下，受水浸湿，土的结构迅速破坏而产生显著附加下沉的称为湿陷性黄土。有的黄土并不发生湿陷，称为非湿陷性黄土非湿陷性黄土地基的设计和施工与一般粘性土地基无异，因此这里不加讨论。湿陷性黄土又可分为自重湿陷性黄土——土体在自重压力作用下受水浸湿后产生湿陷的黄土，和非自重湿陷性黄土——土体在自重压力下受水浸湿后不产生湿陷，而在某一压力（＞自重压力）的作用下受水浸湿后产生湿陷的黄土。

湿陷性黄土产生湿陷的原因是外因和内因共同作用的结果，黄土在它的形成过程中，因当地气候干燥，土中水分不断蒸发，水中所含的碳酸钙、硫酸钙等盐类就在土粒表面析出，沉淀下来，形成胶结物；此外还由于土颗粒间的分子引力和由薄膜水和毛细水所形成的水膜联结。所有这些胶结使得颗粒间具有抵抗移动的能力，阻止土的骨架在其上覆土重的作用下可能发生的压密，从而形成肉眼可见的、孔径大于粒径的大孔结构和架空孔隙，并且有多孔性；此外，残留的植物根系也能形成大孔。黄土被水浸湿后，水分子楔入颗粒之间，破坏联结薄膜，并逐渐溶解盐类，同时水膜变厚，土的抗剪强度显著降低，在土自重压力和/或自重压力和附加压力的作用下，土的结构逐步破坏，颗粒向大孔中滑动，骨架挤紧，从而发生湿陷现象。可见，土的大孔性和多孔性是湿陷的内在根据，水和压力则是湿陷的外界条件，并通过前者而起作用。

黄土的湿陷性主要与其特有的结构有关，即与其结构组成有关的微结构（架空孔隙的存在）、颗粒组成（粉粒含量较高）、化学成分（易溶盐、可溶盐的存在）等因素有关。在同一地区，土的湿陷性又与其天然孔隙比和天然含水量有关。当然，压力也是一个重要的外界影响因素。因此，黄土的工程地质评价要综合考虑地层、地貌、水文地质条件等因素。

2. 黄土湿陷性的判定

（1）湿陷性的判定

黄土湿陷性的判定多用室内浸水侧限压缩试验。试验时，将高度为 h_0 的原状土样放入压缩仪中，逐级加荷到规定压力 p 为止，测定 p 压力下试样压缩稳定后的高度 h_p；然后加水浸湿试样，使其达到饱和状态，测定下沉稳定后试样的高度 h_p'，湿陷系数 δ_s 定义为

$$\delta_s = \frac{h_p - h_p'}{h_o}$$

湿陷系数 δ_s 的大小反映了黄土对水的敏感程度，其值愈小，湿陷性愈小，表示土受水浸湿后的附加下沉量愈小，对建筑物的危害亦愈小，反之则大。因此，湿陷系数常用来判定土的湿陷性。根据《湿陷性黄土地区建筑规范》（以下简称为《黄土规范》）规定，当 $\delta_s < 0.015$ 时，定为非湿陷性黄土；$\delta_s \geq 0.015$ 时，定为湿陷性黄土。

《黄土规范》规定，测定湿陷系数时的压力 p 从基础底面（初勘时从地面下 1.5m）算起，到其下 10m 内的土层为 200kPa，10m 以下至非湿陷性土层顶面应用其上覆土的饱和自重压力（当大于 300kPa 时，仍应用 300kPa。如基底压力大于 300kPa 时，宜用实际压力判别黄土的湿陷性。

（2）湿陷起始压力和湿陷起始含水量

如上所述，黄土的湿陷量与所受压力大小有关。因此，存在着一个压力界限值，压力低于这个数值，黄土即使浸了水也不会产生湿陷，这个界限称为湿陷起始压力 p_{sh}。它是一个有一定实用价值的指标。例如，在设计非自重湿陷性黄土地基上荷载不大的基础和土垫层时，可以有意识地选择适当的基础底面尺寸及埋深，或垫层厚度，使基底压力或垫层底面总压力（自重应力与附加应力之和）不超过基底下土的湿陷起始压力，以避免湿陷的可能性。

湿陷起始压力可用室内或野外现场试验确定。不论室内或野外试验，都有双线法和单线法两种。当由室内压缩试验确定时，其方法如下：

采用双线法时，应在同一取土点的同一深度处，以环刀切取 2 个试样。一个在天然湿度下分级加荷；另一个在天然湿度下加第一级荷重，下沉稳定后浸水，待湿陷稳定后再分级加荷。分别测定这两个试样在各级压力下的下沉稳定后的试样高度 h_p 和浸水下沉稳定高度 h_p'，就可以绘出不浸水试样的，$p-h_p$ 曲线和浸水试样的 $p-h_p'$ 曲线，如图 3-5 所示。然后按上式计算各级荷载下的湿陷系数 δ_s，从而绘制曲线。在 $p-\delta_s$ 曲线上取 $\delta_s=0.015$ 所对应的压力作为湿陷起始压力 p_{sh}。这种方法因需绘制两条压缩曲线，所以叫双线法。

采用单线法时，应在同一取土点同一深度处，至少以环刀切取 5 个试样。各试样均分别在天然湿度下分级加荷至不同的规定压力。待下沉稳定后测定土样高度 hp，然后浸水，并测定湿陷稳定后的土样高度 h_p。绘制 $p-\delta_s$ 曲线，取 $\delta_s=0.015$ 时对应的压力为 p_{sh}。

湿陷起始含水量是指在外荷或土自重压力作用下，湿陷性黄土受水浸湿时开始出现湿陷现象时的最低含水量。它与土的性质和作用压力有关，对于同一种土，湿陷起始含水量并不是一个常数，一般随压力增大而减小。对于给定的土，在特定压力下，它的湿陷起始含水量是一个定值。在实际工程中常常会遇到这样的土层，由于外界作用其含水量略有所增，但未达到饱和状态，究竟该土层在荷载作用下会产生多大的湿陷量，是需要仔细考虑的。如果含水量尚未达到该土层在给定荷载下的湿陷起始含水量，则变形不显著，可以作为非湿陷性土层对待，若超过或等于它的湿陷起始含水量，则必须按照《黄土规范》的要求，在设计中予以考虑，采取必要的措施。

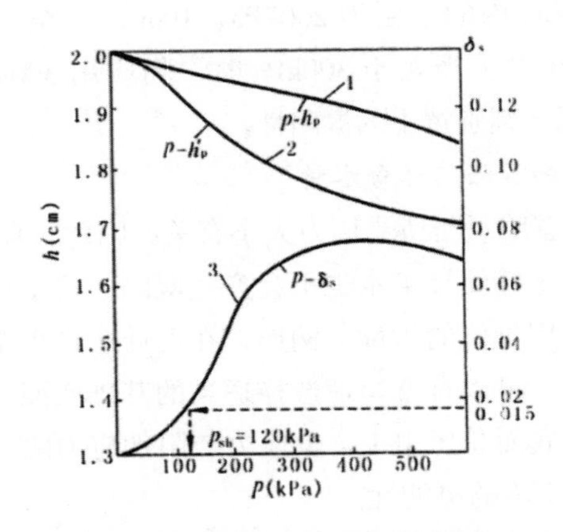

图3–5　双线法压缩试验曲线示意图

湿陷起始含水量主要受下述因素的影响：一是土的粘性、结构强度以及受水浸湿时强度降低的程度；二是土在外荷或自重作用下的应力状态。作用在土上的压力越大，起始含水量越小。

确定湿陷起始含水量的标准同确定湿陷起始压力的标准相同，以土样在某一压力下的湿陷系数 δ_s=0.015 时的含水量作为湿陷起始含水量。

（3）湿陷类型和湿陷等级

自重湿陷性黄土在没有外荷载的作用下，浸水后也会迅速发生剧烈的湿陷，甚至一些很轻的建筑物也难免遭其害，而在非自重湿陷性黄土地区，这种情况就很少见。所以对于这两种类型的湿陷性黄土地基，所采取的设计和施工措施应有所区别。在黄土地区地基勘察中，应按实测自重湿陷量或计算自重湿陷量判定建筑场地的湿陷类型。实测自重湿陷量由现场试坑浸水试验确定。

计算自重湿陷量按下式计算

$$\Delta_{zs}=\beta_0\sum_{i=1}^{n}\delta_{zsi}h_i$$

式中 δ_{zsi} ——第i层土在上覆土层的饱和（$S_\gamma \geqslant 85\%$）自重压力作用下的湿陷系数，其测定和计算方法同 δ_{si}；即 $\delta zs = \frac{hz - hz'}{h_0}$，式中hz是加压至土的饱和自重压力时，下沉稳定后的试样高度，h_z' 为浸水饱和后土样下沉稳定后的高度。

h_i——第i层土的厚度。

n ——总计算厚度内湿陷土层的数目。总计算厚度应从天然地面算起（当挖、填方厚度及面积较大时，自设计地面算起）至其下全部湿陷性黄土层的底面为止，但其中 $\delta_{zs} < 0.015$ 的土层不累计。

β_0——因地区土质而异的修正系数。对陇西地区可取1.5，对陇东地区和陕北地区可取1.2。对关中地区：当场地在湿陷性土层内，分布为全新世 Q_4（含 Q_4^2 新近堆积）黄土和晚更新世 Q_3 黄土时取1.1；以中更新世 Q_2 为主时取0.7；其他地区取0.5。

当计算自重湿陷量 $\Delta zs \leqslant 7cm$ 时，应定为非自重湿陷性黄土场地；$\Delta zs > 7cm$ 时，应定为自重湿陷性黄土场地。在现场进行试坑浸水试验时，试坑一般挖成圆形或方形，其直径或边长不应小于湿陷性黄土层的厚度，且不应小于10m。试坑的深度为0.5m，坑底铺一层5 ~ 10cm厚的砂或石子。在坑内不同深度处和坑外地面上设置若干沉降观测标点，并注意观察试坑浸水后地面裂缝的发展情况。沉降观测精度为 ±0.1mm。坑内水深应保持30cm。试验一直进行到湿陷稳定（即最后5d内的平均日湿陷量≤ 1mm）为止。当实测自重湿陷量 $\Delta zs' \leqslant 7cm$ 时，定为非自重湿陷性黄土场地；当 $\Delta zs' > 7cm$ 时，定为自重湿陷性黄土场地。

现场试验比较符合实际情况，但常限于现场条件（主要是水的来源）或工期限制，不易做到。

湿陷性黄土地基的湿陷等级，应根据基底下各土层累计的总湿陷量和自重湿陷量的大小等因素判定。总湿陷量可按下式计算

$$\Delta_s = \sum_{i=1}^{n} \beta \delta_{si} h_i$$

式中 δ_{si}和h_i——第i层土的湿陷系数和厚度。计算时土层厚度自基底（初勘时从地面下1.5m）算起：对非自重湿陷性黄土地基，累计算至其下5m深度或沉降计算深度为止；对自重湿陷性黄土地基，应根据建筑物类别和地区经验决定，其中 $\delta_s < 0.015$的土层不累计；

β——考虑黄土地基侧向挤出和浸水机率等因素的修正系数。无浸水机率，β 可取 0；有浸水机率，基底下 5m 深度内可取 1.5；5m 深度以下，在非自重湿陷性黄土场地，可不计算；在自重湿陷性黄土场地，按 β_0 值取用。

△s 是湿陷性黄土地基在规定压力作用下充分浸水后可能发生的湿陷变形值；设计时应按黄土地基的湿陷等级考虑相应的设计措施。在同样情况下，湿陷程度愈高，设计措施要求愈严格。

3. 湿陷性黄土地基的勘察和工程措施

（1）湿陷性黄土地基的勘察

在湿陷性黄土地区进行工程地质勘察时，除了遵循勘察规范规定的基本要求和方法，查明一般工程地质条件外，还必须在不同的勘察阶段中，针对湿陷性黄土的特点进行下列勘察工作，以便结合建筑物的要求，对场地的湿陷类型、地基湿陷等级作出评价和提出地基处理措施的建议。

1）按不同的地质年代和成因以及土的特性划分黄土层，查明湿陷性黄土层的厚度和分布，测定土的物理力学性质（包括湿陷起始压力），划分湿陷类型和计算湿陷量，确定湿陷性、非湿陷性黄土土层在平面与深度的界限。

2）研究地形的起伏与降水的积累和排泄条件，调查山洪淹没范围及其发生时间，调查地下水位深度、季节性的变化幅度、升降趋势、地表水体的变化情况。

3）划分不同的地貌单元，查明不良地质现象（如湿陷洼地、黄土滑坡、崩塌、冲沟和泥石流）的分布地段、规模和发展趋势及其危害性。

4）调查邻近已有建筑物的现状和开裂及损坏情况。

（2）湿陷性黄土地基设计和工程措施

在湿陷性黄土地区进行建筑物设计时，应按建筑物的重要性、地基受水浸湿可能性的大小和在使用上对不均匀沉降限制的严格程度、地基土的湿陷类型和湿陷等级、土的变形和强度、地下水可能的变化情况卜当地建筑经验和施工条件等因素综合考虑和分析，区别对待，合理采用地基处理、防水措施和结构措施等一种或几种结合起来的措施，以保证建筑物的安全可靠和正常使用。

《黄土规范》规定，对甲类建筑应全部消除地基土的湿陷性。防水措施和结构措施可按一般地区进行设计。对于乙类建筑可部分消除湿陷性，并采取结构措施和防水措施。地基处理后的剩余湿陷量≤ 15cm 时，宜采取检漏防水措施或基本防水措施；当剩余湿陷量＞ 15cm 时，对自重湿陷性黄土场地，宜采取严格防水措施。对非自重湿陷性黄土场地，宜采取检漏防水措施。对丙类建筑，应消除地基的部分湿陷量，并采取结构措施和防水措施，视剩余湿陷量的大小和场地湿陷等级采用合适的防水措施。对于丁类建筑，地基一律不处理，但要根据场地湿陷等级采用不同程度的防水措施和结构措施。

地基处理的目的在于消除地基土的湿陷性。地基处理可分为两大类：一是全部消除地基湿陷性，如挤密土桩、石灰桩、化学灌浆、预浸水等方法；二是部分消除地基湿陷性，如重锤夯实法、强夯法（该法宜可用于全部消除湿陷性）和灰土垫层。桩基础在黄土中的应用近年来日益增多。采用桩基础应穿透湿陷性黄土层，对非自重湿陷性黄土场地，桩端应支承在压缩性较低的非湿陷性土层中；对自重湿陷性黄土场地，桩端应支承在可靠的受力层中。

防水措施是防止或减少建筑物和管道地基受水浸湿而引起湿陷以保证建筑物和管道安全使用的重要措施。其主要内容有：做好总体的平面和竖向设计；保证整个场地排水畅通；做好防洪设施；保证水池类构筑物或管道与建筑物的间距符合防护距离的规定；保证管网和水池类构筑物的工程质量，防止漏水；做好排除屋面雨水和房屋内地面防水的措施。对于单体建筑物而言，其防水措施主要包括检漏管沟、防水地坪、散水和室外场地平整等。

结构措施的目的在于使建筑物能适应或减少因地基局部浸水所引起的差异沉降而不致遭受严重破坏，并继续能保持其整体稳定性和正常使用。主要的结构措施包括：

①选择适应不均匀沉降的结构类型和适宜的基础类型，建筑体型力求简单。

②加强建筑物的整体刚度。对砖石承重的多层房屋控制长高比；设置沉降缝，减少沉降差；增设横墙、增设钢筋混凝土圈梁、增大基础刚度等。

③局部加强构件和砌体强度；构件应有足够的支承面积；预留适应沉降的净空。

在上述工程措施中，地基处理是3种工程措施中的主要措施，防水和结构措施要根据地基处理程度的不同而选用。如果地基彻底处理了，湿陷性全部消除，其他措施就可不必特殊考虑。若地基处理仅消除了部分湿陷量，则为了保证建筑物的安全和正常使用，尚应采取必要的防水和结构措施。

二、红粘土地基

1. 红粘土的形成

红粘土是指在亚热带湿热气候条件下，碳酸盐类岩石及其间所夹其他岩石，经强烈风化后形成的一种高塑性粘性土，一般带红色，如褐红色、棕红色或黄褐色。这种残积物经降雨水流搬运后形成的坡、洪积粘土，称为次生红粘土。有的作者认为，红土的成因类型一般根据母质类型而划分为碳酸盐残积“红粘土”、玄武岩残积“类红粘土”、花岗岩残积“红土”和第四系风化的“网纹红土”，这种分类法则把红粘土列在红土大类中。本教材仍按本段开头的常规定义方法，阐述有关红粘土及其地基的性状。

我国红粘土和次生红粘土广布于云南、贵州、广西、四川、广东、湖南等省，云南、贵州和广西的红粘 ± 最为典型，分布最广，土层厚度分布极为不均，与下卧基岩面的状态和风化深度密切相关，常因岩面起伏变化较大，或因石灰岩表面的石芽、溶沟、溶洞或土洞等的存在，致使在水平距离咫尺之间，上覆红粘土层的厚度也可相差 10m 之巨，既造成地基勘察工作的困难，设计时又必须充分考虑地基的不均匀性。

红粘土是一种有特殊工程性质的粘土，一般情况下常处于饱和状态，天然含水量高，孔隙比大，但土的压缩性低，强度高，从土的性质来说，它的工程性能良好，是建筑物较好的地基。

2. 红粘土的成分及物理力学特征

碳酸盐类及其他类岩石在风化后期，母岩中活动性较强的成分和离子 SO_4^{2-}、Ca^{2+} Na^+ K^+ 等经长期风化淋滤作用后相继流失，SiO_2 也部分流失，此时地表多集聚含水铁铝氧化物及硅酸盐矿物，并脱水变成氧化铁铝 Fe_2O_3 和 $A1_2O_3$ 或 $Al(OH)_3$，使土染成褐红或砖红色而成红粘土。由表 3–2 可知，红粘土的矿物成分以石英、多水高岭石、水云母和赤铁矿、三水铝土矿等组成，而其化学成分则以 SiO_2、Fe_2O_3 和 $A1_2O_3$ 为主，CaO、Mg0、MnO_2 等成分极少。因在湿热条件下，有机质易于分解，故红粘土的有机质含量甚微。根据昆明和贵阳的试验资料，红粘土颗粒周围所吸附的阳离子以水化程度很弱的 Fe^{3+} 和 Al^{3+} 为主，Ca^{2+} 和 Mg^{2+} 含量极少。

表 3–2 红粘土的矿物成分

地区	深度（m）	矿物成分含量（%）				
		石英	多水高岭石	水云母	赤铁矿	三水铝土矿
昆明	1.0	5	20 ~ 30	–	20 ~ 30	30 ~ 40
	1.5	＜5	30 ~ 40	–	20 ~ 30	20 ~ 30
	2.5	20 ~ 30	20 ~ 30	–	10 ~ 20	20 ~ 30
贵阳	4.5	50 ~ 60	≤10	20 ~ 30	10 ~ 15	1.5 ~ 25

红粘土粒径组成较均匀，呈高分散性，粘粒含量很高，一般为 60% ~ 70%，云南个旧白沙冲和贵阳的红粘土，其粘粒含量可高达 85%。

红粘土的一般物理力学特征为：

（1）天然含水量高。一般为 40% ~ 60%，甚至可高达 90%；饱和度一般大于 90%，甚至坚硬红粘土也处于饱和状态；

（2）密度小。天然孔隙比一般为 1.4 ~ 1.7，有的高达 2.0，具有大孔隙性；

（3）塑性界限高。液限大于 50%，一般为 60% ~ 80%；塑限一般为 40% ~ 60%，可高达 90%；塑性指数常为 20 ~ 50；

（4）红粘土表层一般处于坚硬或硬塑状态，此时的天然含水量虽高，但塑限也很高；

（5）常有较高的强度和较低的压缩性。固结快剪时，内摩擦角为 8° ~ 18°，内聚力 c 为 40 ~ 90kPa；载荷试验比例极限为 200 ~ 300kPa；压缩系数 a_{2-3}=0.1 ~ 0.4MPa^{-1}、变形模量 E_0=10 ~ 30MPa，最高可达 50MPa；

（6）无湿陷性。原状土浸水后膨胀量很小，但失水后收缩剧烈，原状土体积收缩率可达 25%，扰动土可达 40% ~ 50%。

红粘土的上述物理力学特征和由此决定的特殊工程性质，主要在于其生成环境及相应的组成物质和坚固的粒间联接特性。

红粘土的高孔隙性来源于其颗粒组成的高分散性，粘粒含量多，且组成这些细小粘粒的铁铝硅氧化物在高湿条件下很快失水，而相互凝聚胶结，从而较好地保存了絮状结构的结果。

红粘土的天然含水量很高，同样由于它的高分散性，粘粒表面能吸附大量的水分子的结果。在土中孔隙被结合水，主要是强结合水所充填，这种结合水受土颗粒的吸附力大，分子排列极密，不但不能从一个土赖粒移向另一土颗粒，而且粘滞性大，抗剪强度高，由可塑状态转为半固体状态时塑限含水量高。由于红粘土分布地区地表温度高，又处于明显的地壳上升阶段，那些分布于山坡、山岭或坡脚地势较高地段的红粘土，其地表水和地下水排泄条件好，土虽处于饱和状态，但天然含水量也只接近于塑限，故常处于硬塑或半坚硬状态。

红粘土具有高强度性是由多种因素决定的。从矿物组成而言，多水高岭石与高岭石的性质基本相同，其结晶格架活动性差，当被水浸湿后，晶格间距改变极少，与水结合的能力也就很弱；而三水铝土矿、赤铁矿、石英及胶体二氧化硅等铁铝硅氧化物，也都是不溶于水的矿物，它们的性质比多水高岭石更稳定。从粘性土的结构而言，稳定颗粒之间的联接是相互胶结的，特别是在风化后期，有些氧化物的胶体颗粒会变成结晶的铁铝硅氧化物，它们是抗水的，不可逆的，其粒间联接强度更大。从粘土颗粒周围吸附的阳离子来看，因主要为 F^{2+} 和 Al^{3+}，它们的水化程度也很弱，其外围的结合水膜很薄，这就增加了粒间的联接强度。

上述红粘土的组成成分、粒间联接和含水特性，也是它虽呈现高孔隙性和大孔隙性的特征，但又不具有浸水湿陷性的主要原因。

红粘土的一般物理力学特征，说明它具有压缩性低而强度高的良好工程性能，但作为建筑物地基中的红粘土，由于地形、地貌、气候等外部环境的不同，红粘土的物理力学特征指标变化范围却很大。据统计资料表明，贵州省几个地区红粘土的物理力学指标，天然含水量的变化范围为25% ~ 88%，天然孔隙比为0.7 ~ 2.4，液限为36% ~ 125%，塑性指数为18 ~ 75，液性指数为0.45 ~ 1.4，内摩擦角为2° ~ 31°，粘聚力为10 ~ 140kPa，变形模量为4 ~ 35.8MPa。因其物理力学指标变化如此之大，地基承载力必有显著的差别，这是在研究红粘土的工程性质和解决工程实际问题要特别注意的地方，决不能把不同地层中红粘土的工程性质视为一成不变的，必须根据红粘土地基的具体情况和特点，正确设计，确保地基的稳定性。

3. 红粘土地基的特点

（1）红粘土层厚度分布不均。其厚度变化与地形、地貌和下卧基岩的起伏变化状态、风化深度有关，处于古岩溶面或风化面上的红粘土层，在水平方向相距不过1m，厚度一般可相差5 ~ 8m。同一建筑物地基厚围的不均匀性，会使基础产生不均匀的差异沉降，差异值较大时，将会使建筑物的上部结构产生裂缝，影响甚至危及建筑物的安全使用。为此，在岩土工程勘察时，要研究地形、地貌特征，甚至场地的地貌划分及微地貌的变化情况，查明基岩岩性、分布、埋藏深度及起伏情况。在设计时应按变形计算地基，以便合理地利用地基强度；在结构措施上，适当加强上部结构刚度，以提高建筑物对不均匀沉降的适应能力。

（2）红粘土层沿深度方向自上向下，含水量增加，土质由硬变软。含水量增加的原因，一方面是地表水在向下渗滤过程中，靠近地表部分易受蒸发，愈往下愈易集聚保存下来；另一方面可能直接受下部基岩裂隙水的补给和毛细作用的影响；特别是位于四周高起的盆地中间低洼地带及基岩（石灰岩）表面溶沟、溶槽中的红粘土，因易于积水，土的含水量大，其物理状态自上向下，可由坚硬、硬塑变为可塑，以至流塑状态。物理状态由硬变软，红粘土的强度也随深度而逐渐递减，针对地基强度变化的这一特征，设计时为了有效地利用红粘土作为天然地基，在无冻胀地区、无特殊的地质地貌条件和特殊使用要求情况下，基础宜尽量浅埋，把上层坚硬或硬塑状态的土层作为地基的持力层。这种设计，既可充分利用承载力较高的表层土，又便于施工，减少开挖工程数量，节省基础圬工。当溶沟、溶槽上覆盖土层较薄，且为持力层时，需根据具体情况，分别采取换土回填（用片石混凝土或混凝土）、梁板结构、桩基础等多种措施，使建筑物不至出现不均匀沉降现象。

（3）红粘土地区的岩溶现象常较发育。因地表水和地下水的运动而引起的冲蚀和潜蚀作用，致使下伏岩溶上的红粘土层中常有土洞存在。

（4）因红粘土具有较小的吸水膨胀性，但失水收缩性大，裂隙发育。坚硬或硬塑状态下的红粘土，在接近地表或边坡地带，土体内存在许多光滑的裂隙面，破坏了土体的整体性和连续性，土体的强度远小于土块的强度，当基础埋深过浅、外侧地面倾斜或有临空面的情况时，这种裂隙土体对地基的稳定性有很大的影响。

4. 确定红粘土地基承载力的一般方法

（1）现场载荷试验法

静力载荷试验是确定红粘土地基承载力的主要方法，其结果也常是其他方法的比较鉴别标准。红粘土地基载荷试验的加荷等级、稳定标准和资料整理等与一般土质地基相同，唯需特别注意的是承压板的尺寸与具体建筑物基础尺寸的关系，应充分估计到由于承压板尺寸小于基础尺寸，而出现加荷后影响深度较小的局限性。红粘土地基的承载力取值一般为比例界限压力 p_0，此值具有较大的安全系数；当采用破坏荷载除以安全系数 1.5 时，据有关单位的统计资料说明：对硬塑土层，该值相当于按固结快剪强度指标算得的 $p_{\frac{1}{4}}$；对可塑、软塑土层而言，该值相当于按 0.75 倍固结快剪指标算得的 $p_{\frac{1}{4}}$，经与变形验算结果比较，这种取值标准足以满足要求。

（2）查用地区的经验数值

红粘土地基的承载力受地区不同的影响较大，貌似均一的红粘土，由于所处地区的不同，其承载力会有一定的、甚至较大的差别。表 3–3 给出了贵州地区的资料，其中 E_s 为室内土的压缩模量，$E_{载}$ 为用载荷试验求得的土的变形模量。表 3–3 系根据室内土工试验指标，应用理论计算公式和野外荷载试验结果，并结合已有建筑经验综合分析提出的。在缺乏资料时，表 3–3 可供粗略估计红粘土地基的承载力及其变形指标。

表 3–3　红粘土力学指标的经验数值

土的状态	地基承载力（kPa）	E_sCMPa）	$E_{载}$（MPa）	$K=\frac{E_{载}}{E_s}$
坚硬	300 ~ 350	11 ~ 13	21 ~ 25	2.0 ~ 2.2
硬塑	220 ~ 300	7 ~ 11	14 ~ 21	1.8 ~ 2.0
可塑	120 ~ 220	5 ~ 7	8 ~ 14	1.2 ~ 1.8
软塑	80 ~ 120	2.5 ~ 5	3 ~ 8	1.0 ~ 1.2

5. 关于红粘土地基变形量计算问题

正如红粘土地基特点中所述，红粘土一般有强度高而压缩性低的工程特征，对于一般建筑物而言，地基承载力往往由地基强度控制，而不考虑地基变形，但由于地形和岩面起伏，往往造成同一建筑地基上各部分红粘土层厚度和性质很不均匀，所形成的过大的差异沉降往往是置于天然地基上的建筑物产生裂缝的主要原因。在这种情况下，按变形计算地基对于合理地利用地基强度，正确反映上部结构使用功能的要求，具有特别重要的意义，特别是对于5层以上的，或重要的建筑物，应按变形计算地基。

关于红粘土地基压缩层的计算深度，我国有关单位曾在4个载荷试验中，测定了压板中心下各层土的竖向变形，结果表明，地基的绝大部分变形集中在压板下较小的深度范围内，且沿深度的衰减比正应力 σ_z 的衰减快，在一般建筑实际荷载范围（$\leq p_0$）内有：深度0 ~ 0.56（b为基础宽度）范围内，占总变形量的50%以上；0 ~ 1b范围内，占总变形量的80%以上；0 ~ 2b范围内，占总变形量的92%以上。可见，对于方形和矩形基础，其压缩层计算深度可近似地取基础宽度的2倍，而无需根据附加应力和自重应力的比值来确定。

三、膨胀土地基

1. 土的胀缩特性指标

（1）自由膨胀率 δ_{ef}（%）

自由膨胀率 δ_{ef} 指的是人工制备土在水中的体积增量与原体积之比，用百分数表示，按下式计算

$$\delta_{ef}=\frac{V_w-V_0}{V_0}\times100\%$$

式中　Vw——土样在水中膨胀稳定后的体积（ml）；

V_0——土样原有体积（ml）。

在制备土样时，需先取有代表性的风干土约100g，碾细后过0.5mm筛，将过筛的试样拌匀，再在105 ~ 110℃下烘至恒重，冷却至室温后，再按规范中有关规定进行试验。

自由膨胀率反映了粘性土在无结构力影响下的膨胀潜势，是判别膨胀土的综合指标，因不能反映原状土的膨胀变形，故不能用来评价地基的膨胀量。

（2）膨胀率 δ_{ep}（%）

膨胀率 δ_{ep}（%）指的是在一定压力下，试样浸水膨胀后的高度增量与原高度之比，用百分数表示，按下式计算

$$\delta_{ep}=\frac{h_w-h_0}{h_0}\times100\%$$

式中 h_w——试样浸水膨胀稳定后的高度（mm）；

h_0——试样的原始高度（mm）。

试验时，用环刀切取有代表性的原状土样，按压缩试验的要求，用所要求的压力，先进行常规压缩试验，待下沉稳定后，按规范中有关规定进行浸水试验。不难看出，膨胀率取决于所施加压力的大小和浸水前土样的压密固结程度。如图3–6所示，膨胀率随着垂直压力的增大而减小，并逐渐由膨胀转为压密。当用于查明地基胀缩等级时，按规范垂直荷载应采用50kPa，而在计算地基变形时，需考虑基底附加压力和土的自重压力分布的实际情况。

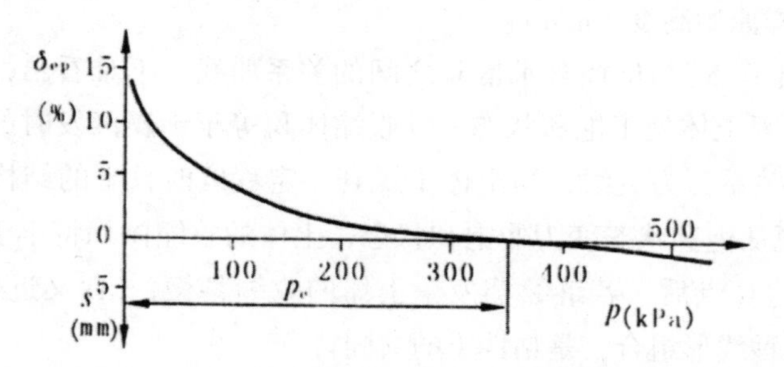

图3–6 膨胀率 δ_{ep} 与荷重p的关系及膨胀力 p_e

（3）膨胀力 p_e

膨胀力 p_e 指的是原状土样在体积不变时，由于浸水膨胀产生的最大内应力。它分室内和现场两类测定方法。前者又有两种：一种是图解法，即将同一土样切取3～4个试样，分别在不同垂直压力p作用下，测出相应的膨胀率 δ_{ep}，绘制 δep–p 曲线，该曲线与户轴的交点，即为所求的膨胀力 p_e；另一种是加压平衡法，即用同种压缩仪，当试样浸水饱和后，用逐渐增加垂直压力的办法，阻止试样产生膨胀，使试样高度保持不变，若试样在某一垂直压力作用下开始下沉，此时的垂直压力便是所求的膨胀力 p_e。后者测定膨胀力的试坑结构和试验装置与一般载荷试验基本相同，其操作程序与上述加压平衡法相同。用图解法测定的膨胀力，易受土的不均质性、仪器设备及操作等误差的干扰，且在绘制 δep–p 曲线时存在着人为的误

差；而加压平衡法是由一个试样在同一台仪器上进行直接测定，产生误差的因素较少，其结果较精确，唯试验费时较多。

目前，测定土的膨胀力，是在将环刀内的试样经过充分浸水饱和，并控制试样体积不变的条件下进行的，而实际的工程建筑物已座落在膨胀土地基后再浸水，地基土层不能实现自上而下的完全饱和状态；且建筑物对地基的要求，一般也是允许有一定的变形量。所以，用前述方法所测得的膨胀力，作为地基设计的依据，其值总是偏于安全的。

（4）土的收缩率 δs 及收缩系数 λs

土的收缩率亦称线收缩率，是指原状土样在干燥失水过程中，收缩的高度与原始高度之比，用百分数表示，按下式计算

$$\delta_s=\frac{h_0-h}{h_0}\times 100\%$$

式中 h——试样失水收缩后的高度（mm）；

H_0——试样原始高度（mm）。

图 3–7 示出了 δ_s 与试样含水量 w 之间的关系曲线。不难看出，在土体开始失水的 AB 万段，因土体处于饱和状态，其收缩体积等于干燥蒸发时的失水体积，故 δ_s 与 w 成线性关系，为直线；当土体干燥到一定程度时，土的结构对其收缩有阻碍作用，土体便从饱和状态变为非饱和状态，土体的收缩体积将小于失水体积，故段为曲线；到达 C 点后，若继续蒸发，土体的收缩甚微，CD 又近似地变为直线，δs–w 曲线的 3 种线形组合，是粘性土的共同特点。

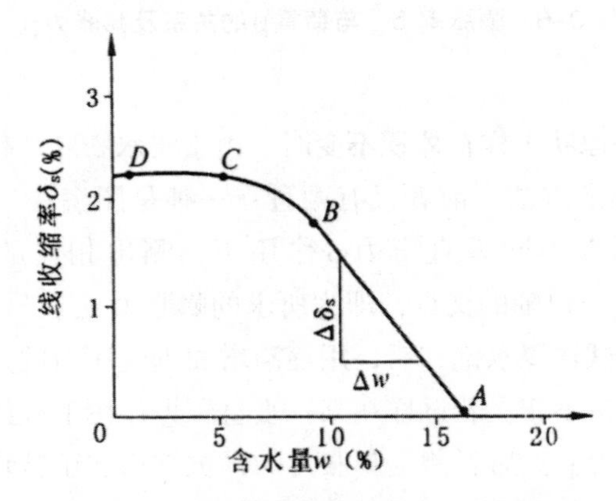

图3–7 含水量w与线收缩率 δs关系曲线

收缩系数 λs 是指原状土样在直线 AB 收缩阶段，含水量减少 1% 时的收缩率，

按下式计算

$$\lambda_S = \frac{\Delta\delta_S}{\Delta w}$$

式中 △ w——AB 直线段上任意两点含水量之差；

△ δ s——AB 直线段上与△ w 变化范围相应两点的收缩率之差。

2. 膨胀土的工程判别

膨胀土的判别是解决膨胀土地区工程问题的前提，工程实践中的判别方法既要准确，又要简单易行，先初判，再通过试验指标验证，进行综合判别。只有确认了膨胀土及其胀缩等级，才能根据工程情况有针对性地采取有效措施，避免因膨胀土给工程造成的危害。目前，国内外学者对膨胀土提出了多种判别方法，下面主要介绍我国当前在工程中普遍采用的方法。

我国膨胀土地区建筑技术规范指出，具有下列工程地质特征的场地，且自由膨胀率大于或等于 40% 的土，应判定为膨胀土：

（1）裂隙发育，常有光滑面和擦痕，有的裂隙中充填着灰白、灰绿色粘土，在自然条件下呈坚硬或半坚硬状态；

（2）多出露于二级或二级以上阶地、山前和盆地边缘丘陵地带，地形平缓，无明显自然陡坎；

（3）常见浅层塑性滑坡、地裂，新开挖坑（槽）壁易发生坍塌等；

（4）建筑物裂缝随气候变化而张开或闭合。

对上述判别特征和分类说明如下：

（1）初判的依据是场地的工程地质特征。它既便于进行膨胀土的宏观工程判别，又是该种土内在本质的表现。直观方面的裂隙特点一目了然，旱季出现的地表裂隙，可长数米至数百米，宽数厘米至数十厘米，深度亦可达数米；无论地裂或建筑物的裂缝，均可随膨胀土湿度（含水量）变化而增大或减小，甚至闭合。

（2）自由膨胀率心充分反映了土胀缩性的内在因素，如土的矿物成分和土的粒径组成。土的固体部分是由矿物组成的，绝大多数土的矿物成分为无机矿物，无机矿物又可分为原生矿物和次生矿物，前者如石英、长石、云母等，其颗粒较粗，是构成砂石粒组的主要成分；后者的非溶性次生矿物，如蒙脱石、伊利石和高岭石。蒙脱石常由火山灰或火山岩在碱性溶液条件下风化形成，颗粒极为细小，或为细粘粒或为胶粒，其比表面积大，且其结晶的晶胞两面均为氧原子，同性相斥，其联接作用只能来自很弱的范德华力，故结晶格架的辦动性很大，容易被具有氢键的极性水分子所分开，特别是蒙脱石的同晶置换相当普遍，从而在晶体结构的铝片中有部

分 Al^{3+} 被 Mg^{2+} 等低价阳离子代替，使每层晶孢表面具有更多的负电荷，晶胞之间可吸收大量的、甚至可达固体部分 6 ~ 7 倍的水，蒙脱石的表面作用强，具有很强的亲水性。至于高岭石和伊利石，因其晶体结构单元，或同晶置换的作用或比表面积均不同于蒙脱石，它们的亲水性都小于蒙脱石，以高岭石为最小，伊利石居中。自由膨胀率 δ_{ef} 采用风干、碾细的过筛土，能充分吸水，充分反映在无结构力影响下土的内在因素决定的土的膨胀性能。

（3）根据我国不同地区大量土样的试验统计资料表明，自由膨胀率与天然状态下原状土样的膨胀率、膨胀力之间均具有较好的规律性，自由膨胀率大者，其膨胀率和膨胀力也接近成正比例关系增加。这就说明了自由膨胀率可以间接地反映膨胀率和膨胀力指标，但在概念上值得注意的是，对于某一指定的膨胀土试样，在浸水过程中，膨胀量逐渐增加，直到最大值时，相应的膨胀内力则随之减小，直到完全消失，这种膨胀内力和膨胀量之间的相互消长关系，指的是一个土样在其试验过程中的膨胀量和膨胀内力之间的关系，并非不同土样的自由膨胀率和膨胀力之间的关系。

（4）液限指的是土由流动状态转为可塑状态时的界限含水量。显然，土中的粘粒、亲水性矿物或有机质等胶体物质含量愈多，土的液限就愈大。实验已经证明，具有强烈胀缩性的蒙脱石的液限可达 160% 以上，而胀缩性较差的高岭石的液限则只有 60% 左右。据此，有些国家的地基规范规定：当液限大于 45% 时，要注意查明土的胀缩性。这里既说明了用自由膨胀率 δ_{ef} 判别出的膨胀土的液限值较大，同时也提醒我们，不能反过来单凭液限值来判定膨胀土，如淤泥的液限很大，而自由膨胀率却很小，它不是膨胀土。

（5）按膨胀潜势人为的对膨胀土进行分类，将有助于对膨胀土胀缩性的认识，并能在工程上有针对性地采取不同的加强措施。

目前，国内有的勘察设计单位在探讨用土的线胀缩率 δ_{es}（$\delta_{es}=\delta_{ep}+\delta_{s}$）来判别膨胀土，国内外也有用间接指标来进行判别的。

根据上述判别和分析，并对我国几个典型地区膨胀土特性指标的统计，膨胀土的一般特征为：

（1）属高塑性粘性土。粘粒含量多达 35% ~ 85%，其中胶粒含量占 30% ~ 40%；液限一般为 40% ~ 50%，云南蒙自的膨胀土液限可高达 73%；塑性指数多在 22 ~ 35 之间。

（2）自由膨胀率大于 40%，亦有高达 100% 的。

（3）天然含水量常接近或略小于塑限，不同季节变化幅度为 3% ~ 6%，常呈硬塑或软塑状态。

（4）天然孔隙比常在 0.5 ~ 0.8 之间，云南的膨胀土可大至在 0.7 ~ 1.20 之间，且随土体含水量的增减而变化，吸水时膨胀，孔隙比加大；失水时收缩，孔隙比减小。

（5）强度和压缩性随含水量的改变而显著变化。在天然条件下处于硬塑或坚硬状态时，强度较高，压缩性较低；失水干缩时，裂隙发育，由于裂隙结构面的存在，又可使土体失稳，降低承载力；大量吸水时，土体强度会突然降低，压缩性显著增高。

3. 膨胀土地基变形量计算

膨胀土地基的变形量，可按下列 3 种情况分别计算：当地表下 lm 处地基土的天然含水量等于或接近最小值时，或地面有覆盖且无蒸发可能时，以及建筑物在使用期间经常有水浸湿的地基，可按膨胀变形量计算；当地表下 1m 处地基土的天然含水量大于 1.2 倍塑限含水量时，或直接受高温作用的地基，可按收缩变形量计算；其他情况下可按胀缩变形量计算。

（1）地基土膨胀变形量应按下式计算，并详见图 3–8。

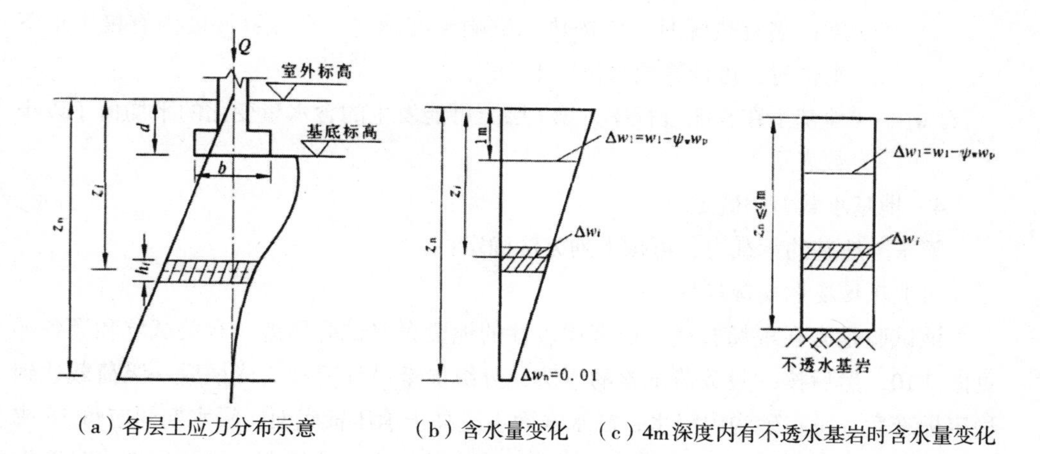

（a）各层土应力分布示意　　（b）含水量变化　（c）4m深度内有不透水基岩时含水量变化

图3–8　膨胀土地基变形计算示意图

$$s_e = \Psi_e \sum_{i=1}^{n} \delta_{epi} h_i$$

式中　se——地基土的膨胀变形量（mm）；

Ψ_e ——计算膨胀变形量的经验系数，宜根据当地经验资料确定。若无经验资料可依据时，3 层及 3 层以下建筑物，可采用 0.6；

δ_{epi} ——基础底面以下第 / 层土在该层土的平均自重压力和平均附加压力之和作用下的膨胀率，由室内试验确定；

h_i ——第 / 层土的计算厚度（mm）；

n ——自基础底面至计算深度内所划分的土层数；计算深度 z_n 应根据大气影响深度确定。

（2）地基土的收缩变形量，应按下式计算

$$s_s = \Psi_s \sum_{i=1}^{n} \lambda_{si} \Delta w_i h_i$$

式中 s_s——地基土的收缩变形量（mm）；

Ψ_s ——计算收缩变形量的经验系数，应根据当地经验确定；若无可依据经验资料时，3 层及 3 层以下建筑物，可采用 0.8；

λ_{si}——第 / 层土的收缩系数，应由室内试验确定；

h_i——第 i 层土的计算厚度；

n ——自基础底面至计算深度内所划分的土层数。计算深度可取大气影响深度；当有热源时，应按热源影响深度确定；在计算深度内有稳定地下水位时，可计算至水位以上 3m；

Δw_i ——地基土在收缩过程中，第 / 层土可能发生的含水量变化的平均值（以小数表示）。

4. 地基承载力的确定

膨胀土地基的承载力，可按下列方法确定：

（1）现场浸水载荷试验

该试验是先在现场选择一块有代表性的地段布置试验场地，有关试坑和设备详见图 3.10，然后按一般载荷试验的方法，分级加至设计荷载；待最后一级荷载达到稳定标准后，可在砂沟内浸水，浸水水面不应高于承压板底面，浸水期间应每 3d 或 3d 以上观测一次膨胀变形，膨胀变形相对稳定的标准为连续两个观测周期内其变形量不应大于 0.1mm/3d，且浸水时间不应少于 2 周；浸水膨胀变形达到相对稳定后，应停止浸水，并继续分级加荷直至达到破坏；最后，绘制各级荷载作用下的变形和压力曲线（图 3–9）。地基承载力应取破坏荷载的一半作为基本值，在特殊情况下，可按地基设计要求的变形值在 p–s 曲线上选取所对应的荷载作为地基承载力的基本值，所得到的承载力可与下述（2）中计算的承载力进行对比。

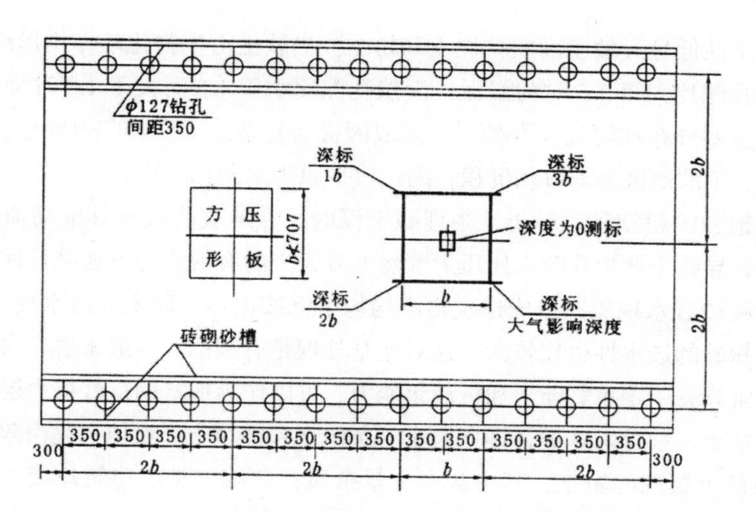

图3-9 现场浸水荷载试验试坑及设备布置示意图

（2）采用室内饱和三轴不排水试验确定土的抗剪强度参数 c、ϕ 再按我国现行地基基础设计规范有关公式计算地基的承载力。但需注意，若试验中发生浸水后试件沿裂隙面破坏的情况，此时所得的抗剪强度指标太低，便不能用该指标来计算承载力。

5. 地基稳定性验算

位于坡地场地上的建筑物，膨胀土地基的稳定性，应按下列情况进行验算，稳定安全系数可取 1.2：

（1）土质均匀，且无节理面时，按圆弧滑动法验算；

（2）土层较薄，层间存在软弱层时，取软弱层面为滑动面进行验算；

（3）层状构造的膨胀土，如层面与坡面斜交，且交角小于 45° 时，验算层面的稳定性。

第三节 软弱地基处理

一、软弱地基的类型及处理原则

软弱土一般指土质疏松、压缩性高、抗剪强度低的软土、松散砂土和未经处理的填土。持力层主要由软弱土组成的地基称为软弱地基。

软土一般是在静水或缓慢流水环境中沉积的，天然含水量高、孔隙比大、压缩性高、透水性低且灵敏度高的粘性土和粉土。当软土由生物化学作用形成，含有机质，天然孔隙比大于 1.5 时为淤泥；天然孔隙比小于 1.5 而大于 1.0 时为淤泥质土。我国软土主要分布在河流入海处，地质成因极为复杂。上海、广州等地为三角洲沉积，温州、宁波地区为滨海相沉积，闽江口平原为溺湖相沉积。

松散饱和的粉细砂、粉土，当埋藏不深时，在地震荷载或其他动荷载作用下，趋于密实，导致土体中孔隙水压压力骤然上升，土的有效应力迅速降低使土体液化，地基发生喷砂冒水现象，造成建筑物不均匀下沉或损坏。砂土的透水性大，少含粘粒的细、粉砂的透水性也比较大，这对地基处理是有利的。一般来说，，松散砂土经过处理后常具有一定承载能力和抗液化能力，可以作为地基的良好持力层。

人工填土一般分为 3 类，即素填土、杂填土和冲填土。素填土是由碎石、砂土、粉土、粘性土组成的填土，其中含有少量杂质；杂填土是由建筑垃圾、工业废料、生活垃圾等杂物组成；冲填土则是由水力冲填泥砂形成的填土。一般填土地基都要进行处理，特别是杂填土地基，由于生活垃圾和有机质的存在，腐烂后有沼气产生，对这样的填土地基，既要消除过大沉降和不均匀沉降，又要消除沼气对人类的危害。对于冲填土地基，应特别重视颗粒组成的影响，对于含粘土颗粒较多的冲填土地基，应考虑欠固结的影响。

随着我国经济建设的迅猛发展，建筑规模空前巨大，越来越多的工程采用天然地基已难以满足承载力和变形的要求，而必须对地基进行人工处理，以获得较高的地基承载能力，较小的地基沉降或较小的差异变形，消除地基液化或湿陷性影响，从而满足建（构）筑物对地基的要求。

地基处理的方法很多，特别是近几年来地基处理的技术有了较大的提高，理论水平、施工技术、施工材料均有了长足的进步。对于地基处理方法的分类，不同的学者有不同的见解，从地基处理的原理、地基处理的目的、地基处理的性质、地基处理的时效、动机等不同角度出发，对地基处理方法的分类结果将是不同的。这里的分类是根据地基处理的加固原理，并考虑到便于对加固后地基承载力的分析而归类汇总提出的（见图 3–10）。实际对地基处理方法的严格分类是不现实的，因为不少地基处理方法具有多种不同的作用。例如，振冲法既具有置换作用又具有挤密作用，桩土又构成复合地基。此外，某些地基处理方法的加固机理和计算方法目前尚不完全明确，仍需进一步探讨。

地基问题处理的恰当与否，直接关系到整个工程的质量、投资和进度，因此，选择一个合理的地基处理方案是非常重要的。任何一种地基处理方法都有其适用范围和局限性，没有一种方法是万能的。工程地质条件千变万化，具体工程情况复杂多变，不同的工程对地基的要求亦不相同，而且施工机具和施工材料等条件也会因部门、地区的不同而有较大差别。因此，对一个具体工程，在进行地基处理方案的确定时，一定要从地基条件、处理要求、处理范围、工程进度、工程费用、材料和机具来源、环保要求等方面综合考虑，力求做到技术上可靠，经济上合理，既能满足施工进度的要求，又能注意节约能源和环境保护，安全适用，确保质量。

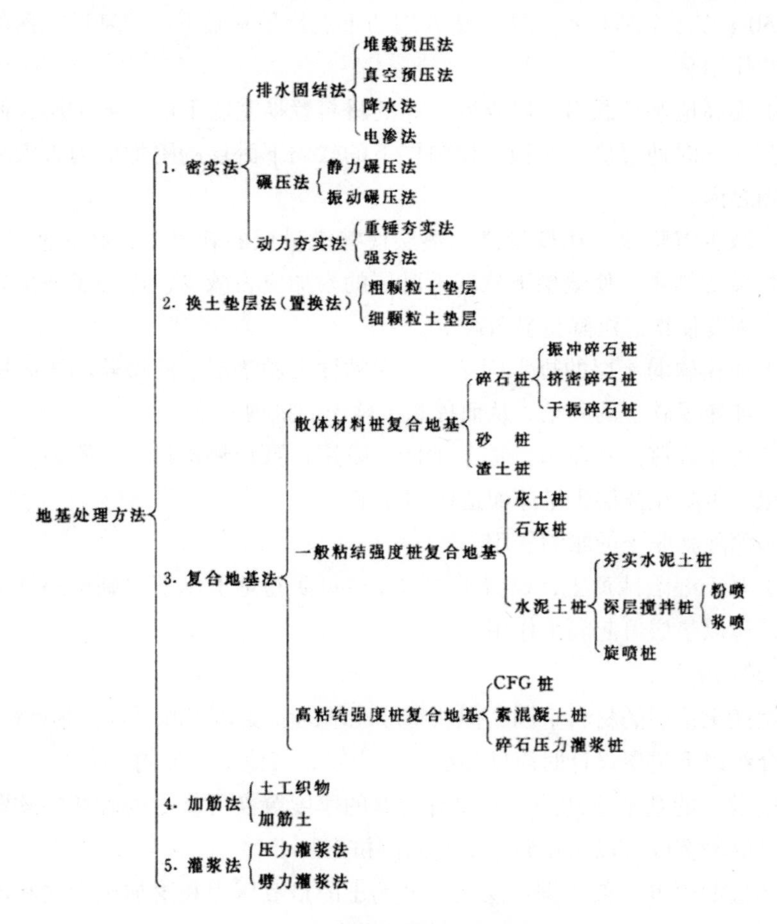

图3-10　地基处理方法分类

二、换土垫层法

换土垫层法又称置换法，是将基础底面下一定范围内的软弱土层挖去，然后分层换填强度较高的砂、碎石、素土、灰土以及其他性能稳定和无侵蚀性的材料，并夯实（或振实）到要求的密实度。

1. 换土垫层法的加固原理

换土垫层法是一种古老传统的地基处理方法，在我国应用广泛，积累了丰富的经验。垫层的实质就是将基础下软弱的土层挖掉换填上物理力学性质好的材料，以减少建筑物的沉降，提高地基的强度。应力传递的试验表明，对于条形基础，1倍基础宽的深度以上的沉降占建筑物总沉降的50%以上，1倍基础宽深度处的附加应力衰减50%以上。所以换土垫层法处理的重点就是基础下1倍基础宽深的范围。换土垫层的作用是：

（1）提高地基承载力。以强度较高的材料置换基底下的软弱土层，使得地基承载力提高。同时通过应力扩散，使垫层下的软弱下卧层的附加应力大大减少，达到允许范围之内。

（2）减少沉降量。用模量高的垫层代替模量低的软弱土，必然使沉降量减少。而应力扩散的结果，使垫层下软弱下卧层的附加应力减少，进一步减少软弱下卧层的沉降，因此使得总沉降量显著减少。

（3）加速软弱土层的排水固结。用无粘性土做垫层，使得软弱下卧层增加了排水通道，加速了软土的固结，从而提高了软土的抗剪强度。

（4）防止冻胀。在季节性冻土地区，采用粗颗粒垫层材料，不易产生毛细管水上升现象，可防止浅层土结冰而造成的冻胀。

（5）消除膨胀土的胀缩作用。

（6）对于湿陷性黄土，设置不透水垫层可防止地上水下渗到湿陷性黄土层，造成湿陷，所以垫层可起隔水作用。

2. 垫层的设计

虽然换土垫层的材料不同，但从垫层地基的强度和变形而言，其特性基本相似，因而在介绍以下垫层设计时以砂垫层设计为主，其他垫层类同。

垫层设计的基本原则是：既要有足够的厚度置换可能受剪破坏的软弱土层，又要求有足够的宽度，以防止砂垫层向两侧挤出。

砂垫层的厚度一般根据垫层底面处的土的自重压力和附加压力之和不大于同一标高处软弱土层的承载力特征值，按下式确定

$$p_z+p_{cz} \leqslant f_{az}$$

式中 p_z——软弱下卧层顶面处的附加压力标准值；

p_{cz}——软弱下卧层顶面处土的自重压力标准值；

f_{az}——软弱下卧层顶面处经深度修正后地基承载力特征值。

软弱下卧层顶面（即砂垫层底面）处的附加压力标准值可按简化的压力扩散角

法求得，即假定压力按某一角度（见图 3–11）θ 向下扩散，在此角度范围内，压力在水平面上均匀分布，其应力按下式计算

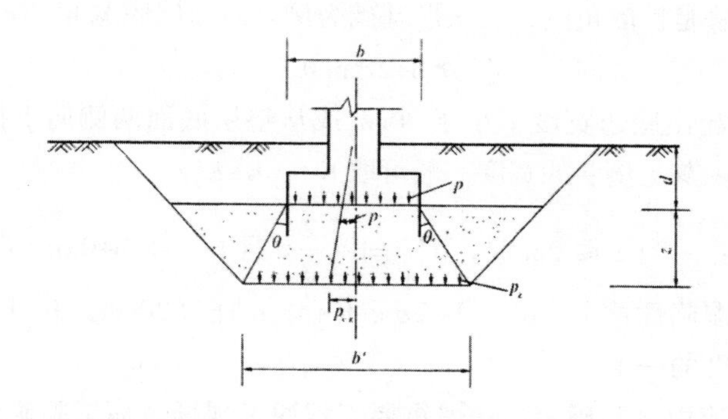

图3–11　垫层设计原理示意图

条形基础 $p_z = \dfrac{b(p-p_c)}{b+2z\tan\theta}$

矩形基础 $p_z = \dfrac{bl(p-p_c)}{(b+2z\tan\theta)(l+2z\tan\theta)}$

式中　b——矩形基础和条形基础底面宽度；

ι——矩形基础底面的长度；

p——基础底面压力标准值；

p_c——基础底面处土的自重压力标准值；

z——基础底面下垫层的厚度；

θ——垫层的压力扩散角，可按表 3–4 选取。

表3–4　（垫层）压力扩散角 θ（°）

z/b	换填材料		上下层压缩模量比Es1/Es2			
	碎石土、砾砂、粗中砂、石屑	粉质粘土和粉土（8＜I_p＜14）	1	3	5	10
0.25	20	6	（4）	6	10	20
≥0.5	30	23	（12）	23	25	30

砂垫层的厚度一般不宜大于 3m，太厚，施工较困难；太薄（＜0.5m），则垫层的作用不显著。

砂垫层的宽度除满足压力扩散要求外，还要根据垫层侧面土的强度来确定，防止垫层向两边挤动。如果垫层宽度不足，四周侧面土质又比较软弱时，垫层就有可

能部分挤人侧面软弱土中，使基础沉降增大。关于宽度计算，目前缺少可靠的理论依据，在实践中按各地经验确定。

常用的经验方法是扩散角法，以条形基础为例，砂垫层底宽 b' 应为

$$b' \geqslant b+2z\tan\theta$$

垫层顶面每边超出底边宽度不小于 30cm 或从垫层底面两侧向上按当地开挖基坑经验的要求放宽。灰土垫层的宽度一般可取 $b'=b+2.5z$。

土垫层的宽度，当 $z \leqslant 2m$ 时，$b'=b+\frac{2}{3}z$ 且 $b' \geqslant b+0.6$；当：> 2m 时，$b' \geqslant b+1.4$；对于湿陷性黄土，$b'=b+2z\tan\theta+c$，c 宜为 20cm，并且每边超出基础底不应小于垫层厚度的一半。

垫层的承载力应由试验确定。一般重要工程通过现场载荷试验确定；一般工程可按标准贯入试验、静力触探试验、取土试验等方法确定。当无资料时，可参照表 3-5 取值。

表 3-5 垫层承载力和边坡坡度允许值

施工方法	填土类别	压实系数 λc	承载力标准值 f_k（kPa）	边坡坡度允许值（高宽比）	
				坡高在 8m 以内	坡高 8 ~ 15m
碾压法	碎否、卵石	0.94 ~ 0.97	200 ~ 300	1 : 1.50 ~ 1 : 1.25	1 : 1.75 ~ 1 : 1.50
	砂夹石（其中碎石、卵石占全重 30% ~ 50%）		200 ~ 250	1 : 1.50 ~ 1 : 1.25	1 : 1.75 ~ 1 : 1.50
	土夹石（其中碎石、卵石占全重 30% ~ 50%）		150 ~ 200	1 : 1.50 ~ 1 : 1.25	1 : 2.00 ~ 1 : 1.50
	粉质粘土、粉土（3 < Ip < 14）		130 ~ 180	1 : 1.75 ~ 1 : 1.50	1 : 2.25 ~ 1 : 1.75
	灰土	0.93 ~ 0.95	200 ~ 500		
重锤夯实	土或灰土		150 ~ 200		

垫层沉降计算由两部分组成，即垫层的沉降和软弱下 @ 层的沉降。由于垫层模量远大于软弱下卧层的模量，因此，一般情况下，软弱下卧层的沉降量占整个地基沉降量的大部分。重要工程可按《建筑地基基础设计规范》中的变形计算方法进行建筑物的沉降计算，以保证垫层加固效果及建筑物的安全使用。

3. 垫层的施工和质量检测

（1）砂、石垫层的材料

砂、石垫层材料，宜采用不均系数＞ 10 的级配良好、质地坚硬的材料，以中、粗砂为好，可掺入一定数量的碎（卵）石，但要分布均匀。垫层含泥量≤ 5%，不得含有草根、垃圾等有机物杂质。一般碎（卵）石的最大粒径宜不大于 50mm。垫层铺设厚度每层一般为 15 ～ 20cm。

（2）灰土垫层材料

灰土垫层所用石灰要求其 CaO+MgO 总量在 80% 左右。灰土比一般为 2：8 或 3：7（体积比）。生石灰宜达国家三等石灰标准，施工时使用熟石灰，要求过筛，最大粒径不得大于 5mm，熟石灰中不得夹有未熟化的生石灰块，也不得含有过多水分。石灰贮存时间不宜超过 3 个月。土料采用粘性土，粘粒含量越多，越易和石灰发生反应，灰土强度越高。土料中的有机物含量不得超过 8%，土料要过筛，最大颗粒粒径不得大于 15mm。

（3）土垫层材料

土垫层的土料以粘性土为主，土料应过筛，有机含量不得超过 5%，不得含有冻土和膨胀土。施工时土的含量应接近最优含水量，一般控制在 $W_{op}\pm2\%$ 范围内。一般分层厚度为 20 ～ 50cm。

（4）垫层的施工要点

垫层施工前应先验槽，浮土应清除，边坡必须稳定。如发现孔、洞、沟、穴或软弱土层，应挖出后填实。

施工时，应将垫层材料充分拌和均匀，对于土垫层要控制含水量在最优含水量附近。要分层铺设，每层都要保证夯实或振实。分层厚度要根据施工机具和能量选用，不得过厚。

垫层底面宜铺设在同一标高上，如深度不同时，基坑地基土面应挖成踏步或斜坡搭接，各分层搭接位置应错开 0.5 ～ 1.0m 的距离。施工应按先深后浅的顺序进行。

（5）垫层的质量检测

按照《建筑地基处理技术规范》对土、灰土和砂垫层进行质量检测，检验可用环刀在每层表面下 $\frac{2}{3}$ 厚度处取样确定其干密度。环刀容积不小于 200cm^3。检测点布置大基坑，每 50 ～ 100m^2 不应少于 1 个点，对于基槽每 10 ～ 20m 不宜少于 1 个点，每层检验合格后方能铺设下一层填料。

三、振冲法

利用振动和水冲加固土体的方法叫做振冲法。该方法适用于处理砂土、粉土、粘性土、素填土和杂填土等地基，不加填料的振冲法适用于处理粘粒含量不大于10% 的中、粗砂。

1. 振冲法的加固原理

在砂性土地基中，振冲器的振动力在饱和砂土中传播振动加速度，使振冲器周围一定范围内的砂土产生振动液化。液化后的土颗粒在重力和上覆土压力作用下以及填料的挤压力作用下重新排列，使孔隙减小而成为密实的地基。因此挤密后的地基承载力和变形模量均得到提高；由于砂土预先经历了人工振动液化，使得砂土的抗震能力提高。这种地基的加固作用主要为振冲挤密。

在粘性土地基（特别是饱和软土），由于土的渗透性较小，在振动力作用下土中水不易排出，所以振冲桩的作用主要是起到了置换作用。桩与桩间土构成复合地基共同承担上部荷载。复合地基比原有地基承载力高、压缩性小，同时振冲桩具有良好的排水作用，加快了地基土的固结。这种加固作用叫做振冲置换。

2. 振冲桩的设计

振冲桩的设计主要是确定桩距、桩长和加固范围。

（1）桩距的确定

振冲桩的间距应根据荷载大小和土层情况，并结合所采用的振冲器功率大小综合考虑。桩距一般在 1.3 ~ 3.0m，桩端未达到相对硬层的短桩和在荷载大或粘性土层中宜用小间距。加固后的地基的复合地基承载力宜按现场载荷试验确定，对于小型工程的粘性土地基，复合地基承载力可按下式计算

$$f_{sp,k}=[1+m(n-1)]f_{s,k}$$

式中 $f_{s,k}$——复合地基承载力标准值（kPa）；

$f_{s,k}$——桩间土承载力标准值，取加固后的值（kPa）；

m——桩土面积置换率，m= $\frac{d^2}{d_e^2}$,d 为桩身直径，de 为等效影响圆直径；等边三角形布桩：d_e=1.05s，正方形布桩 d_e=1.135，矩形布桩：d_e=1.13 $\sqrt{s_1 s_2}$ 、s、s_1、s_2 分别为桩间距、纵间距和横间距。

n——桩土应力比，无实测资料时取 2 ~ 4，原土强度低取大值，原土强度高取小值。

振冲桩处理后地基的变形计算按《建筑地基基础设计规范》有关规定计算。复合地基的压缩模量可按下式计算

$$E_{sp}=[1+m(n-1)]E_S$$

式中　E_{sp}——复合地基压缩模量；

E_S——桩间土压缩模量。

（2）桩长的确定

桩长的确定与相对硬层的埋藏深度有关。如果相对硬层埋深不大，宜将桩伸至相对硬层。如果相对硬层埋深较大，只能做贯穿部分软弱土层的桩，此时桩长的确定取决于建筑物的容许变形值。一般桩长不宜小于4m。在可液化地基中，桩长应满足抗震处理要求。

（3）加固范围的确定

振冲桩处理范围应根据建筑物的重要性和场地条件确定，通常都大于基底面积。当用于多层和高层建筑时，宜在基础外缘扩大1～2排桩。对于条形或独立基础外扩1排桩；对液化场地，基础外缘扩大2～3排桩。

3. 振冲法的施工和质量检验

（1）桩体材料

振冲法使用的回填材料为含泥量不大的碎石、卵石、矿渣或其他性能稳定的硬质材料，禁止使用易风化的石料。填料粒径和振冲器功率有关，一般在2～10cm。在软土中施工宜采用较大粒径的碎石或卵石填料。

（2）施工要点

振冲法施工的一个关键是合理选择振冲器，并合理控制水量和留振时间。振冲器功率的选择和设计荷载的大小、原土强度的高低、设计桩长等因素有关，同时亦与场地周围环境有关，在防振要求高的建筑物附近施工，宜采用功率较小的振冲器。施工时出口水压为400～600kPa，水量为20～30m^3/h。留振时间是指振冲器在地基中某一深度处停下振动的时间，一般为30～60s。土体是否振密可由“密实电流”控制。所谓密实电流就是当桩体振密时，潜水电机所显示的电流值，一般为空振时电流25～30A。

不加填料的振冲法处理中、粗砂地基时，宜使用大功率振冲器，并宜在施工前做现场施工试验。

（3）质量检验

施工时质量控制的关键是填料量、密实电流和留振时间3要素。要有施工记录，发现遗漏或不符合要求的桩或振冲点，应补做或采取有效的补救措施。

施工结束后，砂土地基宜间隔2周、粘性土间隔3～4周、粉土间隔2～3周进行质量检验。检测方法可用单桩载荷试验，每200～400根随机抽取1根进行，但总数不得少于3根。对粉土和砂土地基，还可用标准贯入、静力触探等试验对桩间土进行处理前后的对比检验。对于大型、重要的工程，应进行复合地基载荷试验，进行质量、处理效果检验，也可采用单桩或多桩复合地基载荷试验。检测点数量为3～4组。

对于不加填料的振冲法处理砂土地基，检验可用标准贯入、动力触探试验或其他方法。检验点位于振冲点围成的单元形心处，数量从100～200个振冲点中选取1个，总数不少于3个。

四、深层搅拌法

深层搅拌法是利用水泥、石灰等材料作为固化剂的主剂，通过特制的深层搅拌机械，在地基深处就地将软土和固化剂强制搅拌，利用固化剂和软土之间所产生的一系列物理–化学反应，使软土硬结成具有整体性、水稳定性和足够强度的水泥（或石灰）土的一种地基处理方法。根据上部结构的要求，可在软土中形成柱状、壁状和格栅状等不同形式的加固体，这些加固体与天然地基形成复合地基，共同承担上部荷载。下面主要讨论用水泥为固化剂的深层搅拌桩。

依据所掺入的固化剂的状态可分为湿法（或称深层搅拌法）和干法（或称粉喷搅拌法）。最常用的固化剂为水泥，又称为水泥土搅拌桩。这种方法适用于淤泥、淤泥质土、粉土、饱和黄土、素填土和粘性土。当用于泥炭土、塑性指数大于25的粘土以及地下水具有腐蚀性时，必须通过试验确定其适用性。当地基土天然含水量小于30%、大于70%时不宜采用干法。

1. 水泥土搅拌桩的加固原理

（1）水泥的固化作用

水泥与土强制搅拌形成水泥土桩，水泥产生固化作用，使桩体具有较高的强度。水泥的固化作用，由于土质的不同，其机理也有差别。用于砂性土时，水泥的固化作用类同于建筑上常用的水泥砂浆，具有很高的强度，固化时间也相对较短。

当水泥与饱和软土搅拌后，首先发生水泥的水解和水化反应，生成水泥水化物并形成凝胶体.，将土颗粒或土团凝结在一起形成稳定的结构。同时在水化过程中，水泥生成的钙离子与土颗粒表面的钠离子或钾离子交换，生成稳定的钙离子结构，从而提高了土的强度。

（2）复合地基的应力传递作用

水泥土桩强度比天然土体的强度要高几倍甚至几十倍，变形模量也是如此。将水泥土桩和桩间土形成复合地基可有效地提高地基承载力和减少地基上建筑物的沉降。

水泥土搅拌法不仅在地基处理中使用，它还可以用于基坑支护工程。在基坑支护中，可将水泥土搅拌成格栅式和天然土形成重力式挡土墙，挡墙上有压顶梁以增加整体性。水泥土格栅式挡墙设计计算方法采用重力式挡土墙设计计算方法。

水泥土的渗透系数比天然土的渗透系数小几个数量级，水泥土具有很好的防渗水性能。近几年被广泛用于基坑开挖工程和其他工程的防渗帷幕由相互搭接的水泥土桩组成。

2. 水泥土搅拌桩的设计

做复合地基，水泥土搅拌桩的设计主要包括桩长、固化剂的掺入比以及置换率的确定。

搅拌桩的桩长应根据上部结构对承载力和变形的要求确定，一般要穿透软弱土层到达强度相对较高的土层；为提高抗滑稳定性而设置的搅拌桩，其桩长要根据危险滑弧的位置决定。湿法水泥土搅拌桩的加固深度不宜大于 20m，干法不宜大于 15m。

搅拌桩的固化剂一般为 425 号普通硅酸盐水泥，水泥掺入量一般应为被加固湿土重的 12% ~ 20%，湿法的水泥浆水灰比可选用 0.45 ~ 0.55。外加剂可根据工程的需要和土质条件选用早强剂、缓凝剂、减水剂以及节省水泥的其他材料，但应避免污染环境，并应有试验依据。

搅拌桩的桩径一般为 50cm，桩距一般为 3d 即 3 倍桩径。搅拌桩的置换率要根据设计荷载的大小，按下式经过试算确定

$$f_{sp.k}=m\frac{R_k}{A_p}+\beta(1-m)f_{s.k}$$

式中 $f_{sp,k}$——复合地基承载力标准值（kPa）；

m ——桩土面积置换率，$m=\frac{Ap}{As}$；A_p 小为桩身横截面面积（m^2），A_s 为单桩的影响范围内的土面积（m^2）。

β ——桩间土承载力折减系数。当桩端土的承载力大于桩侧土的承载力时，可取 0.1 ~ 0.4，差缉大时取低值；当桩端土的承载力小于或等于桩侧土的承载力时，可取 0.5 ~ 1.0，差值大或有褥垫层时取高值。

$f_{s.k}$——桩间土承载力标准值（kPa）；

R_k——单桩竖向承载力标准值（kN）；

当水泥土强度标准值大于 500kPa 时，R_k 值可按下列公式估算，并取其中小值

$$R_k = \eta f_{cu} A_p$$

$$R_k = \bar{q}_s Upl + aA_p q_p$$

式中 f_{cu}——与搅拌桩身水泥配方相同的室内加固土试块（边长为70.7mm的立方体，也可采用边长为50mm的立方体）在标准养护条件下，90d龄期的无侧限抗压强度平均值（kPa）；

η——桩身强度折减系数，干法可取0.2 ~ 0.33，湿法可取0.25 ~ 0.33；

U_p——桩的周长（m）；

$\bar{q}_s$——桩周土的平均摩阻力。对淤泥可取4 ~ 7kPa；对淤泥质土可取6 ~ 12kPa；对粘性土可取10 ~ 15kPa；

ι——桩长（m）；

qp——桩端土的承载力标准值（kPa）；

a——桩端土承载力折减系数，可取0 ~ 0.5。

经试算取得合适的置换率后，桩的布置可采用正方形或等边三角形，其总桩数可按下式计算

$$n = \frac{mA}{Ap}$$

式中 n——总桩数；

A——基础底面积（m^2）。

竖向承载的水泥土搅拌桩复合地基，在基础和桩顶之间要设置褥垫层，其厚度可取200 ~ 300mm，材料可选用中粗砂、碎石或级配砂石，最大粒径不宜大于30mm。

3. 水泥土搅拌桩的施工和质量检验

（1）水泥土搅拌桩的施工

水泥土搅拌桩的施工工艺视施工设备不同而略有差异，但其主要步骤为：

①深层搅拌机就位；②预搅下沉；③喷浆（喷粉）搅拌提升；④重复搅拌下沉；⑤重复喷浆（喷粉）搅拌提升至孔口；⑥关闭搅拌机械。

步骤④ ~ ⑥可视工程情况进行取舍，有时还需要多重复，要求边搅边喷两次，重复搅拌两次。预搅下沉时，也可采用喷浆（或喷粉）的施工工艺，但必须确保全桩长上下重复搅拌一次。

基础底面以上宜预留500mm厚的土层，搅拌桩施工到地面，开挖基坑时，应将上部质量较差的桩段挖去。

搅拌桩的成桩质量的好坏主要和水泥质量、钻杆提升及下降速度、转速、复喷的深度和次数以及钻杆的垂直度、钻井深度和喷浆（灰）深度等因素有关。在大面积施工前，应进行工艺性试验。根据设计要求，通过试验确定适用该场地的各种操作技术参数。对于桩体是否均匀的一个非常重要的因素就是搅拌叶片的形状，这一点应特别重视。

（2）质量检验

施工过程中要随时检查施工记录，对每根桩进行质量评定，对于不合格的桩要采取补强或加强邻桩等措施予以补救。

搅拌桩成桩后的 7d 内用轻便触探器钻取桩身加固土样，观察搅拌均匀程度；同时根据轻便触探击数用对比法判断桩身强度。检验桩的数量应不少于已完成桩数的 2%，也可抽取 5% ~ 20% 的桩采用动测法进行质量检验。

成桩 28d 后可在桩头取芯取得水泥土试样（ $\phi > 100mm$ ）作无侧限抗压强度试验，检查量为总桩数的 1%，且不少于 3 根。沿桩身钻芯取样进行无侧限抗压强度试验，检查成桩均匀性和沿桩长的桩身强度，一般宜取总桩数的 0.5%，且一个场地不少于 3 根。

水泥土搅拌桩应采取单桩或多桩复合地基载荷试验检验其承载力。载荷试验应在成桩 28d 后进行，若固化剂中掺有早强剂，可适当提前。同等条件下每个场地不得少于 3 组。

第四节　岩石地基

一、岩石地基承载力的分析

当地基建于岩体时，不要认为岩石比土坚硬、承载力大而不认真对待，因为岩体内存在的节理、裂隙和其他缺陷会大大降低其承载力，也会产生很大沉降量。例如，一种页岩的单轴抗压强度为 50MPa，对含有节理裂隙的页岩进行现场测试时，其承载力仅为 6MPa，沉降量达到 22cm。因此，对岩石地基承载力也必须加以认真分析。

根据工程具体情况，岩石地基基础有图 3-12 所示的几种类型。

对于图 3-12（a）的岩石地基应是有足够承载力的完整基岩，根据工程性质和荷载大小，必要时应对地基进行钻孔或现场承载力测试，以判断地基承载力。图 3-12（b）是端支承桩基础，由于土体承载力不满足要求，桩应该打到岩石承压层上。若覆盖层软弱或桩很短，桩入岩石深度至少 1m。但对于坚硬岩石，难以将桩打入岩石，应采用钻孔灌注桩。浇注在钻孔中的桩，在风化岩石和覆盖层结合处，可能产生很大侧阻力，其性质和打入粘土中的摩擦桩一样。就地浇注桩可以用钻入基岩面以下一定深度的办法插入岩石，此时桩周粘结力和桩端阻力都可发挥出来。支承在软岩层上的桩若承载力不够，也可以用扩底桩。要求很大承载力时，用墩柱传递到岩基上［图 3–12（c）］。为了获得满意的接触和支承条件，墩入岩层深层几米或更深，形成一个岩石底座。荷载由端支承和桩周粘结力共同承担。

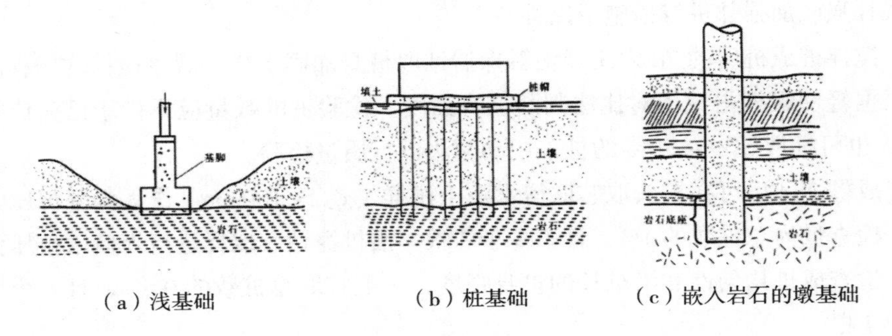

图3–12　岩石的基础类型

为了解地基承载力，图3–13绘出了完整岩体的地基在施加荷载时的破坏发展过程。图 3–13（a）是当加到一定荷载时开始出现裂缝，继续加荷裂缝会扩展或交汇，最后开裂成很多片状和楔形块，并在荷载进一步增加时被压碎［图 3–13（b）］。由于剪胀，使地基内破碎岩石的区域向外扩展，最后产生幅射状的裂缝网，有的裂缝可能最终扩展到地基表面，如图 3–13（c）所示。图 3–13（d）、（e）是地基的冲压破坏和剪切破坏，此时地基会出现较大沉陷和剪切变形。岩石地基承载力还与地基应力有关。

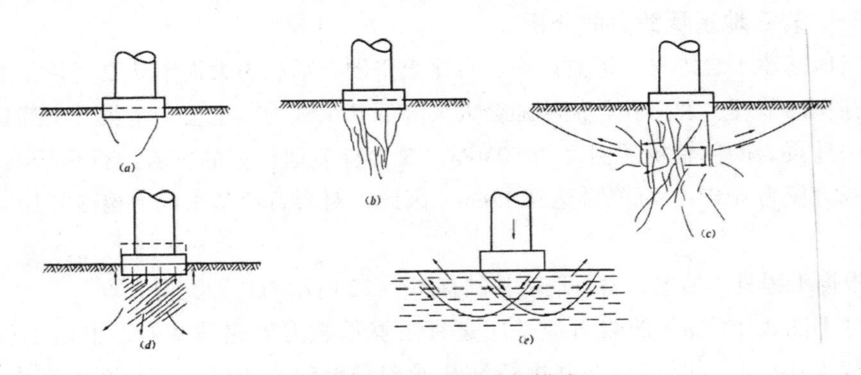

图3–13　岩石地基破坏模式

（a）开裂；（b）压晬；（c）劈裂；（d）冲压破坏；（e）剪切

二、岩石地基承载力及沉降的计算方法

由图 3-13 的岩石地基破坏模式可知，条形地基下破裂了的岩石的侧向变形会受到约束，地基可分为 A 区和 B 区，如图 3-14 所示。B 区向 A 区提供的侧压力是岩体的单轴抗压强度 q_u，若岩体内摩擦角为 ϕ 则岩石地基承载力 q_f 为

$$q_f = q_u\left(N_\phi + 1\right)$$

其中

$$N_\phi = \tan^2\left(45^0 + \frac{\phi}{2}\right) = \frac{1+\sin\phi}{1-\sin\phi}$$

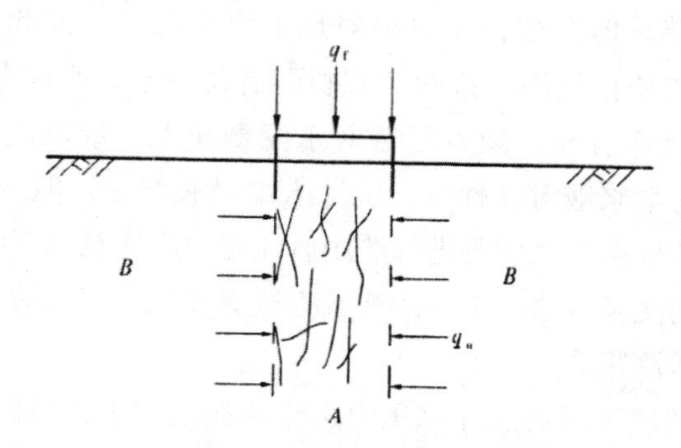

图3-14　岩石地基承载力示意图

由此可见，岩石地基承载力的最大值为 q_f 最小值为 q_u。有时层状岩石地基周围，可能出现张开的铅直节理，此时地基承载力应由具体情况而定。例如图 3-15 给出了圆形地基的示意图。此时地基承载力 q_f 为

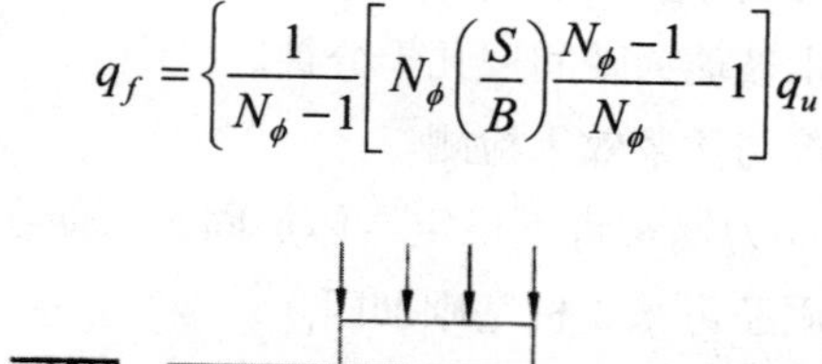

$$q_f = \left\{\frac{1}{N_\phi - 1}\left[N_\phi\left(\frac{S}{B}\right)\frac{N_\phi - 1}{N_\phi} - 1\right]q_u\right.$$

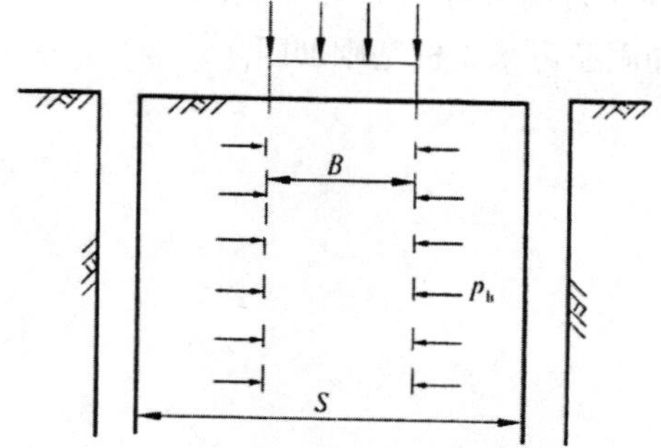

图3-15　地基内有张开铅直节理的情况

B—地基直径；S—节理间距

三、岩石地基加固方法

如果岩石地基沉降量和地基承载力不能满足要求，则应加固地基，以提高其承载力和地基刚度。目前常用的岩石地基加固方法有注浆加固和锚固。

对于节理裂隙发育特别是岩体内存在张开节理或空洞的情况下，应采用注浆加固岩体。用浆液充填岩体内的空隙部分，浆液凝固后又能增强岩体强度和刚度。注浆浆液材料有两大类：一类是水泥，除一般水泥外，还有超级磨细度的微粒水泥，采用这种水泥，可节约材料，降低造价，保证质量；一类是化学材料，如水玻讀、环氧树脂、聚脂素等。但多数化学材料对地下水有污染，因此，有些国家规定除水玻璃外，其余一律禁止使用。这两类浆材各有优缺点，水泥浆材结石体强度高、价格低，易配制且操作容易，缺点是普通水泥颗粒大，难以注入直径或宽度小于0.2mm 的孔隙中；化学浆液可注性好，能注入细微裂隙中，但一般有毒性且价格昂贵。实际应用时，应根据工程情况进行选用。注浆中应注意以下问题：

（1）选用合适的注浆方法。常用的注浆方法有充填注浆、渗透注浆、挤密注浆、劈裂注浆、电动化学注浆等。

（2）确定正确的注浆压力。注浆压力是浆液在地层中扩散的动力，直接影响注浆效果。要根据地层条件、注浆方法、浆材及工程目的等具体情况选定。一般而言，化学注浆比水泥注浆时的注浆压力要小得多；浅部比深部注浆压力小；渗透系数大的比渗透系数小的地层注浆压力小。地层表面浅部注浆压力只有 0.2 ~ 0.5MPa。

（3）浆液扩散与凝胶时间。注浆时还应随时了解浆液是否扩散到预定范围内以及凝固时间。几种典型浆液的凝胶时间为：单液水泥浆为 1 ~ 11OOmin；水泥 - 水玻璃为几秒 ~ 几十分钟；水玻璃为瞬间 ~ 几十分钟。

（4）做好注浆施工监控与注浆效果检测。

锚固是通过锚杆或预应力锚索将不稳定岩体加固，以便在岩体上修建各种基础工程。另外，岩石地基加固还可采用桩基础加固。

第四章　深基坑的开挖与支护

第一节　深基坑坑壁土压力特点

土压力是土与支护结构之间相互作用的结果。土压力的大小和分布，传统的计算理论只考虑几种极限状态，即主动状态、被动状态与静止状态，用朗肯和库伦等理论计算。对于无支撑（锚拉）的基坑支护（如板桩、地下连续墙等），其支护结构背面上的土压力可按主动土压力计算；对于有支撑、锚拉的情况，由于支护结构的位移受到支撑力、锚固力的制约，其背面上的土压力将有可能未进入到主动状态，而处于静止土压力与主动土压力之间的状态。对于被动状态，存在同样情况。

图 4-1 是一有支撑板桩支护的基坑开挖土压力发展阶段图，可看出土压力随开挖支护状态而改变的过程。

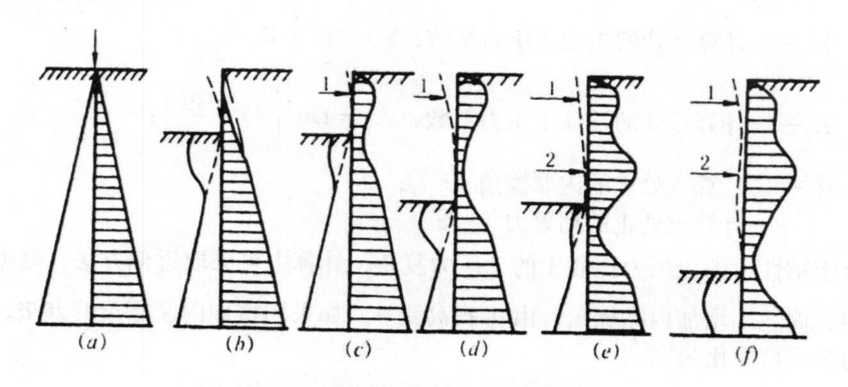

图4–1　基坑开挖土压力发展阶段

（a）打入板桩；（b）开挖第一深度；（c）加支撑1；（d）开挖第二深度；（e）加支撑2；（f）开挖第三深度

（1）打入板桩，在板桩两侧产生一定的侧向压力。由于板桩的挤压作用，土压力系数可能略大于静止土压力系数 K_0。

（2）开挖第一深度，卸除了上面一段一侧的土压力；板桩变形，其后侧的土压力减少，一般有可能进入到主动状态；

（3）设置支撑 1，使板桩的变形有一定的恢复，土压力加大，分布形式改变；

（4）继续开挖至第二深度，板桩将引起新的侧向变形，土压力分布亦随之改变；

（5）设置支撑 2，并楔紧支撑 1，形成新的土压力分布图式；

（6）继续开挖至第三深度，板桩随之向坑内侧位移，主动区土体亦向坑内移动，土压力有一定减小。若继续增加或减少支撑的预加轴力以及增大支撑 2 以下板桩的开挖暴露范围和暴露时间，则土压力也会有新的改变。

目前，支护结构稳定性计算一般用极限状态理论，即朗肯或库伦土压力理论公式。当为粘性土层时，

$$\sigma_a = (q + \sum \gamma_i h_i)K_a - 2c\sqrt{K_a}$$
$$\sigma_p = (q + \sum \gamma_i h_i)K_p - 2c\sqrt{K_p}$$

式中　σ_a——计算点处的主动土压力强度（kPa）；

σ_p——计算点处的被动土压力强度（kPa）；

q——地面均布荷载（kPa）；

γ_i——计算点以上各层土的重度（kN/m^3）；

h_i——计算点以上各层土的厚度（m）；

K_a——计算点处的主动土压力系数，$K_a = \tan^2\left(45° - \frac{\phi_0}{2}\right)$；

K_P——计算点处的被动土压力系数，$K_p = \tan^2\left(45° + \frac{\phi_0}{2}\right)$；

ϕ_0——计算点处土的内摩擦角（°）；

c——计算点处土的粘聚力（kPa）。

由于粘性土的土压力比砂土的土压力复杂，计算中可采取近似方法，略去土的粘聚力，而适当增加内摩擦角，由 ϕ_0 提高到 ϕ。如采用增加内摩擦角的方法，粘性土压力公式可简化为

$$\sigma_a = (q + \sum \gamma_i h_i)\tan^2\left(45° - \frac{\phi}{2}\right)$$
$$\sigma_p = (q + \sum \gamma_i h_i)\tan^2\left(45° + \frac{\phi}{2}\right)$$

当为砂砾土层时，粘聚力 c=0，其土压力公式为

$$\sigma_a=(q+\sum\gamma_i h_i)\tan^2\left(45°-\frac{\phi_0}{2}\right)$$

$$\sigma_{\text{p}}=(q+\sum\gamma_i h_i)\tan^2\left(45°+\frac{\phi_0}{2}\right)$$

支护结构土压力，还可以用有限元进行分析计算，按工程规定的边界容许变位来确定土压力分布。

根据 Terzaghi 对柏林地铁砂土挖方支撑压力量测结果的分析，土压力分布受到横撑压力的影响较大。总体看来，土压力分布曲线接近于抛物线。Terzaghi 根据库伦主动土压力理论提出了有支撑支护体系的土压力计算图式，如图 4–2 所示。其后，Terzaghi 和 Peck 用库伦（或朗肯）主动土压力系数的一部分为依据，给出了具有支撑的支护结构土压力分布图式，如图 4–3。Teshcbotarioff 的研究认为，具有支撑的支护结构侧向土压力有如图 4–4 的分布。这些分布图式被用来计算板桩支撑。

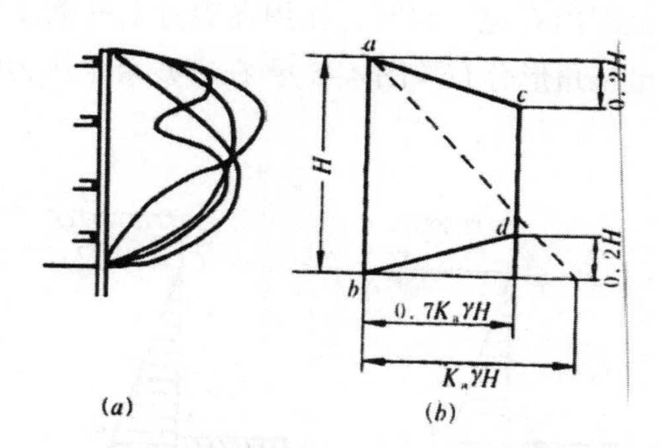

图 4–2　柏林地铁开挖支撑的实测压力示意图

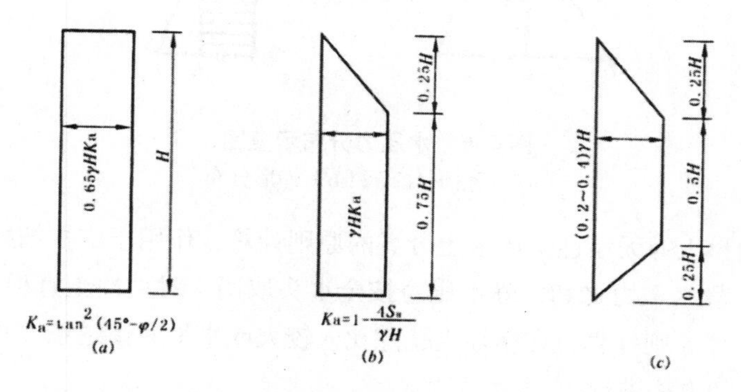

图 4–3　Terzaghi–Peck 提出的土压力分布图

（a）砂土；（b）软到中等粘土；（c）硬裂隙粘土

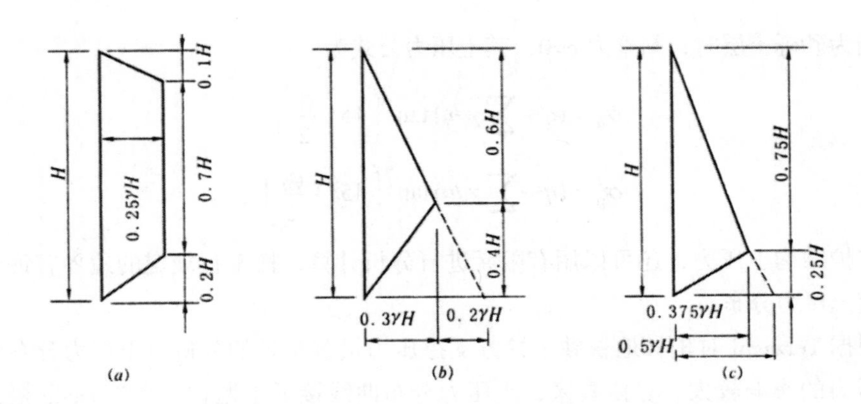

图4-4 Teshcbotarioff提出的土压力示意图

（a）砂土；（b）硬粘土中的临时支撑；（c）中等粘土中的永久支撑

我国目前多采用朗肯土压力理论公式计算支护结构上的土压力，也有按变形限制程度来取用土压力值的做法。具体计算可参阅有关规范。

在基坑开挖深度范围内有地下水时，作用在墙背上的侧压力有土压力和水压力两部分。水压力一般呈三角形分布（图4-5）；在有残余水压力时，可按梯形分布进行计算。

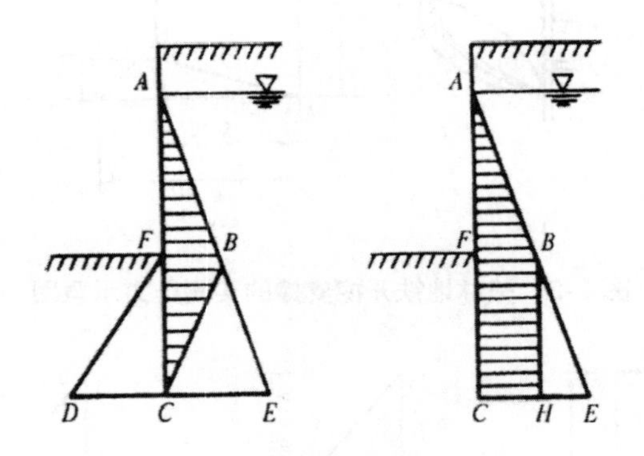

图4-5 水压力分布示意图

（a）三角形分布；（b）梯形分布

对砂土和粉土等无粘性土用水土分算的原则计算，作用于支护结构上的侧压力等于土压力与静水压力之和，静水压力按全水头取用。对粘性土宜根据工程经验，一般按水土合算原则计算，在粘性土孔隙比 e 较大或水平向渗透系数较大时，也可采用水土分算的方法进行。

第二节　深基坑支护类型与设计计算

一、板桩墙的设计计算

1. 无支撑（锚拉）板桩计算（静力平衡法）

无支撑（锚拉）板桩墙体在不同打入深度时有不同的变形情况，如图 4–6（a），①为打入深度 t 时，其上端向左倾斜较小，下端 B 处没有位移。②为打入深度为最小深度 t_{min} 时，其上端向左倾斜较大，下端 B 处向右产生位移。说明如果打入深度小于 t_{min}，则板桩将丧失稳定向左倾倒。

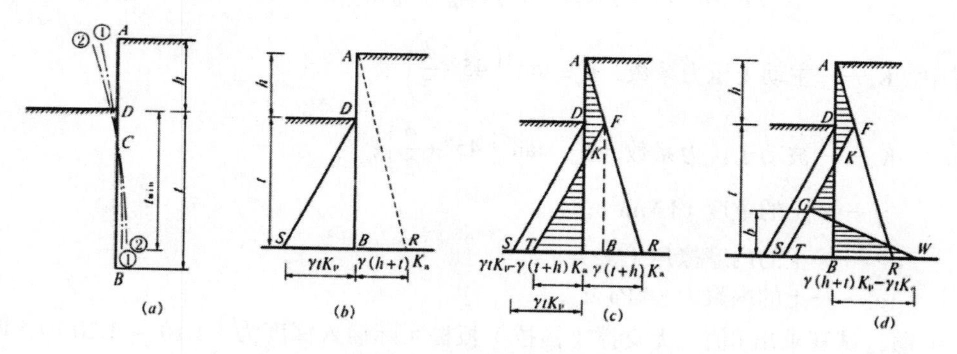

图4–6　无锚板桩土压力图

上述板桩的稳定完全靠埋深 DB 部分两侧的被动土压力维持：如图 4–6（b），板桩右侧，受（h+t）深的主动土压力作用，使其绕 C 点向左转动，而左侧从 D 点至 B 点即产生了被动土压力。二者互相抵消，成为图 4–6（c）所示的划线部分的压力图。从板桩变形或从力的平衡来看，B 点又必然产生向左的土压力，其值将等于右侧（h+t）深度的被动土压力和左侧 t 深度的主动土压力之差［即 $\gamma(h+t)K_p-\gamma tK_a$］，经分析和简化，可得图 4–6（d）。图 4–6（d）中 t 和 b 可用下列平衡方程求得

$$\sum H=0$$

则

$$\Delta AFK-\Delta KBT+\Delta GTW=0$$

因此，

$$\frac{1}{2}\gamma(h+t)^2K_a-\frac{1}{2}\gamma t^2K_p+\frac{1}{2}b\left[\gamma tK_p-\gamma(h+t)K_a+\gamma(h+t)K_p-\gamma tK_a\right]=0$$

即 $\gamma(h+t)^2K_a-\gamma t^2K_p+b(\gamma K_p-\gamma K_a)(h+2t)=0$

$$b=\frac{t^2K_p-(h+t)^2K_a}{(K_p-K_a)(h+2t)}$$

$$\sum Ma=0$$

则

$$\frac{1}{6}\gamma K_a(h+t)^3-\frac{1}{6}\gamma t^3K_p+\frac{1}{6}b^2\gamma(K_p-K_a)(h+2t)=0$$

$$\gamma K_a(h+t)^3-\gamma K_pt^3+b^2\gamma(K_p-K_a)(h+2t)=0$$

式中 K_a——主动土压力系数，$K_a=\tan^2\left(45°-\frac{\phi}{2}\right)$；

K_p——被动土压力系数，$K_p=\tan^2\left(45°+\frac{\phi}{2}\right)$；

γ——土的重度（kN/m^3）;

ϕ——土的内摩擦角（°）;

c——土的内聚力（kPa）。

通过试算求出 t 值。无支撑（锚拉）板桩实际插入深度为（1.10 ~ 1.20）t，即桩长应为 L=h+（1.10 ~ 1.20）t。

根据已确定的外荷载，求出危险断面的最大弯矩 M_{max}，并算出板桩断面模量 W，确定横截面积。

较浅的基坑，板桩可以不加支撑，而仅依靠入土部分的土压力来维持板桩的稳定。但基坑开挖较深时，则需根据开挖深度、板桩的材料和施工要求，设置一道或几道支撑，当基坑特别宽大或者基坑内不允许被水平横撑阻拦时，可采用拉锚代替支撑。

2. 单支撑（锚拉）板桩计算

单支撑（锚拉）板桩不同于无支撑（锚拉）板桩在于其顶端附近设有一支撑（或拉锚），于支撑（锚拉 > 点处视板桩无水平移动而形成一铰接简支点，板桩入土部分的变位形态与入土深度相关。当板桩入土深度较浅时，在墙后主动土压力作用下，板桩墙下端可能会向着主动土压力作用方向有少量位移或转动，此时墙前产生被动土压力将平衡墙后主动土压力（图 4–7），墙下端可视作简支。而在图 4–8 中，板桩入土深度较深时，板桩墙的底端向右倾斜，促使右侧也产生被动土压力。墙前后均出现被动土压力，形成嵌固弯矩，板桩墙下端可视为弹性嵌固支承。

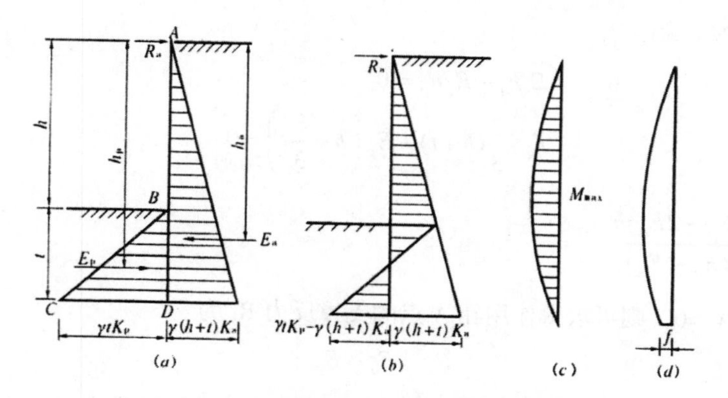

图4–7　单撑浅埋板桩的计算简图

（a）土压力分布图；（b）叠加后的土压力分布图；（c）弯矩图；（d）板桩变形图

（1）单支撑（锚拉）浅埋板桩计算（自由端法）

假定板桩上端为简支，下端为自由支承，这种板桩相当于单跨简支梁。作用在墙后的土压力为主动土压力，作用在墙前的土压力为被动土压力，见图 4–7。

主动土压力最大强度为：

$$\sigma_a = \gamma(h+t)K_a$$

被动土压力最大强度为：

$$\sigma_p = \gamma t K_p$$

主动土压力为：

$$E_a = \frac{1}{2}\gamma(h+t)^2 K_a$$

被动土压力为：

$$E_p = \frac{1}{2}\gamma t^2 K_p$$

式中　$K_a = \tan^2\left(45°-\frac{\phi}{2}\right)$；

$$K_p = \tan^2\left(45°+\frac{\phi}{2}\right)$$

γ——土的重度（kN/m^3）。

其他如图 4-7 所示。

为使板桩保持稳定，作用在板桩上的力 R_a、E_a、E_p 必须平衡，对 A 点取矩应等于零。由 $\sum M_A=0$，有

$$E_a h_a - E_p h_p = 0$$

$$E_a \cdot \frac{2}{3}(h+t) - E_p\left(h+\frac{2}{3}t\right) = 0$$

则 $t=\dfrac{(3E_p-2E_a)h}{2(E_a-E_p)}$

又由 $\sum x=0$，则可求得作用在 A 点的支撑反力 R_a 为

$$R_a = E_a - E_p$$

根据求得的入土深度 t 和支撑反力 R_a，可计算并绘出板桩内力图，依此求得剪力为零的点，该点截面处的弯矩即为板桩最大弯矩 M_{max}，据此最大弯矩选择板桩截面。由于 E_a 和 E_p 均为 t 的函数，所以先要假定 t 值，然后按式（$t=\dfrac{(3E_p-2E_a)h}{2(E_a-E_p)}$）进行试算。板桩入土深度主要取决于桩前被动土压力，而被动土压力只有当土体出现较大变形时才会产生，因此计算时，被动土压力只取其一部分，安全系数多取为 2。

（2）单支撑（锚拉）深埋板桩计算（等值梁法）

单支撑（锚拉）深埋板桩，将其视为上端简支、下端固定支承，变形曲线有一反弯点，认为该点弯矩值为零。于是可把挡土结构划分为两段假想梁，上部为简支梁，下部为一次超静定结构，其弯矩图保持不变（见图 4-8）。ac 梁即为 ab 梁上 ac 段的等值梁。为简化计算，常用土压力等于零点的位置代替反弯点位置。其计算步骤如下：

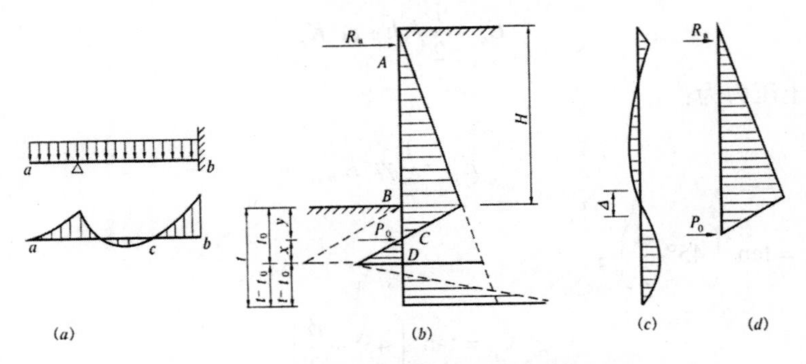

图 4-8 用等值梁法计算单撑板桩简图

（a）等值梁法；（b）板桩上土压力分布图；（c）板桩弯矩图；（d）等值梁

1）计算作用于板桩上的土压力强度，并绘出土压力分布图。计算土压力强度时，应考虑板桩墙与土间的摩擦作用，将板桩墙前和墙后的被动土压力分别乘以修正系数（为安全起见，对主动土压力则不折减），见表4–1。

表4–1　钢板桩的被动土压力修正系数

土内摩擦角	40°	35°	30°	25°	20°	15°	10°
K（墙前）	2.3	2.0	1.8	1.7	1.6	1.4	1.2
K′（墙后）	0.35	0.4	0.47	0.55	0.64	0.75	1.0

2）计算板桩墙上土压力强度等于零的点离挖土面的距离 y，在 y 处板桩墙前的被动土压力等于板桩墙后的主动土压力，即

$$\gamma KK_p y = \gamma K_a (H + y)$$

即

$$\gamma KK_p y = \sigma_b + \gamma K_a y$$

则

$$y = \frac{\sigma_b}{\gamma (KK_p - K_a)}$$

式中　σ_b——挖土面处板桩墙后的主动土压力强度值。

3）按简支梁 AC 计算等值梁的最大弯矩 M_{max} 和两个支点的反力 R_a 和 P_0。

4）计算板桩墙的最小入土深度

$$t_0 = y + x$$

x 可根据 P_0 和墙前被动土压力对板桩底端 D 点的力矩相等求得，

$$x = \sqrt{\frac{6P_0}{\gamma (KK_p - K_a)}}$$

板桩下端的实际埋深应位于 x 之下，所需实际板桩的入土深度为

$$t = (1.1 \sim 1.2) t_0$$

用等值梁法计算板桩是偏于安全的，实际计算时常将最大弯矩予以折减，折减系数据经验为 0.6 ~ 0.8 之间，一般取为 0.74。

3. 多支撑（锚拉）板桩计算

支撑（锚杆）层数和间距的布置，影响板桩、横撑、围檩的截面尺寸和支护结构的材料用量，可采用以下布置：

（1）等弯矩布置

将支撑布置成使板桩各跨的最大弯矩相等，充分发挥板桩的抗弯强度，可使板桩材料用量最省。其计算步骤为：

1）根据工程的实际情况，估选一种型号的板桩，计算其截面模量 W；

2）根据其允许抵抗弯矩，计算板桩悬臂部分的最大允许跨度 h，即

$$f=\frac{M_{\max}}{W}=\frac{\frac{1}{6}\gamma K_a h^3}{W}$$

$$h=\sqrt[3]{\frac{6fW}{\gamma K_a}}$$

式中 f ——板桩的抗弯强度设计值（kPa）；

γ ——板桩墙后土的重度（kN/m^3）；

Ka ——主动土压力系数。

3）计算板桩下部各层支撑的跨度（即支撑的间距），把板桩视作一个承受三角形荷载的连续梁，各支点近似地假定为不转动，即把每跨看作两端固定，可按一般力学原理计算各支点最大弯矩都等于 M_{max} 时各跨的跨度，如图 4-9。

4）如果算出的支撑层数过多或过少，可重新选择板桩型号，按以上步骤进行。

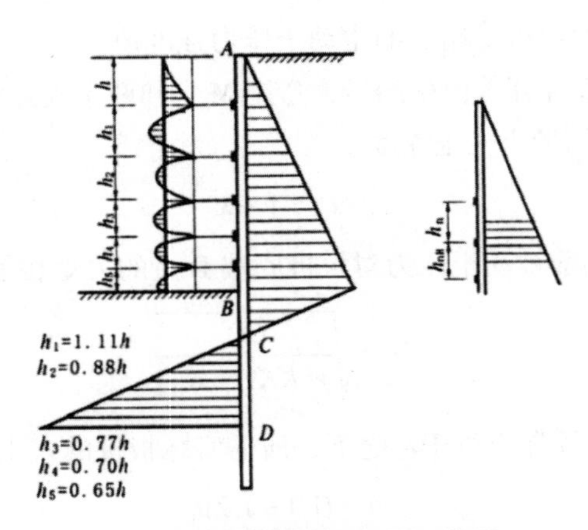

图4-9 支撑的等弯矩布置示意图

（2）等反力布置

这种布置是使各层围檩和横撑所受的力都相等，使支撑系统简化。计算支撑的间距时，把板桩视作承受三角形荷载的连续梁，解之即得到各跨的跨度，如图4-10。这样，除顶部支撑压力为0.15p 外，其他竞撑承受的压力均为 p，其值为

（n–l）$p+0.15P=\frac{1}{2}\gamma K_a H^2$，即

$$p=\frac{\gamma K_a H^2}{2(n-1+0.15)}$$

式中 n——支撑（锚杆）层数。

通常按第一跨的最大弯矩进行截面选择。

以上两种支撑布置方法是较理想的，实际施工中可能由于各种原因不能按上述方法布置支撑，此时，则将板桩视作承受三角形荷载的连续梁，用力矩分配法计算板桩的弯矩和反力，用来验算板桩截面和选择支撑规格。

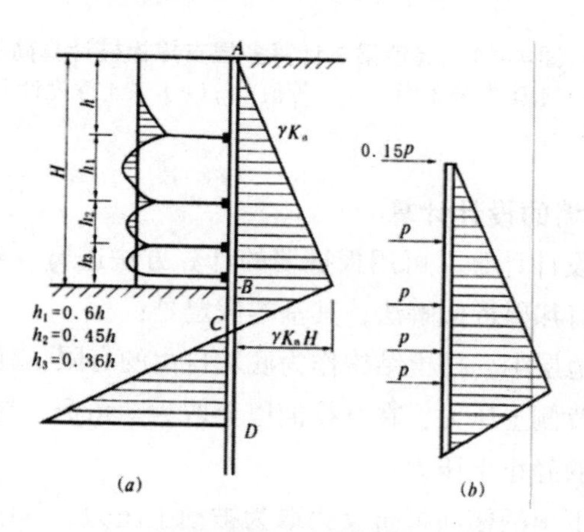

图4–10 支撑的等反力布置

（a）支撑的等反力布置计算示意图；（b）三角形荷载的连续梁

板桩入土深度计算：

用等值梁法计算多支撑（锚拉）板桩，计算步骤同单支撑（锚拉）板桩（图4–11）。

（1）绘出土压力分布图；

（2）计算板桩墙上土压力强度等于零点离挖土面的距离 y 值；

（3）按多跨连续梁 AF，用力矩分配法计算各支点和跨中的弯矩，从中求出最大弯矩 M_{max}，以验算板桩截面，并可求各支点反力 R_B、R_C、R_D、R_F，即作用在支撑上的荷载。

（4）根据 RF 和墙前被动土压力对板桩底端 O 的力矩相等原理，可求得 x 值，而 $t_0=y+x$，入土深度为 $t=(1.1\sim1.2)t_0$。

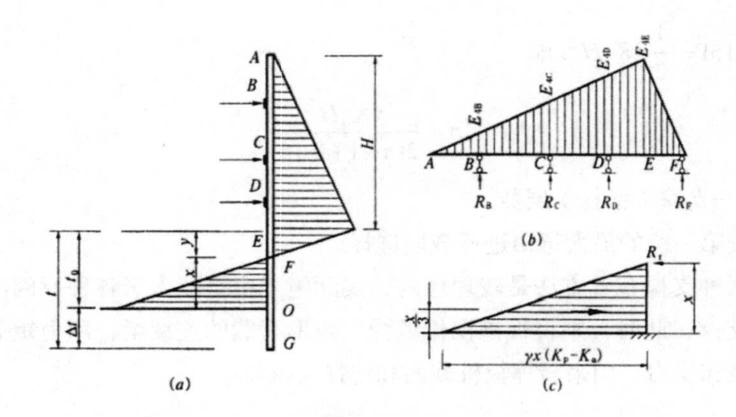

图4–11　等值梁法计算多层支撑板桩计算简图

（a）土压力分布图；（b）等值梁；（c）入土深度计算简图

二、地下连续墙的设计计算

地下连续墙的设计计算，可用板桩墙的计算方法进行。对多支撑（锚拉）地下连续墙，还可用山肩邦男近似解法，其基本假定是：

（1）在粘性土地层中，挡土结构作为底端自由的有限长弹性体；

（2）挡土结构背侧土压力，在开挖面以上取为三角形，在开挖面以下取为矩形，已抵消开挖面一侧的静止土压力；

（3）开挖面以下土的横向抵抗反力取为被动土压力，其中 ξx+ξ 为被动土压力减去静止土压力 ηx 后的数值；

（4）横撑设置后即作为不动支点；

（5）下道横撑设置后，认为上道横撑的轴力保持不变且下道横撑点以上的挡土结构仍保持原来的位置；

（6）开挖面以下挡土结构弯矩 M=0 的那点假想为一个铰，而且忽略此铰以下的挡土结构对此铰以上挡土结构的剪力传递。

近似解法只需应用两个静力平衡方程式，$\sum y=0$ 和 $\sum M_A=0$，即挡土结构前后侧合力为零和挡土结构底端自由。

由 $\sum y=0$，得

$$N_K=\frac{1}{2}\eta h_{0K}^2+\eta h_{0K}x_m-\sum_{i=1}^{K-1}N_i-\xi x_m-\frac{1}{2}\xi x_m^2$$

根据 $\sum M_A=0$ 和上式，得

$$\frac{1}{3}\xi x_m^3-\frac{1}{2}(\eta h_0K-\xi-\xi h_{KK})x_m^2-(\eta h_{0K}-\xi)h_{KK}x_m$$
$$-\left[\sum_{i=1}^{K-1}N_ih_{iK}-h_{KK}\sum_{i=1}^{K-1}N_i+\frac{1}{2}\eta h_{0K}^2(h_{KK}-\frac{1}{3}h_{0K})\right]=0$$

拉锚是将一种新型受拉杆件的一端（锚固段）固定在开挖基坑的稳定地层中，另一端与工程构筑物相联结（钢板桩、挖孔桩、灌注桩以及地下连续墙等），用以承受由于土压力、水压力等施加于构筑物的推力，从而利用地层的锚固力，维持构筑物（或土层）的稳定。

深基坑支护体系包括支护（围护）结构和支撑（锚拉）系统。按材料分类，支撑系统有钢支撑和钢筋混凝土支撑两类；按受力形式分为单跨压杆式、多跨压杆式、双向多跨压杆式、水平框架式等形式。钢支撑结构是一种单跨或多跨压弯杆件，按钢结构设计方法计算钢支撑的内力。钢筋混凝土支撑按水平封闭框架结构设计，计算封闭框架在最不利荷载作用下，产生的最不利内力组合和最大水平位移。

三、支护结构稳定计算

支护结构入土深度不仅要保证自身的稳定，还要保证基坑不会出现隆起和管涌现象。

（1）基底的隆起验算

1）地基稳定验算法

计及墙体极限弯矩的抗隆起法认为开挖底面以下的墙体能起到帮助抵抗基底土体隆起作用，并假定土体沿墙体底面滑动，认为墙体底面以下的滑动面为一圆弧，如图 4–12 所示。产生滑动的力为土体重量 γH 及地表超载 q，抵抗滑动的力则为滑动面上的土体抗剪强度。经分析计算，

滑动力矩：$M_s=\frac{1}{2}(\gamma H+q)D^2$

抗滑力矩 $M_r=K_a\tan\phi\left[(\frac{\gamma H^2}{2}+qH)D+\frac{1}{2}qfD^2+\frac{2}{3}\gamma D^3\right]+\tan\phi(\frac{\pi}{4}q_fD^2+\frac{4}{3}\gamma D^3)$

$+c(HD+\pi D^2)+M_h$

式中 D——入土深度（m）；

H——基坑开挖深度（m）；

q——地表超载（kN/m^2）；

γ、c ϕ——分别为土体重度（kN/m^3），粘聚力（kPa）及内摩擦角（°），对成层土采用加权平均值；

M_h——基坑底面处墙体的极限抵抗弯矩，可采用该处的墙体设计弯矩（kN·m）。

q_f——$q_f=\gamma H+q$

$$K_a——K_a=\tan^2\left(45°-\frac{\phi}{2}\right)$$

则 $K_s=\dfrac{M_r}{M_s}$

要求 Ks ≥ 1.2 ~ 1.3；如要达到严格控制地表沉降的要求，则 Ks ≥ 1.5 ~ 2.0。此法较适用于中等强度和较软弱的粘性土层中的地下墙工程。

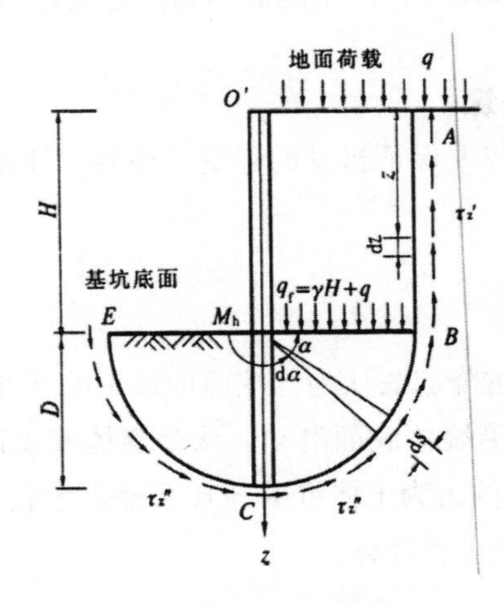

图4-12 地基稳定验算法

2）地基强度验算法

地基强度验算法一般采用 Terzaghi-Peck 图式，如图 4-13。假定土的内摩擦角 ϕ =0。滑动面为圆筒面与平面组成，考虑基坑宽度的影响，基坑抗涌土的安全系数为

$$K=\frac{5.7c}{\gamma H-\dfrac{\sqrt{2}cH}{B}}\geq 1.4$$

式中　s γ ——土的天然重度（kN/m^3）;

c ——土的粘聚力（kPa）;

B ——基坑的宽度（m）;

H——基坑的深度（m）。

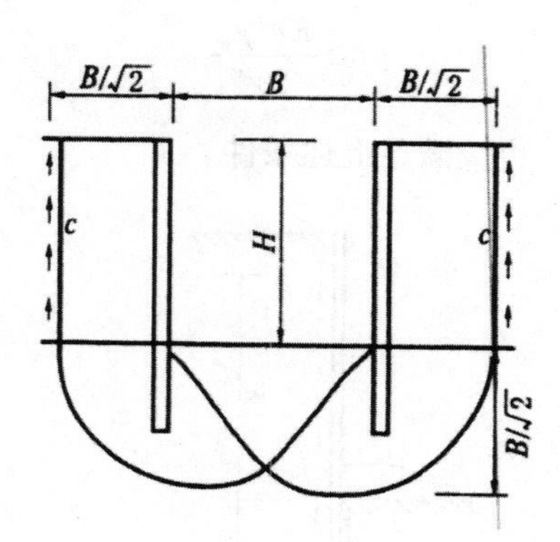

图4–13　地基强度验算法示意图

上式适用于粘性土。若坑底面以下距离 D 处有硬土层时，只要将 $\frac{B}{\sqrt{2}}$ 用 D 代，替即可（D< $\frac{B}{\sqrt{2}}$ ）。

（2）基底抗管涌验算

当地下水由高处向低处渗流（图 4–14），其向上渗流力（动水压力）j 大于土层的浮重度 γ' ，坑底将产生管涌现象。为避免管涌，要求 $\gamma' \geq Kj$ 。K 为抗管涌安全系数，一般 K 取值为 1，5 ~ 2.0。计算时近似地按紧贴板桩的最短路线计及最大渗透力为

$$j = i\gamma_w = \frac{h'}{h'+2t}\gamma_w$$

式中　i——水力梯度；

t ——板桩的入土深度（m）;

h′ ——地下水位至坑底的距离（m）;

γ_w——地下水重度（kN/m^3）。

不发生管涌的条件为：

$$\gamma' \geq K\frac{h'}{h'+2t}\gamma_w$$

即 $t \geq \dfrac{Kh'\gamma_w - \gamma'h'}{2\gamma'}$

如坑底以上为透水性好的土层，因地下水流经此层土的水头损失很小，略去不计，则不产生管涌的条件为

$$t \geq \frac{Kh'\gamma_w}{2\gamma'}$$

确定板桩入土深度时，也应满足上述条件。

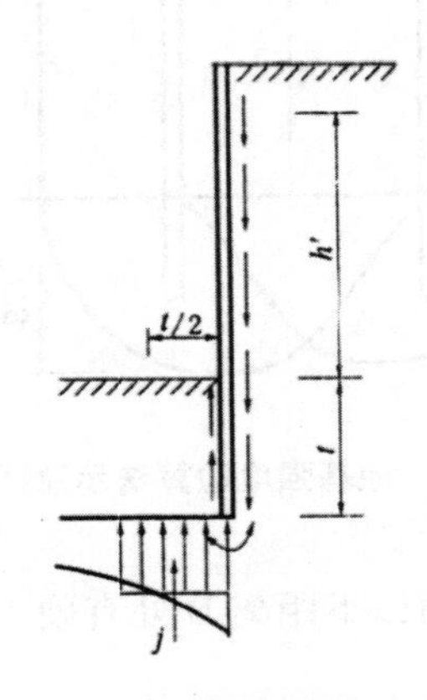

图4-14 基地管涌计算示意图

第三节 深基坑开挖与排水

一、深基坑开挖

深基坑开挖，应认真研究整个建筑工程地质和水文地质、气象资料，编制施工组织设计。基坑开挖工程施工组织设计内容包括：开挖机械的选定，开挖程序，机械和运输车辆行驶路线，地面和坑内排水措施，冬季、雨季、汛期施工措施等。基坑开挖前，必须对邻近建筑物、构筑物、地下管线进行调查，摸清其位置、埋设标高、基础及上部结构形式，并反映在基础开挖施工平面图上。

深基坑开挖一般分为无支护放坡开挖和有支护开挖两种方式。

无支护放坡开挖较经济，无支撑施工，施工主体工程作业空间宽余，工期短。适合于基坑四周无邻近建筑及设施，有空旷处可供放坡的场地。适用于硬塑、可塑粘土和良好的砂性土。对于软弱地基不宜挖深过大，且要对地基进行加固。

放坡开挖应选择合理的坡度和恰当的排水措施，以保证开挖过程中边坡稳定性。开挖的斜面高度应考虑施工安全和便于作业。当达不到这两个要求时，可采用分段开挖，分段之间应设置平台。为防止大面积边坡表面强度降低，有时需要对坡面采取保护措施，如砂浆抹面等。

有支护开挖，是在场地狭小，周围建筑物密集，地下埋设物多的情况下，先设置挡土支护结构，然后沿支护结构内侧垂直向下开挖，需要对支护结构采取支撑或锚拉措施的，则边支撑（锚系）边开挖。

不设置内支撑的支护开挖有挡墙支护、挡墙加土锚支护、重力式挡墙支护等。由于不设内支撑，有较宽阔的工作面，土方开挖和主体工程施工不受干扰，在开挖深度较浅、地质条件较好、周围环境保护要求较低的基坑，可考虑选用。

设置内支撑的支护开挖，是用钢筋混凝土或装配式钢支撑，与支护结构组成支护体系，维护基坑稳定的一种开挖方式，适合于软弱地基。

对于开挖面积较大，基坑支撑作业较复杂、困难，施工场地紧张的基坑，可将基坑中间先开挖，基坑支护结构内侧先留土堤，待部分主体工程施工后，将斜撑支在主体工程结构上，开挖靠近支护结构内侧土体。这就是“中心岛”开挖法。

对于深度很大的多层地下室基坑开挖，可先施工地下连续墙作为地下室的边墙或基坑的支护结构，同时在建筑物内部的有关位置浇筑或打下中间支承柱，然后向下开挖至第一层地下室底面标高，并浇筑该层梁板楼面工程和该层内的柱子或墙板结构，则成为地下连续墙的支撑。然后逐层向下开挖并浇筑地下室；与此同时向上逐层进行地面以上各层结构的施工，直到工程结束。这种开挖施工方式被称之为“逆作法”。

合理的开挖程序及开挖施工参数是确保基坑稳定和控制基坑变形符合设计要求的关键，各种地层的基坑开挖施工均应满足以下基本要求：

（1）有支护基坑要分层开挖，层数为 n+1，n 为基坑内所设支撑的道数。每挖一层及时加好一道支撑或设好一道锚杆；

（2）对设内支撑的基坑，在每层土开挖中，同时开挖的部分，在位置及深度上，要以保持对称为原则，防止基坑支护结构承受偏载；

（3）确定支撑及围檩或拉锚的质量要求，特别是加工及安装的允许偏心值，并在施工管理中，加强对支撑构件、拉锚构件的生产及安装质量的保证措施；

（4）规定施工场地、土方、材料、设备的堆放地及堆放量，限定基坑旁边的超载；

（5）确保排水、堵水及降水措施，严防支护墙体发生水土流失而导致基坑失稳；

（6）合理确定地基加固的范围及质量要求以及检验方法；

（7）配备满足出土数量和时间要求的开挖设备、运输车辆以及道路和堆场条件；提出监测设计，落实按监测信息指导施工和防止事故的条件。

根据国内有流变性软土地区基坑开挖实践，人们认识到基坑开挖支撑施工过程中的每个分步开挖的空间几何尺寸和挡墙开挖部分的无支撑暴露时间，对基坑支护墙体和坑周地层位移有明显的相关性，这里反映了基坑开挖中的时空效应的规律性。选择基坑分层、分步、对称、平衡开挖和支撑的顺序，并确定各工序的时限是必要的。在施工组织设计中定出如下的施工参数：

N_i——开挖分层的层数；

n_i ——每层分部的数量；

T_{ci}——分部开挖的时间限制；

T_{si}——分部开挖后完成支撑的时间限制；

P_i ——支撑预加轴力（采用钢支承时）；

B、h ——贴靠挡土墙的支承土堤每步开挖的宽度和高度；

T_r ——每步开挖所暴露的部分墙体，在开挖卸荷后无支撑暴露时间。

关于开挖机具，有支护基坑的机械开挖常采用抓斗挖土机，对于大型基坑也可采用正向铲、反向铲等，并辅以推土机等机械设备。

抓斗挖土机可用来挖砂土、粉质粘土或水下淤泥、开挖沉井中的水下土方最为合适。抓斗挖土机一般以吊机或双筒卷扬机操作，用吊机操作时，吊车应放在稳固基础上，对于刚度差的井壁周围可能沉陷，吊车至少离开井壁 2 ~ 5m，而且井壁支护设计时应考虑该荷载的传递。用卷扬机操作时，常在坑顶装设临时吊架。

正向铲挖土具有强制性和较大的灵活性，可以直接开挖较坚硬的土和经爆破后的岩石、冻土等；可开挖大型基坑，还可以装卸颗粒材料。正向铲开挖停机平面以上的土，在开挖基坑时要通过坡道或大型吊车将其吊入坑内开挖。

反向铲挖土机的强制力和灵活性不如正向铲，只能开挖砂土、粉质粘土、粉土等较松散土层，它是开挖停车平面以下的土。因此，它可以挖湿土，坑内仅设简易排水即可。坑壁支护结构计算时，应考虑反向铲挖土机的传力。

拉铲的强制性较差，只能开挖砂土与粉质粘土等软土，坑内仅设简易排水即可开挖湿土，可用于大型基坑和沟渠的开挖。拉铲大多用作将土弃在土堆上，也可以卸到运输工具上。与反铲比较，它挖土和卸土半径较反铲大，但开挖基坑的精确性较差。

采用上述机械挖土时，基坑必须有满足机具工作的足够尺寸，且在设计标高以上和坑壁支护以内各留一层土体用人工或其他可靠的方法开挖清理，以防止破坏基底原土和损伤坑壁支护。

土方运输工具有自卸汽车、拖拉机拖车、窄轨铁路翻斗车，此外，还可用皮带运输机、索铲挖土机等调运土方。

二、深基坑排水

深基坑排水常用人工降低地下水位的方法进行，其方法是在基坑开挖前，预先在基坑四周埋设一定数量的滤水管（井），用抽水设备抽水，使地下水位降落到坑底以下，同时在基坑开挖时仍不断抽水。人工降低地下水位的方法有：轻型井点、喷射井点、电渗井点、管井井点及深井泵等，可根据土的渗透系数、要求降低水位的深度、工程特点及设备条件等，选择人工降水的方法，参见表 4-2 和表 4-3。

表4-2　渗透系数和降水方法的关系

井点分类	渗透系数（cm/s）	土层类别
轻型井点	$10^{-3}\sim10^{-6}$	砂质粉土、粘质粉砂、粉砂，含薄层粉砂的粉质粘土
喷射井点	$10^{-3}\sim10^{-6}$	砂质粉土、粘质粉砂、粉砂，含蒲层粉砂的粉质粘土
电渗井点	$<10^{-6}$	粘土、粉质粘土
深井井点	$>10^{-4}$	砂质粉土、粉砂，含薄层粉砂的粉质粘土

表4-3　挖土深度和降水方法的关系

<table>
<tr><td rowspan="2">挖土深度（m）</td><td colspan="4">土名</td></tr>
<tr><td>粉质粘土、粉土、粉砂</td><td>细砂、中砂</td><td>粗砂、砾石</td><td>大砾石、粗卵石（含有砂粒）</td></tr>
<tr><td><5</td><td>单层井点（真空法、电渗法）</td><td>单层普通井点</td><td colspan="2">1.井点
2.表面排水
3.用离心泵自竖井内抽水</td></tr>
<tr><td>1 ~ 12</td><td rowspan="2">多层井点、喷射井点（真空法、电渗法）</td><td>多层井点</td><td colspan="2"></td></tr>
<tr><td>12 ~ 20</td><td>喷射井点</td><td colspan="2"></td></tr>
<tr><td>>20</td><td></td><td colspan="3">深井或管井</td></tr>
</table>

降低地下水位的设计计算是按水井理论进行的。水井根据井底是否达到不透水层，分为完整井与非完整井；根据地下水有无压力，分为承压井与无压井，其中以无压完整井理论较为完善。

（1）单井涌水量（图 4-15）

无压完整井涌水量计算公式为

$$Q=1.366\frac{k(H^2-h^2)}{\log R-\log r}$$

有压完整井涌水量计算公式为

$$Q=2.73\frac{kM(H-h)}{\log R-\log r}$$

式中 H——无压完整井含水层厚度（m）；有压完整井承压水头高度，由含水层底板算起（m）；

M——有压完整井含水层厚度（m）；

h——井中水位深度（m）；

k——渗透系数（cm/s）；

R——影响半径（m）；

r——井半径（m）。

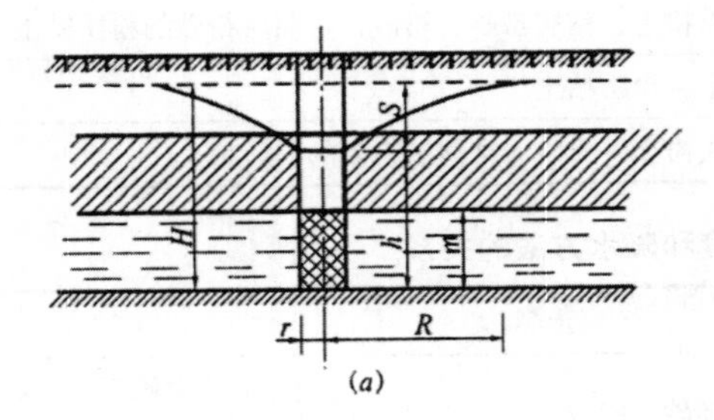

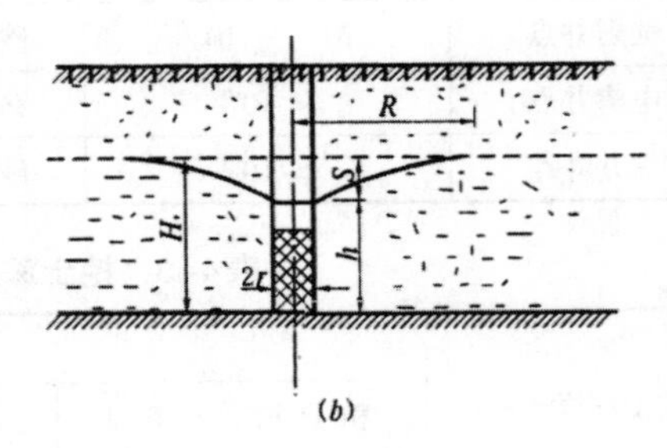

图4-15 单井涌水量计算图

（a）有压完整井；（b）无压完整井

（2）影响半径 R

影响半径 R 是指水位降落漏斗曲线稳定时的影响半径。确定井的影响半径，可用经验公式计算，常用的公式为

$$R=575S\sqrt{Hk}$$

式中 S——原地下水位到井内的距离（m）；

H——含水层厚度（m）；

k——土的渗透系数（cm/s）。

（3）井点系统涌水量

井点系统是由许多井点同时抽水，各个单井水位降落漏斗彼此相干扰，其涌水量就减少，所以总涌水量不等于各个单井涌水量之和。井点系统总涌水量，根据群井相互作用的原理，无压完整井总涌水量为

$$Q=1.366k\frac{H^2-h^2}{logR-\frac{1}{n}log(x_1x_2......x_n)}$$

式中 x_1，x_2，……，x_n——各井至群井重心距离（m）；

n——群井个数；

H——含水层厚度（m）；

h——群井重心处渗流水头（m）；

R——群井的影响半径。（m）；

有压完整井的总涌水量为

$$Q=kM\frac{H-h}{0.37\left[logR-\frac{1}{n}log(x_1x_2......x_n)\right]}$$

式中 H——承压水头高度（m）；

M——含水层厚度（m）；

其他同上式中的符号。

（4）井点系统设计（图 4-16）

对于井点系统设计，应考虑如下内容：

1）单根井点管进水量 q（m^3/d）

$$q=\pi dlv$$

式中 d——滤管外径（m）；

l——滤管工作长度（m）；

v——允许流速，v=19.6 $\sqrt{k}$ （m/d），k 为土的渗透系数（m/d）。

2）井点管数目 n

$n=\frac{Q}{q}$（Q 为总涌水量）

3）井点管深度

对轻型井点 $H\geq H_1+h=iL$

式中 H_1——从井点埋设面至坑底距离（m）；

h——地下水位降至坑底以下距离，一般取 0.5 ~ 1.0m；

i——水力坡降；

L——井点管中心至基坑中心的水平距离（m）。

4）井点管间距

$$a = \frac{井点环圈周长C}{n}$$

核算地下水位是否满足降低到规定标高，即 S′ =H−h′ 是否满足要求：

$$h' = H^2 - \sqrt{\frac{Q}{1.366k}(\log R - \frac{1}{n}\log x_1 x_2 ......x_n)}$$

式中 h′——滤管外壁或坑底任意点的动力水位高度。

x_1，x_2，……，x_n——所核算的滤管外壁或坑底任意点至各井点管的水平距离。核算滤管外壁处的 x_1，x_2，……，xn 时改用滤管半径 r_0 代入计算。

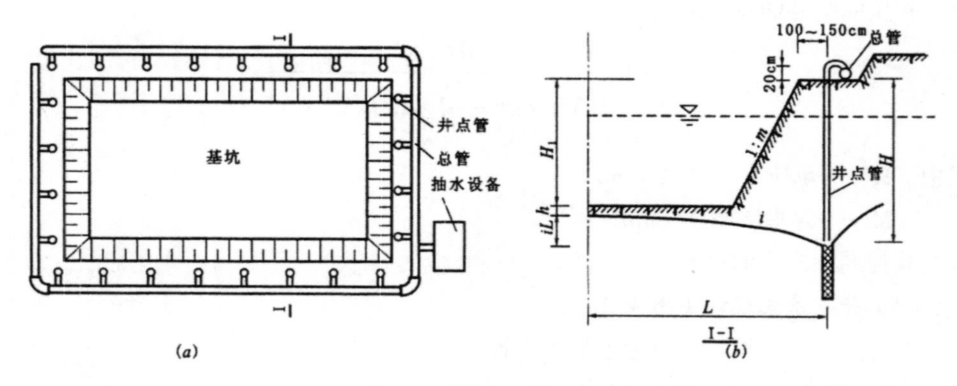

图4–16 环状井点布置简图

（a）平面布置图；（b）高程布置图

最后对抽水设备进行选择。

深基坑排水除使用人工降低地下水位方法外，有时也采用集水井降水（明排法），即在基坑开挖至地下水位时，在基坑周围内基础范围以外开挖排水沟或者在基坑外开挖排水沟，在一定距离设置集水井，地下水沿排水沟流入集水井，然后用水泵将水抽走。集水井法（图 4–17）采用的主要是离心泵，如抽水量较小，也可用活塞泵或隔膜泵。

集水井法由于设备简单，使用较广，但当地下水头较大而又为细砂、粉砂时，集水井法往往会发生流砂现象，难于施工，此时必须采用前述人工降低地下水位方法。

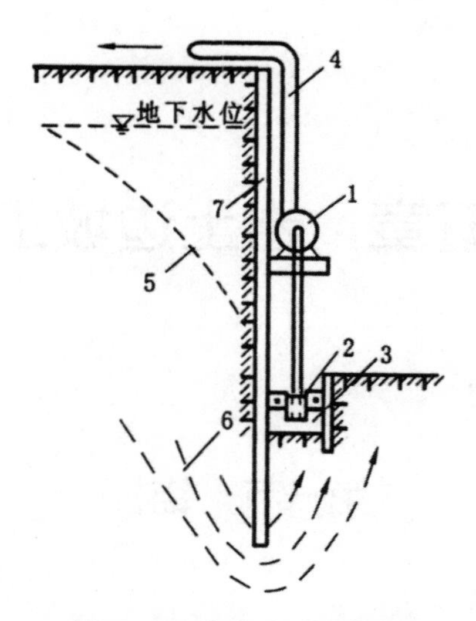

图4–17 集水井法示意图

1—水泵；2—排水沟；3—集水井；4—压力水管；5—降落曲线；6—水流曲线；7—板桩

第五章　岩土边坡工程

第一节　锚杆

一、基础内容

锚杆技术指的是在天然地层中钻孔至稳定地层中，插入锚拉杆，然后在孔中灌注水泥砂浆，置于稳定地层中的锚杆部分称为锚固段，利用锚固段的抗拔能力，维持土体或岩体的边坡（或地基）稳定。

图 5–1 为锚杆示意图。锚杆由锚拉杆、锚固体和锚头 3 部分组成，图 5–1（a）表示锚固体置于滑动面后的稳定土层中，图 5–1（b）表示锚固体置于稳定岩层中；均在锚拉杆外端用锚头与挡墙的墙板结构相连，以便将墙板结构所承受的土压力、水压力通过锚头传给锚拉杆，并经由锚固段最终传给锚固体周围的地层。可见，具有抗拔能力的锚固体（段）是力传递的关键部位，也是锚杆技术的关键，其抗拔能力的大小是锚杆技术研究的核心，其准确性则是采用锚杆技术的成败关键。

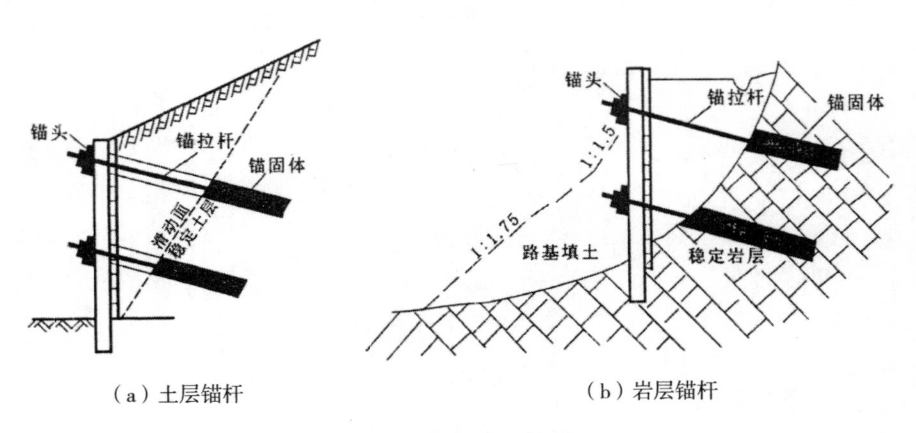

（a）土层锚杆　　（b）岩层锚杆

图 5–1　锚杆示意图

锚拉杆常用钢拉杆，如各种直径的单根钢筋、钢管、，钢丝束、钢绞线等，一般用螺纹钢筋；锚固体为拉杆底端部分在压力下灌有水泥砂浆的圆柱形锚体，按钻孔直径分为大锚（Φ=100 ~ 150mm）、小锚杆（Φ=32 ~ 50mm）；锚头有螺母锚头和锚具锚头两种。

锚杆技术是建筑工程中的一项实用新技术，在国内外得到了广泛的、愈来愈多的应用。它不仅可作为临时支护，也可作为永久承拉构件。被锚固的地层不仅有岩石，而且有松散土层，如砂卵石、中粗砂及粘土。

二、锚杆计算

1. 锚杆破坏形式和承载力分析

锚杆的破坏形式通常有 4 种：①锚拉杆被拉断；②拉筋（锚拉杆）从筋浆界面处脱出；③锚固体从浆土界面处脱出；④连锚带土一起拔出。前 3 种指的是单根锚杆的抗拔力（即承载力）问题，属于锚杆的强度破坏问题；第④种即破坏面在土体内部的破坏形式，属于锚杆与土总体稳定性破坏问题。

当拉筋的极限拉力 T_g 大于或等于锚杆的设计拉力时，不会出现第①种破坏形式，此时要求拉筋有一定的抗拉强度和截面尺寸，保证足够的承拉能力而不被拉断，这一条件在设计中一般易于满足。要想不出现第②种破坏形式，锚固段水泥砂浆对拉筋应有足够的握裹力 T_1，确保砂浆和拉筋在锚杆受拉时始终共同工作，拉筋不至被拔出，此时要求锚固段有足够的长度、截面尺寸和砂浆对拉筋的平均握裹力。至于第③种情况，主要取决于地层对锚固体的极限摩阻力 T_2（或粘着力）的大小。深入分析可知，锚固段周边可能破坏的情况又有 3 种：一是水泥砂浆周围的岩（土）层发生剪切破坏，这种情况只有当岩（土）层的强度小于砂浆与岩（土）层接触面的强度时才会发生；二是沿孔壁发生剪切破坏，即水泥砂浆与孔壁接触面间的粘着力不够，应该是施工工艺问题；三是接触面内部砂浆体的剪切破坏，这是砂浆的质量或标号问题。总之，锚固体从浆土面脱出的情况较复杂。

由单根锚杆的破坏形式和影响因素分析，显然，单根锚杆的承载力（或极限抗拔力）T_u 主要由拉杆的极限拉力 T_g、拉杆与锚固体之间的极限握裹力 T_1、锚固体与岩（土）之间的极限抗拔力 T_2 三者确定。从 T_1 和 T_2 来比较，在完整的硬质岩层中的灌浆锚杆，一般了 $T_2 > T_1$，故：T_u 由 T_1 决定；在土体或软弱岩层（极限抗压强度≤ 30MPa）中，一般 $T_2 < T_1$，故 T_u 由 T_2 决定；无论岩层还是土层，设计时总易满足：T_g 不小于上述两种情况中的较小值。

锚杆的总体稳定性破坏可分为整体稳定性破坏和深部破裂面稳定性破坏两种情

况，如图 5-2 所用。当整体失稳时，由于土体的滑动面在支护结构以下，故可按土坡稳定性计算方法进行验算；当出现深部破裂面稳定性问题时，因滑动面贯穿锚杆等支护结构，在稳定性验算时，需考虑锚杆的拉力，或当滑动土体处于极限平衡时锚杆所能承受的最大拉力 T_{hmax}，单根锚杆的设计拉力 T_h 必须小于总体稳定性验算时锚杆所能承受的最大拉力 T_{hmax}。

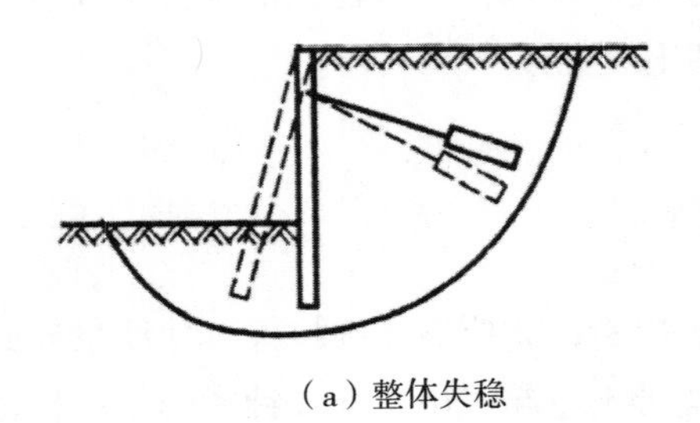

（a）整体失稳

（b）深部破裂面失稳

图5-2　土层锚杆的失稳情况示意图

2. 灌浆锚杆的抗拔力（承载力）计算

（1）钢筋的极限拉力 T_g

$$T_g = \sigma_g A_g$$

式中　σ_g——钢筋的极限拉力（kN/m^2）；

A_g——钢筋的横截面积（m^2）。

（2）锚固段的水泥砂浆对锚拉杆（如钢筋）的极限握裹力

$$T_1 = \pi d L_e u$$

式中　d——钢筋的直径（m）；

Le——锚固段长度（m）；

u——水泥砂浆对钢筋的平均握裹力（kPa）。

根据现有试验资料，在设计时 u 值一般可取砂浆标准抗压强度的 $\frac{1}{10} \sim \frac{1}{5}$，灌浆锚杆要求砂浆的标号为 300 号，灰砂比为 1∶1，水灰比为 0.4 ~ 0.45。可见，砂浆的质量控制很重要，直接影响上述平均握裹力。

三、锚杆的稳定性验算

锚杆深部破裂面稳定性的验算可采用联邦德国 Kranz 简易计算法，其要点如下：

（1）首先确定支护结构（桩板墙等）下端的假想支承点（铰点）b。设 b 点离基坑底的距离为 x 为减少计算次数，可根据土的内摩擦角 ϕ，参考表 5-1 确定。

表5-1　x值参考表

ϕ	$\frac{x}{H}$
20°	0.24
25°	0.15
30°	0.075
35°	0.025
37.5°	0

（2）由锚固段中心点 c 与 b 连一直线，并假定 & 为滑动线，再由 c 向上作垂直线至地面 d，视 cd 为假想的代替墙，则得土块 abcd，见图 5-3（a），将此土块视为可能被拔出的连土带锚的块体。

（3）取 abcd 块体为自由体，其上的作用力有：土块的自重与其上作用的荷载和 G，大小、方向和作用线均已知；假想滑线 bc 上的反力 Q，方向和作用点已知；挡土墙（桩）上的主动土压力 E_a 和假想墙 cd 上的主动压力 E_1，大小、方向和作用点均知；锚杆拉力 T_{max}，方向和作用点已知。

（4）当 abcd 土块处于平衡状态时，以 E_1、G、Ea 和 Q 作力多边形，如图 5-3（b），该多边形应封闭，便可得出锚杆所能承受的最大拉力 T_{max} 和其水平分力 T_{hmax}。

（5）T_{hmax} 与锚杆的设计（或实际）水平力 T_h 之比值 K_s 称为锚杆的稳定安全系数，当 $Ks=\frac{T_{h\max}}{T_h}\geq 1.5$ 时，则深部破坏不会出现。

利用作用在分离体 abcd 上力的平衡方程式同样可求出 T_{max} 和 T_{hmax}。下面直接从力多边形各分力的几何关系和平衡关系，导出 T_{hmax} 的计算公式，由图 5-3（b）：

$$T_{h\max}=E_{ah}-E_{1h}+c$$
$$c+d=(G+E_{1h}\tan\delta-E_{ah}\tan\delta)\tan(\phi-\theta)$$
$$d=T_{h\max}\tan\alpha\tan(\phi-\theta)$$

所以，$T_{h\max}=E_{ah}-E_{1h}+(G+E_{1h}\tan\delta-E_{ah}\tan\delta)\tan(\phi-\theta)-T_{h\max}\tan\alpha\tan(\phi-\theta)$

$$T_{h\max}=\frac{E_{ah}-E_{1h}+\left[G+(E_{1h}-E_{ah})\tan\delta\right]\tan(\phi-\theta)}{1+\tan\alpha\tan(\phi-\theta)}$$

式中　G——深部破裂面范围内（即土块 abcd）土体重量及其上作用的荷载；

E_{ah}——作用在挡土墙或基坑支护上主动土压力的水平分力，$E_{ah}=E a\cos\delta$；

E_{1h}——作用在假想墙 cd 面上主动土压力 E_1 的水平分力，$E_{1h}=E_1\cos\delta$；

Q——滑面 bc 上反力的合力，与滑动面 bc 的法线成 ϕ 角；

ϕ ——土的内摩擦角；

δ ——支护结构墙（桩）背与土之间的外摩擦角；

θ ——深部破裂面 & 与水平面间的夹角；

α ——锚杆的倾角。

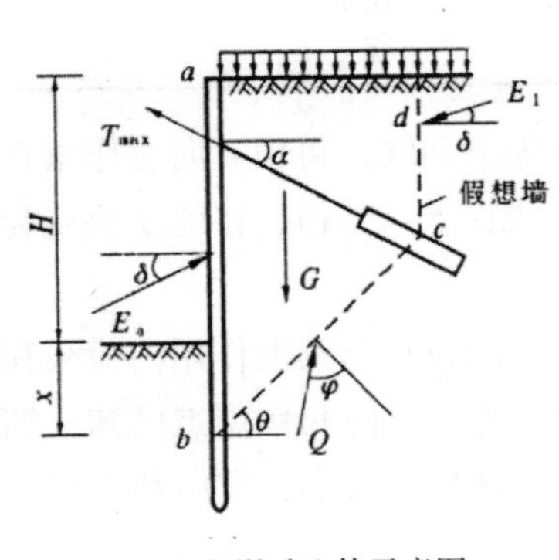

（a）滑动土体示意图；

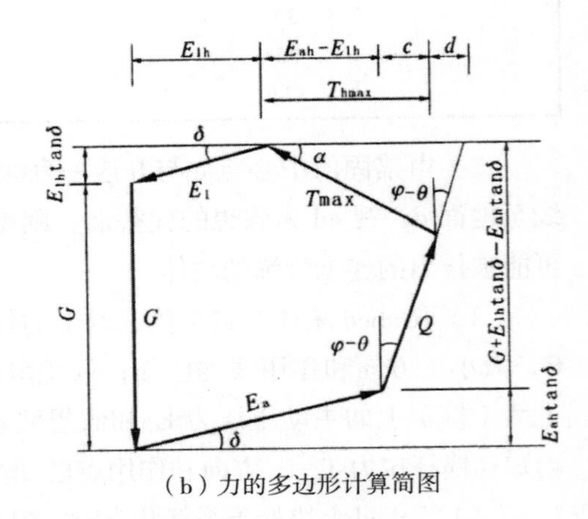

（b）力的多边形计算简图

图5-3　土层锚杆深部破裂面的稳定性计算简图

四、锚杆试验与检验

目前，国内外在应用锚杆技术时，无不十分重视锚杆的现场试验与检测工作，必须在技术上和质量控制程序上进行验收确认。理由是在计算锚杆的抗拔力时，尚无完善的计算方法；所用的参数往往与现场的实测值不符；除锚拉杆的极限抗拉强度不受长度影响外，锚固体的极限抗拔力 T_1 和 T_2 均受锚固长度 L_e 的影响抗拔试验也是进一步确定锚固长度的需要。试验项目包括极限抗拔试验、性能试验和验收试验。

1. 极限抗拔试验

极限抗拔试验应选在有代表性的土（岩）层中进行，其任务是判断锚杆能否实现设计所需的抗拔能力。试验锚杆的材料、几何尺寸、施工工艺等应与工程实际所使用的锚杆——施工锚杆相同；数量一般为 2 ~ 3 根。试验设备视加载情况而定，如土锚杆多采用穿心式千斤顶，对岩锚杆和竖直土锚杆，也可用千斤顶作加载设备，并设计反力装置，用百分表作量测设备。试验方法以实现渐加荷载为原则，实行分级加载，每级加载为极限荷载的$\frac{1}{10}\sim\frac{1}{5}$，或设计荷载的20% ~ 30%，加载后每5 ~ 10min读数一次。稳定标准为连续三次累积位移量< 0.1mm。卸载时荷载分级为加载时的2 ~ 4倍，每次卸载后10 ~ 30min记录其变位值，全部卸完后再读数2 ~ 3次。

根据记录整理出各级拉力T和所对应的变位值s，绘出拉力－变位曲线（T–s曲线），在此曲线上定出破坏点的位置，求出极限抗拔力T_u，T_u再除以安全系数K便可得锚杆的允许使用荷载，或叫允许承载力T_0。

下面介绍我国铁道部科学研究院在不同地层条件下进行的部分锚杆抗拔试验。图5–4是砂岩岩层中锚杆极限抗拔力的试验结果。有关情况为：钻孔孔径160mm，锚杆为Φ25SiMnV热轧螺纹钢筋，抗拉屈服强度为550MPa，为量测应力、应变沿轴向的分布情况，在试验锚杆上贴有电阻应变片，用电子位移传感器量测钢束的位移，可以测出自由段钢筋的弹性伸长，锚固段钢筋和砂浆之间的滑移量，以及千斤顶反力使岩体发生的压缩位移。试验得出，锚杆的应力进入锚固段后随深度而减小（图5–4中未示出应变分布曲线），说明钢筋所受的拉力已逐渐向砂浆及周围岩层传递。图5–4（a）表明，当锚固段长4.0m，锚杆拉筋为3Φ25钢丝束时，拉拔时锚杆钢筋已达屈服强度，钢筋的屈服拉力为81.21t。图5–4（b）表明，当锚固段长0.5m时，钢筋从水泥砂浆中拔出，极限抗拔力为458.6kN。铁科院此批岩层锚杆试验和过去在岩层中所进行的抗拔试验结论相同，即对锚固段小于2.0m的锚杆，岩锚极限抗拔力取决于水泥砂浆对钢筋的握裹力；当砂浆的强度大于30MPa，且锚固长度大于2.0m时，岩锚的极限抗拔力取决于钢筋的屈服强度。

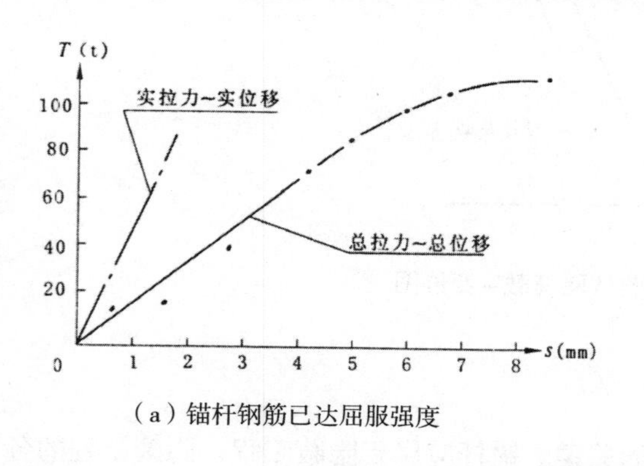

（a）锚杆钢筋已达屈服强度

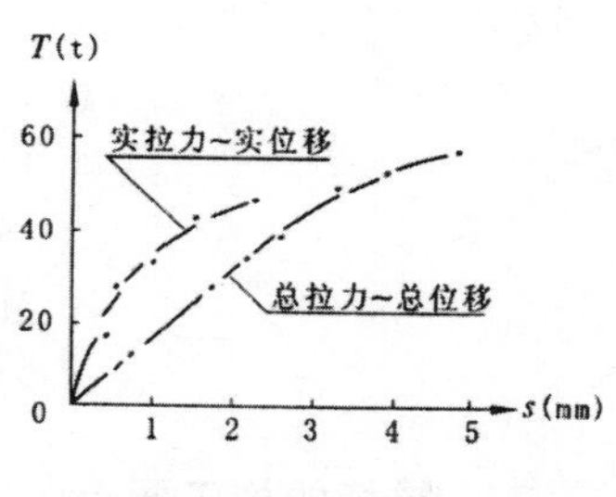

（b）锚杆钢筋从水泥砂浆中拔出

图5–4　岩层锚杆拉力－变位曲线示意图

2. 性能试验

性能试验又称抗拉试验，应在锚杆验收之前和施工锚杆的工作面上进行。一方面核定施工锚杆是否已达到极限抗拔试验所预定的锚杆的承载力，另一方面该型试验要求求出锚杆的荷载 - 变位曲线，该曲线又是确定锚杆的验收标准。试验数量一般取 3 根，所用锚杆的材料、几何尺寸、构造、施工工艺与施工的锚杆 _ 全相同，张拉方法与极限抗拔试验相同，但荷载并不加到使锚杆破坏，按设计荷载的 0.25、0.50、0.75、1.00、1.20、1.33 倍逐级加载。

3. 验收试验

验收试验是用较简单的方法对所有未作张拉试验的施工锚杆进行确认，检验锚杆的承载力是否达到设计要求，并对锚杆的拉杆施加一定的预应力。在土层锚杆中，加荷的方式亦可用穿心式千斤顶在原位进行，分级加荷对临时锚杆依次为设计荷载的 0.25、0.50、0.75、1.00 和 1.20 倍，对永久锚杆加到 1.5 倍，然后卸至某一荷载值（由设计指定），接着将锚头的螺栓紧固，此时便对锚杆施加了一定的预应力。每次加载后量测锚头的变位值，将结果绘成如图 5-5 所示的荷载 - 变位图，将此图与性能试验曲线对照，确认每根锚杆的安全性。如果验收试验锚杆的总变位量不超过性能试验的总变位量，即认为此根锚杆为合格锚杆，否则为不合格锚杆，其承载力要降低使用或采取补救措施。

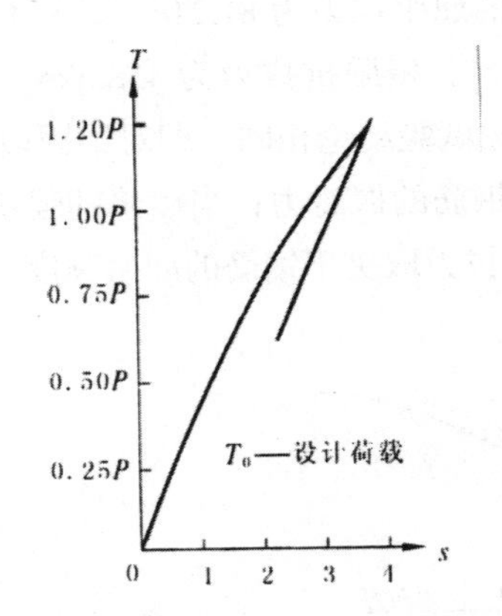

图 5-5 验收试验荷载 - 变位图

五、锚杆的施工要点

锚杆的施工质量是锚杆技术成败的关键。锚杆应属于隐蔽工程，隐蔽工程的各个施工工序都应严格控制，特别是永久性锚杆，应该按检查程序进行检查和验收。

1. 成孔

成孔质量是确保锚杆质量的关键。孔径不宜太小，常随成孔方法而定，一般为锚拉杆直径的 3 ~ 4 倍，且不宜小于 d（锚拉杆直径）+50mm；孔壁要求顺直，不得有塌陷和松动现象，成孔时不得用膨润土循环泥浆护壁，以免在孔壁上形成泥皮，降低锚杆的承载力。成孔时一般都用钻孔设备钻孔，在较完整的岩层中钻大孔径的孔，常可采用 YQ-100 型潜孔钻机，其冲击钻可用一字型、十字型或工字型钻头，而钻小孔径（< 50mm）孔时可采用风枪（凿岩机）；在中等风化的岩层中钻孔，国内常采用 100 型地质钻机，旋转钻头；对严重风化的岩层或土层，国外一般采用履带式行走全液压万能钻孔机，可钻孔径范围为 50 ~ 320mm，国内使用的有螺旋式、冲击式、旋转冲击式、或改装的普通地质钻孔机；在黄土地区可采用洛阳铲形成锚杆孔穴，孔径亦可达 70 ~ 80mm。成孔工艺应用较多的为压水钻进法，它的最大优点是可将钻孔过程中的钻孔、出碴、清孔等工序一次完成，而不留残土，也不易塌孔，可适用于各种软硬土层，但施工现场积水较多，需规划好排水系统；当土层中无地下水时，亦可采用螺旋钻孔，干作业法成孔。一般先成孔，清除残土，然后插入拉杆，钻出的孔洞用空气压缩机风管冲洗孔穴，将孔内孔壁残留废土清除干净。

2. 安放锚拉杆

首先要检查钢拉杆的材质和规格，除锈后制作成中间无节点的通常拉杆。当钢绞线涂有油脂时，其锚固段必须仔细地加以清除，以免影响与锚固体的粘结力。其次，拉杆表面上应设置一定数量的定位器，其间距在锚固段内为 2m 左右，在非锚固段为 4 ~ 5m，藉以确保拉杆置于钻孔中心，在插入过程中不致使非锚固段产生过大的挠度和搅动孔壁，使拉杆有足够厚度的水泥砂浆保护层。还有，为保证拉杆的非锚固段能自由伸缩，可在非锚固段和锚固段的分界面处设置堵浆器；或在非锚固段不灌注水泥砂浆，而填以干砂、碎石或贫混凝土，或在锚杆的全长上都灌注水泥砂浆，但在非锚固段的拉杆上涂以润滑油脂，或套以空心塑料管。最后，在灌浆前将钻管口封闭，接上压浆管便可注浆，浇注锚固体。

3. 灌浆

灌浆是锚杆施工中的一个关键工序，需注意下述几点：

（1）灌浆材料可用水泥浆、水泥砂浆或混凝土，一般多用水泥浆、普通水泥。当地下水有腐蚀性时，宜用防酸水泥。常用水灰比为 0.4 ~ 0.5，灰砂比为 1：1，为增加流动度，可掺外加剂，如掺 0.3% 的木质素磺酸钙。

（2）水泥浆液的塑性流动时间应在 22s 以下，可用时间为 30 ~ 60min。为加快凝固，提高早期强度，可掺速凝剂，但使用时要拌均匀，整个浇注过程须在 4mm 内结束。

（3）水泥浆液需事先试验，满足抗压强度大于 22MPa 的要求。

（4）灌浆压力一般为 0.4 ～ 0.6MPa，操作人员需根据具体情况选定或适当调整，如靠近地表面的土层锚杆，灌浆压力不可过大，以免出现地面隆起现象，或影响附近原有建筑物或管道的正常使用。此时，一般可按每米覆土厚的灌浆压力 0.22MPa 考虑。

（5）灌浆方法有一次灌浆法和二次灌浆法两种。前者是用压浆泵将水泥浆经导管（胶皮管）压入拉杆管内，再由距孔底 150mm 的拉杆管端注入孔内，待浆液回流到孔口时，用水泥袋纸捣入孔内，再用湿粘土封堵孔口，并严密捣实，然后进行补灌，稳压数分钟后即告完成。后者是先灌注锚固段，当灌注的水泥浆具有一定强度后，对锚固段进行张拉，然后再灌注非锚固段，可用贫水泥浆在不加压力条件下进行灌注。对于垂直或倾斜度大的孔，也可用人工填塞捣实的方法。

第二节 抗滑桩

一、抗滑桩在整治滑坡中的应用

滑坡是山区工程建设中经常遇到的一种自然灾害。大的滑坡灾害的发生可造成交通中断，河流堵塞，甚至摧毁厂矿及掩埋村庄，造成极大的生命和财产损失，因此，滑坡的防治具有重要的意义。图 5-6 所示为典型滑坡的构造图。

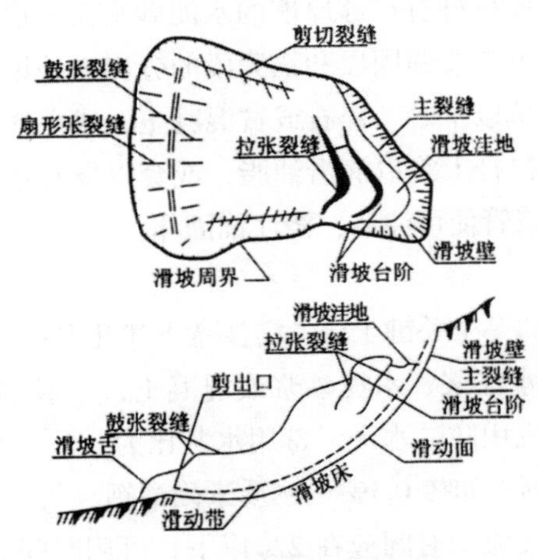

图 5-6 滑坡构造示意图

由于滑坡的危害性，因此工程的选址一般应尽量避绕滑坡地带。但由于受客观条件限制或未能事先探明等原因，在实际工程中仍会经常遇到滑坡问题，此时，则应采取有效的措施对其进行整治。

设置抗滑支挡结构，阻止坡体的滑动，这是目前工程中应用最广，最为有效的方法，其结构型式有多种类型，如抗滑挡墙、抗滑桩、抗滑锚索桩等，其中以抗滑桩的应用最为广泛。

抗滑桩法防治滑坡的基本原理是在滑坡中的适当位置设置一系列桩，桩穿过滑面进入下部稳定滑床，利用锚固段阻止坡体的滑动。

抗滑桩按施工方法可分为：打入桩、钻（挖）孔灌注桩，其中以挖孔桩最为常用；按材料可分为：木桩、钢桩、混凝土或钢筋混凝土桩等；按截面形式，则有矩形桩、管形桩、圆形桩等。其结构形式也是多样的，如各自独立设置的排式单桩、将各桩上部以承台连接的承台式桩及做成排架形式的排架桩等，也可根据需要做成其他形式。

与其他工程措施相比，抗滑桩具有以下突出的优点：

（1）抗滑能力强，尤其适用于滑坡推力大、滑动带深的滑坡。

（2）桩位灵活，可设置在滑坡中最利抗滑的部位。

（3）开挖量小，不易恶化滑坡状态。

（4）圬工量小，节省材料，设备简单，施工方便。

二、抗滑桩的设计

使用抗滑桩的基本条件是：（1）滑坡具有明显的滑动面，滑动面以上为非流塑性土体，能够被桩稳住。（2）滑面以下土体为较完整的岩石或密实土层，可提供足够的锚固力。此外，应经济、合理、施工方便。

其设计步骤为：

（1）通过地质调查，掌握滑坡的原因、性质、范围及厚度，分析其所处状态及发展趋势。

（2）计算滑坡推力及在桩身的分布形式。

将滑坡范围内滑动方向和滑动速度基本一致的滑体部分视为一个计算单元，并在其中选择一个或几个顺滑坡主轴方向的地质纵断面为代表计算下滑力，每根桩所受的力为桩距范围内的滑坡推力。具体计算时可采用各种条分法，如传递系数法等。

滑坡推力在桩身的具体分布形式较为复杂，与滑坡类型、地层情况等因素有关。在设计计算时，如滑体土层是粘性土、土夹石等粘聚力较大的地层，则可简化为矩形分布形式；若为砂、砾等非粘性土，则可采用三角形分布；介于两者之间时，可假定为梯形分布。

（3）根据地形、地质情况及施工条件等确定桩的位置及布置范围。

抗滑桩一般宜布置在滑坡的下部，这是因为下部滑动面较缓，下滑力较小。桩一般布置为一排，布置方向与滑体滑动方向垂直或接近垂直；对大型、复杂或纵向较长、下滑力较大的滑坡，可布置为二、三排；当下滑力特别大时，则可将桩按梅花形交错布置。

（4）根据滑坡推力的大小、地形及地层性质，拟定桩长、锚固深度、桩截面尺寸及桩间距。

1）桩间距

合适的桩间距应保证土体不从桩间挤出。因此，当滑体完整、密实或下滑力较小时，桩间距可取大些，反之则取小些，常用的间距为 6 ~ 10m。此外，也可按桩身抗剪强度来确定。

2）截面

多为矩形和圆形，采用矩形时一般使正面一边较短，侧面一边较长，边长一般为 2 ~ 4m。

3）桩长及锚固深度

抗滑桩一般自地面起，至滑面以下一定深度（即锚固深度）止。有时，当滑体土性较好时，为节省材料，桩也可自地面以下一定深度开始。

桩的锚固深度应保证能够提供足够的抵抗力。实际设计时，要求抗滑桩传递到滑动面以下地层的侧壁压力不大于地层的侧向容许抗压强度，但锚固长度过大，则锚固作用的增加不再显著。根据工程经验，若地层为土层或软岩，，锚固长度一般取 $\frac{1}{3}\sim\frac{1}{2}$ + 桩长；对完整坚硬的岩石，则取 $\frac{1}{4}$ 桩长。

三、抗滑桩的计算模型

1. 悬臂桩法与地基系数法

现有的计算方法一般将土层视为弹性地基，并符合 Winkler 假定，将抗滑桩作为弹性地基梁进行计算。根据对滑面以上桩前土体作用处理方法的不同，抗滑桩的计算方法可分为两种：第一种为悬臂桩法，计算时将滑面以上桩身所受滑坡推力及桩前土体的剩余抗滑力（即桩前土体处于稳定状态时所能提供的最大阻力）作为设计荷载，若剩余抗滑力大于被动土压力则以被动土压力代替剩余抗滑力，进而计算出锚固段的桩侧压力、桩的位移及内力，其计算模式相当于下部锚固的悬臂结构，故有此称，如图 5–7（b）所示。该法计算简单，在实际设计中广为采用。第二种方法为地基系数法，计算时将滑面以上桩身所受的滑坡推力作为已知荷载，而将整个桩作为弹性地基梁计算，如图 5-7（c）所示。采用该法时，要求所求得的桩前抗力小于或等于其剩余抗滑力及被动土压力，否则应采用剩余抗滑力或被动土压力，下面的介绍均以悬臂桩法为例。

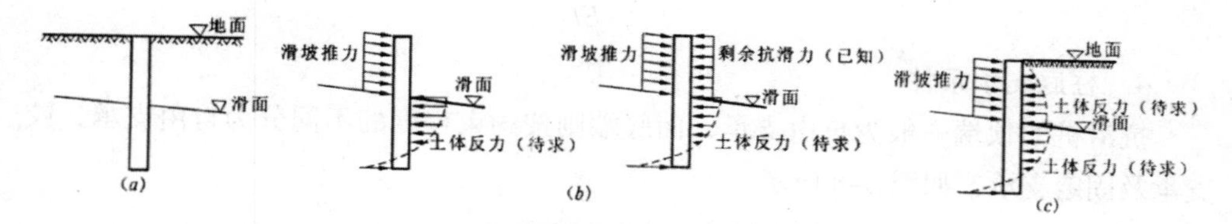

图 5-7　悬臂桩法与地基系数法的计算模型

（a）滑坡及抗滑桩；（b）悬臂桩法；（c）地基系数法

2. 桩侧土的惮性抗力

按 Winkler 假定，地表以下 y 处地层对桩的抗力为

$$\sigma_y = KB_p x_y$$

式中　K——地基系数，或称弹性抗力系数，与深度有关，其计算公式为

$$K = m(y_0 + y)^n$$

其中 m 为地基系数随深度变化的比例系数。当 n=0 时，K 为常数，不随深度变化，其相应的计算方法称为“K”法，适用于硬质岩层及未扰动的硬粘土等：；当 n=1 且 y_0=0 时，则

$$K = my$$

表明 K 沿深度呈三角形分布，相应的方法称为“m”法，适用于硬塑 ~ 半坚硬的砂粘土、碎石土等。

B_p——桩的计算宽度，这是因为桩侧土的抗力分布范围超过桩的宽度，可按下式计算

$$\left.\begin{array}{l}\alpha h_2 \le 2.5\text{时，为刚性桩} \\ \alpha h_2 \rangle 2.5\text{时，为弹性桩}\end{array}\right\}$$

x_y——桩在深度 y 处的水平位移值。

3. 刚性桩与惮性桩

当桩的刚度远大于土体对桩的约束时，在计算桩身内力时，可忽略桩的变形，而将桩视为刚体，即刚性桩，这样的简化对计算结果的影响不大。反之，则需考虑桩身变形的影响，即将桩作为弹性桩。以“m”法为例，可按下列准则进行判断

$$\left.\begin{array}{l}\alpha h_2 \le 2.5\text{时，为刚性桩} \\ \alpha h_2 \rangle 2.5\text{时，为弹性桩}\end{array}\right\}$$

其中，h_2 为滑面以下桩的长度，α 为桩的变形系数，且有

$$\alpha = \sqrt[5]{\frac{mB_p}{EI}}$$

4. 桩底支承条件

抗滑桩的顶端一般为自由支承，而底端则按约束程度的不同分为自由支承、铰支承及固定支承，如图 5-8 所示。

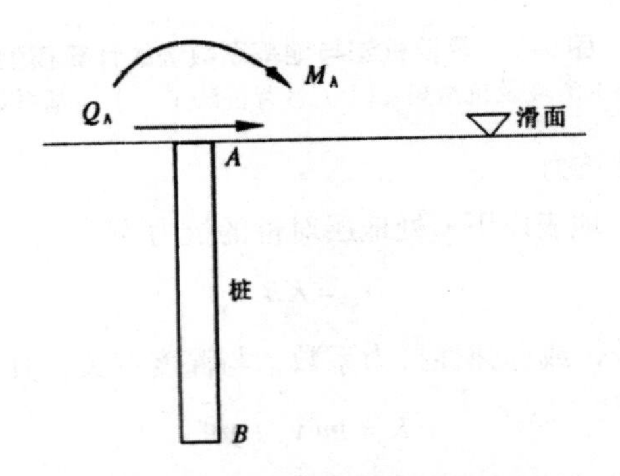

图5-8 桩底边界条件示意图

（1）自由支承

滑动面以下 AB 段，地层为土体或松软破碎岩石时，桩底端有明显的移动和转动，可认为是自由支承，即 $Q_B=M_B=0$。

（2）铰支承

桩底岩层完整，但桩嵌入此层不深时，可以认为是铰支承，即 $x_B=M_B=0$。

（3）固定支承

桩底岩层完整，坚硬而嵌入较深时，按固定端处理，即 $x_B=\phi_B=0$。

第三节 挡土结构与支护结构

一、挡土结构

1. 重力式挡土墙

重力式挡土墙是以挡土墙自身重力来维持其在水土压力等作用下的稳定。它是

我国目前常用的一种挡土结构型式，重力式挡土墙可用砖、石、素混凝土、硅块等建成，其优点是就地取材、结构简单、施工方便、经济效果好。所以，它广泛应用于我国铁路、公路、水利、矿山等工程；其缺点是工程量大，地基沉降大，它适合于挡土墙高度在 5 ~ 6m 的小型工程。

（1）重力式挡土墙的稳定性

重力式挡土墙是靠其自身的重力来维持稳定的，稳定性破坏通常有两种形式，一种是在主动土压力作用下外倾，对此应进行抗倾覆稳定性验算；另一种是在土压力作用下沿基底外移，需进行沿基底的滑动稳定性验算。

1）抗倾覆稳定验算

如图 5-9，在抗倾覆稳定验算时，以墙趾 O 点为转动中心，其抗倾覆力矩与倾覆力矩之比为抗倾覆稳定安全系数 Kt 应满足下式要求

$$K_t = \frac{\text{抗倾覆力矩}}{\text{倾覆力矩}} = \frac{Gx_0 + E_{ay}x_f}{E_{ax}h} \geq 1.5$$

式中 Kt——抗倾覆稳定安全系数；

G——挡土墙每延米自重（kN/m）；

E_{ax}，E_{ay}——主动土压力 E_a 的水平和竖直分量（kN/m）；

x_0，x_f，h——分别为 G、E_{ay}、E_{ax} 对 O 点的力臂（m）。

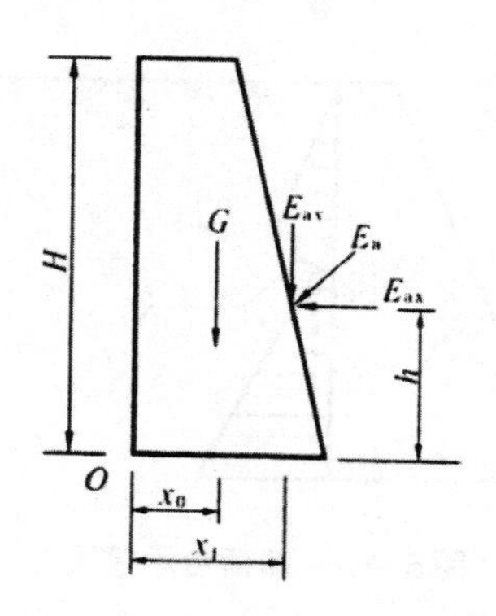

图 5-9 稳定性验算示意图

2）抗滑稳定验算

图 5-9 表示一水平基底的挡土墙，设在挡土墙自重 G 和主动土压力 E_a 作用下，可能沿基底面发生滑动，其抗滑稳定安全系数 K_s 应符合下式要求

$$K_s = \frac{\text{抗滑力}}{\text{滑动力}} = \frac{(G + E_{ay})\mu}{E_{ax}} \geq 1.3$$

式中 K_s——抗滑稳定安全系数；

μ——基底摩擦系数，由试验测定或参考经验资料。

在挡土墙的稳定性验算时，作用在墙上的墙身自重、土压力、基底反力为基本荷载。此外，若墙的排水不良，填土积水需计算水压力，填土表面堆载及地震区还应计入相应的荷载。

（2）增加挡土墙稳定性的措施

1）增加抗滑稳定的措施

①将挡土墙基底做成逆坡，利用滑动面上部分反力抗滑。

②在挡墙底部增设凸榫基础（防滑键），以增大抗滑力。

③在挡土墙基底铺砂或碎石垫层以提高 μ 值，增大抗滑力。

2）增加抗倾覆稳定的方法

①将墙背做成仰斜，可减小土压力，但施工不方便。

②做卸荷台，如图 5-10 所示，它位于挡土墙竖直墙背上。卸荷台以上的土压力不能传递到卸荷台以下，土压力呈两个小三角形，因而减小了总土压力，减小了倾覆力矩。

③伸长墙前趾，加大稳定力矩力臂。该措施混凝土用量增加不多，但需增加钢筋用量。

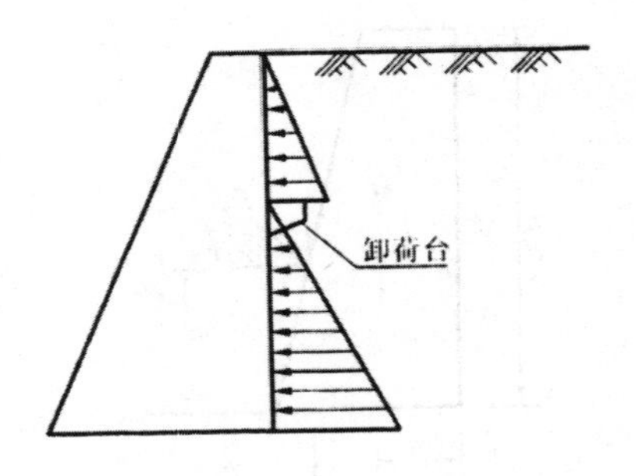

图 5-10 卸荷台示意图

（3）墙背地下水对挡土墙稳定性的影响

挡土墙建成使用时，如遇暴雨，有大量雨水经墙后填土下渗，结果使填土的内摩擦角减小，重度增大，土的抗剪强度降低，土压力增大，同时墙后积水，增加动水压力或静水压力，对墙的稳定性产生不利影响。在一定条件下，或因水压力过大，或因地基软化而导致挡土墙破坏。挡土墙破坏大部分是因为无排水措施或排水不良而造成的，因此挡土墙设计中必须设置排水。

为使墙后积水易排出，通常在挡土墙的下部设置泄水孔。当墙高 H ＞ 12m 时，可在墙的中部加一排泄水孔，一般泄水孔直径为 50 ~ 100mm，间距为 2 ~ 3m。为了减小动水力对挡土墙的影响，应增密泄水孔，加大泄水孔尺寸或增设纵向排水措施。泄水孔入口处，应用易渗的粗粒材料做成反滤层，并在泄水孔入口下方铺设粘土夯实层，防止积水渗入地基不利于墙的稳定。同时，墙前亦应做散水、排水沟或粘土夯实层，避免墙前水渗入地基。在具体操作时，应按有关设计规范、施工规范及设计文件办理，亦不能出现泄水孔不漏水而浆缝渗水的现象。

2. 锚杆挡土墙与锚钉墙

（1）锚杆挡土墙

锚杆挡土墙是由钢筋混凝土面板及锚杆组成的支挡结构物。面板起支护边坡土体并把土的侧压力传递给锚杆，锚杆通过其锚固在稳定土层中的锚固段所提供的拉力来保证挡土墙的稳定，而一般挡土墙是靠自重来保持其稳定。锚杆挡土墙可作为山边的支挡结构物，也可用于地下工程的临时支撑。对于开挖工程，它可避免内支撑，以扩大工作面而有利于施工，目前，锚杆在我国已得到广泛应用。

锚杆挡土墙按其钢筋混凝土面板的不同，可分为柱板式和板壁式两种型式。柱板式挡墙（如图 5-11）是锚杆连接在肋柱上，肋柱间加挡土板；肋柱与锚杆内力计算方法是：每根肋柱承受相邻两跨锚杆挡墙中线至中线之间墙上的土压力，假定锚杆与肋柱连接处为铰支点，把肋柱视为支承在锚杆和地基上的单跨简支梁或多跨连续梁。锚杆视为轴心受拉构件。挡土板按两端支承在肋柱上的简支梁计算。板壁式挡墙是由钢筋混凝土面板和锚杆组成。锚杆与壁板的内力计算，实际是壁板在土压力作用下，受锚杆和壁板底端地基约束的无梁板。

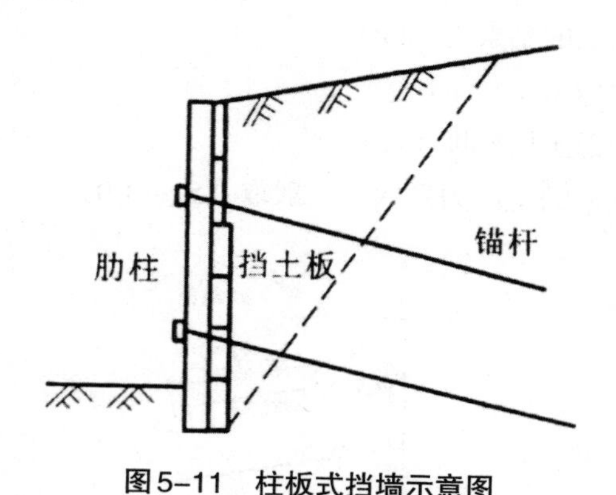

图5-11　柱板式挡墙示意图

锚杆的布置与长度确定：

锚杆的间距应根据地层情况、钢材截面所能承受的拉力等进行经济比较后确定a间距太大，将增加肋柱应力；间距太小，锚杆之间可能相互影响，产生“群锚效应”。一般锚之间的水平距离不小于1.5m，垂直距离不小于2m。

锚杆倾角：一般采用水平向下10° ~ 45° 之间的数值。从有效利用锚杆抗拔力的观点，倾角越小越好，但际上锚杆的设置方向与可锚固土层位置、挡土结构位置以及施工条件等有关。

锚杆层数取决于土压力分布大小，除能取得合理的平衡以外，应考虑建筑物允许变形量和施工条件等合因素。

锚杆长度：包括有效锚固段和非锚固段两部分。非锚固段（或称自由段）的长度（L_0）按建筑物与稳定土层之间的实际距离而定，即按图5-12中的几何关系计算；有效锚固段长度应根据锚固段地层抗拔力的需要而定。锚固段长度可按下式计算

$$L_e = \frac{TK}{\pi D\tau \cos a}$$

式中 Le——锚固长度（m）；

T——支护结构传递给锚杆的水平力；

a——锚杆倾角；

D——锚固体直径；

τ——锚固体周边土的抗剪强度（kPa）；

K——安全系数，一般取2.5。

一般灌浆锚杆在灌浆过程中未加特殊压力，土体抗剪强度可按下式计算

$$\tau = c + K_0 \gamma h \tan\phi$$

式中 c——锚固区土层的粘聚力（kPa）；

ϕ——土的内摩擦角（°）；

h——锚固段中部土层厚度（m）；

K_0——锚固段孔壁的土压力系数，一般取0.5 ~ 1.0。

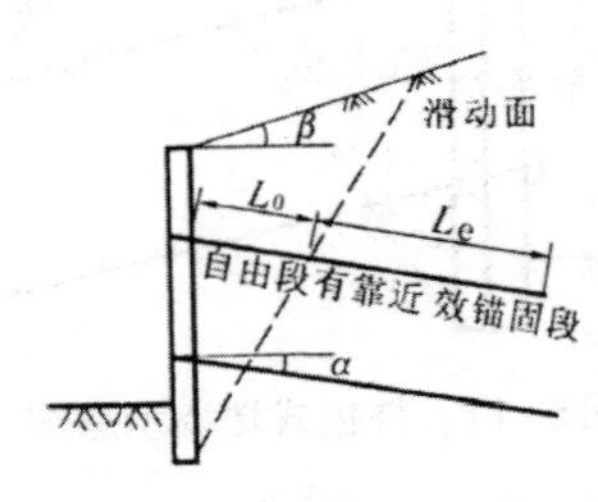

图5-12 锚杆长度计算示意图

（2）锚钉墙

1）土钉墙

土钉墙是由放置在土体中的土钉体，被加固的土体和喷射混凝土面板组成，三者形成一个类似重力式墙的土挡土墙，以此来抵抗墙后传来的土压力。我们称这个土挡土墙为土钉墙。

①土钉支护的加固机理

土钉墙的加固机理表现在以下几个方面：

a. 土钉对复合土体起着箍束骨架作用，从而提高了原位土体强度。由模拟试验表明，土钉墙在超载作用下的变形特征，表现为持续的渐进性破坏，而素土表现为脆性破坏，土钉对土体的加强作用可用强度提高系数 K_R 表示，$K_R=\frac{F_n}{F_R}$，其中 F_n 表示土钉复合体的三轴抗压强度，F_R 表示原状结构土的强度。土钉设置密度越大，强度提高的幅度相对越大。

b. 土钉与土体间的相互作用。土钉与土体间的摩擦力发挥，主要是由土钉与土间的相对位移而产生。由于土压力作用，在土钉墙内存在着潜在滑动面，并将土体分为主动区和被动区，当复合土体开裂域扩大并连成片时，摩擦力仅由开裂域后的稳定复合体提供。因此，应对土钉做极限抗拔试验，为最后设计提供可靠数据。

②土钉墙的稳定性分析

土钉墙的稳定性分析是土钉墙设计的一项重要内容，包括内部稳定性分析与外部稳定性分析。

内部稳定性分析方法有很多种，根据其基本原理可分为极限平衡分析法和有限元法，但大多数采用极限平衡法。

外部稳定分析在原位土钉墙自身稳定与粘结整体作用得到保证的条件下，可按重力式挡土墙计算。内容包括土钉墙抗倾覆稳定、抗滑稳定和地基强度验算。

2）锚钉墙

锚钉墙支护技术有着比单纯锚杆支护或土钉支护更广泛的适用范围，它可结合锚杆深部加固和土钉浅部加固的优点来对基坑边坡进行加固处理。工程实践中，锚钉联合加固支护的形式各异，

大体可归纳为两种：

①强锚弱钉支护体系。该体系以锚杆为基坑边坡的主要加固手段，抑制基坑边坡的整体剪切失稳破坏，然后辅以土钉支护，抑制基坑边坡局部破坏；

②强钉弱锚支护体系。即以土钉为基坑边坡的主要加固手段，形成土钉墙，然

后辅以锚杆支护，限制土钉墙及墙后土体的位移。对强钉弱锚支护体系，可借助土钉墙外部稳定分析方法，并考虑锚杆拉力作用进行滑动和倾覆稳定性验算。对强锚弱钉支护，主要以锚杆挡墙设计计算，并考虑土钉喷层支护对锚杆间局部土体的加强作用。

3. 锚碇板挡墙

锚碇板挡墙是由墙面板、钢拉杆及锚碇板和填料组成。

钢拉杆外端与墙面板相连，内端与锚碇板相连，它与锚杆挡墙的区别是它不是靠钢拉杆与填料间摩阻力来提供抗拔力，而是由锚碇板提供。它是一种适合于填土的轻型支挡结构。

锚碇板挡墙的分类与锚杆挡墙相似，也分为肋柱式和壁板式两种，其组成及肋柱、拉杆、挡土板、壁板的内力计算与锚杆挡墙相同，这里不再阐述。下面介绍锚碇板的内力计算、抗拔力和锚碇板稳定性验算。

（1）锚碇板

锚碇板通常采用方形钢筋混凝土板，也可采用矩形板，其面积不小于 $0.5m^2$ 一般选用 $1m\times1m$。锚碇板预制时应预留拉杆孔。

1）锚碇板的内力计算

锚碇板承受拉杆传递的拉力，其拉力等于肋柱在此支点的反力，该拉力通过锚碇板中心。假定锚碇板在竖直面所受水平压力是均匀分布的，一般简化计算视锚碇板为中心有支点的单向受弯构件。其内力计算简图如图 5-13 所示，锚碇板按中心有支点单向受力配筋计算，但应双向配筋。

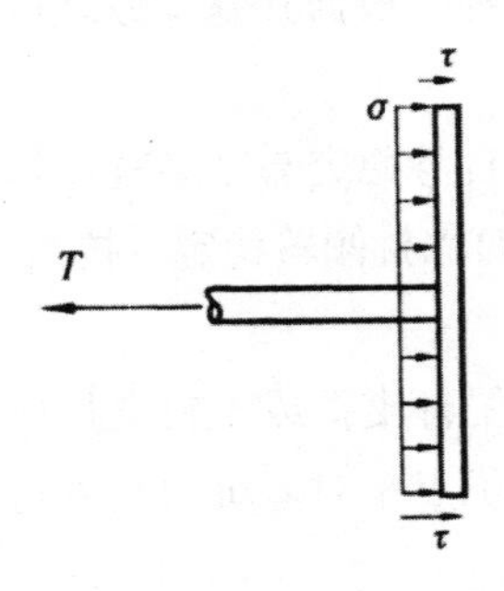

图5-13 锚碇板内力计算示意图

2）锚碇板的抗拔力

锚碇板的面积应根据拉力设计值除以锚碇板单位面积抗拔力设计值确定，而锚碇板单位面积抗拔力啦计值与锚碇板埋深、锚碇板周围土体的应力应变有关。应由试验确定，如无试验资料，可选用下列数据：

埋深 5 ～ 10m 时，p′ =0.39 ～ 0.45MPa；

埋深 3 ～ 5m 时，p′ =0.3 ～ 0.36MPa；

当锚碇板埋深小于 3m 时，锚碇板的稳定由板前被动土压力控制，锚碇板抗拔力设计值为

$$p=\frac{\gamma h^2}{2}\left(K_p-K_a\right)B$$

式中　p——单块锚碇板抗拔力设计值；

γ——填料重度（kN/m³）；

h——锚碇板埋深（m），其埋深一般不小于 2.5m；

B——锚旋板宽度；j

K_a，K_p——库伦土压力理论主动、被动土压力系数。

（2）锚碇板挡墙稳定验算

锚碇板挡墙稳定性包括局部稳定和整体稳定。局部稳定是指锚碇板前方土体中产生大片连续塑性区，导致锚碇板与周围土体发生相对位移，如图 5-14（a）所示。产生破坏的原因是拉杆拉力大而锚碇板的面积较；小，以致单位面积上压力强度超过极限抗拔力所致，此时应该增大锚碇板面积和埋深，以提高极限抗拔力，满足局部稳定要求。

整体稳定性是指锚碇板与其前方土体沿某个与外部贯通的滑动面发生破坏，如图 5-14（b）。产生原因是拉杆长度过短，以致 BC 面上的抗滑力小于 VC 面上主动土压力 E_a 产生的滑动力。整体稳定性的验算就是使抗滑力与滑动力之比的滑动安全系数 K_s 大于某一给定的值。在实际设计时，要先假定拉杆长度，然后进行抗滑稳定验算。

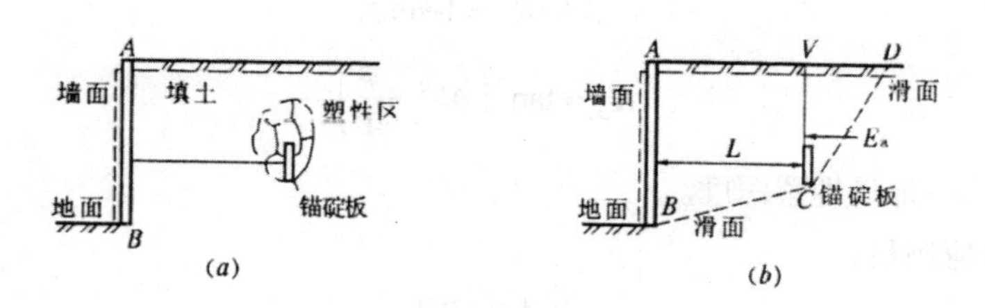

图 5-14　两种不同的极限状态示意图

4. 加筋土挡墙

加筋土挡墙由墙面板、拉筋和填料 3 部分组成。其工作原理是依靠填料与拉筋

间的摩擦力，来平衡墙面板上所承受的土压力；并以加筋与填料形成的复合结构来抵抗拉筋尾部填料所产生的土压力，从而保证加筋土挡墙的稳定性。

加筋土挡墙一般应用于填土工程，在公路、铁路、煤矿工程中应用较多。对于8度以上地震区和具有腐蚀的环境中不宜使用，对于浸水条件下应用应慎重。

从加筋土挡墙的工作原理可以看到，加筋土挡墙设计主要包括其内部稳定与外部稳定验算。

（1）内部稳定性计算

内部破坏有两种形式：一是墙后填土所产生的水平力在加筋中产生的拉力超过土与筋之间的摩阻力，导致加筋被拔出或筋与土之间产生很大的相对滑动而引起破坏；二是加筋中的拉力过大，超过加筋的抗拉强度导致加筋被拉断而引起破坏，因此，加筋土挡墙的内部稳定计算包括加筋的拉力计算与抗拔稳定性计算两个主要内容。

1）加筋的拉力计算

加筋的拉力计算有多种方法，现仅介绍朗金法。朗金法假定填土中应力符合朗金原理，即 $\sigma_v=\sigma_1$，$\sigma_H=\sigma_3$。由于只考虑局部平衡，所以，一个结点加筋所受的拉力应等于填土的侧压力，即

$$T_i=\sigma_v K_i S_x S_y$$

式中　σ_v——加筋带上的正应力（kPa）；

S_x，Sy——加筋节点的水平及竖向间距（m）；

K_i——土压力系数，按下式取值。

$$K_i=\begin{cases}K_0\left(1-\dfrac{h_i}{6}\right)+K_a\dfrac{h_i}{6};\text{当}h_i\le 6m\text{时}\\K_a;\text{当}h_i>6m\text{时}\end{cases}$$

$$\text{式中}K_0=1\text{-}\sin\phi;$$

$$K_a=\tan^2\left(45^0-\frac{\phi}{1}\right);$$

h_i——加筋埋置深度。

设计时应满足：

$$[T_i]\geqslant T_i$$

如不满足要求，可减小节点间距 S_x、S_y 重算，反之，在 S_x、S_y 一定时，可根据拉筋的设计拉力 $T_{di}=KT_i$（K 为安全系数，一般取 1.5）计算拉筋截面面积。

①钢板拉筋

钢板作拉筋时，可由下式计算拉筋截面：

$$A \geq \frac{T_{di}}{f}$$

式中　T_{di}——拉筋设计拉力：

　　　f——钢板抗拉强度设计值。

②钢筋混凝土拉筋

钢筋混凝土拉筋，应按中心受拉构件计算：

$$A_s \geq \frac{T_{di}}{f_y}$$

按上式计算求得钢筋直径应增加 2mm，作为预留腐蚀量。为防止钢筋混凝土拉筋被压裂，拉筋内应布置 ϕ4 的防裂铁丝。

2）加筋带的抗拔稳定性验算

①破裂面的假定

关于破裂面的确定，目前在理论上并不成熟。在实际工作中一般采用 0.3H 简化型（图 5-15）。加筋体分为滑动区（主动区）和稳定区，在滑动区内的拉筋长度为无效长度 L_f；在稳定区内拉筋长度 L_a 为有效长度。

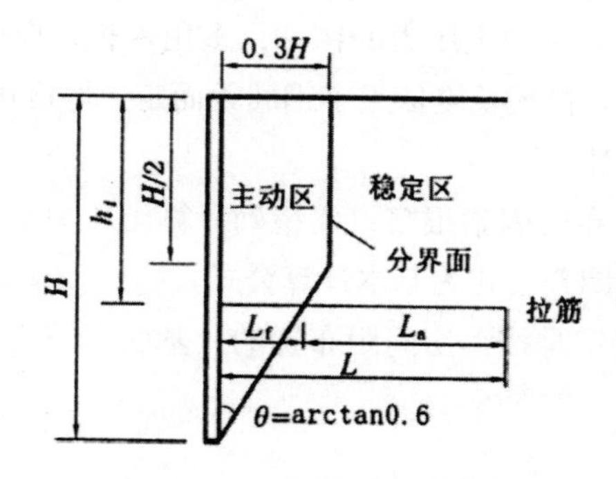

图 5-15　0.3H 简化劈裂面示意图

②拉筋长度计算

拉筋的长度应保证在设计拉力下不被拔出拉筋总长包括无效长度段和有效长度段。

a. 拉筋无效长度为拉筋在滑动区内长度，按 0.3H 简化法确定其值

$$当h_i \leq \frac{H}{2}时，L_{fi} = 0.3H$$

$$当h_i \le \frac{H}{2}时，L_{fi} = 0.6(H - h_i)$$

b．拉筋有效长度应根据拉筋土的有效摩阻力与相应拉筋设计拉力相平衡而求得，可按下式计算

$$L_{ai} = \frac{T_{di}}{2b\mu\sigma_{vi}}$$

（2）外部稳定验算

将加筋土挡墙视为整体墙，按一般重力式挡墙的设计方法，进行其抗滑稳定、抗倾覆稳定和地基验算。由于加筋土挡墙的特性、体积庞大，因抗倾覆、抗滑动稳定不足而破坏的情况很少发生，一般情不验算。

5．桩板式挡墙

桩板式支护结构是工字钢桩衬板支护结构的简称，一般为临时性支撑护壁结构，适用于土质较好、地下水位较低的基坑。

桩板式支护结构是由工字钢桩、衬板、围檩、横撑（或拉锚）、角撑、中间桩、水平及垂直连系杆件等组成。

工字钢桩间距一般采用 0.8m、1.0m、1.2m、1.5m、1.6m，间距过小则增加钢桩数量，过大则衬板厚度增加，设计时应作综合技术经济比较。

衬板是直接承受侧向水、土压力的构件，多用木板，厚度 6cm 左右为宜，也可用钢筋混凝土预制薄板。衬板长度依工字钢间距而定，厚度由计算确定。

（1）桩板土压力计算

由于影响土压力分布的因素很多，要精确计算土压力是相当困难的，目前，国内外仍采用库伦公式或朗金公式为基本计算公式。

桩板式挡墙的工字钢是按一定间距布置的，基底以下为不连续结构，在计算土压力时要考虑这种情况，如图 5–16。

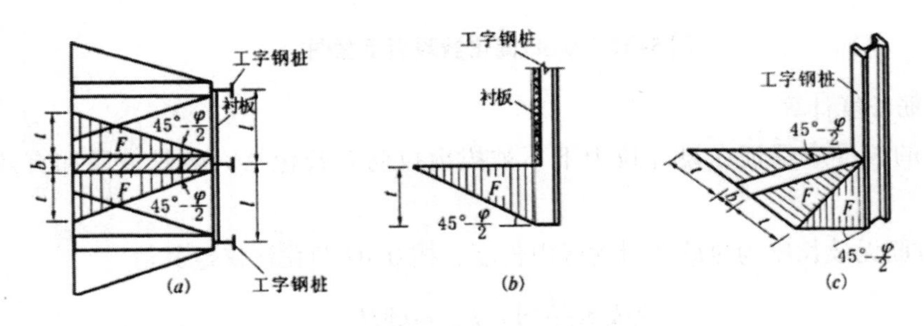

图 5–16　桩板式支护土压力计算示意图

设工字钢间距为 l 入土深度为 t，基底以上以 l 为宽度计算桩上的主动土压力；基底以下以 b 为宽度计算主动土压力，计算桩前被动土压力时，要考虑如图 5-16(c) 所示桩前整个破坏楔体块，因此，所求得的被动土压力要乘以土体抗力增加系数 m。该系数为被工字钢顶起土块的总体积与正对着桩面被顶起土块的体积比，即

$$m=\frac{bF+2F\frac{t}{3}}{bF}=1+\frac{2t}{3b}$$

桩板式支护结构的工字钢所承受的土压力如图 5-17 所示。

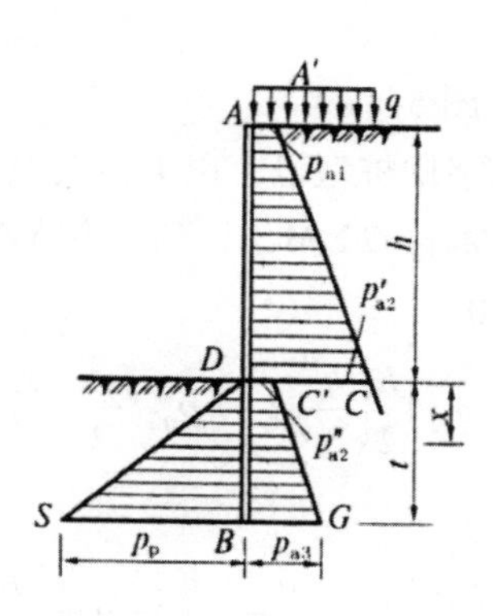

图5-17　桩板土压力分布示意图

计算时可近似略去土的粘聚力 c 的影响，而采用适当提高内摩擦角的方法，据此计算土压力值如下：

$$\left.\begin{array}{l}
\text{主动土压力在坑顶}A\text{处为}:\mathrm{p}_{a1}=qlK_a\\
\text{主动土压力在坑底}D\text{偏上为}:\mathrm{p}_{a2}{}'=(q+\gamma\mathrm{h})lK_a\\
\text{主动土压力在坑底}D\text{偏下为}:\mathrm{p}_{a2}{}''=(q+\gamma\mathrm{h})bK_a\\
\text{主动土压力在桩下端}B\text{处为}:\mathrm{p}_{a3}=\left[q+\gamma(\mathrm{h}+t)\right]bK_a\\
\text{被动土压力在桩下端}B\text{处为}:p_p=\gamma tmbK_p
\end{array}\right\}$$

式中　Ka——主动土压力系数，$Ka=\tan^2(45°-\frac{\phi}{2})$；

Kp——被动土压力系数，$Kp=\tan^2(45°+\frac{\phi}{2})$；

q——地面均布荷载（kPa）；

γ——土的重度（kN/m^3）；

h ——基坑深度（m）；

ϕ ——土的内摩擦角钟的修正值；

l ——工字钢桩间距（m）；

t ——工字钢桩入土深度（m）；

b——工字钢桩翼缘宽度（m）；

m ——土体抗力增加系数。

（2）悬臂桩板式结构计算

悬臂桩板式结构，工字钢桩入土深度和最大弯矩的计算，. 通常按以下步骤进行：

1）确定入土深度 t 值（图 5–17）

首先假定入土深度和工字钢桩型号，以 B 点为转动中心，各力对 B 点取矩，按抗倾覆安全系数为 2，即 $\Sigma M_{B抗}=2\Sigma M_{B倾}$，列出方程求得 t 值。

由 $\Sigma M_{B抗}==2\Sigma M_{B倾}$可得

$$p_{a1}h\left(\frac{h}{2}+t\right)+\left(p_{a2}'-p_{a1}\right)\frac{h}{2}\left(\frac{h}{3}+t\right)+p_{a2}''\frac{t^2}{2}+\left(p_{a3}-p_{a2}''\right)\frac{t^2}{6}-\frac{p_p}{12}t^2=0$$

将上式展开整理得

$$\left(\frac{p_p}{12}-\frac{p_{a3}}{6}-\frac{p_{a2}''}{3}\right)t^2-\frac{p_{a1}+p_{a2}'}{2}ht-\left(\frac{p_{a2}'}{6}+\frac{p_{a1}}{3}\right)h^2=0$$

解上式，可求得 t 值。

为了确保桩板式挡墙的稳定性，工字钢桩实际入土深度不应小于计算入土深度的 1.15 倍。

2）计算工字钢桩最大弯矩

由图 5–17 可以看出，工字钢桩最大弯矩产生于 DB 段的某一截面处，即剪力 Q=0 处。

由 Q_{DB}=0，可求出 M_{max} 界面位置

$$Q_{DB}=\frac{p_{a1}+p_{a2}'}{2}h+p_{a2}''x+\frac{p_{a3}+p_{a2}''}{2t}x^2-\frac{p_p}{2t}x^2=0$$

展开整理得

$$\frac{p_p+p_{a3}+p_{a2}''}{2t}x^2-p_{a2}''x-\frac{p_{a1}+p_{a2}'}{2}h=0$$

解上式求出 x 值，根据确定的最大弯矩截面位置，计算最大弯矩 $M_x=M_{max}$。

$$M_{max}=p_{a1}h\left(\frac{h}{2}+x\right)+\left(p_{a2}'-p_{a1}\right)\frac{h}{2}\left(\frac{h}{3}+x\right)+\frac{p_{a2}''x^2}{2}+\frac{\left(p_{a3}-p_{a2}''\right)x^3}{6t}+\frac{p_px^3}{6t}$$

$$=\frac{p_{a3}-p_{a2}''-p_p}{6t}x^3+\frac{p_{a2}''x^2}{2}+\frac{p_{a1}+p_{a2}'}{2}hx+\left(\frac{p_{a2}'}{6}+\frac{p_{a1}}{3}\right)h^2$$

二、支护结构

1. 浆砌片石与干砌片石护坡

对于高速公路路堤边坡、桥台、铁路边坡坡面，土石坝坝面，河岸、海岸坡面等自然或人工边坡面，为防止雨水冲刷，风力、生物活动等对边坡表面的侵蚀破坏，需对这些边坡进行人工护坡，护坡根据需要可采角草皮、土工织物、混凝土薄块、片石等多种形式。最常用最古老的方法是采用片石护坡，其优点在于可就地取材、结构简单、施工方便、技术要求低。片石护坡根据缝之间是否用砂浆可分为浆砌片石护坡与干砌片石护坡两种。

浆砌片石护坡是指用片石通过砂浆铺缝砌筑而成的护坡形式；由于片石缝间铺设了砂浆，使各块片孖连成了整体，且具有防止护坡坡面雨水进入片石下土体的作用，较干砌片石护坡具有更好的整体性，能更好地防止坡面的局部破坏。它适合于坡面土质较差及某些有特殊要求坡面的护坡。干砌片石护坡是指将片 _ 整齐地摆放在边坡的表面，缝隙之间不填筑砂浆的护坡形式；片石与片石之间是存在缝隙的，坡面片石没有整体强度，不能阻止坡面水进入片石下土体。它适合于坡面土质较好的压实粘性土，片石下要先铺设一层粗砂作为反滤层。

片石护坡不像挡土结构具有抵抗土压力的作用，它只对坡面具有保护作用，因此，它适合于具有一定坡度、且边坡本身就能保持其整体与局部稳定的边坡护坡。

2. 锚杆框架支护

锚杆框架支护由锚杆、钢筋网、喷射混凝土和钢框架组成，可分为刚性钢框架和可缩性钢框架锚喷网联合支护。钢框架系由型钢加工成所需形状，用整榀安装或杆件拼装而成，近年来，有应用钢筋组焊成格构式钢筋桁架的钢框架。

锚杆框架支护适用于浅埋、偏压和自稳时间很短的IV、V类围岩及用锚杆、喷射混凝土难以施工的未胶结的土夹石、砂层等松散地层，还可用于断层、有大面积涌水情况、膨胀性岩体和有严重湿陷性黄土等地层。

其技术要点：

（1）当围岩变形量小或只允许其有小变形时，可设计成刚性钢框架锚杆支护。围岩变形量大时，宜设计成可缩性钢框架锚杆支护。

（2）钢框架与锚喷网联合支护时，应考虑共同受力的特点。当锚喷支护未做成，或已做成但尚未发挥作用，则应单独考虑按钢框架受力来设计。

（3）钢框架间距一般为 0.6 ～ 1.2m，纵向连接应设置不小于 ϕ22 的钢拉杆。钢框架的立柱应埋入地坪以下一定深度，以增加抵抗侧压力的稳定性。

（4）采用钢管做框架时，管中应注满混凝土，标号不低于 C20 号。

（5）钢框架与围岩或喷射混凝土面，一定要设计成有钢块楔牢、焊死的结构；框架一定要与锚杆、钢筋网焊连；框架背空隙一定要求喷射混凝土饱满，以保证共同受力；框架覆盖的喷射混凝土的厚度，应不小于 40mm。

3. 锚杆挂网喷浆支护

锚杆挂网喷浆支护是由土层中的锚杆、围岩或基坑边坡面层的钢丝网和喷射混凝土组成，钢丝的直径一般为舛左右，网格为 15cm × 15cm、15cm × 20cm、20cm × 20cm 的方格网；钢丝网的作用是防止喷射混凝土收缩开裂，提高喷射混凝土的整体性、受力均匀性，提高其抵抗震动和冲切破坏的能力，防止边坡局部坍落。

其技术和施工要点：

（1）钢丝网应根据被支护边坡面的起伏形状铺设。宜在喷射一层混凝土之后铺设，间隙不小于 3 ～ 5cm，钢丝网保护层不小于 3cm；

（2）钢丝网应与锚杆或专为架设的锚钉连接焊牢。锚钉锚固深度不得小于 20cm。牢固程度以喷射混凝土时不产生颤动为原则；

（3）开始喷浆时，应减少喷头至受喷面之间的距离，并调整喷射角度，使钢丝网背阴面也能塞满混凝土；喷射过程中，要随时注意清除脱落于钢丝网上的混凝土，以保证喷射混凝土的质量。

第四节 岩石边坡工程

一、岩石边坡工程勘探

1. 勘察的目的、任务

（1）勘察的目的

查明边坡的工程地质条件，提出边坡稳定性计算参数；分析边坡的稳定性，预测因工程活动引起的边坡稳定性的变化；确定人工边坡的最优开挖坡形和坡角（坡率）；提出潜在不稳定边坡的整治与加固措施和监测方案。

（2）勘察任务

勘察应查明下列问题：

1）地貌和形态、发育阶段和微地貌特征；当存在滑坡、崩塌、泥石流等不良地质现象时，应查明其范围和性质。

2）构成边坡岩体的种类、成因、性质和分布。当有软弱层时，应着重查明其性状和分布。在覆盖层地区，应查明其厚度及下伏基岩面的形态与坡度。

3）查明岩体内结构面的类型、产状、间距、延伸性、张开度、粗糙度、充填及胶结情况，组合关系和主要结构面产状与坡面的关系等。

4）地下水的类型、水位、水量、水压、补给和动态变化，岩层的透水性及地下水在地表的出露情况。

5）地区的气象条件（特别是雨期、暴雨量），坡面植被，岩石风化程度，水对坡面、坡脚的冲刷情况和地震烈度，判明上述因素对坡体稳定性的影响。

6）岩体内各岩石材料的物理力学性质和软弱结构面的抗剪强度。

2. 勘察阶段的划分

边坡工程勘察是否需要分阶段进行视工程的实际情况而定。通常，边坡的勘察多与建（构）筑物的初步勘察一并进行，进行详细勘察的边坡多限于有疑问或已发生变形破坏的边坡。对于坡长大于 300m、坡高大于 30m 的大型边坡或地质条件复杂的边坡，勘察需按以下阶段进行：

（1）初步勘察包括搜集已有的地质资料，进行工程地质测绘，必要时可进行少量的勘探和室内试验，初步评价边坡的稳定。

（2）详细勘察应对不稳定的边坡及相邻地段进行详细工程地质测绘、勘探、试验和观测，通过分析计算作出稳定性评价。对人工边坡提出最优开挖坡角，对可能失稳的边坡提出防护处理措施。

（3）施工勘察应配合施工开挖进行地质编录，核对、补充前阶段的勘察资料，进行施工安全预报，必要时修正或重新设计边坡并提出处理措施。

3. 边坡工程地质测绘

测绘是在充分搜集和详细研究已有资料（包括区域地质资料）的基础上进行的。除一般的测绘内容外，应侧重与边坡稳定有关的内容，如边坡的坡形与坡角、软弱层产状与分布，结构面优势方位与坡面的关系，不良地质现象的成因、性质，当地治理边坡的经验等。测绘范围应包括可能对边坡稳定有影响的所有地段。

在有大面积岩石露头的地区，测绘测线按垂直于主要构造线或坡面走向布置，测线间距 100 ~ 300m一条，当地质条件复杂时应缩小测线间距。每个地质构造不同的区段均应有测线。观测点间距视地质条件而定。对于断层破碎带等重要地质界线应进行追索。在露头不好的地区，采用露头全面标绘法。

岩质边坡节理调查是一项重要且繁重的工作。调查方法通常采用测线法或分块法。采用前者时每条测线长 10 ~ 30m，采用后者时每测区面积约 25m^2。详细记录与测线相交或测区内的每条节理性状（长度小于 2m 的节理可略去不计）。每一节理组均应取样。

除平面图外，工程地质剖面图是边坡稳定分析的重要图件。剖面的方向多取平行于坡面倾向的方向，其长度一般应大于自坡底至坡顶的长度，剖面的数量不宜少于 2 ~ 3 条，同时，按需要可绘制平行坡面走向的剖面。

4. 勘探与取样

勘探线应垂直于边坡走向布置，勘探点间距不宜大于 50m，当遇有软弱层或不利结构面宜适当加密。各构造区段均应有勘探点控制。为确定重要结构面的方位、性状，宜采用与结构面成 30° ~ 60° 的钻孔，孔数不少于 3 个。勘探点深度应穿越潜在滑面并深入稳定层内 2 ~ 3m，坡脚处应达到地形剖面的最低点。钻孔应任细设计，明确所要探查的主要问题，并尽量考虑一孔多用。为提高重要地质界面处的岩芯采取率，有条件时，宜采用双层或 3 层岩芯管。

重点地段可布置少量的探洞、探井或大口径钻孔，以取得直观地质资料和进行原位试验。探洞宜垂直坡面走向布置并略向坡外倾斜。当重要地质界线处有薄覆盖层时，宜布置探槽。

物探可用于探查边坡的覆盖层厚度，岩石风化层，软弱层性质、厚度及地下水位等资料，常与其他勘探方法配合使用。

边坡的主要岩土层及软弱层均应取样，每层的样品不应少于 6 件（组）。有条件时，软弱层宜连续取样。

取得以上勘探资料后，则可进行开挖边坡的稳定性分析。

二、开挖岩石边坡稳定性分析

边坡稳定性分析方法有定性分析和定量分析。定性分析是在大量收集边坡及所在地区的地质资料的基础上，综合考虑影响边坡稳定的各种因素，通过工程地质类比法或图解分析法对边坡的稳定状况和发展趋势作出估计和预测。

工程地质类比法是将已有的开挖边坡或人工边坡的研究经验（包括稳定的或破坏的），用于新研究边坡的稳定性分析，如坡角或计算参数的取值、边坡的处理措施等。类比法具有经验性和地区性的特点，应用时必须全面分析已有边坡与新研究边坡两者之间的地貌、地层岩性、结构、水文地质、自然环境、变形主导因素及发育阶段等方面的相似性和差异性，同时还应考虑工程的规模、类型及其对边坡的特殊要求等。

根据经验，存在下列条件时对边坡的稳定性不利：

（1）边坡及其邻近地段已有滑坡、崩塌、陷穴等不良的现象存在。

（2）岩质边坡中有页岩、泥岩、片岩等易风化、软化岩层或软硬交互的不利岩层组合。

（3）土质边坡中网状裂隙发育、有软弱夹层，或边坡由膨胀土（或岩）构成。

（4）软弱结构面与坡面倾向一致或交角小于 45°，且结构面倾角小于坡角，或基岩面倾向坡外且倾角较大。

（5）地层渗透性差异大，地下水在弱透水层或基岩面上积聚流动；断层及裂隙中有承压水出露。

（6）坡上有水体漏水，水流冲刷坡脚或因河水位急剧升降引起岸坡内动水力的强烈作用。

（7）边坡处于强震区或邻近地段采用大爆破施工。

采用工程地质类比法选取的经验值（如坡角、计算参数等）仅能用于地质条件简单的中、小型边坡。

图解法包括赤平极射投影、实体比例投影与摩擦圆等方法。图解法用于岩质边坡的稳定分析，可快速、观地分辨出控制边坡的主要和次要结构面，确定出边坡结构的稳定类型，判定不稳定块体的形状、规模及滑动方向。对用图解法判定为不稳定的边坡，需进一步用计算加以验证。

边坡稳定性定量分析需按结构构造区段及不同坡向分别进行。在二维分析中，根据单位长度区段的岩体地质剖面，确定其可能的破坏类型，并考虑所受的各种荷载（如重力、水作用力、地震或爆破振动力等），选定适当的参数进行计算。定量分析的方法主要有极限平衡法、有限元法和概率法 3 种。此时认为边坡沿某滑面失稳，将滑体视为刚体，不考虑其变形。所有沿滑面方向的力分为抗滑力和滑动力，二者之比称为稳定系数 F_s，若 $F_s<1$，边坡失稳；若 F_s=l，边坡处于临界状态；若 Fs＞1，边坡稳定。简单平面型破坏包括无张裂隙破坏与坡顶（或坡面）有张裂隙破坏两种。

（1）无张裂隙破坏如图 5-18 所示

1）单宽滑体体积 V_{ABC}

$$V_{ABC}=\frac{H^2\sin(\alpha-\beta)}{2\sin\alpha\sin\beta}$$

2）单宽滑体重量 W

$$W=\frac{\gamma H^2\sin(\alpha-\beta)}{2\sin\alpha\sin\beta}$$

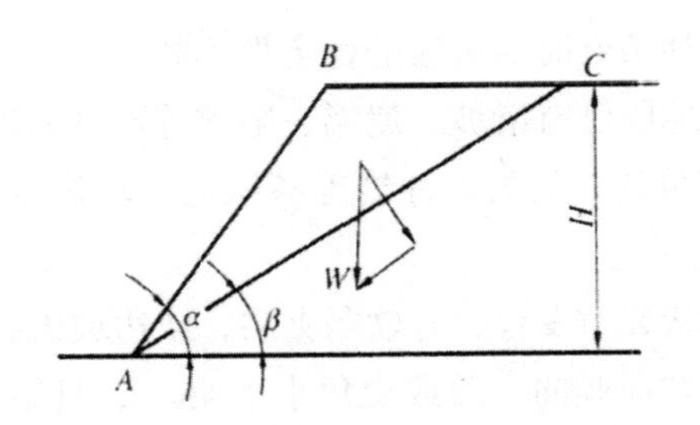

图5-18 无张裂隙简单平面型破坏示意图

3）稳定系数 Fs

抗滑力：$F_r = W\cos\beta\tan\phi + c\dfrac{H}{\sin\beta}$

滑动力：$F_d = W\sin\beta$

所以 $F_s = F_r / F_d = \dfrac{2c\sin\alpha}{\gamma H\sin(\alpha-\beta)\sin\beta} + \dfrac{\tan\phi}{\tan\beta}$

式中 γ ——岩石的天然重度（kN/m^3）；

ϕ ——结构面的内摩擦角（°）；

c——结构面的粘聚力（kPa）；

4）将上式对 β 求导，并令其为 0，可得临界滑面倾角 $\beta_{cr}=0.5（\alpha+\phi）$。当 Fs=l 且令 $\beta=\beta_{cr}$ 时，临界坡高 H_{cr} 为

$$H_{cr} = \frac{2c\sin a\cos\phi}{\gamma[1-\cos(\alpha-\phi)]}$$

当 α=90° 时，

$$H_{cr} = \frac{4c}{\gamma}\tan(45° + \frac{\phi}{2})$$

（2）坡顶（或坡面）有张裂隙破坏如图 5-19 所示

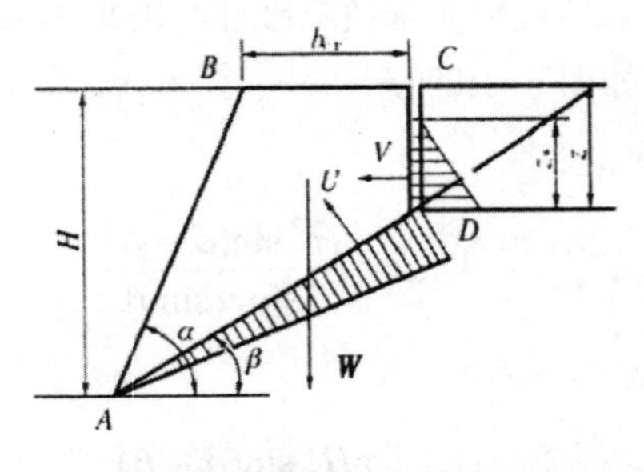

图5-19 有张裂隙简单平面型破坏示意图

1）单宽滑体重量

当张裂隙位于坡顶时

$$W=\frac{1}{2}\gamma H^2\left\{\left[1-(z/H)^2\right]\cot\beta-\cot\alpha\right\}$$

当张裂隙位于坡面时

$$W=\frac{1}{2}\gamma H^2\left[(1-z/H)^2\right]\cot\beta(\cot\beta\tan\alpha-1)]$$

2）稳定系数

$$F_s=\frac{cA+(W\cos\beta-U-V\sin\beta)\tan\phi}{W\sin\beta+V\cos\beta}$$

式中　A——单宽滑体面积，A= $(H-z)/\sin\beta$ ；

U——U= $\frac{1}{2}\gamma_w z_w(H-z)/\sin\beta$；

V——V= $\frac{1}{2}\gamma_w z_w^2,\gamma_w$ 为水的重度。

3）临界张裂隙位 b_{cr}

$$b_{cr}=H(\sqrt{\cot\beta\cot\alpha}-\cot\alpha)$$

4）临界张裂隙深度 z_{cr}

$$z_{cr}=H(1-\sqrt{\cot\beta\cot\alpha})$$

5）平均临界坡角 α_{cr} 的经验公式

$$\alpha_{cr}=\beta+\frac{9420(c/\gamma H)^{4/3}}{\beta-\phi\left[1-0.1(D/H)^2\right]}$$

式中　D——坡顶面后部最大年地下水位高度。

6）平均临界坡高近似值

$$H_{cr}=\frac{956c}{\gamma(\alpha-\beta)\left\{\beta-\phi\left[1-0.1(D/H)^2\right]\right\}}$$

7）考虑地震力时的稳定系数

$$F_s=\frac{cA+(W\cos\beta-U-V\sin\beta-EW\sin\beta)\tan\phi}{W\sin\beta+V\cos\beta+EW\cos\beta}$$

式中　E——水平地震系数。

三、岩石边坡的加固方法

边坡加固是针对不稳定边坡采取适当的加固措施，以提高其稳定性，防止因破坏而造成损失。在选择加固方案之前，应鉴别边坡的破坏模式，确定其不稳定程度及范围，论证加固方案的可行性。目前较为实用的方法是锚固法加固岩石边坡。

岩体强度受结构面控制，结构面的抗滑能力与结构面上的正应力大小密切相关。发挥边坡岩体自身强度的有效方法是通过预应力锚杆（锚索）来增加结构面的正应力，从而使可能失稳的岩体保持长期稳定。

第六章　岩土工程爆破

第一节　爆破作用原理

一、爆破的内部作用

当药包在无限介质中爆炸时，它在岩体中激发出应力波，其强度随着传播距离的增加而迅速衰减，因此应力波对岩体施加的作用也随之发生变化。

如果将爆破后的岩体沿着药包中心剖开，则可看出岩体的破坏特征也将随着与药包中心的距离的增大而变化。按照破坏特征的不同，大致可将药包周围的岩体划分为压缩（粉碎）区、破裂区和震动区等 3 个区域，如图 6–1 所示。

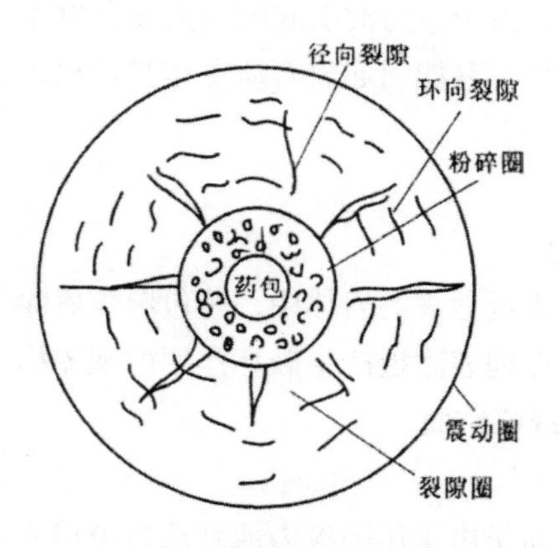

图6–1　爆破作用圈示意图

1. 压缩C粉碎）区

当密闭在岩体内的炸药爆炸时，爆轰气体瞬间急剧冲击药包周围的岩体，在岩体中激发出的冲击波强度远远超过岩石的动态抗压强度。此时，大多数在冲击载荷作用下呈现明显脆性的坚硬岩石被粉碎；可压缩性较大的软岩则被压缩，形成空洞。

这个区域通常称为粉碎区或压缩区，该区的半径很小，一般只有药包半径的 2 ~ 5 倍。

2. 破裂区

冲击波通过压缩区后继续向外层岩体中传播，且衰变成一种弱的压缩应力波，其强度已低于岩石的动态抗压强度，不能直接压碎岩石。但是，它可使压缩区外层的岩石受到强烈的径向压缩，使岩石质点产生径向位移，导致外层岩体的径向扩张，形成切向拉伸应变。若这种切向拉伸应变超过岩石的动态抗拉应变值，则就会在外层岩体中产生径向裂隙。

在压缩应力波向外传播的同时，爆轰气体开始膨胀并挤入应力波作用而形成的径向裂隙中，引起这些裂隙的进一步扩展，在裂隙尖端产生应力集中，导致径向裂隙向前延伸。

当压缩应力波通过破裂区时，岩体受到强烈压缩，储蓄了一部分弹性变形能。在应力波通过后，岩体内的应力释放便会产生与压缩应力波作用方向相反的向心拉伸应力，使岩石质点产生反向的径向位移。当径向拉伸应力超过岩石的动态抗拉强度时，岩体中出现环向裂隙。径向裂隙与环向裂隙的相互交错，将该区岩体切割成块，此区域称为破裂区。破裂区半径一般为药包半径的 70 ~ 120 倍。

3. 震动区

破裂区以外的岩体中，由于应力波引起的应力场和爆轰气体压力形成的准静态应力场均不足以使岩石破坏，只能引起岩石质点作弹性振动。所以，这个区域称为弹性震动区。

二、爆破的外部作用

若将集中药包埋置在靠近地表的岩体中，药包爆炸后除了产生内部作用外，还会在地表产生破坏作用。在地表附近产生破坏作用的现象称为外部作用。岩体与空气接触的表面称为自由面或临空面。

1. 外部作用机理

外部作用的产生一方面是由于压缩应力波到达自由面时，一部分或全部反射回来形成同传播方向反的拉应力波，导致岩石被拉断，造成表面岩石与母岩分离；另一方面，因爆轰气体作用在岩体内形成的准静态应力场受到自由面的影响，使爆源与自由面间岩体的应力集中程度增加，使得该区域内的岩体更易破 +，大量爆轰气体沿自由面方向逸出而将已破碎岩块抛离母岩。这也是为什么自由面方向是爆破外部作用的主导方向的原因。

2. 爆破漏斗及其几何参数

当炸药爆炸产生外部作用时，会将部分破碎了的岩石抛掷一定的距离，在岩体表面形成一个漏斗形的坑，此坑称为爆破漏斗。

设一球形药包在自由面条件下爆破形成爆破漏斗的几何尺寸如图 6-2 所示。其中爆破漏斗 3 要素是指最小抵抗线 W，爆破漏斗半径 r 和爆破漏斗作用半径 R。

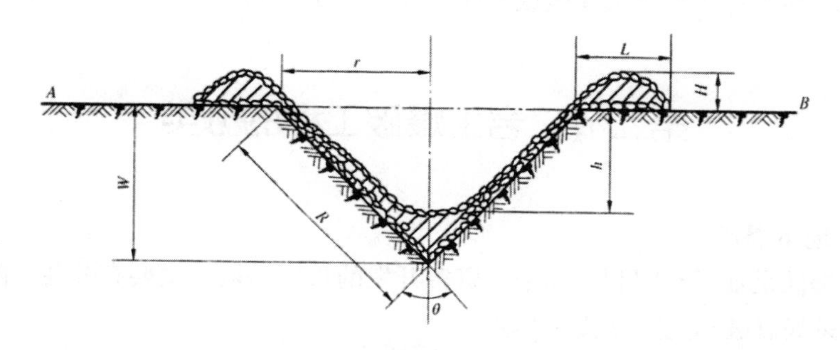

图6-2　爆破漏斗几何参数示意图

W-最小抵抗线；θ-爆破漏斗张开角；r-漏斗半径；L-爆堆宽度；R-爆破漏斗作用半径；H-爆堆高度；h-可见漏斗深度

在爆破工程设计中经常应用的一个爆破参数叫爆破作用指数 n，它是爆破漏斗半径与最小抵抗线的比值，即

$$n=\frac{r}{W}$$

3. 爆破漏斗的4种基本形式

根据爆破作用指数 n 值的大小，爆破漏斗有如下 4 种基本形式，如图 6-3 所示。

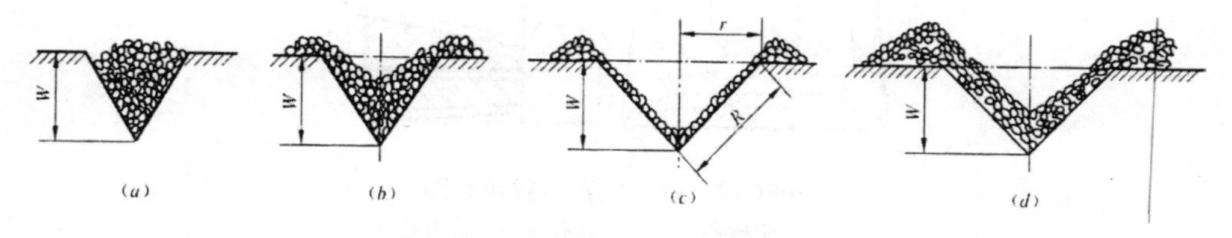

图6-3　爆破漏斗的4种基本形式

（a）松动漏斗；（b）减弱漏斗；（c）标准漏斗；（d）加强抛掷漏斗

（1）松动爆破漏斗［图 6-3（a）］爆破漏斗内的岩石被破坏、松动，但不抛出坑外，不形成可见的爆破漏斗坑。此时，n=0.3 ~ 0.75，它是控制爆破常用的形式。

（2）减弱抛掷爆破漏斗［图 6-3（b）］爆破作用指数 0.75 < n < 1，又称为加

强松动爆破漏斗。

（3）标准抛掷爆破漏斗［图 6–3（c）］爆破漏斗半径与最小抵抗线相等，即 n=1。这种形式通常用来进行漏斗爆破试验以确定岩石的炸药单耗。

（4）加强抛掷爆破漏斗［图 6–3（d））］爆破作用指数 n ＞ 1。当 n ＞ 3 时，爆破漏斗的有效破坏范围并不随 n 值的增加而明显增大。所以，爆破工程中一般取 n=2 ~ 2.5，这是露天抛掷大爆破或定向抛掷爆破常用的形式。

第二节　岩土爆破工程的分类

一、地下爆破

地下爆破是地下空间利用和地下资源开发的重要手段。主要有井巷（隧道）掘进爆破、采场爆破和光面爆破等方法。

1. 井巷掘进爆破

井巷掘进爆破包括平巷、竖井、斜井、天井和隧道等各种地下通道的爆破。其共同特点是只有一个自由面，爆破夹制作用大，每次爆破进尺只有 1 ~ 3m。为形成一定的井巷断面形状，必须在工作面（掌子面）上布置不同类型的炮孔。

掘进工作面的炮孔按其位置和作用可分为掏槽孔、辅助孔和周边孔。对于平巷和斜井，周边孔还可分为顶孔、底孔和帮孔，如图 6–4 所示。

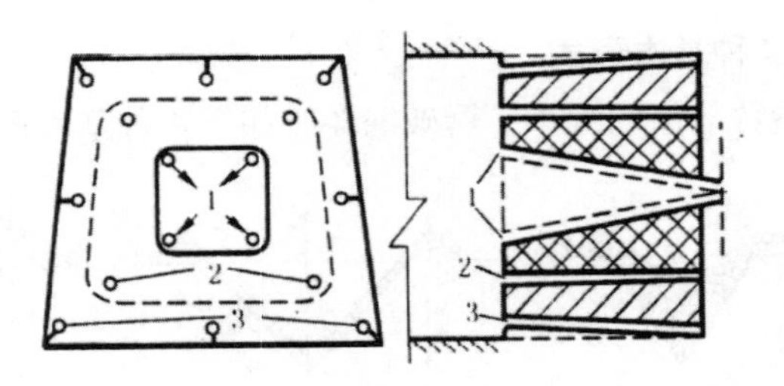

图 6–4　各种炮孔布置示意图

1—掏槽孔；2—辅助孔；3—周边孔

掏槽孔的作用是首先在工作面上将一部分岩石爆破破碎并抛出，形成一槽形空穴，为辅助孔爆破创造第二个自由面，以提高爆破效率。根据井巷断面形状、规格、岩性和地质构造等条件，掏槽孔的排列形式主要有倾斜掏槽孔和垂直掏槽孔两类。其孔深较其他炮孔超深 10% ~ 15%。掏槽效果的好坏，对每次循环进尺起决定性作用。辅助孔位于掏槽孔外圈，其作用是大量崩落岩石和刷大断面，还可提高周边孔的爆破效果。周边孔的作用是控制井巷断面形状和方向，使断面尺寸、形状和方向符合设计要求。

为提高爆破效果，掘进炮孔必须有合理起爆顺序，通常是掏槽孔→辅助孔→周边孔。每类炮孔还可再分组按顺序起爆。合理的起爆顺序应使后起爆炮孔充分利用先期起爆炮孔所形成的自由面。

2. 采场爆破

地下采场爆破的特点是，具有两个以上自由面，炮孔数量多，自由面的面积和一次爆破量都比较大，一次爆破炸药量大，炸药单耗低，爆破方案选择和起爆网路设计比较复杂，所以爆破时的组织工作显得更为重要。

根据矿体赋存条件和设备能力，地下采场爆破按孔径和孔深的不同可分为浅孔、深孔和药室爆破 3 种方法。药室爆破现在矿山已经很少采用。

（1）采场浅孔爆破浅孔爆破按炮孔方向不同可分为上向炮孔和水平炮孔两种。矿体比较稳固时，可采用上向炮孔；矿体稳固性较差时，一般采用水平炮孔。工作面可以是水平单层，也可以是梯段形，梯段长 3 ~ 5m，高度 1.5 ~ 3.0m。炮孔在工作面上可按矩形、正方形或三角形排列。

（2）采场深孔爆破炮孔主要有平行排列和扇形排列两种形式。平行排列的特点是在同一排面内的炮孔相互平行。扇形排列的特点是炮孔自一点向外呈放射状排列，在同一炮孔排面内，炮孔间距自孔口到孔底逐渐增大。在矿体形状规则、要求矿石块度均匀的场合，应采用平行深孔。

3. 光面爆破

光面爆破是一种能按设计轮廓线爆裂岩石，使巷道周壁或开挖面光滑平整，减少超欠挖，并使围岩不受明显破坏的控制爆破技术。

光面爆破的实质就是沿开挖轮廓线布置间距较小的平行炮孔，在这些光面炮孔中采用小直径、低 - 速、低密度炸药卷进行不耦合装药，然后同时起爆，岩体沿这些炮孔中连线破裂成光滑平整的开挖面。

光面炮孔的孔距一般为炮孔直径的 10 ~ 20 倍，其最小抵抗线为孔距的 1.2 ~ 2.0 倍。线装药密度按炮孔直径和岩性选取，对于孔径为 40mm 的光面炮孔，其线装药密度可取为 0.1 ~ 0.25kg/m。

光面爆破多用于井巷掘进中的周边孔爆破。近年来，在露天开挖爆破中，临近开挖边界时也采用了预留保护层的光面爆破技术。

二、露天爆破

露天爆破按一次爆破炸药量和装药方式的不同可分为台阶钻孔爆破、硐室爆破、预裂爆破、药壶爆破和裸露药包爆破。

1. 台阶钻孔爆破

台阶钻孔爆破有浅孔与深孔之分，将直径大于 50mm、深度超过 5m 的钻孔称为深孔。

台阶钻孔爆破按钻孔方向与台阶顶面的相互关系可分为垂直钻孔与倾斜钻孔爆破，其台阶构成要素如图 6–5 所示。

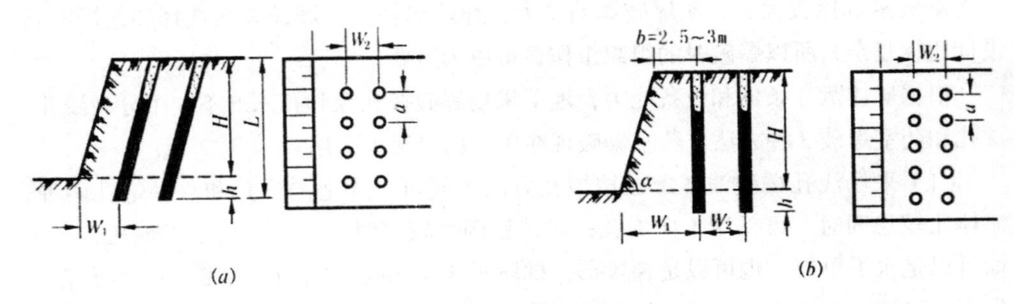

图 6–5 台阶钻孔爆破示意图

（a）台阶倾斜深孔爆破；（b）台阶垂直深孔爆破

H—台阶高度；W_1—底盘抵抗线；h—超钻；L—钻孔深度；a—孔距；W_2—排距；b—孔边距

根据开挖工程的要求和工作面宽度的不同，炮孔布置形式通常分为单排布孔和多排布孔两种。在露天矿山开采和路堑开挖工程中一般采用多排布孔形式。多排布孔又分矩形和三角形两种。矿山开采和基础开挖中多采用三角形布孔，而矩形布孔多用于路堑开挖爆破。无论采用何种布孔形式，都应以孔距相等为原则。

多排孔爆破时，各起爆排列线之间应以毫秒级延期顺序起爆，才能改善后排炮孔的爆破效果。

2. 硐室爆破

硐室爆破是将大量炸药装入专门的硐室或巷道中进行爆破的方法。由于一次爆破的装药量和爆落方量较大，故常称为“大爆破”。该方法主要用于松动或抛移岩土，用以修筑堤坝、开挖河渠或路堑。

硐室爆破的分类方法较多，目前多以爆破目的和药室形状进行划分。按照药室形状的不同，可分为集中药室爆破和条形药室爆破。下面按照爆破目的分别介绍 5 种硐室爆破类型（见表 6–1）。

表6-1　硐室爆破类型

种类	具体内容
崩塌爆破	利用70°以上陡坡及多自由面等地形条件进行的松动爆破，已被爆破松动破碎的岩块在重力作用下沿陡坡塌落，是最节省炸药的一种爆破方法
松动爆破	仅将岩土进行松动破碎而不出现抛掷和扬弃现象的硐室爆破。主要用于采石场和矿山露天开采，其特点是炸药单耗小，爆堆集中，空气冲击波和飞石的影响范围小，但爆破震动的波及范围较大
扬弃爆破	在地面平坦或坡度小于3CT的地形条件下，将开挖区内的部分或大部分岩土扬弃到设计开挖范围以外的硐室爆破。主要用于开挖沟渠、路堑、河道等各种沟槽和基坑
抛掷爆破	不仅使爆破作用范围内的岩体破碎，而且将部分岩块抛离爆破漏斗的硐室爆破。抛掷效果由地形坡度和自由面条件起主要作用，最常用的抛掷爆破地形坡度为30°～70°
定向爆破	属于抛掷爆破的一种，不仅要将爆区内的岩土抛出，而且要利用爆破设计技术控制抛出爆堆的方向、距离和堆积体形状。多用于水利部门的筑坝工程，铁路、公路的路基开挖和矿山的尾矿坝修筑工程

3. 预裂爆破

预裂爆破是沿设计的开挖边界线钻凿一排间距较密的炮孔，减小装药量，采用不耦合装药，在开挖区主爆孔爆破前先起爆预裂孔，形成一条具有一定宽度的预裂缝，以减小主炮孔爆破时的地震效应。

预裂爆破的成缝机理与光面爆破基本相同，但前者的抵抗线比后者大得多，因而其爆破夹制性大，炸药的线装药密度也要大些。预裂爆破的设计参数主要有孔距、不耦合系数和线装药密度。

孔距由孔径和岩性确定，一般为孔径的8～12倍，硬岩孔距大，软岩孔距小；不耦合系数是指炮孔装药段体积与装药体积之比，二般取为2～5；线装药密度指炮孔装药量与不包括堵塞部分的炮孔长度之比，通常按孔径、岩性选取，表6-2列出了常用的预裂爆破参数。

表6-2　预裂爆破参数

孔径（mm）	孔距（mm）	线装药密度（kg/m）
38～45	0.30～0.50	0.12～0.38
50～65	0.45～0.60	0.15～0.50
75～90	0.45～0.90	0.20～0.76
100	0.60～1.20	0.38～1.13

4. 药壶爆破

又称葫芦炮。它是在炮孔底部用少量炸药把炮孔底部扩大成空腔，既可多装药，又能变延长药包为集中药包，以增强其抛掷效果及克服台阶底板阻力的爆破方法。

药壶爆破的药包属集中药包。与浅孔爆破相比，其钻孔工作量小，单孔装药量多，一次爆破量较大，爆破效率高。然而扩壶施工时间长，爆堆块度不均匀，大块多。不适于节理裂隙发育的岩体和坚硬岩体中爆破。

药壶爆破的关键工序是扩孔。药壶要求扩在一定的位置，并有一定的容量能装进设计的炸药量，且要求装药后药壶剩余空间适宜，以保证装药密度。

扩孔是利用炸药来炸胀孔内岩石。药壶扩胀次数与每次用药量为：第一次 50 ~ 100g；以后各次与第一次的比例是 1：2，1：2：4，1：2：4：7，1：2：4：7：13，……。扩孔次数视岩性而定，通常对粘土、黄土和坚实的土壤要扩 1 ~ 2 次；风化或松软岩体要扩 2 ~ 3 次；中硬岩石和次坚硬岩石扩 3 ~ 5 次；坚硬岩石扩 5 ~ 7 次。

5. 裸露药包爆破

多是利用偏平形药包放在被爆物体的表面进行爆破。裸露药包爆破实质上是利用炸药的猛度，对被爆物体的局部产生压缩、粉碎或击穿作用。炸药爆轰时产生的气体大部分逸散到大气中，因而炸药的爆力作用未能被充分利用，炸药单耗较大，达 1 ~ 2kg/m^3。

裸露药包爆破主要用于不合格大块的二次破碎、清除大块孤石、破冰和爆破冻土。所用炸药量按岩石等级、尺寸和体积计算。岩石硬度愈大，其炸药单耗也大；岩石体积小，其炸药单耗大。

裸露药包爆破会产生强烈的声响和空气冲击波，形成大量飞石，给人员、设备及环境卫生带来严重危害因此，一次爆破的炸药量应严格限制，一般不应超过 8 ~ 10kg，安全距离不得小于 400m。

第三节　岩土爆破参数的设计计算

一、井巷掘进爆破参数的设计计算

井巷掘进爆破参数包括：孔径、炸药单耗、孔距、孔深、孔数、装药量、堵塞长度和微差起爆间隔时间等。

（1）孔径

炮孔直径直接影响凿岩生产率和爆破效果。过大的孔径将导致凿岩速度下降，大块率增大，巷道周壁平整度变差。常用孔径为 40 ~ 55mm。

（2）孔深

炮孔深度是指孔底到工作面的垂直距离。孔深的确定与井巷的断面面积有关，目前多为 1.5 ~ 3.0m。

（3）炸药单耗

它是一个重要的爆破参数，直接影响爆破效果和围岩稳定性，通常按断面面积和岩石普氏系数选取。

（4）装药量

每次爆破或每次循环所需装药量是在确定出炸药单耗后根据预定的每一循环爆破的岩石体积计算，每一循环所需的总装药量 Q 由下式给出

$$Q = qV = qSL\eta$$

式中 V——每一循环预定爆破岩石体积（m^3）；

S ——掘进断面面积（m^2）；

L ——炮孔的平均深度（m）；

η ——炮孔利用率，常取为 0.8 ~ 0.95。

（5）孔距

掏槽孔距同掏槽形式和岩性有关。辅助孔距一般取为 0.4 ~ 0.6m，均匀地布置在掏槽孔的外侧。周边孔若采用光面爆破，其孔距为孔径为 10 ~ 20 倍，否则，多取 0.6 ~ 0.7m。

（6）堵塞长度

堵塞的目的是为了提高炸药爆炸能量的利用率，从而提高井巷掘进的爆破效果，合理的堵塞长度多取为装药长度的 0.35 ~ 0.50 倍。

（7）微差时间

按照各类型炮孔的起爆顺序，其相互间的延迟间隔时间以 50 ~ 100ms 为宜。掏槽孔各段之间的间隔时间应取 50ms 为好。

二、台阶钻孔爆破参数的设计计算

在钻孔设备和台阶高度一定的条件下，需设计计算的主要爆破参数有孔深、底盘抵抗线、孔距、排距、超深、炸药单耗和单孔装药量。

（1）超深与孔深

超深是为了克服台阶底板的夹制作用，保证爆后不留根底。超深主要取决于岩

石可爆性、底盘抵抗线等参数，一般按底盘抵抗线 W_1 计算

$$h(0.15\sim0.35)W_1$$

孔深等于台阶高度与超深之和。

（2）底盘抵抗线

一般按炮孔直径 D 计算

$$W_1=nD$$

式中 W_1——底盘抵抗线（m）；

D——炮孔直径（m）;

n——与炮孔倾角、岩石硬度有关的系数，一般 n=20 ~ 50。

（3）孔距与排距

同一排炮孔中相邻两孔中心线之间的距离称为孔距，相邻两排炮孔中心线之间的距离称为排距，如图 6–5 中的孔距为 a，排距为 W_2。

孔距一般可按底盘抵抗线计算，即

$$a=mW_1$$

式中 m——炮孔密集系数，在布孔时，m=0.7 ~ 1.4。

排距一般较第一排孔的底盘抵抗线小，可取

$$W_2=(0.9\sim1.0)W_1$$

孔距、排距的设计取值应保证按炸药单耗计算出的装药量能在装入炮孔后有足够的堵塞长度。

（4）炸药单耗

炸药单耗表示爆破单位体积岩石所需的装药量。

（5）单孔装药量

单排孔爆破或多排孔爆破的头排孔装药量由下式计算

$$Q_1=qW_1Ha$$

式中 H——台阶高度（m）；

q——炸药单耗（kg/m^3）。

多排孔微差爆破时，后面各排孔的单孔装药量为

$$Q_2=qW_2Ha$$

若采用齐发爆破，其药量应增加 20%。

三、硐室爆破的装药量计算

对于抛掷爆破时，装药量可按鲍列斯可夫公式计算

$$Q=(0.4+0.6n^3)q_0W^3$$

式中　q_0——标准抛掷爆破的炸药单耗（kg/m^3）；

W——硐室的最小抵抗线（m）；

n——爆破作用指数。

式（$Q=(0.4+0.6n^3)q_0W^3$）适合于 n=75 ～ 2.5 和 W=5 ～ 25m 的情况。当认 W ＞ 25m 时，应按修正式计算

$$Q=(0.4+0.6n^3)q_0W^3\sqrt{\frac{W}{25}}$$

松动爆破的装药量由下式给出

$$Q=(0.33+0.5)q_0W^3$$

炸药单耗 q_0 可参照类似的土石方工程的统计数据选取，或根据爆破漏斗试验确定。

第四节　爆破器材与起爆方法

一、起爆器材

起爆器材的品种较多，可分为起爆材料和传爆材料两大类。各种雷管属于起爆材料，导火索、导爆管属于传爆材料，导爆索既可起起爆作用又能起传爆作用。常用起爆器材见图 6–6 所示。

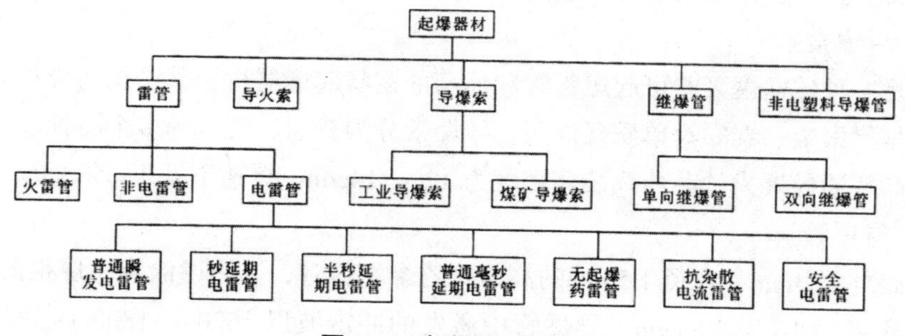

图6–6　起爆器材类型

1. 雷管

用于起爆炸药、导爆索、导爆管等爆破器材的最常用的起爆材料。按点火方式可将雷管划分为火雷管、雷管和非电（导爆管）雷管3类。

（1）火雷管。它是工业雷管中结构最简单的一个品种。它用火焰直接引爆，火焰通过导火索传递。按照雷管的装药量和起爆能力，一般将雷管分为10个等级。工业上大多使用6号和8号雷管。等级愈大，起爆能力愈大。

火雷管的构造如图6–7所示。它由管壳、正起爆药、副起爆药、加强帽和聚能穴等5部分组成。

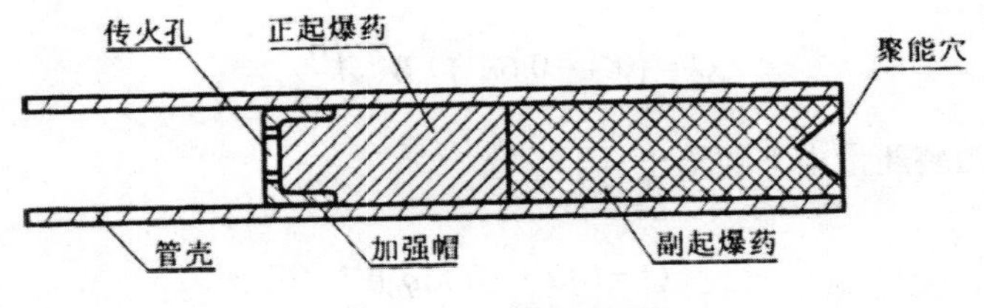

图6–7 火雷管示意图

火雷管多在小规模露天采场或二次破碎中使用，在有瓦斯、煤尘和矿尘爆炸危险的场合禁止使用。

（2）电雷管。电雷管的结构与火雷管大致相同，但其引火部分是由脚线、桥丝和引火头组成。电雷管可分为瞬发电雷管和延期电雷管，延期电雷管又可分为秒延期和毫秒延期电雷管。在有瓦斯、矿尘爆炸危险的场合还可用安全电雷管。

（3）非电雷管。它是一种由导爆管引爆的雷管，包括瞬发雷管、秒差雷管和毫秒延期雷管。

2. 导火索

它是以黑火药为药芯，外面包裹棉线、塑料、纸条、沥青等材料而制成的索状传爆材料。国产普通导火索的燃速为100 ~ 125m/s，喷火长度不小于4cm。

3. 导爆索

它是一种传递爆轰并可起爆雷管和炸药的索状起爆器材，其结构与导火索类似，但药芯是黑索金、泰安等单质猛炸药。导爆索分为普通、安全等多个品种。

国产普通导爆索的芯药线装药密度为12 ~ 14g/m，爆速不低于6500m/s。

4. 导爆管

它是外径3mm、内径1.5mm的高压聚乙烯塑料管，其内壁涂有一层很薄的混合炸药，药量为16 ~ 20mg/m。导爆管中激发的冲击波以1600 ~ 1800m/s速度传播，可引爆雷管和黑火药。

二、起爆方法

按雷管的点火方法不同，常用的起爆方法可分为 3 类：电力起爆法；非电起爆法；无线起爆法。工程爆破中多使用前两种方法。

1. 火雷管起爆法

利用导火索传递火焰引爆火雷管进而起爆工业炸药的起爆方法。主要起爆器材有火雷管、导火索和点火材料。

（1）起爆雷管的制作。将一定长度导火索的一端切平，插入火雷管的开口端，用雷管卡口钳把雷管夹在导火索上或用胶布绑扎紧。导火索的另一端切成斜面，以增大点火时的接触面积。导火索长度最短不得小于 1.2m。

（2）起爆药包的加工。先将药包一端包纸打开，用专门的木制、竹制或铜制锥子在药包中央扎一个小孔，然后将起爆雷管全部插入药包，并用胶布或细绳捆扎好。

（3）点火方式。多采用点火筒、电力点火帽等一次点火方式。用点火线进行多人点火时，地下作业单人点火的导火索根数不得超过 5 根，露天作业则不得超过 10 根。

火雷管起爆法具有简便易行、成本低的优点，但点火时的安全性差，一次起爆能力小，不能精确控制起爆时间，禁止在有沼气和煤尘爆炸危险的作业面使用。

2. 导爆索起爆法

用导爆索爆炸产生的能量去引爆炸药包的方法。导爆索本身需要用雷管引爆。该起爆方法需用的起爆器材有雷管、导爆索和继爆管等。

导爆索的连接有分段并联和簇并联，如图 6–8 所示。主传导爆索用雷管起爆时，雷管应绑扎在距起爆端约 10cm 处，并使雷管聚能穴朝向传爆方向。导爆索间的搭接长度不得小于 10cm，多为 15 ~ 20cm。该方法多用于深孔爆破、硐室爆破和光面、预裂爆破。一般不宜在城市拆除控制爆破中使用。

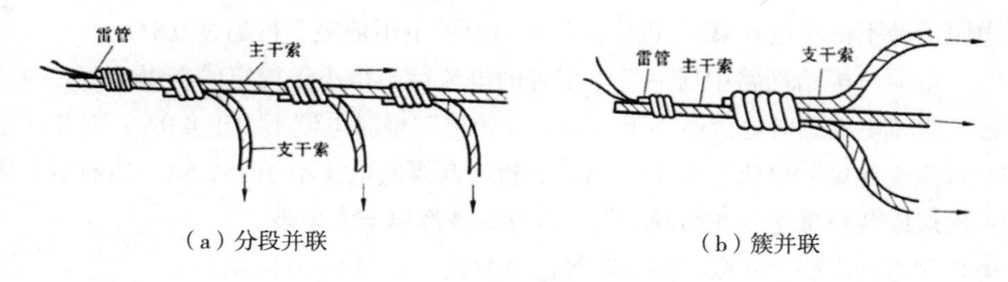

（a）分段并联　　（b）簇并联

图6–8　导爆索网路

3. 导爆管起爆法

70 年代出现的一种新型非电起爆法，在国内外矿山、水利水电、交通、城市拆除等爆破工程中得到普遍应用。导爆管起爆网路通常由击发元件、连接元件、导爆管和导爆管雷管组成。连接元件是将导爆管连接在一起，实现导爆管之间的传爆；击发元件有激发枪、导爆索、雷管等。一发 8 号雷管能激发其周围 3 ~ 4 层导爆管 40 根以上，工程上一般按 15 ~ 20 根设计。

导爆管间的连接有串联、并联、簇联和混合联等形式，采用孔内或孔外微差方式可实现成千上万种分段起爆形式。图 6-9 显示了分段并串联起爆网路。

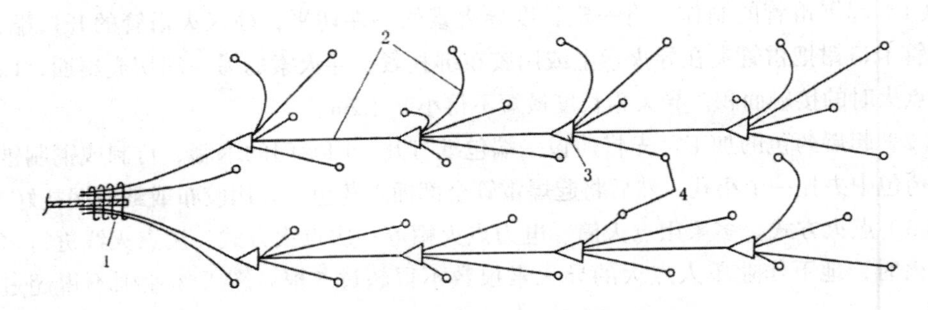

图6-9　分段并串联起爆系统示意图

1-火雷管；2-导爆管；3-联接块或传爆雷管；4-孔内导爆管雷管

导爆管起爆法灵活方便，形式多样，网路简单，已广泛应用于各种土石方爆破工程和城市拆除爆破工程，但该方法不能用于瓦斯、矿尘爆炸危险的作业场合。

4. 电力起爆法

利用电能引爆电雷管进而起爆工业炸药的起爆方法。所需爆破器材有电雷管、导线和起爆电源。

为保证电力起爆网路中任何一发电雷管都准爆，必须满足以下两个条件：

（1）同一电爆网路中所用的电雷管应是同一厂家同批生产的同规格产品，电雷管在使用前经测 4 合格（即电雷管电阻符合产品说明书上的规定，且康铜桥丝电雷管的电阻值差不得超过 0.3Ω，镍铬桥丝电諫管的电阻值差不得超过 0.8Ω。

（2）电源分配给网路中任一发电雷管的电流都不得小于规定的准爆电流。对于大爆破，直流电起爆时电流不小于 2.5A，交流电起爆时电流不小于 4.0A；对于一般爆破，直流电起爆时电流不小于 2.0A，交流电起爆时电流不小于 2.5A。所有硐室爆破和一次爆破装药量达到 50000kg 的土石方爆破都属于大爆破。

电爆网路有串联、并联、混合联等连接方式，见图 6-10 所示。

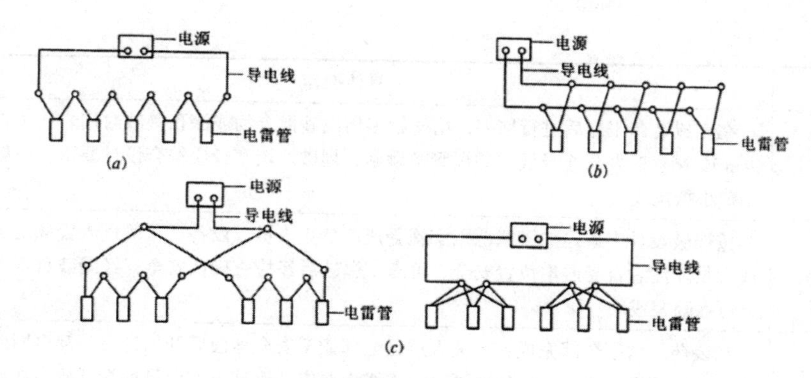

图6–10　电爆网路的连接方式

（a）串联；（b）并联；（c）混合联

起爆电源有放炮器（又称起爆器）、干电池、蓄电池、移动式发电站、照明电力线、动力电力线。在起爆前需

用爆破专用的线路电桥或爆破欧姆表检测电爆网路，并要求电爆网路的实测电阻值与计算值的误差在 ±5% 以内。否则，应重新检查电爆网路，禁止合闸起爆。

第五节　爆破工程施工

一、钻孔爆破施工

钻孔爆破施工包括：布孔、验孔、装药、堵塞、警戒、连线起爆和爆后检查等工序（见表6–3），任何一个环节不符会要求都可能影响爆破效果和带来安全危害，必须引起施工人员的重视。

表6–3　钻孔爆破施工

步骤	具体操作
布孔	按照爆破设计中的布孔图在爆区内定出各炮孔位置，并标明钻孔方向、孔深。孔位应避免布置在节理发育或裂隙区以及岩性变化大的地方
验孔	检查炮孔深度、孔距及钻孔方向，并记录炮孔内是否有水。若炮孔深度不够，或出现堵孔现象，应清孔或在附近重新补孔
装药	在装药前应核对孔深、水深、每孔的炸药品种、数量和雷管级别，制作好起爆药包。装药时，起爆药包<放置在装药段的上部、中部或下部，通常多置于距孔底1/4或3/4装药段长度处。装药时，应一边装药一边用炮棍捣紧，防止炸药堵在炮孔内

续表

步骤	具体操作
堵塞	在完成装药工作后进行堵塞，堵塞物多用泥砂混合物或深孔爆破时用岩屑（直径小于3cm）。堵塞时要防止导线、导爆管被砸断、划破。堵塞长应符合设计要求，一般不得小于最小抵抗线
警戒	按爆破设计中规定的警戒范围实施警戒。禁止人员、设备、车辆进入警戒范围内；警戒人员要注意自身避炮位置安全、可靠；爆破后经检查确认安全，经爆破负责人许可后方可撤除警戒
连线起爆	在装药、堵塞全部完成、无关人员已全部撤至安全地段后开始进行。起爆网路应严格按照设计要求连接，不得任意更改。连线作业应从爆破工作面最远端开始，逐段向起爆点后退进行，所有接头都须绑扎牢固，电爆网路的接头应用绝缘胶布封包，避免出现接地情况；在对前述各项工作进行全面复查后，若无任何问题，即可发出第一次爆破信号，以示准备起爆；待起爆准备就绪后，发出第二次信号，随即实行起爆；爆后经检查无任何安全问题时，发出第三次信号，爆破警报解除
爆后检查	爆后必须对爆破现场进行检查，检查内容主要有炮孔是否全部起爆；爆破对周围设备及建筑物的影响情况；四周围岩、边坡是否有险情

二、硐室爆破施工

（1）起爆药包布设

硐室爆破的每个药室内可采用1个或多个起爆药包，其质量为该药室装药量的1%～2%，单个药包重量为10～25kg。起爆药包多采用2号岩石铵梯炸药，并置于木箱内，起爆雷管插入起爆药包内。

起爆药包对称放置于药室中心，以使起爆的爆轰波能同时到达药室边缘各点。当一个药室内同时布设多个起爆药包时，除其中1个或2个起爆药包直接接入起爆网路外，其余各起爆药包均用导爆索连接于主起爆药包上。

（2）装药

首先检查药室容积、位置、最小抵抗线是否与设计吻合，检查并处理导硐及药室的安全问题。每个药室要有专人负责，对事先准备好的药室炸药品种、数量进行核对。装药过程中，硐内应加强通风，装散装炸药时作业人员要轮换，以防中毒。炸药装至一定数量时，按设计要求装入起爆药包，并用木槽、竹管将起爆网路保护起来，以防损坏。

（3）堵塞

堵塞材料可用导硐开挖出来的岩碴、土石块等。回堵岩碴中不得混有残留的爆破材料。应按设计要求堵塞，平硐顶部要堵严；堵塞时不得破坏起爆网路，且应有专人检查网路，防止砸断。

（4）连线与起爆

连线应按顺序进行，防止错接、漏接。预先敷设的主线需短接，并派专人看守。

为确保安全，大爆破前应对警戒范围、警戒点位置作周密布置，将警戒范围、警戒信号公布于众。警戒信号分预告信号、起爆信号和解除信号，由总指挥部发出。

爆破后应先组织有经验的爆破员会同技术人员在爆区内详细检查并清理危石，一般在爆后 15 ~ 30min 才能进入爆区，对于特别松软的岩石需超过 3h 后才能进入爆堆。

三、爆破安全技术

（1）爆破安全距离

指爆破作业点与人员或其他应保护对象之间必须保护的最小距离。在规定安全距离时，应根据爆破产生的地震、冲击波、飞石、毒气和噪声等有害效应分别核定其安全距离，然后取其中的最大值作为爆破的警戒范围。

（2）早爆及其预防

早爆就是炸药在预定的起爆时间之前起爆，属严重的爆破事故。

产生早爆的原因是多方面的：导火索速燃，雷管速爆；工作面上存在杂散电流；装药机的静电积累；炸药自燃导致自爆；射频电流；雷电等。施工时应针对可能引起早爆的因素采取相应的预防措施，才能最大限度地避免早爆。

（3）盲炮的预防与处理

盲炮又称瞎炮，指炮孔中的起爆药包经点火或通电后，雷管与炸药全部未爆，或只雷管爆炸而炸药未爆的现象。

为预防盲炮出现，必须使用合格爆破器材，不同厂家、不同类型与批号的雷管不得混合使用；电爆网路的实测总电阻与计算值之差应小于 ±5%；检查起爆电源及其起爆能力；避免装药密度过大。

因线路连接问题出现的盲炮，可重新连线起爆；浅孔爆破中雷管和炸药全部未爆时，若非起爆网路问题，则在距盲炮口至少 0.3m 处重新钻一平行炮孔装药爆破；对于非抗水炸药，可用水冲涮炮孔，使炸药失效。

一旦发生盲炮，必须进行安全警戒，及时上报情况，分析盲炮原因，严格遵照相关的规定处理。

第七章　岩土工程防护技术

第一节　岩石边坡的防护

一、主要防护措施

（1）坡面防护

坡面防护的措施如用灰浆、三合土等抹面、喷浆、喷混凝土、浆砌片石护墙、锚杆喷浆护坡、挂网喷浆护坡等。这类措施主要用以防护开挖边坡坡面的岩石风化剥落、碎落以及少量落石掉块现象，如常用于风化岩层、破碎岩层及软硬岩相间的互层（如砂页岩互层、石灰岩页岩互层）的路堑边坡的坡面防护，用以保持坡面的稳定，而其所防护的边坡，应有足够的稳定性。当采用封闭式坡面防护类型（如抹面、喷浆、喷混凝土、浆砌片石护坡等），应在坡面设置泄水孔和伸缩缝。对高陡边坡，应在中部适当位置设置耳墙，并应有便于检查维修用的安全设备。

（2）拦截措施

拦截措施有落石平台、落石槽、拦石墙、栅栏、金属网等，用以滞留、拦截自然山坡上的落石或小型崩塌体，以保证路基工程和行车的安全。

如当崩塌落石的岩块较小，一次塌落的数量不多，且线路与陡山坡间有缓冲落石的场地时，可设置上述拦截建筑物。设计建筑物应根据崩塌、落石在陡坡上的部位，岩块翻滚、弹跳以及停留在坡面可能的最大块径等，来确定其位置、结构形式和尺寸。

（3）支顶加固

对于开挖边坡或其上自然山坡可能形成落石、崩塌、滑坡的危岩体，视其规模大小、危险程度、危岩体裂隙分布和组合特征以及施工条件等，可分别或综合采用以下的一些加固或支顶工程措施：如勾缝、嵌补、灌浆、锚杆、锚索、支垛、支撑、支墙等。一般说来，对一些规模不大的个别危岩体，除可清除外，还可采用钢钎插入加固、嵌补等措施；而对于大型的危岩体，如边坡上的大型危岩体或倒悬的危岩体等，则需要采用如锚固、支顶等措施。

（4）拦挡遮挡工程

对于可能发生较大规模滑塌或顺层滑动的开挖边坡，或可能产生规模较大崩塌体的自然山坡，则往往需要修建诸如抗滑挡墙、锚固桩、棚洞、明洞等大型拦挡遮挡工程。

设计这些工程时，除需要了解边坡上可能发生变形破坏危岩体的范围、规模外，对滑坡破坏的岩体#需了解其有关参数及滑坡推力；对崩塌体则应了解其可能的冲击力等，以便根据地形、地质和施工条件等锻出相应的设计。

二、落石防护的有关计算

1. 落石速度

影响落石速度的主要因素为山坡坡度和落石的高度，其他影响的因素还有石块的大小和形状，山坡的起伏度和植被情况，覆盖层的厚薄和特征。

石块由山坡运动的基本形式，以滚动和跳动两种形式为主，另外还会有滑动和飞越等情况。一般4于30° 的山坡都有植被和覆盖土，石块要有初速度才会滚动。根据山坡情况，落石速度计算如下：

（1）简单山坡（相邻坡度差△ α ＜5° ，坡段长 ＜10m）指 α ＞45° 基岩外露的山坡，具台阶或折线形断面，坡度较为均匀，可按一个平均坡角计算者。

$$v_j=\sqrt{2g_nH(1-k\cot\alpha)}=\varepsilon\sqrt{H}$$

式中　v_j——落石计算速度；

H ——自落石起点至计算点的垂直高度；

α ——山坡与水平面的夹角；

g_n ——重力加速度（$9.81m/s^2$）；

k ——阻力特性系数；

ε ——落石速度系数 $\varepsilon=\sqrt{2g_n(1-k\cot\alpha)}$ cota)。

式（ $v_j=\sqrt{2g_nH(1-k\cot\alpha)}=\varepsilon\sqrt{H}$ ）中k值与山坡的 α 角、植被、落石频率等因素有关。

式（ $v_j=\sqrt{2g_nH(1-k\cot\alpha)}=\varepsilon\sqrt{H}$ ）适用于 α ＞45° 基岩外露的山坡。α ＜45° 大部分长有灌木和杂草，但树木稀疏按70% ~ 80% 折减山坡草树茂密时按60% ~ 70% 折减。

（2）折线型陡山坡（α_i=30° ~ 60°，△ α ＞5°，l_i ＞ 10m）不宜取平均坡角时算式为

$$u_j = \sum \varepsilon_i(\sqrt{H_i} - \sqrt{H_{i-1}})$$

式中 ε_i、H_i——第i段的速度系数和从落石终点算起的高度。

（3）极陡山坡（α ＞ 60°，H_i ＞ 10m）如图 7-1 的第 3 坡段 α_3 ＞ 60°，一般情况是石块飞越过坡面坠落于坡脚，其切向速度为

$$v_t = (1-\lambda)v_j \cos(\alpha_3 - \alpha_2)$$

式中 vj——落石速度，vj= ε 3 $\sqrt{h_3}$；

λ——冲击处瞬间摩擦系数，见表 7-1。

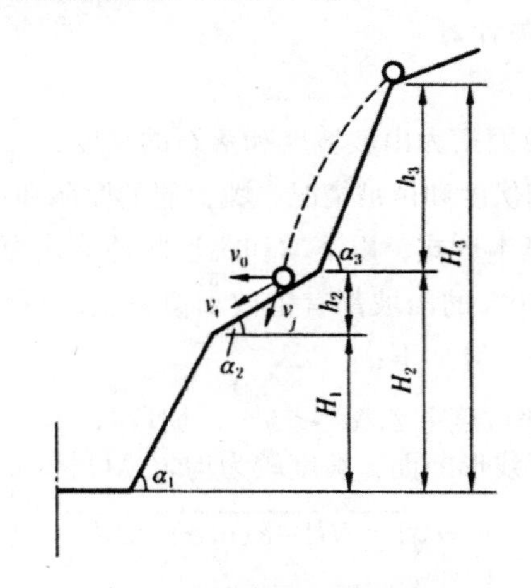

图7-1 落石速度计算示意图

表7-1 瞬间摩擦系数

山坡覆盖层性质	λ
岩石裸露，光滑草皮坡面	0.1
含粗岩屑密实的残坡积土层	0.3
疏松的堆积土层	0.4
疏松的坡积层，草木茂盛	0.5

（4）石块自堑顶以初速 v_0 滚跃而下时，落石点处的速度为

$$v = (1-\lambda)\sqrt{v_c^2 + 2g_n h}$$

2. 运动轨迹

最危险的落石轨迹是在堑顶附近弹跳后落入轨道，这时石块飞越的高度和距离都是最大，由此可决定必要的拦石墙高度和墙背的冲击力。如果跃起点不在堑顶而超前或滞后较多时，都不是控制情况。

在坡面上滚动中的石块遇到岩石露头等障碍后会弹跳而起，在空中运动的石块落到坡面回弹后再有一个飞越，其运动轨迹由图 7–2 知

$$x = v_o \cos(90°\text{-}\beta)\mathrm{t}$$

$$z = v_o \sin(90°\text{-}\beta)\mathrm{t} + \frac{1}{2} g_n t^2$$

以，$t=x/v_0\sin\beta$ 代入上式得

$$z = \frac{g_n x^2}{2(v_o \sin\beta)^2} + x\cot\beta$$

式中　v_0——石块在 O 点跃起时初速度，约为（$1-\gamma$）v_j；

g_n——重力加速度（$9.81\mathrm{m/s^2}$）；

β——跃起角，即

$$\beta = \frac{200 + 2\alpha(1 - \frac{\alpha}{45})}{\sqrt[3]{v_0}}$$

其中　α——山坡角（°）；

v_0——跃起初速度（m/s）。

石块对斜面水平向和竖向的最大偏离为

$$l\max = \frac{v_o^2(\tan\alpha - \cot\beta)^2}{2g_n \tan\alpha(1 + \cot^2\beta)}$$

$$h_{\max} = l_{\max}\tan\alpha$$

自跃起点至落石点的水平距离为

$$x_0 = 0.204\upsilon_0^2 \sin^2\beta\left(\tan a - \cot\beta\right)$$

以上为石块腾越计算的主要公式，从而可确定山坡拦截建筑物的高度和适当位置。如山上拦石墙的高度 ≈ $h_{max}+a$，落石坑的底宽 ≈ $\frac{1}{2}$ $l_{max}+a$（a 值取 0.5 ~ 1m），一般是石块陷入落石坑不反弹。当落石速度很大又碰到石头或轨道时，能跃起 1 ~ 3m 高。

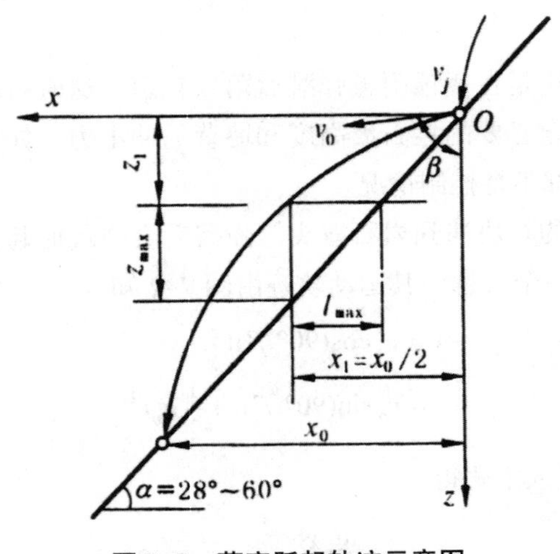

图7-2 落实跃起轨迹示意图

3. 冲击力

拦石墙、拦石网、落石坑、桩障和明洞等拦截建筑物，要受到落石的冲击。这种力不仅很大，而且变化复杂，其剎时值难于测定。特别是碰撞作用时间和变形，对力的计算影响很大。对于1.5m厚中密的砂粘土缓冲层，计算值约在0.07s左右。一般落石以较高速度击入拦石墙后缓冲土层之内，再传力到墙背；或先打坏土层上的片石护坡反弹入落石坑内。

第二节 土质边坡植草防护

一、直接植草护坡

雨水的冲蚀作用，要造成土质边坡冲刷流泥和溜坍等破坏，日晒和冰冻也加速岩土表层的风化剥落。为保护边坡加固表土，防止风沙对沙质路基的破坏，防止冻土的热融，在坡面上植草是经济而有效的办法。适用于路堤边坡可以保持、岩土较软、草根可以生长的地段。

经人工降雨试验，在历时30min强度为0.8 ~ 1.3mm/min的暴雨下，有密铺草皮的边坡径流量有所减少，因冲蚀而产出的泥沙量减少98%。雨滴落下时的溅蚀作用和细流的冲刷大为减弱，有一种消能作用和茎叶的截留、分流作用，以及根部对边坡的加筋作用。但雨水入渗有所增加，表土的含水量也加大，不过能较快为根部吸收及蒸发掉。总之，植被能保持坡面有一定的湿度，又能避免含水量过高，斜坡在有根系的情况下，雨季中土的抗剪强度可提高 30% ~ 65%，c 值可提高 1 倍左右。

草种宜就地选用覆盖率高、根部发达、茎叶低矮、耐寒耐旱具匍匐茎的多年生草种，也宜引进适应当地土壤气候的优良草种，其中属于禾木科的如兰茎冰草、扁穗冰草和无芒雀麦等。豆科植物有红豆草、小冠花和柠条等。①冰草天然分布在我国内蒙古半干旱和半荒漠平原，根部发达须根深扎土层 1m 以下。②雀麦亦耐寒，耐旱性仅次于冰草，根部发达，根茎比为 1∶1.58。③红豆草出苗最齐、生长最快，直根系入土 lm 以下。开）分红色花，有观赏价值又为密源植物。④小冠花为多年生，耐瘠耐旱耐寒植物，根茎粗壮花色鲜艳，根系长度超过 3m，是理想的覆盖植物，可防边坡冲蚀，但发芽时间迟缓，宜与其他草籽混种。⑤柠条广泛分布于我国北方干旱草原，是优良的防风固沙保持水土植物。柠条也有直根系，入土根深能吸收深层水分，茎枝上长满尖刺，有绿篱作用，能防止耕牛到铁路边吃草。⑥长叶草又称肯塔基草，根部深达 30cm，茎叶覆盖面积大，各种土贡都适用，但耐寒耐旱性稍差。⑦白茅草特点是地下根茎粗壮发达，每节长 2 ~ 5cm，顶端生坚硬的芽鞘，有很强的穿透能力和固土能力，但上部植被不茂盛，护坡能力较差。此外，豆科灌木紫穗槐和夹竹桃根部茂密，常配合草皮使用，护坡效果显著。植草方法有如下几种（见表 7-2）：

表 7-2　植草方法

方法	内容
条播法	在整理边坡时，将草籽与土肥混合料按一定间距成水平条状铺在夯层上，宽约 10cm，然后盖土再夯，并洒水拍实。单播只用一种草籽，混皤用几种草籽配合，使根系、植被和出苗率为最优。禾豆科和禾木科草籽混种，因有豆科植物根瘤固氮，为禾本科草皮提供氮素，使其生长旺、盛开形成两种茎叶的配合，提高了水土保持的能力。但混播和自然草坡一样，植被生长参差不齐影响景观。草皮在 5℃以下停止生长，10℃以下基本上不发芽，另在高温季节蒸发太快，草皮生长易于干枯，故在此期间均不宜播种
喷撒法	每 1m² 需用草籽 10 ~ 21g，肥料 75g，纤维 0.15g 和水 5kg 搅拌 l0min 形成均匀的草籽稀浆，由喷射机喷于坡面上；或第一层先喷肥土，第二层再喷撒种子。为保护草籽不被雨水冲蚀，可在喷有草籽的坡面上再喷洒一层防侵蚀剂，在干旱和风沙地区尤宜。常用较经济的合成树脂胶水，如聚醋酸乙烯酯加 30 ~ 40 倍的水，每 lm² 坡面需用此胶液 1 ~ 2L，即可形成一层胶膜，它有一定的保温、保墒、保水和抗 J 冲刷的作用，对草籽发芽生长无不良影响，但喷后不能碰上降雨，要有几天的干燥时间
密铺法	老边坡先要整理坡面夯填细沟坑洼，新边坡要经初验合格洒水润湿后再平铺草皮。稍有搭接、块块靠拢、不得留有空缝，根部要密贴坡面、每块拍紧使接茬严密才能成活。边坡陡于 1∶1.5 的都成加钉。切取的草皮每块约 25cm × 40cm，厚 5cm 左右。在堑坡可铺上堑顶，在堤坡应低于路肩 2 ~ 5cm

二、框架内植草护坡

在坡度较陡且易受冲刷的土坡和强风化的岩质堑坡上，采用框架内植草护坡。框架制作有多种做法，列如，①浆砌片石框架成45° 方格型，净距2 ~ 4m，条宽0.3 ~ 0.5m，嵌入坡面0.3m左右。②锚杆框架护坡，预制混凝土框架梁断面12cm × 16cm，长1.5m，用4根6 ~ 8mm钢筋，两头露出5cm，布置如图7–3所示。另在杆件的接头处伸入一根Φ14 × 3m锚杆，灌注混凝土将接头固定。锚杆作用是将框架固定在坡面上。框架尺寸和形状由具体工程而定，其形状有正方形、六边形、拱形等。框架内再种植草类植物。

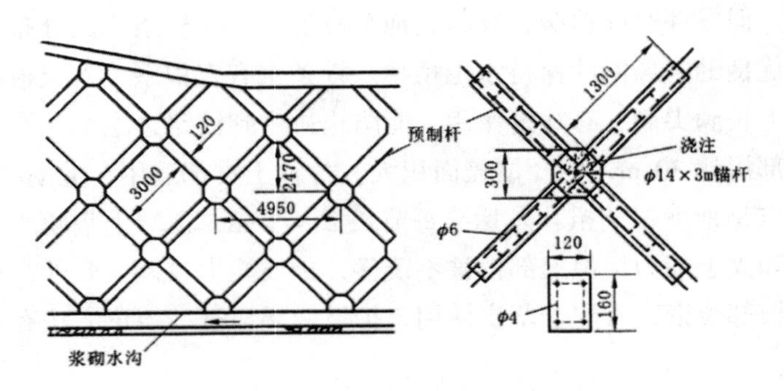

图7–3　框架边坡示意图

第三节　喷射混凝土防护

一、普通喷射混凝土防护

施工前清理坡面，喷水冲洗浮土。裂缝中间如需喷射，可先刮除数厘米深的泥土，使砂浆挤进缝内。对喷层周边及顶部水沟应预先挖槽。在斜坡上作业，当坡度较缓时，可在坡面上修斜坡路并使用安全绳，坡度较陡时要搭脚手架。

水泥用425硅酸盐水泥，混凝土配合比可为1: 2: 2，有减水剂时可为1: 2: 3，水灰比为0.4 ~ 0.55，砂率45% ~ 60%，为使喷射的混凝土早强快凝，提高粘结力，减少回弹量，避免脱落和不密贴，需加减水剂0.5% ~ 1%，速凝剂2% ~ 3%或其他增加塑性和稠度的外加剂。大约6 ~ 8cm的喷层每平方米需用425水泥27 ~ 35kg，相当于C20 ~ C30级混凝土。

小石子用5 ~ 25mm砾石或瓜米石，无薄片或石粉，并应有相当级配和粒径分析，要求 Φ25 筛余＜ 2%，多 10mm 筛余 65%，Φ5mm 筛余＞ 95%，河砂用中粗砂，含水量在 6% 左右，不宜过干或过湿。总之，骨料中以 0.2 ～ 15mm 的颗粒占多数。反弹损失约 25%，可移作坡脚及水沟加固用。

应用机具有：排气量为 6 ～ 9m^3/min 移动式空压机，80m 扬程离心水泵，5.5kW 转子型混凝土喷射机，10kN 电动卷扬机。水管、风管、塔架、脚手架等视工地情况配套。

劳动组织：工班长 1 人，机工 1 人，喷射手 2 人，运料拌料若干人，视工地布置而定。干喷是干料先拌好输送到喷嘴附近才加水，要求水压高于出口风压，开始时，先给风后喷水送料。混合料以 40 ～ 60m/s 的高速喷射到边坡上。喷射时逐层逐块进行，先喷凹处及裂隙处再及坡面，喷枪缓缓移动，小圈转动使喷层均匀。喷嘴垂直坡面方向，可 15° 内稍有倾斜，距离在 lm 左右。使混凝土有相当压力粘着于坡面，而回弹量又最小，喷后视气候情况喷水养护，但气温在 5C 左右时不要喷水，以免冰冻。

喷射混凝土的标号应不低于 C20，设计用的物理力学指标按规范，并可参考表7–3，容许应力可用强度值的一半。

表 7–3　C20级喷射混凝土计算指标

指标	数值
容重（kN/m^3）	22
抗压强度（MPa）	20
抗拉强度（MPa）	1 ～ 1.3
抗剪强度（MPa）	2 ～ 4
与岩石粘结力（MPa）	0.5 ～ 1
弹性模量（MPa）	（1.8 ～ 2）× 10^4

二、喷锚网防护

对于坡度大且风化严重的岩石边坡，应采用喷锚网防护，即在坡面上打锚杆挂钢筋网后，再喷混凝土，兼有加固与防护作用。挂网喷射乃用 Φ6 钢筋作成 200mm 或 250mm 的方框，用 Φ2mm 铁线捆扎成网，挂在 Φ16 短锚杆元钉上，按一定的排列方式将框架连在一起，然后喷射混凝土。近年来有用土工格栅代替钢筋挂网，施工方便，造价较低，效果亦佳。

三、钢纤维喷射

用 d=0.3 ～ 0.4mm、长 20 ～ 25mm 钢纤维加入混凝土中，掺量为混凝土干质量的 1% ~ 2% 组成一种复合材料，弥补了喷混凝土脆裂的缺陷，改善了其力学性能，使其抗弯强度提高 40% ~ 70%，抗拉强度提高 50% ~ 80%。

钢纤维在喷射面内分布相当均匀，据统计平行于喷射平面的钢纤维根数，约占总根数的 70% ~ 80%，混凝土的韧性提高 20 ~ 50 倍。钢纤维长径比（L/d）愈大，粘结力越好，目前，限于工艺和设备条件，长度不能超过 30mm，即 L/d=60 ~ 80 为好，在干骨料拌合过程中如有结团的钢纤维，应用四齿耙或钢叉拨开。

四、质量检验

（1）喷层厚度。在指定地点或每 10 ~ 20m 预埋 Φ6 铁条，比喷层设计厚度长 5cm，此部分涂红油漆以喷射时掌握及喷后检测厚度。

（2）强度。边坡喷射每 50m 取件一组，共 3 个试块。取件时对着边坡上钢模喷射，喷后用砂浆抹平，同样条件养生后试验。评定合格以两个条件为准：①抗压强度平均值≥设计值；②最低值≮设计值的 85%（3 块中只许有 1 块）。

（3）外观及其他。无开裂、脱落、渗水、拱起、露筋、空响等现象。泄水眼、伸缩缝、锚杆、加筋或挂网按规定设置，并有喷前初验记录。

第四节 冲刷防护

靠近江河湖海和水库区的路基，边坡要受水流、波浪和流水的冲击，尤其在有台风雨和暴雨洪水的季 + 以及涨大潮的时候，路基易遭破坏，应有必要和足够的冲刷防护措施，才能保证正常使用和安全行车。

山区铁路河谷陡深，水流湍急，多急弯急滩，比降大、流速快、径量丰富，洪水期中，中泓流速大至 7 ~ 10m/s，冲刷、侧蚀作用十分强烈。平时风平浪静清风明月，似乎没有什么可防护之处，一遇大洪水发生有钟万马奔腾惊涛拍岸，有很大的破坏力，那时要防护也来不及了。

沿河路基的冲刷防护工程有如下 4 个重点：

（1）凹岸必防。凹岸受水流强烈的冲刷，流速和水力动能大，又受环流影响，侧蚀最为明显，故凹岸路堤边坡易遭冲毁，应做护坡。

（2）当冲必防。凹岸或急滩下皆当冲之处，水面广阔，风向吹向边坡者又受波浪之冲击，水流就要直冲蹿基，均宜有良好的护坡和基础才足抵卸之。

（3）软岸必防。如将基岩裸露、石质坚硬，允许流速甚高的一岸称为硬岸，土质一岸称为软岸，则在峡谷中由于横断面小，流速大，洪水时软岸易遭冲刷。这里的软岸在地质历史中早已不存在，只留下硬岸，而修路后土质路堤就成为新生的软岸，如无有力防护迟早要遭冲毁。

（4）凡有局部冲刷的地方，如堤堑交界、路堤和路肩墙交界和桥头路基等处，都要求做好顺接，主要地点要做片石护锥。河岸在平面和横断面上的任何急剧变化，都会引起水位、比降、流速和泥沙冲淤的变化，并引起局部冲刷。

冲刷防护据该河段的水流性质主要据断面平均流速选用，参照表 7–4。防护设计还要有水位、波浪、涨落历时、土质和风速风向等资料。目前冲刷防护广泛使用土工布作为反滤层。因土工布对细粒土有良好的隔离和反滤作用，并能随石块形状密贴坡面，在水流冲刷和波浪动应力作用下不至破坏，如还有一层碎石效果更好。用三维土工格栅内填砂砾石小片石可抵御 2.5 ~ 3m/s 流速的冲刷。石块填在格栅内平整稳当，用料较省。

间接防护有防洪堤，丁坝、导流堤，透水格栅和防水林等河调工程。用以改变路基受威胁地段的水流流向，减少流速，波浪和冲刷并防止不稳河道的摆动和歧流的发展，对路基起间接防护作用。特别是铁路附近的防洪堤，一旦冲毁就危及铁路的行车，已有好几处堤坝和路基先后冲毁的实例。

山区铁路河谷狭窄，水力动能大，可设间接防护之处很有限，宜多用浸水挡土墙和直接防护处理。只在河道较宽处为防止歧流的发展，岸边的冲刷和水流直冲铁路，可适当修建一些河调建筑物。这些丁坝和导流堤宜和防水林带配合，使路基附近的浅滩或河道流速减缓，冲刷停止，歧流停止发展，促进这些地方的淤积。

表 7–4　冲刷直接防护常用类型及适用条件

防护类型	结构形式	允许流速 υ（m/s）	始动推移力 S_0（N/m^2）	适用地段
草皮护坡	密铺 叠铺	0.8 ~ 1.4 1.2 ~ 2.0	10 ~ 20	河道较平直宽广、岸边流速较低
防水林	种植槐、杨及灌木，间距 1 ~ 2m	1.2 ~ 1.8	10 ~ 20	路堤下部.坡脚及护道上.浪大处；丁坝尾，挡墙前
土工格栅（三维）干砌片石	内填砂砾石小片石厚 20 ~ 25cm 厚 25 ~ 35cm，另加碎石土工布垫层	2.0 ~ 3.0 3 ~ 4	80 ~ 160160 ~ 240	有流木、流水时适当加厚

续表

防护类型	结构形式	允许流速 υ（m/s）	始动推移力 S_0（N/m^2）	适用地段
框式护坡	浆砌片石框架宽80cm，内干砌勾缝	4 ~ 5	300 ~ 500	冲刷和波浪较大处
抛石护坡	石块尺寸≮35cm，护坡厚度≮70cm，风浪大处外加土工网	3 ~ 4	120 ~ 240	用于水下及边坡加固.防洪抢险，海边防浪
浆砌片石	厚30 ~ 50cm，带垫层及泄水孔	4 ~ 8	500 ~ 1000	峡谷急流、大溜顶冲和波浪作用强烈地段
混凝土板	厚8 ~ 18cm，涂层10 ~ 15cm	3 ~ 6	100 ~ 300	缺石料地区，滨江滨湖路基
石笼护坡	由钢条及铁线制成石笼，内填石块	4 ~ 5	160 ~ 200	流速及波浪大处.水下加固
挡墙、四方体、四脚锥体	浆砌片石、条石、混凝土构件	5 ~ 8	1000 ~ 1500	峡谷急流或海边、水深浪大、冲刷严重处

在十分困难地段需要改河时，要加强路基边坡的防护。因为截弯取直加大了河道的比降和流速，又因水力动能和流速平方成正比，所以路基所受冲刷也变大。新开的河道不得有硬岩阻挡水流顶冲路基。故在当冲地段，包括滨海路基风浪大处直接防护也要加强，冲刷严重处要抛石笼片石、混凝土重型构件加以防护。

防洪堤即顺坝，多建在江河边缘，属非淹没式。坝顶要高出设计高水位，为铁路的第一道防线，由水利单位和地方政府组织施工和养护。堆石长丁坝修在中下游浅滩上，使浅滩淤高主槽冲深，属于淹没式。由航运部门设置和逐步加高。这两种河调建筑物对就近的铁路也起保护作用。铁路少建顺坝，在凹岸多用砌石护坡。其他地点用丁坝时，多以短矮者为佳，能保护到路基就行，尽可能少压缩河宽。对较为宽广欠稳定的河道，压缩的百分数十分有限时，丁坝可以长些，但仍以设计的治导线为限，使线内的滩地和坡脚少受冲刷又增加松积。丁坝可配合导流堤使用，以改善河道，保护桥头路基。此时应按本河洪水位设计成非淹没式的，只在大河涨水倒灌时许可淹没。

丁坝间隔约为上游坝长的 4 ~ 4.5 倍，顶宽 2 ~ 3m。一般向下游倾斜，与河岸

垂线的夹角 $\alpha=15° \sim 30°$，淹没式的丁坝还可做成垂直或上挑。坝身填料可用当地沙滩上的沙卵石，外加双层片石防护，边坡不陡于 1∶1.5，常用 1∶2。坝头不陡于 1∶3，坝顶纵坡 $\nless 5\%$，高度以淹没式为宜，一般不宜超过附近河滩阶地的高度。坝头偏下游易冲刷之处宜抛蛇笼片石防护。我国古代水利工程“深淘滩、低作堰”经验在这里同样适用。

第八章　原位测试技术

第一节　载荷试验

一、载荷试验方法

1. 试坑的准备工作

（1）试坑底宽应不小于承压板宽度或直径的3倍，以便排除承压板周围超载的影响。

（2）坑底应铺设1cm左右的砂垫层（中砂或粗砂），以便确保承压板与土层间水平和均匀接触。

（3）为保证试验土层的天然状态，当测试土层为软塑粘土或饱和松砂时，试验开始前承压板周围应预留20 ~ 30cm厚的原状土作为保护层。

2. 设备标定和稳压工作

试验前必须进行千斤顶、油泵和压力表等加载系统的标定；试验中需考虑加压过程中压力的稳定性，往往由于地锚的上拔，承压板的下降，加载设备的变形和千斤顶的漏油，千斤顶的压力（表现在油表的读数上）不易稳定，出现松压现象，必须及时补充压力，保持恒压。

3. 加荷方式

加荷方式有3种。第1种为常规的慢速加载法，采取分级加载，待沉降稳定后再施加下一级荷载；第2种为快速加载法，同样采取分级加载，每级荷载只需维持2h便可施加下一级荷载，而不必等待沉降稳定，最后一级荷载沉降观测达稳定标准或仍维持2h；第3种为等沉降速率法，控制承压板按一定的沉降速率下沉，测量与沉降相应的所施加的荷载，直至破坏状态。下面介绍目前采用较多的慢速加载法。

（1）分级荷载量一般取试验土层极限荷载的$\frac{1}{8}$~$\frac{1}{10}$，或临塑荷载的$\frac{1}{4}$~$\frac{1}{5}$，当

难以预估极限荷载值时，可参考表 8-1 取用。从该表易于看出：对较松软土层，其荷载增量可取 10 ~ 25kPa；对较硬或中密土层取 25 ~ 50kPa；对坚硬和密实土取 50 ~ 200kPa。为使 p-s 曲线更接近土层变形情况，第一级荷载（包括设备重量）宜接近试坑开挖所卸去的试坑土的重量，与其对应的沉降量可不计。

表 8-1　荷载增量参考值

试验土层	荷载增量（kPa）
淤泥、流塑粘性土、松散粉细砂	≤15
软塑粘性土、稍密细粉砂、新黄土	15 ~ 25
可塑 ~ 硬塑粘性土、中密粉细砂、黄土	25 ~ 50
张硬粘性土、密实粉细砂、中粗砂	50 ~ 100
碎石土、软岩、风化岩	100 ~ 200

（2）各级荷载下的沉降稳定标准

该标准直接影响试验成果，它的确定与测量沉降的精度有关。通常采用的百分表其量测精度为 0.1mm 时，沉降相对稳定标准为连续 2h 观测沉降量不大于 0.1mm/h，但每级荷载下的观测时间，对软粘土不少于 24h，对一般粘性土不少于 8h，对较坚实的土（如老粘土、密实砂土、碎石土等）不应小于 4h。

（3）各级荷载下沉降的读数

每加一次荷载都要按一定的时间间隔记录沉降读数，压力刚加上时承压板下降很快，开始 5 ~ 15mm 需测读变形，1h 后可放宽到 30 ~ 60mm 测读一次（砂土取小值，粘性土取大值）。

4. 试验终止条件

在载荷试验中，一般应以地基破坏为试验终止条件。具体操作时可按如下现象进行判断：

（1）承压板周围地表土出现隆起、或明显的侧向挤出（砂土）、或发生裂缝现象（粘性土）；当荷载不变时，24h 内沉降速率几乎等速或加速发展；

（2）荷载增量虽然小，但沉降却急剧发展。

由于土层情况千变万化，建筑物的安全储备也各不相同，还可视具体情况选用其他标准，如承压板沉降量已超过 40mm，且最后一级荷载加上后的沉降增量超过前一级荷载增量的 5 倍以上，以及承压板的相对沉降（s/b，b 为压板直径或边长）超过 0.06 ~ 0.08 等。

二、荷载试验资料整理及试验成果

通过静力载荷试验，可给出每级荷载下的时间沉降 t–s 曲线（图 8–1）和荷载沉降 p–s 曲线（图 8–2），这两条曲线即为载荷试验的主要成果。

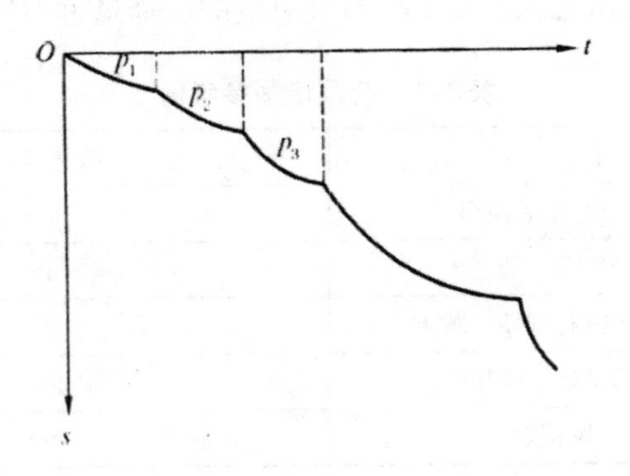

图 8–1　承压板的时间沉降 t–s 曲线

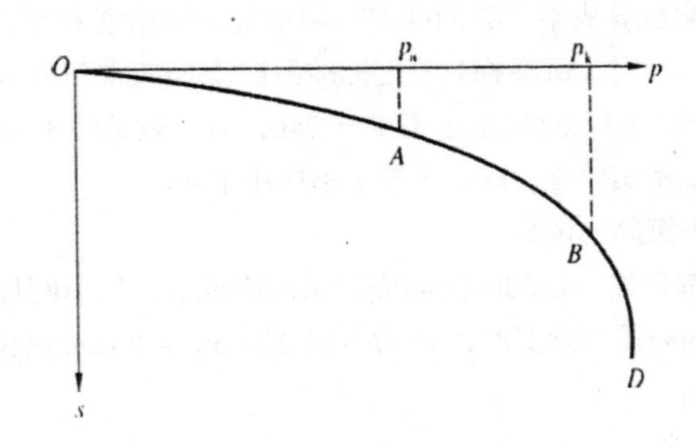

图 8–2　承压板的荷载沉降 p–s 曲线

除试验设备及其安装、量测仪表等准确可靠外，在加载过程中精确读数、及时描绘上述两条曲线亦很重要，这样，可根据地基情况和破坏形式分析各次量测的可靠性。由 t–s 曲线可看出每一级荷载作用下随时间的沉降过程和各级荷载作用下曲线的变化规律，可供分析地基极限荷载时参考。将各级荷载下的沉降量点在如图 8–3 上，可直接得出 p–s 曲线，但往往由于承压板和地基之间不够密贴，或加载设备的某个部件不够紧固，致使 p–s 曲线的直线段不通过零点，在资料整理时应进行修正，确保初始直线段通过零点。

表 8–2 给出了某工程静力载荷试验的观测资料。图 8–3 中修正前的 p–s 曲线不通过零点，但可看出，当压力在 60kPa 以前的一些点基本上成直线关系。修正方法

如下：作一直线，使这些点对此直线基本上处于对称位置，该直线与 s 轴相交，其交点的坐标为 s_0，由图量得 s_0=–0.2mm，则修正值△ s=–s_0=0.2mm，修正后各点的沉降为 s=s′ +0.2（其中 s′ 为试验观测资料），其直线段通过原点，并与原直线平行。

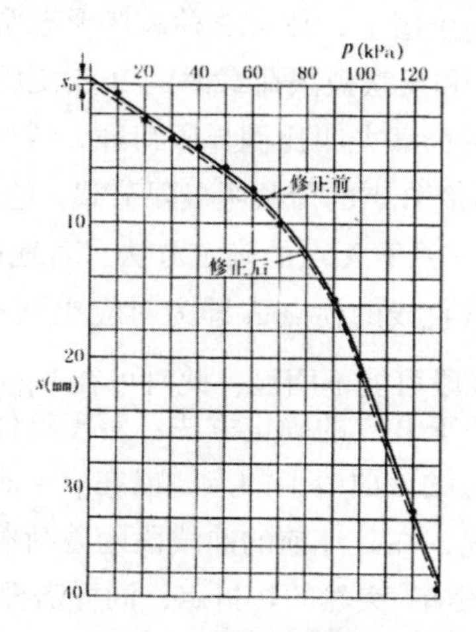

图8–3　修正p–s曲线的图解法示意图

表8–2　某工程静力载荷试验观测资料

p（kPa）	s′（mm）
10	1.085
20	2.697
30	3.960
40	5.048
50	6.360
60	7.946
70	10.210
80	12.735
90	15.958
100	21.380
110	26.752
120	31.375
130	27.159

p–s 曲线的线型与地基土的类型有关，根据土力学原理和大量的现场实践得知：

逐级加载和基础浅埋时的密实砂土地基与急速加载和基础浅埋时的饱和粘土地基，常出现整体剪切破坏形态；中密砂土和一般粘土地基在基础浅埋时常出现局部剪切破坏形态；只有松散结构土（如松砂）在逐级加载时才出现冲切破坏形态。由于很少将建筑物置于松散结构土层上，故第 3 种破坏形态常不去研究。这样一来，在 p–s 曲线上直线段的终点 A 和反映极限荷载时的 B 点便成为整理资料时要细心得出的两个主要点。对应 A 点的荷载九叫比例界限荷载，或叫临塑荷载，当 p ≤ pa 时，地基处于弹性变形阶段。对应 B 点的荷载叫极限荷载，它是破坏荷载的前一级荷载，当 p=pk 时，地基土已破坏。关于 A 点的确定方法：若地基为整体剪切破坏，p–s 曲线常有较明显的直线段，该直线的拐点 A 即为对应比例界限荷载上的点（图 8–2）；若为局部剪切破坏，其直线段可能不明显，此时可在 logp–logs 关系曲线上或 $p-\dfrac{\Delta s}{\Delta p}$ 关系曲线上找到拐点 A。关于 B 点的确定方法：对于整体剪切破坏的情况，它为地基破坏的前一级荷载所对应的该曲线上的点，或在 p–s 曲线上找到曲线突然下落的点，对于局部剪切破坏情况，在破坏前的曲线段随着荷载的增加，曲线总是逐渐变陡，如图 8–4（b）所示，没有 . 突然的转折点，同样需根据现场实测资料绘制 logp–logs 关系曲线，在如图 8–4（a）上找到曲率最大的点，即为 B 点，有时采用其他方法也可找到 3 点，但用 logp–logs 曲线，一般都能得到 B 点的较满意的结果。

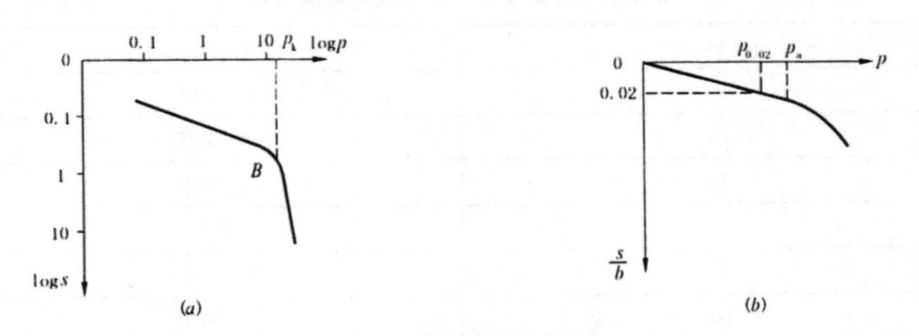

图 8–4 按 p–s 曲线确定地基承载力示意图

三、载荷试验成果的利用

现场载荷试验的成果主要用于下述 3 个方面，且需注意应用的条件。

1. 确定地基土的容许承载力

（1）按极限荷载确定地基土的容许承载力［σ］

$$[\sigma]=\frac{p_k}{K}$$

式中　p_k——在p–s曲线上找到的极限荷载，或叫极限压力；

K——安全系数。一般由工程的重要性和地基土的复杂性决定，可取2 ~ 3。

（2）按比例荷载确定地基土的容许承载力

当基底压力≤ p_a 时，地基土中任意点的剪应力均小于土的抗剪强度，土体的变形主要为竖向压密，将 p_a 作为容许承载力，既能满足地基强度的要求，且沉降变形也不大。

（3）按外 $p_{0.02}$ 作为地基容许承载力

p–s沉降曲线的曲线段变化缓慢，或因时间紧迫，或因加载设备能力不足等原因，致使沉降曲线长度不够，难以找到曲线突然变陡的转折点，此时也可绘制荷载相对沉降 $p-\frac{s}{b}$ 曲线，如图8–4（b）所示，并取 $\frac{s}{b}$ =0.02对应的压力p0.02作为地基容许承载力，对软粘土地基可取 $\frac{s}{b}$ =0.01 ~ 0.015对应的压力。

值得提醒，当在地表或敞坑中作载荷试验时，所确定的上述容许承载力只能作为地基基本承载力，在具体设计时仍需根据基础的实际宽度和埋深，决定是否进行宽深修正，并按有关规范具体计算。

2. 确定地基土的变形模量Eo

在p–s的直线段上，由于p与s成直线变形关系，故可利用弹性理论公式确定地基土的变形模量。对于刚性圆形压板，因为 $s=\frac{\pi}{4}\frac{1-\mu^2}{E_0}pD$

所以，$E_0=\frac{\pi}{4}\frac{1-\mu^2}{s}pD$

对于刚性矩形压板，因为

$$s=\frac{\sqrt{\pi}}{2}\frac{1-\mu^2}{E_0}pB_p$$

所以，

$$E_0=\frac{\sqrt{\pi}}{2}\frac{1-\mu^2}{s}pB_p$$

式中　D——刚性圆形承压板短边直径；

B_p——刚性矩形承压板短边边长；

p、s——在p–s曲线的直线段上，任选一点的荷载p值和其对应的沉降s值，$\frac{s}{p}$ 即为直线段的斜率；

μ ——土的泊松比，按实测资料取值。若无实测资料，可分别选取：对卵、碎石，μ =0.27；对砂，μ =0.28；对粘性土，μ =0.31；对砂粘土，μ =0.37；对粘土，μ =0.41。

3. 确定地基土的基床反力系数

直线段的斜率 s/p，即为刚性承压板下地基的基床系数，宽度为 B 时的实际基础下地基的基床系数 K，常按下式计算

$$K=\frac{B_p}{B}\frac{p}{s}$$

4. 静力载荷试验的适用条件

静力载荷试验是直接在现场、又能较好地模拟建筑物基础工作条件的一种原位试验。上述试验成果 + 般是可靠的，除可直接利用外，也常作为其他原位测试方法资料对比的重要依据。但该种试验仍具有模型性质，并非实际基础，受影响深度小和加荷时间短的局限性，应用时要注意分析成果资料和实际建筑物地基基础的作用效果之间可能存在的差异。例如，由于模型和实物尺寸不等，因而不能用 p–s 曲线确定实物基础的沉降量，特别是地基中有软弱下卧层而模型的影响深度又达不到该软弱层时，由于软弱层对沉降的影响大，致使二者的差别更大；对于 E_0 和 K，也只能表示模型（承压板）下地基压缩层的性质，若地基是均匀的，直接远用于整个基础的地基，二者间差别可能很小，当地基不均匀或有软弱下卧层时，也不能盲目地用于整个基础下的压缩层；至于地基的承载力，一般按规范规定的承压板静力载荷试验，经过宽深修正后，可直接作为实物基础地基的承载力。

第二节 十字板剪切试验

一、十字板剪切试验的原理

如图 8–5 所示，十字板剪切试验的基本原理，是将装在轴杆下的十字板头压入钻孔孔底下土中测试深度处，再在杆顶施加水平扭矩 M，由十字板头旋转将土剪破。设破裂面为直径 D、高 H 的圆柱面，根据该圆柱体侧面和顶底面上土的抗剪强度产生的阻抗力矩之和与外加水 4 扭矩平衡的原理，可得

$$M=\pi DH\frac{D}{2}S_u+2\frac{\pi D^2}{4}\frac{D}{3}S_H$$

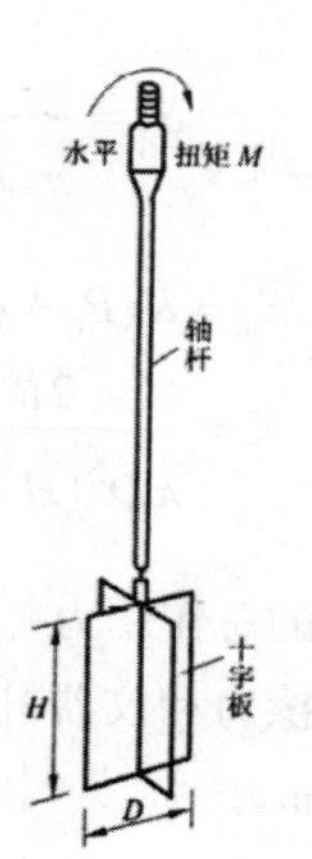

图8-5　十字板头示意图

实用上按 Su=SH 进行简化，上式变为

$$S_u = \frac{2M}{\pi D^2 (H + \frac{D}{3})}$$

式中　H——十字板头高度（m）；

D——十字板头宽度（m）；

M——土体产生剪切破坏时，所施加的外力总扭矩（kN · m）；

Su——圆柱体侧面处土的抗剪强度（kN/m^2）；

SH——圆柱体上下两底面上土的抗剪强度（kN/m^2）。

式（$S_u = \frac{2M}{\pi D^2 (H + \frac{D}{3})}$）可称为常规分析法的计算公式，它假定圆柱体表面上的剪应力为均匀分布。若考虑上下底面上剪应力的分布规律，上式可改写成

$$S_u = \frac{2M}{\pi D^2 (H + \frac{D}{\eta})}$$

式中　η 为系数，根据 Jackson（1969）的分析，当圆柱体上下底面上的剪应力为均匀分布时，η=3.0；抛物线分布时，η=3.5；三角形分布时，η=4.0。

实际上外力作用于十字板头圆柱体剪切面上的扭矩应为外力施加的总扭矩减去轴杆与土体间的摩擦力矩和仪器机械的阻力矩，即

$$M = (P_f - f)R$$

将式（ $M=(P_f-f)R$ ）代入式（ $S_u=\dfrac{2M}{\pi D^2(H+\dfrac{D}{\eta})}$ ），可得

$$S_u=K(P_f-f)$$

$$K=\frac{2R}{\pi D^2(H+\dfrac{D}{3})}$$

式中 P_f——剪破土体时所施加的总作用力（kN）;

f ——轴杆与土体间的摩擦力和仪器机械阻力之和（kN）;

R——施力旋盘的半径（m）;

K——十字板常数。

二、十字板剪切试验设备

十字板剪切仪有普通型和轻便型两种，近年来发展了电阻应变式量测装置。十字板剪切仪的主要部件为十字板头、施加扭矩装置、扭力量测装置和轴杆等。常用的十字板头尺寸为 D×H=50mm×100mm，板厚 2mm，刃口为 60°，轴杆直径为 20mm，轴杆和十字板的连接有分离式和套筒式两种。

三、普通十字板剪切试验方法和步骤

（1）钻孔下 Φ127 套管至预定试验深度以上 75cm，再用取土器逐段取土清孔，一直清至管底以上约 15cm。为防止软土从孔底涌起和保持试验土层的天然状态，清孔后需在套管内灌水。

（2）将十字板头、离合器、导杆和轴杆等逐节接好，下入孔内至十字板头，与孔底接触。

（3）用摇把套在导杆上，并向右转动，使十字板离合器啮合，然后将十字板慢慢压入土中至预定测试深度。

（4）装好底座和加力测力装置，以约 10s 转 1° 的速度旋转转盘，每转 1° 量测钢环变形读数一次，直至读数不再增加或开始减小为止，此时便表明土体已被剪破。钢环的变形读数与其变形系数的乘积，即为施加于钢环上的作用力，也就是前述的 P_f。

（5）拔下连接导杆与测力装置的特制键，套上摇把，连续转动导杆、轴杆和十字板头等 6 转，使土完全扰动。再按步骤（4）以相同剪切速度进行试验，可得扰动

土的总作用力 P_f'。

（6）按下特制键，将十字板轴杆向上提 3 ~ 5cm，使连接轴杆与十字板头的离合器分开，然后仍按步骤（4）便可测得轴杆与土之间的摩擦力和仪器机械阻力 f。

（7）拔出十字板头，继续钻进，进行下一测试深度的试验。

四、十字板剪切试验的应用

十字板剪切试验主要用于饱和软粘土地层，可得到下列土性参数：

（1）饱和粘土不排水抗剪强度 Su。

（2）饱和粘土不排水残余抗剪强度 S_u'

$$S_u' = K(P_f' - f)$$

（3）饱和粘土的灵敏度 S_t

$$S_t = \frac{S_u}{S_u'}$$

应用成果参数时，需注意下述几点：

（1）在圆柱体破裂面上，S_u 实际上不等于 S_H，原因是在天然地基中水平固结压力并不等于垂直固结压力，在正常固结粘土地基中，垂直固结压力大于水平固结压力，故圆柱体顶底面上的抗剪强度 S_H 大于其侧面上的抗剪强度 S_u，在应用公式计算时，可把 S_u 理解为综合抗剪强度。

（2）剪切破裂面实际上并非圆柱面，由于其破裂面面积比圆柱面面积大，使得算出的 S_u 值偏大。

（3）每 10s 转的旋转速率快于实际建筑物的加载速率，由于粘滞阻力的存在，旋转越快，测得的饱和粘土不排水抗剪强度就越高。

（4）在试验过程中，各杆件的竖直、接头拧紧程度、量测标定的正确性等，将直接影响试验成果。至于土的各向异性、孔底下十字板的插入深度、土的扰动、逐渐破坏效应等多方面的影响因素，都是在成果分析时值得考虑的。

第三节　标准贯入试验

标准贯入试验简称 SPT（Standard Penetration Test），它是用重 635N 的穿心锤，以 760mm 高的落距将置于试验土层上的特制的对开式标准贯入器（图 8-6），先不记锤击数打入孔底 15cm，然后再打入 30cm 并记下锤击数 $N_{63.5}$ 或 N。最后提出钻杆和标准贯入器，取出土样，进行土的物理力学性质试验。标准贯入试验实际上也属于土的动力触探试验类型之一，只不过探头不是圆锥探头，而是标准的圆筒形探头，由两个半圆筒合成的取土器。

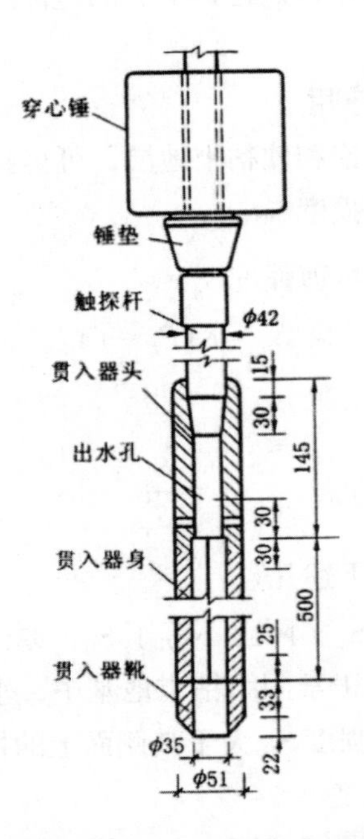

图 8-6 标准贯入试验设备示意图

图 8-7 示出了标准贯入试验的成果，包括地基中指定深度处或不同深度处的标准贯入击数和相应地基土层的分布情况。这种试验一般适用于粘性土和砂性土地基。

按一般理解，土层越硬或越密实，对取土器冲击而锤入土中一定深度（30cm）所需的锤击次数 N 就越大，即 N 反映了土层的软硬或密实程度。从理论上讲，集中表现在 W 值大小的标准贯入试验的机理是比较复杂的，它是地基土层与贯入器的一种共同作用，在重复的冲击荷载作用下，取土器打入土中时，一方面土要进入取土器，另一方面它又将周围的土体向外挤出并压紧，此时土体还可能具有局部排水的性状。

在利用成果资料时，要先对 N 值进行修正。国内外针对成果资料的不同应用，对 N 值是否修正和修正方法进行了广泛深入的研究，取得了许多研究成果，在我国则应根据颁布的有关规范进行国内工程 N 值的修正。总的来讲，要考虑不同深度处上覆土压力的不同、钻杆的长度、落锤的方法及地下水位等的影响，将实测击数乘以修正系数 α，得校正后的锤击数。如当考虑钻杆长度时，若杆长≤ 3.0m，α =l.0，杆长 =12m，α =0.81；其他杆长情况，可查有关表格。

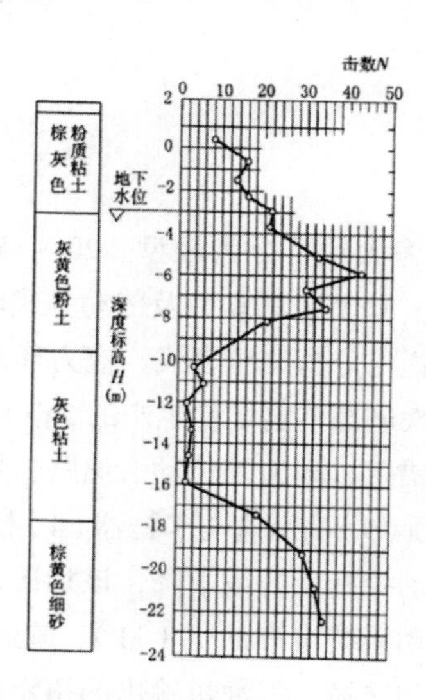

图 8–7　N–H 测试结果

根据修正后的锤击次数，可用以确定砂类土的密实程度（密实、中密或松散）和抗剪强度，砂土和粘性土地基的承载力，甚至砂土的液化势和单桩的轴向承载力等。表 8–3 和表 8–4 给出了根据标准贯入试验击数，直接查找砂土和粘性土承载力标准值 f_k，其余应用情况，参考有关资料。

表 8–3　砂土承载力基本值 f_k（kPa）

土类N	10	15	30	50
中、粗砂	180	250	340	500
粉、细砂	140	180	250	340

表 8–4　粘性土承载力基本值 fk（kPa）

N	3	5	7	9	11	13	15	17	19	21	23
fk	105	145	190	220	295	325	270	430	515	600	680

第四节　静力与动力触探试验

一、静力触探试验

1．静力触探设备

（1）静力触探仪

静力触探仪按贯入能力大致可分为轻型（20 ~ 50kN）、中型（80 ~ 120kN）、重型（200 ~ 300kN）3 种；按贯入的动力及传动方式可分为人力给进、机械传动及液压传动 3 种；按测力装置可分为油压表式、应力环式、电阻应变式及自动记录等不同类型。图 8-8 为我国铁道部鉴定批量生产的 2Y-16 型双缸液压静力触探仪构造示意图。该仪器由加压及锚定、动力及传动、油路、量测等 4 个系统组成。加压及锚定系统：双缸液压千斤顶（9）的活塞与卡杆器（4）相连，卡杆器将探杆（3）固定，千斤顶在油缸的推力下带动探杆上升或下降，该加压系统的反力则由固定在底座上的地锚来承受。动力及传动系统由汽油机（11）、减速箱（15）和油泵（16）组成，其作用是完成动力的传递和转换，汽油机输出的扭矩和转速，经减速箱驱动油泵转动，产生高压油，从而把机械能转变为液体的压力能。油路系统由操纵阀（12）、压力表、油箱（14）及管路组成，其作用是控制油路的压力、流量、方向和循环方式，使执行机构按预期的速度、方向和顺序动作，并确保液压系统的安全。

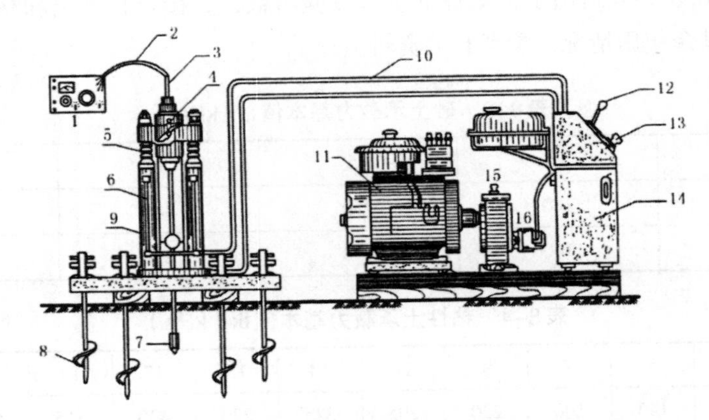

图 8-8　双缸油压静力触探仪结构示意图

1—电阻应变仪；2—电缆；3—探杆；4—卡杆器；5—防尘罩；6—贯入深度标尺；7—探头；8—地锚；9—油缸；10—高压软管；11—汽油机；12—手动换向阀；13—溢流阀；14—高压油箱；15—变速箱；16—油泵

（2）探头和探杆

探头由金属制成，有锥尖和侧壁两个部分，锥尖为圆锥体，锥角一般为60°。探头在土中贯入时，阻的分布如图8–9所示。探头总贯入阻力P为锥尖总阻力Q_c和侧壁总摩阻力P_f之和，即

$$P=Q_c+P_f$$

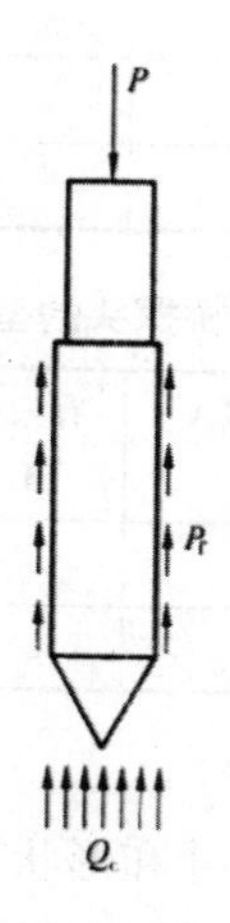

图8–9　探头阻力分布示意图

（3）量测系统

量测系统是静力触探仪的重要组成部分，测量静力触探的贯入阻力，国外常用油压法或电测法，在我国不论是生产部门，还是科研部门，几乎都采用电测法。单桥探头，它有一个传感器和一组电桥，只反映探头端部的变化，当探头下压时，锥头所受到的阻力，通过顶柱传给传感器，使传感器受拉变形。传感器是弹性元件，一般均选用高强合金钢，在弹性极限内，该材料的应力应变呈正比例关系。在传感器工作面上，贴有一组电阻应变片，它们按电桥形式组成，当传感器产生受拉变形时，电阻应变片的阻值发生变化。因此，当连接的导线与电阻应变仪（如上海市华东电子仪器厂生产的YJD–1型电阻应变仪等）接通后，即可观察到这种阻值变化的大小，通过转换计算，便可求得贯入阻力。在我国另一类是双桥探头，它设有两个传感器和两组电桥，能分别反映探头端部和一个摩擦套筒上所受阻力的变化。

探杆（钻杆）连接于探头上，其作用为传递贯入阻力，并起导向作用，一般常用Φ42mm的钢管。

表8–5和表8–6介绍了我国工业与民用建筑工程地质勘察规范中关于探头的型

号及规格的规定。而在铁路系统中，暂定单桥探头有效侧壁长度为70mm，锥底面积为15cm²；双桥探头锥底面积为20cm²，摩擦套筒表面积为300cm²。

表8-5 综合型探头的型号及规格

型号	锥底直径D（mm）	锥底面积A（cm²）	有效侧壁长度L（mm）	锥角a（°）	电测桥路
1-1	35.7	10	57	60	单桥
1-2	43.7	15	70	60	单桥
1-3	50.4	20	81	60	单桥

表8-6 双桥探头的型号及规格

型号	锥底直径D（mm）	锥底面积A（cm²）	有效侧壁长度L（mm）	锥角a（°）	电测桥路
1-1	35.7	10	200	60	双桥
1-2	43.7	15	300	60	双桥

2. 静力触探的基本原理

静力触探的贯入阻力与探头的尺寸和形状有关。在我国，对一定规格的圆锥形探头，对单桥探头采用比贯入阻力P_s，简称贯入阻力；对双桥探头则指锥尖阻力q_c和侧壁摩阻力f_s。

$$p_s = \frac{P}{A}$$

$$q_c = \frac{Q_c}{A}$$

$$f_s = \frac{P_f}{F}$$

式中 P——探头总贯入阻力（N）；

Q_c——锥尖总阻力（N）；

P_f——探头侧壁总摩阻力（N）；

A——探头截面积（cm²）；

F——探头套筒侧壁表面积（cm²）。

当静力触探探头在静压力作用下向土层中匀速贯入时，探头附#土体受到压缩和剪切破坏，形成剪切破坏区、压密区和未变化区3个区域（图8-10），同时对探头产生贯入阻力（p_s、q_c和f_s），通过量测系统，可测出不同深度处的贯入阻力。贯入阻力的变化，反映了土层物理力学性质的变化，同一种土层贯入阻力大，土的力学性质好，承载能力就大；相反，贯入阻力小，土层就相对软弱，承载力就小。利用贯入阻力与现场载荷试验对比，或与桩基承载力及土的物理力学性质指标对比，运用数理统计方法，建立各种相关经验公式，便可确定土层的承载力等设计参数。

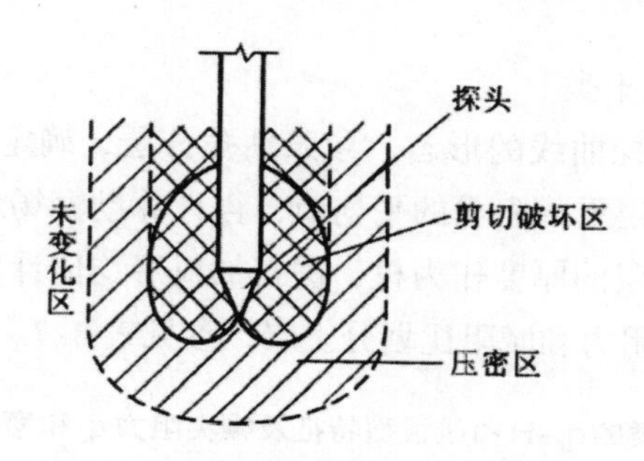

图8-10　探头贯入作用示意图

3. 静力触探成果及其利用

（1）静力触探的成果

根据量测结果，再按仪器和试验过程进行必要的修正，如深度修正和仪器归零的零飘修正等，便可得每一探孔的静力触探曲线，包括 p_s–H、q_c–H、f_s–H 和摩阻比 $R_f(=\frac{f_s}{q_c})$–H 等曲线。图 8-11 表示单桥探头比贯入阻力随深度的变化曲线。试验时，贯入速度在 0.5 ~ 2.0m/min 之间，每贯入 0.1 ~ 0.2m 在记录仪器上读数一次，或采用自动记录仪。

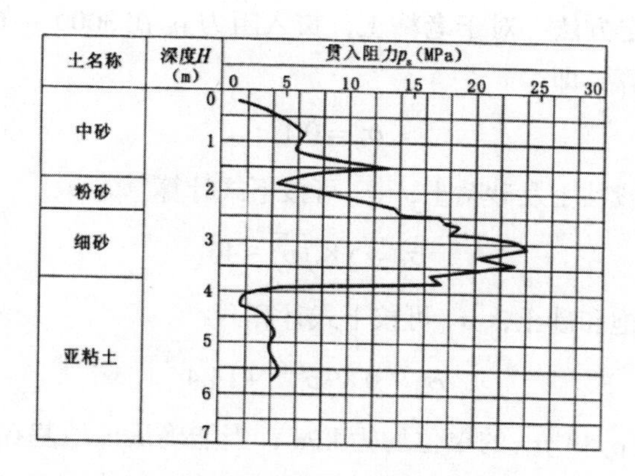

图8-11　静力触探贯入曲线（p_s–H 曲线）

（2）静力触探成果的利用

静力触探成果在国内外得到了非常广泛的应用，如划分土层和判别土类，确定浅基础和桩基础的承载力，评定粘性土的不排水抗剪强度、砂土的相对密度和内摩擦角，确定土的变形指标，估计土的固结系数，判定砂土液化的可能性等，下面仅介绍前面两种。

1）划分土层和判别土类

首先，根据静力触探曲线的形态，参照钻孔分层，确定土层的分界线；然后，计算各静力触探孔各分层贯入阻力的平均值；再计算勘察场地各分层的贯入阻力平均值，即按各孔穿越该层的厚度作为权，进行加权平均值计算；最后，按静力触探曲线的线型特征、锥尖阻力和摩阻比划分土层，参见表 8–7。

表 8–7　不同土类的 q_c–H 曲线线型特征及锥尖阻力 q_c 和摩阻比 R_f 的参考值

土类名称	q_c（100kPa）	R_f（%）	q_c–H 线型
粘土	10 ~ 15	4 ~ 6	平缓
粉质粘土	15 ~ 30	3 ~ 4	平缓
粉土	30 ~ 100	0.8 ~ 2	起伏较大
淤泥质粘性土	＜10	0.5 ~ 15	平缓
粉细砂 （中密）	30 ~ 200 （50 ~ 150）	1.5 ~ 0.5 （1 ~ 0.8）	起伏大

2）确定浅基础的承载力

用静力触探确定浅基础的承载力的经验公式很多，这里只介绍浅基础地基基本承载力 σ_0 的确定方法。对于老粘土，贯入阻力 p_s 在 3000 ~ 6000kPa 范围内时，σ_0 按 p_s 的 1/10 计算，即

$$\sigma_0 = 0.1p_s$$

对于软土，一般粘土及砂粘土，σ_0 可按下式计算

$$\sigma_0 = 5.8\sqrt{p_s} - 46$$

对于砂粘土及饱和砂土，σ_0 可按下式计算

$$\sigma_0 = 0.89p_s^{0.63} + 14.4$$

上述 3 式中的 p_s 和 σ_0 的单位均为 kPa；当能确认该地基在施工期间和竣工后均不会达到饱和时，所求得的 σ_0 可提高 25% ~ 50%；在浅基础设计中计算地基容许承载力 [σ] 时，公式 $[\sigma] = \sigma_0 + K_1\gamma_1(b-2) + K_2\gamma_2(h-3)$ 中的宽、深修正系

数 K_1 和 K_2 由 p_s 值确定，按 p_s 值查有关表格而直接取得。

3）确定桩的承载力

静力触探的作用机理与打入桩颇为相似，桩的极限承载力中的极限摩阻力 τ_ι 和极限端阻力 q_p 与静力触探中的 f_s 和 q_c，虽然由于尺寸效应和应力场的不同、材质的不同、它们周围地基土量测时状态的不同，而不能对应地、直接地用 f_s 代替 τ_ι，用 q_c 代替 q_p，但它们之间必然存在某种关系。国内外工程界通过大量的试验对比，总结出了许多相关公式，而这些公式大多是将 τ_ι 和 q_p 分别考虑的。下面选取几个加以介绍：

①原苏联采用 C–979 型探头时，单桩容许承载力的计算

$$Q_a = km(\beta\iota\bar{q}cA + \beta_2 f_s Ul)$$

式中 Qa ——单桩容许承载力（kN）；

k ——均质系数；

m——工作条件系数，原苏联基础设计院建议 km=0.7；

β_1、β_2——系数，见表 8–8 和表 8–9；

$\overline{q_c}$ ——桩尖以上 1D（桩的直径或边长）至桩尖以下 4D 范围内贯入阻力的平均值（kPa）；

f_s ——桩长范围内，外套管所测得的平均单位摩阻力（kPa）；

U——桩的横截面周长（m）；

A——桩的横截面积（m^2）。

表8–8　β_1 值

q_c（kPa）	2500	5000	7500	10000	15000	20000
β_1	0.75	0.6	0.5	0.4	0.3	0.25

表8–9　β_2 值

f_s（kPa）	20	40	50	80	100
β_2	1.5	1.0	0.7	0.5	0.4

②我国铁路部门采用双桥探头时，按下式确定打入桩的容许承载力［P］

$$[P] = \frac{1}{2}(U\sum l_i\beta_i\overline{f}_{si} + 10\alpha\overline{q}_c A)$$

式中 $\overline{q}_c$——桩底以上和以下各4D范围内的平均触探阻力（kPa），若桩底（不包括桩靴）以上4D的q_c的平均值大于以下4D的平均值时，则$\overline{q}_c$取桩底以下4D的平均值；

U——桩的横截面周长（m）；

l_i——桩所穿过的各土层厚度（m）；

A——桩的横截面积（m^2）；

$\overline{f}_{si}$——各土层的平均触探侧摩阻力（kPa）；

α、β_i——分别为桩底端阻和各土层侧摩阻的综合修正系数。当$\overline{q}_c > 2$MPa，且$\overline{f}_{si} / \overline{q}_c \leqslant 0.014$时，$\alpha=1.257/\overline{q}_c^{-0.25}$，$\beta_i=1.798/\overline{f}_{si}^{0.45}$；当$\overline{q}_c \leqslant 2$MPa或$\overline{f}_{si} / \overline{q}_c > 0.014$时，$a=2.407/\overline{q}_c^{-0.35}$，$\beta_i=2.831/\overline{f}_{si}^{-0.55}$。

③我国铁路部门采用双桥探头时，按下式确定钻孔灌注桩的容许承载力［P］

$$[P]=\frac{1}{2}U\sum f_i l_i + m_0 A[\sigma]$$

式中 f_i——第i层土对桩的极限摩阻力（kPa）。

［σ］——桩底地基土的容许承载力（kPa）；

m_0——钻孔桩桩底支承力折减系数，可查有关资料。

二、动力触探试验

动力触探试验简称DPT（Dynamic Penetration Test）。它是用一定质量的落锤（冲击锤），提升到与型号相应的高度，让其自由下落，冲击钻杆上端的锤垫，使与钻杆下端相连的探头贯入土中，根据贯入的难易程度，即贯入规定深度所需的锤击次数（击数），来判定土的工程性质，这种原位测试方法叫动力触探试验。

在我国，动力触探仪按锤的质量大〔小可分为轻型、重型和超重型3类。每类动力触探仪都是由圆锥形探头、钻杆（或称探杆）、冲击锤3个主要部分构成。各类组成部分、规格尺寸和贯入指标详见表8-10和图8-12。

表8-10 圆锥动力触探类型

类型		轻型	重型	超重型
冲击锤	锤的质量（10N）	10 ± 0.2	63.5 ± 0.5	120 ± 1
	落距（cm）	50 ± 2	76 ± 2	100 ± 2
探头	直径（mm）	40	74	74
	锥角（°）	60	60	60

续表

类型		轻型	重型	超重型
钻杆直径（mm）		25	42	50 ~ 60
贯入指标	深度（cm）	30	10	10
	锤击数	N10	N63.5	N120

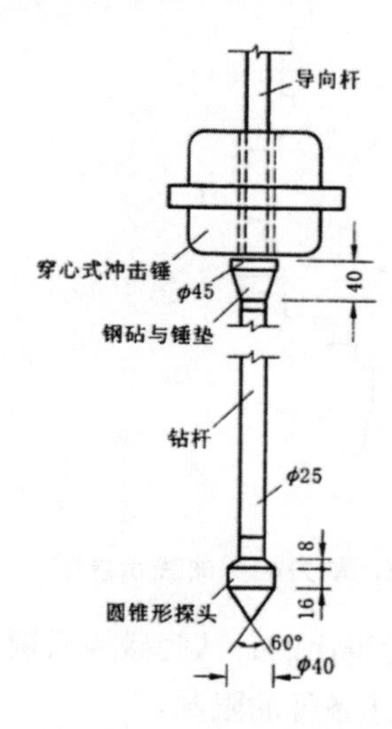

图 8–12　轻型动力触探仪示意图

采用动力触探可直接获得 N_{10}、$N_{63.5}$ 或 N_{120} 沿土层深度的分布曲线，即动力触探曲线，如图 8–13 所示。图中 $N_{63.5}$ 表示采用重型触探仪，即锤重 635N，落距 76cm，探头直径 74mm，锥角 60° 和钻杆直径 42mm 的条件下，探头在某一深度处贯入土中 10cm 时，所施加的锤击次数，在我国工程界所采用的贯入速率为 15 ~ 30 击 / min。由表 8–10 亦可推知 N_{10} 和 N_{120} 的含义。

动力触探试验的成果除用锤击数表示外，还可用动贯入阻力 q_d 来表示。q_d 一般应由仪器直接量测，也可用下列公式进行校核和计算：

$$q_d = \frac{M}{l(M + M')}\frac{MgH}{A}$$

式中　q_d——动贯入阻力；

M——落锤质量；

M'——探头、钻杆、锤垫和导向杆的质量；

g——重力加速度；

A——探头的截面积；

l——每击的贯入度。

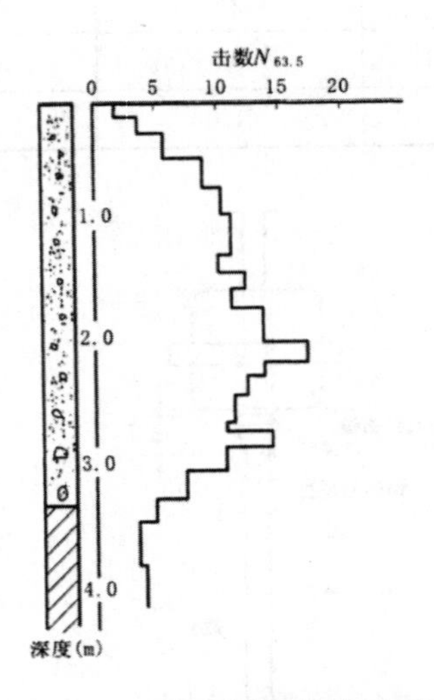

图8-13　动力触探曲线示意图

上式是根据 Newton 的碰撞理论得出的，认为碰撞后锤与垫完全不分开，也不考虑弹性能的损耗，故在应用时受下述条件的限制：

l=2 ~ 50mm；触探深度一般不超过 12m；M′ /M ≤ 2。

下面举例说明动力触探试验在我国工程中的应用：

（1）确定砂类土的相对密度和粘性土的稠度

北京市勘察设计处采用轻便型动力触探仪，通过大量的现场试验和对比分析，提出了锤击数与土的相对密度等级和稠度等级之间的关系，见表 8-11。

表8-11　按锤击数确定砂类土相对密度和粘性土稠度

N	＜10	10 ~ 20	21 ~ 30	31 ~ 50	51 ~ 90	＞90
密实度参考等级	松	稍密	中下密	中密	中上密	密实
稠度等级	很软	软	较软	中	软硬	硬

（2）确定地基土的承载力

在我国，大多采用表 8-12 来确定地基土的承载力。当采用动贯入阻力 qd 来评价地基土时，法国的 San-glerat 提出了浅基础（深宽比 D/B=l ~ 4）地基容许承载力的计算公式：

表 8-12　按锤击数确定地基承载力

土的种类	粘性土				粘性素填土				中砂和碎石类土								
动力触探类型	轻便型				轻便型				重型								
锤击次数	15	20	25	30	10	20	30	40	3	5	8	12	16	18	22	26	30
基本承载力（kPa）	100	140	180	220	80	110	130	150	140	200	320	480	630	700	800	900	950
备注									此型所用锤击数为每层次的平均数								

$$\left.\begin{aligned}\text{对于砂土及粘土}[\sigma]=\frac{q_d}{20}\\ \text{对于密实粗砂}[\sigma]=\frac{q_d}{15}\end{aligned}\right\}$$

（3）确定单桩桩端地基的容许承载力

我国成都地区在砂卵石和卵石地层中，根据超重型动力触探锤击数 N_{120}，建立了如下桩端容许承载力公式

$$[\sigma]=2500+200N_{120}$$

又如法国 Sanglerat 提出了用 q_d 确定单桩桩端地基容许承载力，他认为在砂性土中，打入桩桩端的动阻力与 qd 非常接近，而在砾石土中，前者约为后者的一半，当取安全系数为 b 时，则有

$$[\sigma]=(\frac{1}{12}\sim\frac{1}{6})q_d$$

利用动力触探成果，国内外学者还提出了许多有关土工程性质方面的相关公式、曲线和表格。但它们都具有地区性和经验性，参考使用时需结合当地的实际情况。动力触探可适用于各种土层，甚至于强风化的硬、软质岩，这正是它得到了广泛应用的理由。在今后的生产实践和研究工作中，要注意进一步积累资料，完善和优化各种实用的相关公式。

第九章　地基处理技术

第一节　常见的地基处理方法

一、置换法

当软弱土地基的承载力和变形满足不了建筑物的要求，而软弱土层的厚度又不很大时，可将基础底面下处理范围内的软弱土层部分或全部挖去，然后分层换填强度较大的砂、碎石、素土、灰土、高炉干渣、粉煤灰，或其他性能稳定、无侵蚀性的材料，并压（夯、振）实至要求的密实度为止，这种地基处理的方法称为置换法。置换法常分为石灰桩、二灰桩、砂桩、褥垫、粉体喷射法、振冲置换碎石桩、CFG桩、钢渣桩、低强度水泥砂石桩、钢筋混凝土疏桩等方法。置换法适用于淤泥、淤泥质土、湿陷性黄土、素填土、杂填土地基及暗沟、暗塘等不良地基的浅层处理。换土垫层法是置换法中最常见的一种地基处理方法，按回填材料可分为砂垫层、碎石垫层、素土垫层、灰土垫层等。

1. 浅层换土法

对于换土垫层，既要求有足够的厚度置换可能被剪切破坏的软弱土层，又要有足够的宽度以防止砂垫层向两侧挤动。砂垫层的设计内容主要是确定断面合理的厚度和宽度，使挖方和填方合理，施工的成本、工期和设备处于科学的状态。下面介绍一种常用的砂垫层设计方法。

垫层宽度：条形基础下垫层宽度不宜小于 $b+2z\tan\theta$，扩散角按表 9-1 选取，再根据开挖基坑的坡度进行垫层端面设计。

垫层厚度：一般按应力扩散法计算，主要根据软弱土和被置换土层埋深确定或参考下卧土层的承载力确定，即 $\sigma_{cz} < f_{az}$

式中　σ_{cz}——上部结构和换土层对下卧土层顶面的平均压应力；

f_{az}——下卧土层的设计承载力。

表 9–1　压力扩散角 θ

z/b	中砂、粗砂、砾砂、砾石、石料、矿渣	粉质黏土、粉煤灰	灰土
<0.25	0	0	28°
$\geqslant 0.5$	30°	23°	
0.25	20°	6°	
0.25 : 0.5	线性插值		

对于桥梁建筑的桥基换土法，应为：$\sigma_{cz}<[\sigma_{az}]$

式中　$[\sigma_{az}]$——容许应力的设计值。

σ_{cz} 的求解可参考基础设计规范，主要是土的自重应力和附加应力的组合。

2. 局部深层换土回填

特殊条件下，地层的深部有局部软弱土层，或局部严重液化土层，体积不是特列巨大，同时，在权衡其他方法不奏效，工期、环保等措施不许可的情况下，可采月 HJ 部深层换土回填的方法，而且置换法能根治地基。局部深层换土回填的原理是将深部地层中软弱土层挖除，回填质地坚硬、强度较高、性能稳定、具有抗侵蚀性的材料（砂、碎石、卵石、素土、灰土、煤渣、矿渣等），分层充填，并以人工或者机械方法分层压、夯、振动，使之达到要求的密实度。其形成的坚硬垫层，利用垫层本身的高强度和低压缩性，以及扩散附加应力的性能，减小沉降，抗液化，提高地基承载力。建筑工程中，总是优先考虑采用天然地基或者争取对地基进行浅层处理。只有在浅层处理不能满足要求的时候，才采用深层换土回填加固的处理方法。

二、排水固结法

排水固结法用于天然地基，或先在地基中设置砂井等竖向排水体，然后利用构筑物本身重量分级逐渐加载，或是在构筑物建造以前，在场地先进行加载预压，使土体中的孔隙水排出，逐渐固结，地基发生沉降，承载力逐步提高的方法。排水固结法主要适用范围是软弱黏性土层和部分砂土层。排水固结法由排水系统和加载系统组成。单向和双向固结排水法见图 9–1。

排水固结法主要有堆载预压法、真空预压法、真空—振动联合预压法。

1. 堆载预压法

堆载预压法是指在饱和软土地基上施加荷载后，孔隙水被缓慢排出，孔隙体积随之逐渐减少，地基发生固结变形。同时，随着超静水压力逐渐消散，有效应力逐渐提高，地基土强度就逐渐增长。

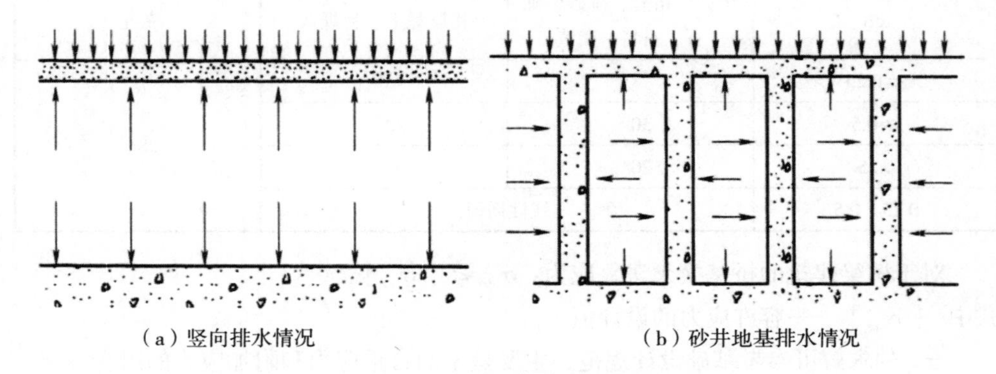

（a）竖向排水情况　　（b）砂井地基排水情况

图9-1　单向和双向固结排水法示意图

2. 真空预压法

真空预压法是瑞典工程师 W.Kjellman 于 1952 年首先提出的。真空预压法即是在需要加固的软基中插入竖向排水通道（如砂井、袋装砂井、塑料排水板），然后在地面铺设一层透水的砂或砾石，再在其上覆盖一层不透水的薄膜，最后借助真空泵和埋设在垫层中的管道，将膜下土体间的空气抽出，在透水材料中产生较高的真空度，土中孔隙水产生负的孔隙水压力和孔压差，使孔隙水逐渐渗流到井中而达到土体排水被压密的效果。真空预压加固地基示意见图 9-2。

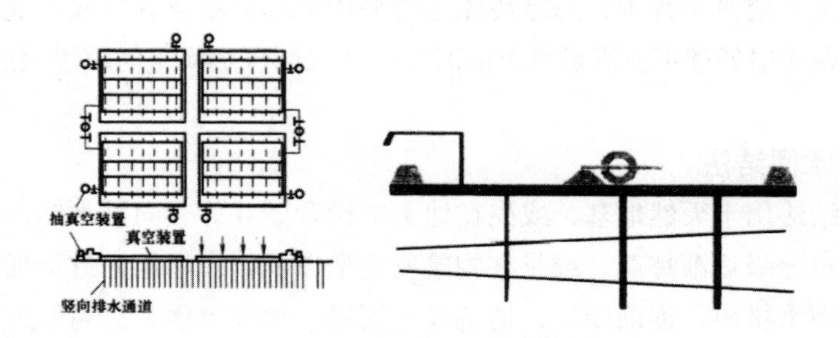

图9-2　真空预压加固地基示意图

真空预压法适用于均质黏性土及含薄粉砂夹层黏性土等地基的加固，尤其适用于新吹填土地基的加固。对于砂性土地基，加固效果不甚理想。一般认为有效加固深度 10m 以内。对于在加固范围内有足够水源补给的透水层，而又没有采取隔断水源补给的措施时，不宜采用真空预压法。对渗透系数小的软黏土地基，真空预压和砂井或塑料排水带等竖向排水相结合方能取得良好的加固效果。

3. 真空—振动预压法

真空预压与振动联合加固地基如图 9-3。在真空预压法加固地基的同时，按一定要求和设计，在一定范围、一定深度土层设置振冲器进行施工，这样的地层既有振冲加固，又有真空预压排水加固，振冲法不仅振密地层，又加速了排水作用，提高了真空预压法加固效果。它是一种全新的方法，在国外大面积地基处理工程中成功应用，并取得非常好的效果。它充分发挥两种方法的优势，克服了排水固结法周期长、工效低等缺点，大大提高了地基处理效果，提高了地基的处理深度，缩短了工期，降低了成本。采用真空预压—振冲法施工，为使处理后的地基满足设计要求，必须把好质量检验关。特别是通过现场原型观察资料，分析软基在真空预压加固过程中和预压后的固结程度、强度增量和沉降的变化规律，评价处理效果，同时观测资料也是完善设计和指导施工的依据，并可以完全避免意外工程事故。

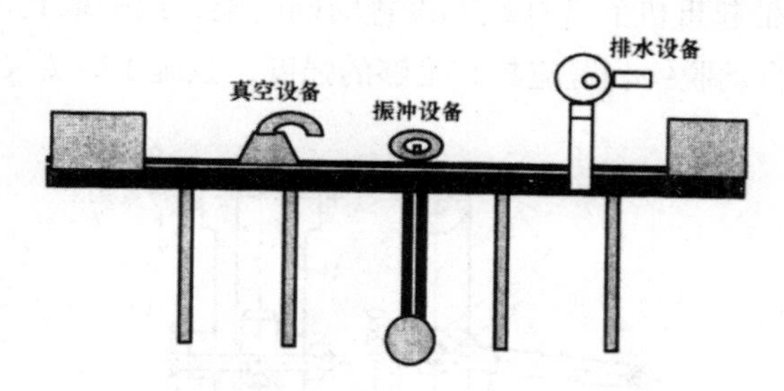

图 9-3　真空预压与振动联合排水固结示意图

三、强夯法

强夯是法国 Menard 技术公司于 1969 年首创的一种地基加固方法，它一般通过 8 ~ 30t 的重锤（最重可达 200t）和 8 ~ 20m 的落距（最高可达 40m），对地基土施加很大的冲击能，一般能量为 500 ~ 8000kN·m。在地基土中出现的冲击波和动应力，可提局地基土的强度、降低土的压缩性、改善砂土的抗液化条件、消除湿陷性黄土的湿陷性等。同时，夯击能还可提高土层的均匀程度，减少可能出现的差异沉降。国外关于强夯法的适用范围，有比较一致的看法。Smoltczyk 在第 8 届欧洲土力学及基础工程学术会议上的深层加固总报告中指出，强夯法只适用于塑性指数 $I_P \leqslant 10$ 的土。工程实践表明，强夯法具有施工简单、加固效果好、使用经济等优点，因而被世界各国工程界所重视。强夯法对大部分土的处理都取得了良好的技术经济效果，但对饱和软土的加固效果，必须给予排水的出路。为此，强夯法加袋装砂井（或塑料排水带）是一个在软黏土地基上进行综合处理的加固途径。

1. 施工机械

西欧国家所用的起重设备大多为大吨位的履带式起重机，稳定性好，行走方便；最近日本采用轮胎式起重机进行强夯作业，亦取得了满意结果。国外除使用现成的履带吊外，还制造了常用的三足架和轮胎式强夯机，用于起吊 40t 夯锤，落距可达 40m，国外所用履带吊都是大吨位的吊机，通常在 100t 以上。由于 100t 吊机，其卷扬机能力只有 20t 左右，如果夯击工艺采用单缆锤击法，则 100t 的吊机最大只能起吊 20t 的夯锤。我国绝大多数强夯工程只具备小吨位起重机的施工条件，所以只能使用滑轮组起吊夯锤，利用自动脱钩的装置，如图 9-4，使锤形成自由落体。拉动脱钩器的钢丝绳，其一端拴在桩架上，以钢丝绳的长短控制夯锤的落距，夯锤挂在脱钩器的钩上，当吊钩提升到要求的高度时，张紧的钢丝绳将脱钩器的伸臂拉转一个角度，致使夯锤突然下落。有时为防止起重臂在较大的仰角下突然释重而有可能发生后倾，可在履带起重机的臂杆端部设置辅助门架，或采取其他安全措施，防止落锤时机架倾覆。自动脱钩装置应具有足够的强度，且施工时要灵活。

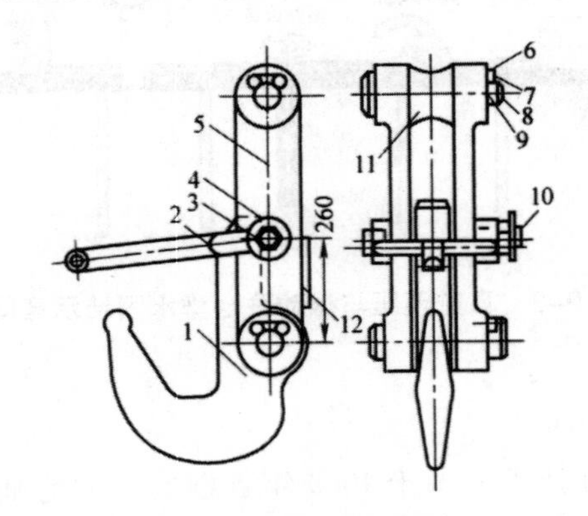

图 9–4　强夯脱钩装置图

1—吊钩；2—锁卡焊合件；3、6—螺栓；4—开口销；5—架板；7—垫圈；8—制动板；9—销轴；10—螺母；11—鼓形轮；12—护板

2. 施工步骤

强夯施工可按下列步骤进行：

①清理并平整施工场地；

②铺设垫层，在地表形成硬层，用以支承起重设备，确保机械通行和施工。同时可加大地下水和表层面的距离，防止夯击的效率降低；

③标出第一遍夯击点的位置，并测量场地高程；

④起重机就位，使夯锤对准夯点位置；

⑤测量穷前锤顶标高；

⑥将夯锤起吊到预定高度，待夯锤脱钩自由下落后放下吊钩，测量锤顶高程；若发现因坑底倾斜而造成夯锤歪斜时，应及时将坑底整平；

⑦重复步骤⑥，按设计规定的夯击次数及控制标准，完成一个夯点的夯击；

⑧重复步骤④～⑦，完成第一遍全部夯点的夯击；

⑨用推土机将夯坑填平，并测量场地高程；

⑩在规定的间隔时间后，按上述步骤逐次完成全部夯击遍数，最后用低能量满夯，将场地表层土夯实，并测量夯后场地高程。当地下水位较高，夯坑底积水影响施工时，宜采用人工降低地下水位或铺设一定厚度的松散材料。夯坑内或场地的积水应及时排除。当强夯施工时所产生的振动对邻近建筑物或设备产生有害影响时，应采取防振或隔振措施。

四、挤密法

挤密法是以振动或冲击等方法成孔，然后在孔中填入砂、石、土、石灰、灰土或其他材料，并加以捣实成为桩体，按其填入的材料分别为砂桩、砂石桩、石灰桩、灰土桩等。挤密法一般采用打桩机或振动打桩机施工，也有用爆破成孔的。挤密桩主要靠桩管打入地基中，对土产生横向挤密作用，在一定挤密功能作用下，土粒彼此移动，小颗粒进入大颗粒的空隙，颗粒间彼此靠近，空隙减少，使土密实，地基土的强度也随之增强。挤密桩主要应用于处理松软砂类土、消除湿陷性，其效果是显著的。

五、复合地基

复合地基是指由两种刚度不同的材料组成，共同承受上部荷载并协调变形的人工地基。复合地基在处理过程中部分土体得到增强，或被置换，或在天然地基中置加筋材料，加固区由基体（天然地基土体或被改良的天然地基土体）和增强体两部分组成。在荷载作用下，基体和增强体共同承担荷载的作用。复合地基类型主要有砂石桩复合地基，水泥土桩复合地基，低强度桩复合地基，土桩、灰土桩复合地基，钢筋混凝土复合地基，薄壁桶桩复合地基和加筋土地基等。目前，复合地基技术在房屋建筑、高等级公路、铁路、堆场、机场、堤坝等土木工程建设中得到广泛应用。

根据地基中增强体的方向又可以分为水平增强体复合地基和竖向增强体复合地基。竖向增强体复合地基通常称为桩体复合地基。目前在工程中应用的竖向增强体有碎石桩、砂桩、水泥土桩、石灰桩、灰土桩、各种低强度桩和钢筋混凝土桩等。

根据竖向增强体地基的性质，又可将其分为三类：散体材料桩、柔性桩和刚性桩。柔性桩和刚性桩也可称为黏结材料桩。严格地讲，桩体的刚度不仅与材料性质有关，还与桩的长径比、土体的刚度有关，应采用桩土相对刚度来描述。水平向增强体复合地基主要指加筋土地基。随着土工合成材料的发展，加筋土地基应用愈来愈多。根据桩体材料的不同，复合地基中的许多独立桩体，其顶部与基础不连接，区别于桩基中群桩与基础承台相连接，因此独立桩体亦称竖向增强体。复合地基可按增强体设置方向、增强体材料、是否设置垫层、增强体长度进行分类。复合地基中增强体除竖向设置和水平向设置外，还可斜向设置，如树根桩复合地基。在形成桩体复合地基中，竖向增强体可以采用同一长度，也可采用不同长度，采用长短桩形式。长桩和短桩可采用统一材料制桩，也可以采用不同材料制桩。例如：短桩采用散体材料桩或柔性桩，长桩采用钢筋混凝土桩或低强度混凝土桩。增强体地基如图 9–5 所示。

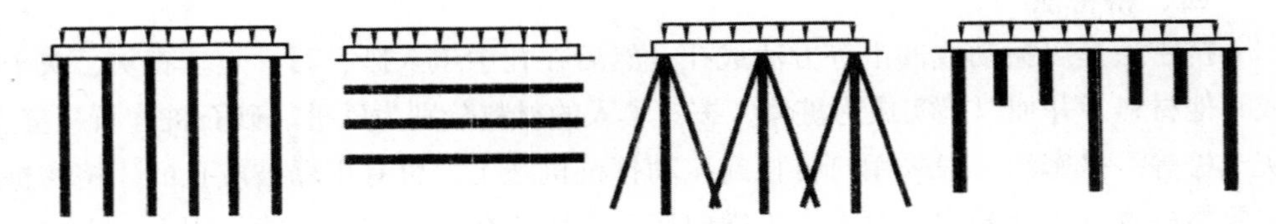

图9–5 增强体地基示意图

长短桩复合地基中长桩和短桩可相间布置，除相间布置外，也可采用中间长四周短或四周长中间短两种形式布置。复合地基四周长中间短的布置形式要比中间长四周短的布置形式沉降小一些，而上部结构中的弯矩则要大不少。对增强体材料，水平向增强体多采用土工合成材料，如土工格栅和土工布等；竖向增强体可采用砂石桩、水泥土桩、低强度混凝土桩、薄壁土桩、土桩与灰土桩、渣土桩和钢筋混凝土桩等。

六、注浆加固法

注浆加固法主要有高压喷射注浆法、灌浆法、深层搅拌法、压密灌浆法、电化学灌浆法等。

1. 高压喷射注浆法

高压喷射注浆法于 20 世纪 60 年代后期发明于日本，它是利用钻机把带有喷嘴的注浆管钻进土层的预定位置后，以高压设备使浆液或水成为 20 ~ 40MPa 的高压射流从喷嘴射出，强力冲击破坏土体。同时，转杆以一定的速度渐渐向上提升，浆液将与土颗粒搅拌混合，浆液凝固后便在土中形成一个固体。高压注浆法是在静压注浆的基础上应用高压喷射技术而逐渐创立起来的。静压注浆法是化学处理地基的方法之一，它把注浆管置于土层或岩石裂隙中，以较低的压力，把能凝固的浆液以填充、渗透和挤压的方法注入其裂隙内，浆液产生凝胶，便把原来松散的土固结为有一定强度的整体结构，从而起到加固地基的作用。对颗粒细小的砂类土或含泥砂量大的黏性土等软弱地基，由于浆液不能均匀渗透，静压注浆加固效果也许不能完全适应生产建设要求。随着科学技术的发展，现代工业提供了高压泵、钻机等先进的技术设备，水力采煤的应用和高压水喷射流切割技术的发展，使得在静压注浆的基础上，产生了新型高压喷射注浆法。高压旋喷注浆法所形成的固体结构形状与喷射流移动的方向有关，一般分为旋喷、定喷和摆喷三种形式。旋喷法施工流程如图9–6。

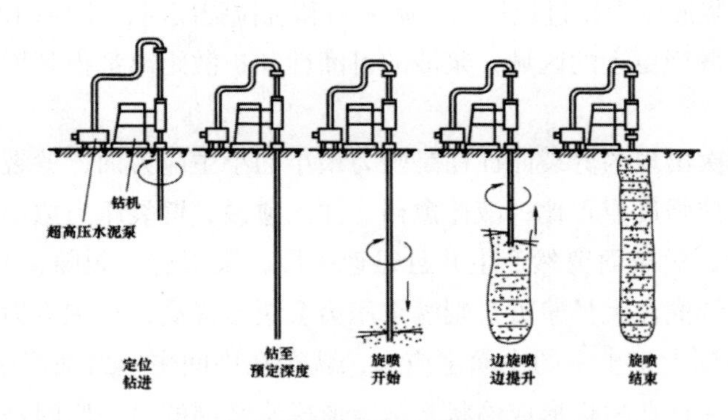

图9–6　旋喷法施工流程示意图

2. 灌浆法

灌浆法就是利用气压、液压或电化学的原理，把某些能固化的浆液注入各种介质的裂隙、孔隙，以改善灌浆对象的物理力学性质，是适应各类土木工程需要的方法。通过向地层灌入各类浆液，减少地层的渗透性，提高地层的力学强度和抗变形能力。就其效果而言，任何一类灌浆都可归属于防渗灌浆或加固灌浆的范畴。灌浆法是指一切使浆液与地层发生填充、置换、挤密等物理和化学变化的地基处理方法，包括压力灌浆、高压喷射、深层搅拌等，但习惯上仍是指压力灌浆。压力灌浆有渗入性灌浆、压密灌浆、劈裂灌浆三个加固作用组成。在渗入性灌浆中，浆液在介质中的运动，是以不破坏介质原有的结构和孔隙尺寸为前提的。浆液在压力的作用下，使孔隙中存在的气体和自由水被排挤出去，浆液充填裂隙或孔隙，形成较为密实的固化体，从而使地层的渗透性减小，强度得到提高。对于粒状浆材（如水泥、膨润土等），只能灌入粒径不小于 0.1mm 的细砂及以上的土层或比细砂直径更大的裂隙；对于化学浆材，只能灌入粉土层中。

压密灌浆是用极稠的浆液（坍落度 25 ~ 50mm），以高压快速通过钻孔强行挤入弱透水性土中的灌浆方法。由于弱透水性土的孔隙是不进浆的，因此，不可能产生传统充填型的渗入性灌浆，而是在注浆点集中地形成近似球形的浆泡，通过浆泡挤压邻近的土体，使土体被压密，承载力得到提高。在浆泡的直径或体积较小时，压力主要是径向（水平向）的。随着浆泡的扩大，在地层内部出现了复杂的径向和切向应力体系。在灌浆体邻近区，出现大的破裂、剪切和塑性变形带。这一带的地基土密度由于扰动而降低。随着地基土距灌浆体接合面距离的增加，地基土变形逐渐以弹性变形为主，地基土密度得到明显的增加。

劈裂灌浆是指在较高的灌浆压力作用下，将较稀的浆液通过钻孔施加到弱透水性的地基中，当浆液压力超过地层的初始应力和抗拉强度时，土层内产生水力劈裂，浆液进入裂隙扩散到更远的区域，浆液的可灌性和扩散距离都得到增大，加固范围大大扩大。

劈裂灌浆初次出现的劈裂面往往是阻力最小的小主应力面，劈裂压力与地基中的小主应力及抗拉强度成正比；液体愈稀，注入愈慢，劈裂压力愈小；当液体压力超过劈裂压力时，劈裂面突然产生并且迅速扩展，浆液进入裂隙，灌浆压力下降。在土体劈裂后继续灌注大量浆液，则灌浆压力会缓慢提高，小主应力有所增加。一旦注浆压力提高到大于土中的中间主应力，就会在中间主应力面产生新的劈裂面，如此继续进行，在钻孔附近形成网状浆脉。形成浆脉网的另一原因是土体的不均匀性以及薄弱结构面的存在。浆脉网在提高土体内的法向应力之和的同时，还缩小了大、小主应力之间的差值，从而既提高土体的刚度，又提高土体的稳定性。由于劈裂灌浆是通过浆脉来挤压和加固邻近土体的，虽然浆脉压力较小，但与土体的接触面却很大，且远离灌浆孔处的浆脉压力与灌浆孔处相差不大。因此，劈裂灌浆适合于大体积土体的加固。

3. 深层搅拌法

深层搅拌法是用于加固饱和软黏土地基的一种新方法，它是利用水泥或石灰等材料作为固化剂的主剂，通过特制的深层搅拌机械，在地基深处就将软土和固化剂（浆液或粉体）强制搅拌，利用固化剂和软土之间所产生的一系列物理——化学反应，使软土硬结成具有整体性、水稳定性和一定强度的优质地基。深层搅拌法施工工期短、无公害，施工过程无振动、无噪声、不排污，对相邻建筑物无不利影响。深层搅拌桩施工工艺流程如图 9–7 所示。

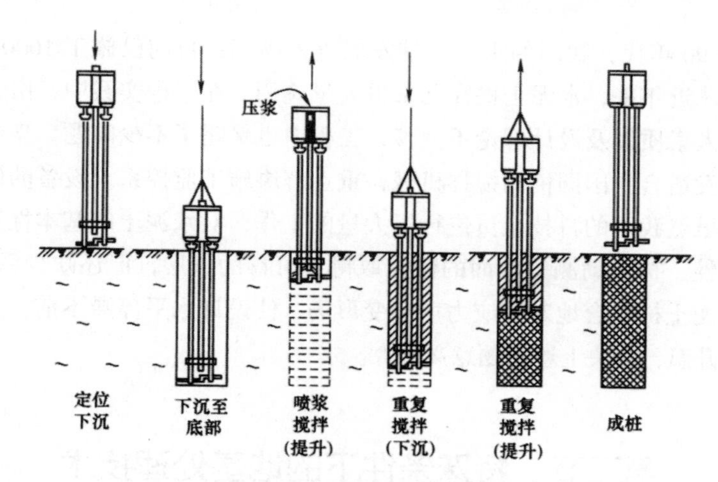

图9-7　深层搅拌桩施工工艺流程图

深层搅拌法根据采用的固化剂的不同可分为水泥土搅拌法和石灰土搅拌法。石灰土搅拌法于1967年由瑞典提出，1974年将石灰粉体喷射搅拌桩用于路堤和深基坑边坡支护。日本于1967年由港湾技术研究所开始研制石灰搅拌施工机械，1974年开始在软土地基加固工程中应用。国内由铁道部第四勘测设计院于1983年初开始进行粉体喷射搅拌法加固软土的试验研究，并于1984年7月在广东省用于加固软土地基。

深层搅拌水泥土桩问世以来，发展迅速、应用广泛。日本大量用于各种建筑物的地基加固、稳定边坡、防止液化、防止负摩擦等。在日本及其他发达国家还广泛用于海上工程，如海底盾构稳定掘进、人工岛海底地基加固、桥墩基础地基加固、岸壁码头地基加固、护岸及防波堤地基加固等。由于日本的特殊环境，其海上工程的投人巨大，也促进了深层搅拌法的迅速发展。在日本，截止到1993年，仅粉体搅拌水泥土桩施工项目已超过1400项，加固土方量达到1000万m^3。

国外的深层搅拌机械采用了高新技术，实现了施工监控的自动化，确保了施工质量，目前尚未见到失败的工程案例。其工程应用中，设计方法比较保守，置换率高达40%～80%，桩体设计强度取值一般不超过0.6MPa，但其理论和设计计算方法有待改进。

深层搅拌水泥土桩在我国的应用范围也不断扩大，形成了我国的特色。深层搅拌水泥桩率先用于10层综合楼和地基处理，大量用于8层左右的多层建筑物地基处理以及深基坑开挖的支挡防渗工程。根据我国国情开发的价格低、机型轻便的搅拌机械，在软土地基加固中取得了显著的社会经济效益。

20 世纪 90 年代，我国的水泥土桩发展进入高潮，目前已施工 1000 万 m^3 以上的水泥土桩。近年来，水泥土桩在北京也大量应用。在工程实践中，由于机械、施工管理、工人素质以及设计理论不完善，工程中也暴露了不少问题。当务之急是继续完善和开发适合我国国情的搅拌机械，重点解决施工监控系统设备的研制。在设计理论上，虽然我国的科技人员进行了大量的工作，对水泥土的基本性质、临界桩长、固结特性、桩体动测等方面的研究取得了可喜的进展，但还缺少系统的研究，没有揭示水泥土桩复合地基的应力场和变形场，使设计水平停滞不前。当今水泥土桩应用继续升温，解决上述问题意义重大。

第二节　特殊条件下的地基处理技术

一、水下地基处理

1. 水下挤淤方法

挤淤的方法有压载法、振动法、强夯法、爆破法、卸荷法、射水置换法。挤淤形成的填筑物结构有整式填筑体、散式填筑体及桩式填筑体三种。按形成填筑体接底情况又可分为悬浮式及底式两种。

（1）压载挤淤。当在淤泥中抛填的填筑体的总压力超过淤泥的承载极限时，四周淤泥被迫隆起，产生流滑。填筑体沉入淤泥内一定深度，形成顶部露出淤泥面、两侧成鼓行、底部呈抛物线形的整体式挤淤稳定填筑体。

（2）强夯挤淤。强夯挤淤是在飘浮于淤泥中的堆石体强夯平台上进行的，与常规强夯动力加固不同，强夯挤淤要求单击能量比动力固结大，且一次施加，使强夯平台产生局部或整体剪切位移；强夯整式挤淤孔距较密；强夯顺序必须按先中间后两侧，才能保证强夯平台整体下沉；强夯挤淤宜连续进行，使淤泥产生触变，降低强度，才有较好的挤淤效果；强夯挤淤夯坑为倒圆锥体，口径较大，夯坑深达 2m 以上，四周土体都下沉，强夯加固形成的夯坑底部有平底部分，夯坑深度一般不超过 1m，夯坑附近土体有隆起现象，强夯挤淤时的堆石平台底部有一层淤泥，可吸收残留夯击能量，因此，强夯挤淤不会破坏淤泥下压持力层的结构强度，也不会对下压持力层起动力加固作用；强夯挤淤侧向约束较小，挤淤后强夯平台或碎石桩体增宽作用明显、影响深度大。整式挤淤边孔增宽可达坑深的 40% 左右，桩式挤淤增宽为竖向变形量的 15% ~ 20%。强夯加固产生的侧向位移一般在竖向变形量的 10% 以内，且深度小，约在夯锤直径 1.5 倍范围内。在悬浮于淤泥中的石渣填筑体工作平台上，用大能量的重锤强夯，使填筑体挤开淤泥下沉。

2. 挤压置换

挤淤置换地基法可以就地取材，从根本上改善天然软弱地基的沉降变形及强度条件，成本小，技术难度小，是易于实现的地基处理方法。流塑状淤泥的含水率大、孔隙比大、强度低，又为高灵敏土。在大面积深厚淤泥中，采用钢板桩或地下连续墙围护后进行换土施工，或不加围护，直接开挖淤泥及换土形成置换地基，均具有一定难度。但直接在挖除硬壳层的淤泥中一次大量抛投土石填料，依靠填筑体自重及外力扰动挤开淤泥下沉，形成顶部高出淤泥面、底部悬浮于淤泥中或与下卧持力硬土层相接的挤淤置换地基，挤淤下沉所遇阻力却远较其他土质小。淤泥具有明显触变性，被挤淤扰动后，强度进一步降低。挤淤过程完成后，淤泥处于相对静止状态，强度又逐步恢复。

二、冷冻法施工

1880 年，德国工程师 F.H.Poetch 首先提出了人工冻结法原理，并于 1883 年在德国阿尔巴里煤矿成功地采用冻结法建造井筒。从此以后，这项特殊地层加固技术被广泛地应用到世界许多国家的隧道、地铁、基坑、矿井、市政及其他岩土工程建设中，成为岩土工程尤其是地下工程施工的重要方法之一。冻结法加固地层的原理，是利用人工制冷的方法，将低温冷媒送入地层，使地层中的水冻结成冰，从而使之强度和弹性模量都增大，把要开挖体周围的地层冻结成封闭的连续冻土墙，以抵抗地压并隔绝地下水和开挖体之间的联系，然后在封闭的连续冻土墙的保护下，进行开挖和做永久支护的一种特殊地层加固方法。我国应用冷冻法施工已有四十多年，煤矿进行井建施工时，常用到冷冻法施工用来临时加固井壁。根据不同冻结时间冻结管周围冻土发展，冻结法加固地层分为直接式（消耗型制冷剂系统）和间接式（循环冷媒系统）。典型间接式冻结系统主要包括冷冻站系统和地层冻结系统，冷冻温度一般在 −35 ~ −20℃之间。直接式冻结法，所用制冷剂主要有液氮或固体二氧化碳溶于酒精后的液体。它们既是制冷剂，又是冷媒。用泵直接把这种液体泵人地层里的冻结管内，另一端排出已同地层发生过热交换的尾气。这种方法中，冻结管内温度一般较低，液氮可达 −190℃左右，而后者也可达 −70℃左右。这时冻土墙可在几个小时内形成。对于处理一些工程事故和高大建筑物下施工，该法具有速度快、操作方便和冻土墙承载能力大等优点，当然，成本也较高。

第三节 城市交通中的地基处理

一、地铁地基处理技术

随着经济的快速发展，城市交通面临的压力越来越大，国外发达国家城市建设的成功经验表明，开发利用城市地下空间资源，建立以地铁等大容量快速轨道交通为主体的现代化城市综合交通体系，是解决城市交通问题的一个重要措施。因此，我国一些大城市，例如北京、上海、天津、南京、广州、深圳等都启动了地铁建设。地铁建设过程中的地基处理主要涉及地铁车站、区间隧道、地铁施工对环境影响的地基处理和车辆段的地基处理。由于车辆段面积巨大，费用巨大，周期长，城市地铁地基处理重点是车辆段的地基处理，其次是区间、车站等的地基处理。区间是地铁主体部分，跨越的线路较长，穿越各种各样的复杂地层和地表环境，对处理方法的选择要求苛刻，因此难点在区间。车站处理与施工和基坑支护联系进行。地铁地基处理是为了确保地铁建设工程质量的同时，经济有效地控制由于地铁施工引起的周围土层的移动，保护邻近建（构）筑物与市政道路、管线等设施的安全而采取的措施；控制地铁附近的岩土工程施工对地铁的影响，保护地铁本身的安全而采取的措施。

1. 车辆段地基处理

车辆段由于面积巨大，一般应慎重选择处理方法，一旦方法不妥，必将造成巨大的经济损失和工程质量问题，严重影响工期，甚至给后期运营带来巨大隐患，广州、天津、北京等地均有类似的情况。表9–2举了几个典型城市车辆段的地基处理问题。

表9–2 几个典型车辆段地基处理

车辆段	赤沙车辆段（广州）	回龙观（北京）	万柳（北京）	月牙河（天津）
主要问题	软基砂土液化	软基，池塘回填	内涝、排水、拍打冒浆	软基，砂土液化
特点	果树林和河岸	池塘、填埋场	公园	古河道、漫滩
面积（m^2）	40万	–	17万	30万
地基处理方法	吹砂回填，塑料排水板等法	强夯	置换	拟采用爆破法
评价	基本成功	不理想	不理想	–
出现问题	周期	不均匀沉降	成本较高	–

2. 区间隧道穿过不良土层

地铁工程属重大基础设施，造价巨大，一般在几十亿到几百亿。如地铁修建在液化地层中，还必须进行抗液化处理，设计的抗液化费用也非常巨大，不同的抗液化方法带来的投资和产生的效益差别较大。好的方法，可以降低成本，节省工期，加固效果好；相反，一个不恰当的措施，往往给国家造成巨大经济损失，给企业和社会带来较大的负面影响，也会影响工程的进展，这方面可供参考的国内外经验较少。

3. 区间隧道地基处理技术

在地铁区间隧道建设过程中，为了减少盾构施工对周围环境的影响，在施工过程中要尽可能地减少对周围土体的扰动。在软土地区，如果在区间隧道建设中不采取措施对隧道周围土体进行处理加固，将很难满足对周围环境保护的要求。区间隧道地基处理主要分为：①盾构推进过程中，控制隧道周围土体位移的同步注浆加固；②联络通道施工过程中的地基处理加固；③盾构隧道穿越已建隧道时，隧道地基处理加固；④盾构隧道进出洞口时，洞口周围地基处理加固。盾构施工引起的地层损失和盾构隧道周围扰动或受剪切破坏的重塑土的再固结，是导致地表沉降的重要原因。为了减少和防止地表沉降，在盾构掘进过程中，要尽快在脱出盾尾后的衬砌背面环形建筑空隙中，充填足够的浆液材料，一般使用均布在盾壳体外的同步注浆管来控制地表变形。

4. 车站地基加固

地铁车站地基加固常用的方法有降水、注浆、深层搅拌桩和高压旋喷桩四类。在地铁建设中，根据车站基坑保护等级的不同，选择其中的一种或几种处理方法对基坑进行加固。地铁车站高压旋喷加固常用的施工方法为三重管旋喷加固法，使用分别输送水、气、浆三种介质的三重注浆管。在以高压泵等高压发生装置产生20MPa左右的高压水喷射流的周围，环绕一股0.7MPa左右的圆筒状气流，进行高压水喷射流和气流同时喷射冲切土体，形成较大的孔隙，另由泥浆泵注入压力2～5MPa的浆液填充，喷嘴作旋转和提升运动，最后便在土中凝固为直径较大的圆柱状固结体。

5. 联络通道等加固技术

地铁两站间的区间隧道长度大于一公里者，上、下行隧道间均设有联络通道，以便区网畦道内列车发生火灾等意外事故时，乘客能就地下车，并通过通道安全疏散至另一条平行隧道内，同时也可以供消防人员使用。联络通道一般与泵站合并建造。通道和泵站施工中地基处理的常用方法有以下四种：三重管旋喷加固法；深层搅拌桩加固法；注浆加固法；冷冻法施工。在工程实施中，因受施工进度，通道、泵站部位地面环境，工程、水文地质条件等影响，地基加固的时间、方法和范围也各不相同。

6. 盾构穿越已建隧道地基处理技术

盾构推进过程中，会引起周围土体的变形，会因正面土压力的不平衡而导致地层下沉或隆起，以及开挖面的崩裂。盾构外壳与土体之间摩擦而导致地层隆起，盾构姿态的变化引起地层损失而导致地层下沉；盾构推进后盾尾空隙引起地层损失而导致地层下沉；盾构推进后的注浆而使地层隆起等变形作用，盾构施工的机械运动会引起周围土体产生超孔隙水压力和受到扰动而进行固结和蠕变，导致地层下沉。隧道近距离穿越已建隧道时，为保护已建隧道采取的地基处理，通常是在盾构穿越前，通过已建隧道内的注浆孔对隧道周围土体进行注浆加固，提高已建隧道周围土体的强度和抗变形能力，减小盾构推进对已建隧道周围土体的扰动，同时，盾构穿越过程中，通过在盾尾后面进行同步注浆，加强在建隧道周围的土体，及时填补由于管片脱出盾尾时留下的空隙，减小地层损失，减小由于盾构推进引起的变形。上海、南京、北京的地铁实践证明，在盾构穿越已建地铁隧道前，对隧道周围土体通过管片上预留注浆孔注浆，加固隧道周围土体，然后在盾构推进过程中，采取同步注浆方法及时填补管片脱离盾尾留下的空隙，能够有效地控制已建隧道的变形。

二、高速公路、铁路地基处理方法

高速公路与普通公路相比较，具有路面宽、路堤高、桥涵多、弯道半径大等特点，如高速公路最小弯道半径一般为 800m 左右，高速公路的这些特点对路堤地基提出了较高的要求。在软土地基上修建高速公路，这些特点反映的问题更明显。例如，路面宽、路堤高则表明作用在地基上的荷载大而且作用范围宽，其结果是地基中附加应力大，而且影响范围深。特别是荷载作用影响范围深，不仅使地基可能产生较大的沉降量，而且沉降持续发展的时间长。深厚软土地基沉降发展过程较长，也是处理地层要考虑的问题之一。高速公路路堤高 / 为解决路堤两侧人、畜交通问题，则桥涵（包括人行通道）多。桥涵和路堤基础形式不一、荷载不一，于是就可能产生沉降差，产生沉降差就可能发生“桥头跳车”现象。轻者影响车辆行车速度，行车的舒适度，重者可能导致交通事故。保证路堤和地基的稳定，减小高速公路工后沉降是地基处理要解决的问题。如何预估工后沉降量以及工后沉降的发展规律，如何减小工后沉降差，这些都是在软土地基上修建高速公路需要解决的问题。高速公路的地基处理方法在不断发展，如北方较多用强夯法，置换法；南方多用排水固结法等。常见的处理方法见表 9–3。

表 9–3　高速公路常见的处理方法

方法	加固机理	应用范围
置换法	将路基下地层挖走，换成强度和刚度较大的粗颗粒砂、碎石、混凝土等	较广
复合地基法	复合地基理论	较广
粉体搅拌桩	喷水泥浆或水泥粉，通过机械搅拌，水泥浆与土体充分搅拌	深度广
排水固结法	利用堆载	面积大
塑料排水带	利用塑料排水带的三维排水功能	较广，沿海
土工格栅	土工格栅（金属格栅）具有较好抗变形能力	膨胀土等
复合土工布	具有加筋和排水两种作用	—
强夯法	强夯法机理	粉土
桩基	—	较广

高速铁路路基的荷载主要分为静载和动载两部分。静载主要是上部车辆和轨道及路基结构的重力，动载主要指高速列车运动产生的各种力在路基中的传播。获得动应力最好的办法是进行大量检测，以获得动应力的传播和分布规律，用于指导设计和施工。当然，这个动应力的传播和分布规律与很多因素有关，具体说，与车辆及轮轨有关，与路基结构及材料有关。高速铁路路基的变形是设计者最关心的问题。高速铁路路基的变形主要包括以下弹性变形：基床累积压缩变形和路基的土层变形和压密。基于高速铁路路基的变形特点，选择地基处理方法时，不仅要满足强度，更重要的是大幅度提高路基刚度，只有适合上述要求的方法才可以考虑为初选方案。由于高速铁路路基研究处在起步阶段，同时，高速铁路路基是专门的路基技术，这里从土性和土力学以及地基处理角度建议一下方法，详见表 9–4（仅供参考）。

表 9–4　高速铁路常见处理方法

方法	加固机理	应用范围
置换法	将路基下地层挖走，换成强度和刚度较大的粗颗粒砂、碎石、混凝土等	软土、液化土和湿陷性土的高速铁路路基
复合地基法	复合地基理论	路桥过渡处
粉体搅拌桩	喷水泥浆或水泥粉，通过机械搅拌，水泥浆与土体充分搅拌	软土，深度大

续表

方法	加固机理	应用范围
土工格栅	土工格栅（金属格栅）具有较好抗变形能力	膨胀土，黄土，路桥过渡处等
强夯法	强夯法机理	粉土与其他方法结合
桩基	—	软土，深度大
爆破法	压缩和液化	预处理大面积液化土层

第十章　地下空间工程施工

第一节　逆作法施工

一、逆作法施工的优缺点

1. 逆作法施工的优点

逆作法施工的具体优点，见表10-1。

表10-1　逆作法施工的优点

优点	具体内容
保护环境	逆作法施工利用地下室水平结构，作为周围支护结构地下连续墙的内部支撑，能减少基坑变形，使相邻的建（构）筑物、道路和地下管线等的沉降和变形得到控制，以保证其在施工期间的正常使用。逆作法施工实现了顶板的封闭，有效减少了施工噪声和扬尘污染，防止了施工造成的城市环境污染
降低工程能耗，节约资源	多层地下室采用常规的临时支护结构施工，地下室需设置外墙及外墙下工程桩，工程费用相当可观。逆作法与常规基坑施工相比，采用的是“以桩代柱”，“以板代撑”，“以围护墙代结构墙”，省去了临时结构，节约了大量材料与人力
现场作业环境更加合理	逆作法可利用逆作顶板有限施工的有利条件，在顶板上进行施工场地的有序布置，解决狭小场地施工安排的问题，满足文明施工要求。另外下部基坑施工在一个相对封闭的环境下，施工受天气影响小
缩短工程施工的工期	传统多层地下室的高层建筑，如采用传统方法施工，其总工期为地下结构工期加地上结构工期，再加装修等所占之工期。而用逆作法施工，一般情况下只有地下1层占绝对工期，其他各层地下室可与地上结构同时施工，不占绝对工期。即逆作法基坑施工上部和下部结构可平行搭接，立体施工，而且以结构楼板代替支撑，无须支撑拆除，减少了施工工序。对越深的基坑，缩短的总工期越显著

续表

优点	具体内容
基坑变形小，相邻建筑物的沉降少	采用逆作法施工，是利用逐层浇筑的地下室结构作为周围支护结构，地下连续浇筑后的底板成为多跨连续板结构，与无中间支承柱的情况相比跨度减小，从而使底板的隆起减少。因此，逆作法施工能减少基坑变形，使相邻的建（构）筑物、道路和地下管线等的沉降减少，在施工期间可保证其正常使用
使底板设计趋向合理	钢筋混凝土底板要满足抗浮要求。用传统方法施工时，板浇筑后支点少，跨度大，上浮力产生的弯矩值大，有时为了满足施工时抗浮要求而需加大底板的厚度，或增强底板的配筋。而当地下和地上结构施工结束，上部荷载传下后，为满足抗浮要求而加厚的混凝土，反过来又作为自重荷载作用于底板上，因而使底板设计不尽合理。用逆作法施工，在施工时底板的支点增多，跨度减小，较易满足抗浮要求，甚至可减少底板配筋，使底板的结构设计趋向合理
对设计人员和施工队伍的专业素质要求高	对于施工单位来说，由于逆作法施工技术要求高，必须掌握相关的核心技术，如逆作法支撑柱的垂直度调整技术；钢管混凝土柱和柱下桩的混凝土浇捣技术；逆作法施工节点的处理技术；竖向结构的钢筋绑扎和混凝土逆作浇捣技术；逆作法时空效应挖土技术、逆作法不均匀沉降控制技术等，这些核心技术一旦控制不好，往往会导致工程事故，甚至造成施工失败

2. 逆作法施工的缺点

（1）封闭式逆作法使施工人员在基本处于封闭状态环境下的地下各层进行施工，作业环境较差。地下通风与照明工程费用较大。

（2）封闭式逆作法是在封闭状态下施工，大型机械设备难于进场，不能采用大面积机械化挖土；而采用人工挖土，工效低；土方垂直运输采用专用取土设备（如塔吊等），取土装车外运，但运输能力受取土口限制；土方水平运输采用人力双轮手推车，运量少，耗费大量人力，效率低。

（3）在逆作法施工中，地下结构中墙柱的混凝土搭接质量较难控制，措施不利，易出现漏水、降低承载力等后果。

（4）在逆作法施工中，控制导柱的垂直度和承载力较难，因施工中动、静载均作用导柱上，应重视对待导柱质量。

（5）敞开式逆作法由于未同期浇筑各层楼板，侧向刚度较封闭式逆作法的刚度小，施工中应采取措施，防止地下连续墙的过大变形。

（6）与传统大开挖施工相比，逆作法施工过程中必须要随时观测地下中间支撑桩及地下连续墙的沉降量。

二、施工要点

（1）按基础外围面积，先施工四周的支护结构，支护体系采用地下连续墙或排桩，基础若是桩基采用排桩、钻孔桩等。其施工用围护结构应该是永久性的（但也有采用临时性支挡结构），而且是作为建筑物主体受力结构的一部分，所以，围护结构一般是地下墙体围护，并于内部施工时再复以内衬，成为复合共同受力的结构。

（2）按设计图施工中间支承柱，采用“一柱一桩”的基础，每根桩必须承受基础尚未完成前的上部和地下结构重及各种荷载，目前在逆作法施工时，大部分是临时采用钢管柱或型钢柱（宽翼面工字钢）支承，挖土完成后再作外包混凝土，当采用挖孔桩时可支模采用钢筋混凝土柱。

底板以下的中间支撑柱要与底板结合成整体，多做成灌注桩形式，其长度亦不能太长，否则影响底板的受力形式，与设计的计算假定不一致。底板以上中间支承柱的柱身，多采用钢管混凝土柱、H 型钢柱或其他形式结构柱，断面小且承载能力较大，便于与地下室的梁、柱、墙、板等连接。逆作法施工中的立柱在底板施工前要承受较大的结构和施工荷载。

（3）利用地下室一层的土方夯实修整后作地模，浇灌地下室土层的顶层钢筋混凝土的梁和板，并在此层预留出挖土方的出土洞若干个。

（4）进行地下室一层的土方推土、挖土和运土到室外卸土区。

（5）重复程序（3），进行地下室二层梁板混凝土的浇筑，同样要在楼板中预留出土洞。

（6）重复程序（4）. 进行地下室二层的土方外运。

（7）重复程序（3）、（5），进行地下三层的梁板混凝土的浇筑。同样要在楼板中预留出土洞。

（8）重复程序（4）、（6），进行地下室三层的土方外运。

第二节　掘进机法施工

一、盾构法

1. 盾构法基础知识

盾构法施工广泛应用于城市地下建设，它的最大优点是快速高效，自动化程度高，速率是常规钻爆法的 3 ~ 10 倍。

盾构机是一种既能支承地层的压力，又能在地层中掘进的施工机具。其外壳尺寸比隧道外形稍大，该外壳及壳内各种作业机械、作业空间的组合体称为盾构机，以盾构机为核心的一整套完整的建造隧道的施工法称为盾构工法。盾构机的掘进是靠盾构前部的旋转掘削土体，掘削土体过程中必须始终维持掘削面的稳定，掘削面不能出现明塌；靠舱内的出土器械出土；靠中部的推进千斤顶推动，盾构前进；由后面的拼装机拼装成环（初砌）；随后再由尾部的背后注浆系统，向初砌与地层的缝隙中注入填充浆液，以便防止隧道和地面的下沉。盾构基本构造示意如图 10–1 所示。

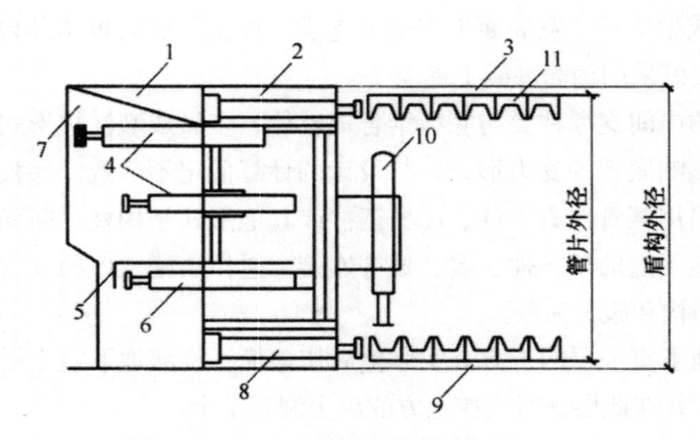

图 10–1　盾构基本构造示意图

1—切口环；2—支承环；3—盾尾；4—支撑千斤顶；5—活动平台；6—平台千斤顶；7—切口；8—盾构千斤顶；9—盾尾空隙；10—管片拼接机；11—管片

盾构隧道施工技术的特点可以归纳为以下几点：

（1）对城市的正常功能及周围环境的影响很小。除盾构竖井处需要一定的施工场地以外，隧道沿线不需要施工场地，无须进行拆迁，对城市的商业、交通、住居影响很小。可以在深部穿越地上建筑物、河流；在地下穿过各种埋设物和已有隧道而不对其产生不良影响。施工一般不需要采取地下水降水等措施，也无噪声、振动等施工污染。

（2）盾构机是根据施工隧道的特点和地基情况进行设计、制造或改造的。盾构机必须根据施工隧道的断面大小、埋深条件、地基围岩的基本条件进行设计、制造或改造，所以是适合于某一区间的专用设备。当将盾构机转用于其他区段或其他隧道时，必须考虑断面大小、开挖面稳定机理、围岩粒径大小等基本条件是否相同，有差异时要进行改造。

（3）对施工精度的要求高。区别于一般的土木工程，盾构施工对精度的要求非常之高。管片的制作精度几乎近似于机械制造的程度。由于断面不能随意调整，对隧道轴线的偏离、管片拼装精度也有很高的要求。

（4）盾构施工是不可后退的。盾构施工一旦开始，盾构机就无法后退。由于管片外径小于盾构外径，如要后退必须拆除已拼装的管片，这是非常危险的。另外盾构后退也会引起开挖面失稳、盾尾止水带损坏等一系列的问题。所以，盾构施工的前期工作是非常重要的，一旦遇到障碍物或刀头磨损等问题，只能通过实施辅助施工措施后，打开隔板上设置的出入孔进入压力舱进行处理。

在软土地层中采用盾构法进行隧道施工，隧道上方及其地表附近的不均匀沉降是一个不容忽视的问题，对建筑物、道路和各种地下管线密集的市区，其危害性就更应该引起足够的重视。

2. 施工要点

盾构法施工整个内容包括盾构机的组装和调试、盾构掘进、水平和垂直运输、管片进场和堆放、浆液材料进场和拌制和渣土外运等。盾构法施工需要的人力、机械和各种施工材料较多，地面各工种需根据盾构施工特点穿插进行。

（1）始发竖井

作为拼装盾构的井，其建筑尺寸应满足盾构拼装的施工工艺要求，一般井宽应大于盾构直径 1.6 ~ 2.0m，井的长度主要考虑盾构设备安装余地以及作业人员的作业空间和安全作业等因素。此外，竖井的尺寸还与盾构隧道的覆盖土层的厚度、进发方法等多种因素有关，覆盖土层的厚度不同。进发方法不同，竖井的尺寸也不同。始发竖井的护壁一般采用钢板或钢筋喷射混凝土护壁，起重设备根据施工运输的要求，可采用龙门式起重机或货物升降机。从地表把盾构机的分解件及附属设备搬入始发立坑，然后在立坑内组装盾构，设置反力装置和盾构进发导口。

（2）盾构机的组装与调试

一般来说，盾构掘进机的盾头部分都是在生产厂组装完后整体运至工地。但我国很多城市地处内陆，道路运输条件和通过能力有限，只能采用分体运输，即将盾头部分分为切削刀盘、上下盾壳、主机四部分运至施工现场，再在始发竖井内进行组装。这样，最大单个部件重量约为 30t，需根据现场情况确定组装用起重机械的配置，如始发竖井安装有龙门式起重机，则可直接用龙门式起重机吊装，若没有，则采用汽车起重机。安装前首先准备好始发井下盾构安装基座，测定盾构推进轴线和盾构始发导入口，再将盾壳吊至始发井内的安装基上固定好，然后将盾构主机吊装就位，吊装刀盘固定于主机上，安装上、下盾壳，安装完毕后将上、下盾壳焊牢，即完成盾构机械的安装工作。

盾构机组装、调试程序见图 10–2。

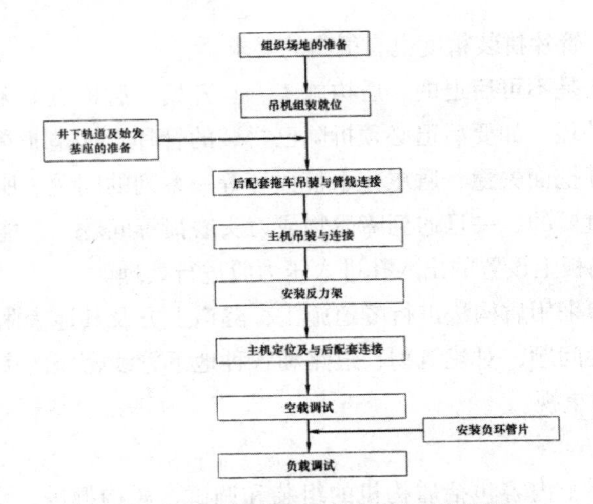

图10-2 盾构组装、调试程序流程图

1）空载调试

盾构机组装和连接完毕后，即可进行空载调试，空载调试的目的主要是检查设备是否能正常运转。主要调试内容为：液压系统、润滑系统、冷却系统、配电系统、注浆系统，泥浆系统，以及各种仪表的校正。电气部分运行调试：检查送电—检查电机—分系统参数设置与试运行—整机试运行—再次调试。液压部分运行调试：推进和铰接系统—管片安装机—管片吊机和拖拉小车—泡沫、膨润土系统和刀盘加水—注浆系统—泥浆系统等。

2）负载调试

空载调试证明盾构机具有工作能力后即可进行负载调试。负载调试的主要目的是检查各种管线及密封的负载能力；对空载调试不能完成的工作进一步完善，以使盾构机的各个工作系统和辅助系统达到满足正常生产要求的工作状态。通常试掘进时间即为对设备负载调试时间。

（3）盾构机掘进

盾构掘进主要有两种控制方式：扭矩控制方式和推力控制方式，前者用于软弱地层，后者用于硬岩段。不同的控制方式，掘进模式与掘进参数的选取不同。做好对掘进参数的监控、分析与比较，摸索、总结刀具使用的经验，并将结果反馈，对于指导掘进、防止刀具因非正常的原因损坏有很大的帮助。

1）掘进模式的选择

①敞开模式

该模式适用于能够自稳、地下水少的地层。该掘进模式类似于TBM掘进，盾构机切削下来的渣土进入土仓内即刻被螺旋输送机排出，土仓内仅有极少量的渣土，土仓基本处于清空状态，掘进中刀盘所受反扭力较小。由于土仓内压力为大气压，故不能支撑开挖面地层和防止地下水渗入。

②半敞开模式

半敞开式有的又称为局部气压模式，该掘进模式适用于具有一定自稳能力和地下水压力不太高的地层。其防止地下水渗入的效果主要取决于压缩空气的压力。掘进中土仓内的渣土未充满土仓，尚有一定的空间，通过向土仓内输入压缩空气与渣土共同支撑开挖面和防止地下水渗入。

③土压平衡模式

该掘进模式适用于不能稳定的软土和富水地层。土压平衡模式是将刀盘切削下来的渣土充满土仓，并通过推进操作产生与土压力和水压力相平衡的土仓压力来稳定开挖面地层和防止地下水的渗入。该掘进模式主要通过控制盾构推进速度和螺旋输送机的排土量来产生压力，并通过测量土仓内土压力来随时调整、控制盾构推进速度和螺旋输送机转速。在该掘进模式下，刀盘所受的反扭力较大。

2）掘进方向的控制

盾构方向的调节是通过推进系统几组油缸的不同压力来进行调节的。一般的调节原则是：使盾构的掘进方向趋向隧道的理论中心线方向。

调节盾构推进油缸每组压力对盾构掘进方向的影响一般是：当盾构油缸左侧压力大于右侧时，盾构姿态自左向右摆；当上侧压力大于下侧压力时，盾构姿态自上向下摆；依次类推即可调整盾构的姿态。

为了保证盾构的铰接密封、盾尾密封工作良好，同时也为了保证隧道管片不受破坏，在调整盾构姿态的过程中，要优先考虑盾尾间隙的大小，在调向的过程中不能有太大的趋势，一般在VMT上显示的任一趋势值（trend）不应大于10，避免调向过猛，盾构出现蛇行。

当盾构处于水平线路掘进时，应使盾构保持稍向上的掘进姿态，以纠正盾构因自重而产生的低头现象。

为了保证盾构在推进过程中正确的受力状态，盾构不能有太大的自转，一般不能大于VMT上显示的转动值（rotate）10。通过调整盾构刀盘的转向可以调整盾构的自转。改变盾构刀盘转向按以下操作：按停止按钮（STOP）停止掘进，将刀盘转速旋钮调至最小，重新选择刀盘转向，按开始按钮（START），并逐渐增大刀盘转速即可。

在软硬不均的地层中，盾构会向地层软的方向偏转，姿态难以控制，此时要仔细调整各组油缸的推力，控制好掘进的方向。

3）掘进中对刀具的保护

掘进时采用的掘进方法决定了刀具的使用状况，合理的掘进模式与掘进参数的选择，能最大程度地延长刀具的使用寿命。

对刀具的保护就是指准确掌握地层的情况，在操作时正确选择掘进参数，防止刀具偏磨、刀圈崩裂等非正常磨损。

掘进时由于刀具和工作面的摩擦，刀具温度升高，加剧了刀具的磨损，如果渣土太干，温升就会更快。注入泡沫能对刀具进行润滑，并改良渣土，是防止刀具磨损最有效的手段。

刀具偏磨主要是因为推进力太大，部分刀具所受压力过大，致使刀具不能正常转动，出现偏磨，所以要注意根据不同地层选择合适的推力；或者是因为刀具被渣土裹死，使刀具停转，出现偏磨，为避免这种情况出现，要注意渣土的改良。

盾构掘进作业工序流程参见图 10-3。

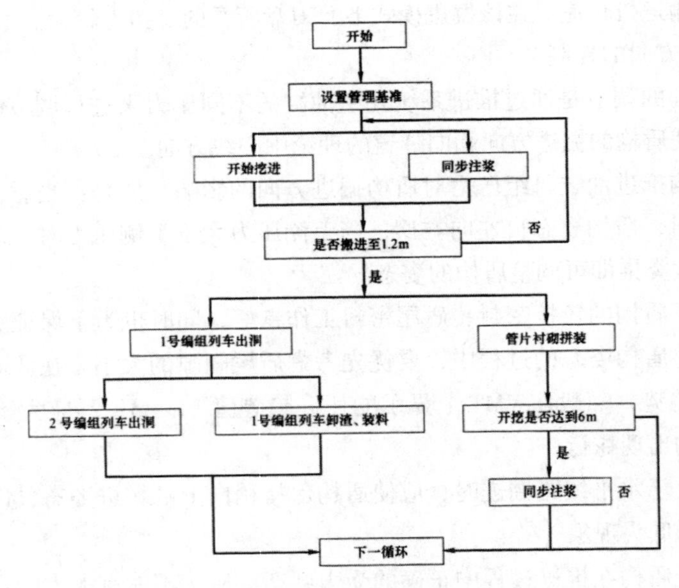

图 10–3 盾构掘进作业工序流程图

（4）同步注浆

同步注浆就是将有具有长期稳定性及流动性，并能保证适当初凝时间的浆液（流体），通过压力泵注入管片背后的建筑空隙，浆液在压力和自重作用下流向空隙各个部分，并在一定时间内凝固，从而达到充填空隙，阻止土体塌落的效果。

1）施工准备

准备好注浆材料，包括砂的筛分，将膨润土以溶液的形式拌好；检查搅拌机、注浆泵是否正常，保证其能正常工作；检查注浆管路，确保管路畅通；检查压力显示系统，确保其准确无误。

2）浆液的拌制

浆液搅拌站设置在重工立交桥辅桥下，搅拌能力 $20m^3/h$。人工配料，按照水、水泥、粉煤灰、砂的投放顺序依次进行，站内包括粉煤灰、膨润土、水泥等各种原料的储存仓。膨润土以溶液形式加入，溶液中的水从浆液配比用水中扣除。

3）浆液运输与储存

①浆液运输车容积 $7.5m^3$，一次装入施工一环需要配置的浆液；

②搅拌好的浆液从搅拌站自盾构井输送到底下的砂浆车，运送到工作面，再用砂浆泵输送到盾构机上储浆罐（$6m^3$）中并立即开始搅拌；

③由于运输过程中无法搅拌，故运输时间不宜过长。特殊情况需较长时间运输、储存，则考虑适当加入缓凝剂；

④若浆液发生沉淀、离析则进行二次搅拌；

⑤浆液运输车与储存设备要经常清洗。

4）浆液泵送

盾尾同步注浆系统包括储浆罐、注浆泵、和控制面板 3 部分。储浆罐容积为 $6m^3$，可容纳盾构掘进 1 环所需要的浆液。浆罐带有搅拌轴和叶片，注浆过程中可以对浆液不停地搅拌，保证浆液的流动性，减少材料分离现象。配套设施的 2 台注浆泵可以同时对 4 个加注口实施同步注浆。该系统具有自动和手动功能，可以根据要求在盾构机控制室内对盾尾注浆的最大和最小压力进行设定，实现对注浆量的控制。

（5）特殊地段的施工

盾构在砂砾层中的掘进施工技术：

砂砾层中卵石直径较大。施工时，受卵石层的影响，刀盘、刀具由于不均匀地受力或外力的冲击，容易产生异常损坏。盾构在该类地层掘进时，刀盘、刀具的磨损严重，盾构姿态调整与控制难度较大，对此，采取如下措施：

1）进行合理的盾构选型

①在进行盾构设备选型时，刀盘结构为面板式设计、刀盘开口率大于 30%，以增强刀盘的对掌子面的有效支撑和保证渣土能流畅的进入盾构土仓，减少砾砂对刀盘刀具的磨损。

②选用镶嵌有碳化钨的、耐磨性比较高的刀具，增强刀具在卵石土地层的耐磨

性，尽量做到盾构掘进过程不换刀。

③刀盘上的主要刀具都采用背装式，在需要时可以在刀盘背后进行刀具更换。

④盾构机同时配备有泡沫（聚合物）系统、膨润土系统和加泥系统等渣土改良系统，通过添加泡沫、膨润土泥浆、泥浆等措施，增强渣土的流动性，减少卵石土对刀盘、刀具的磨损。

⑤在泥水平衡盾构机的刀盘上安装有破碎机，遇有较大卵石时，破碎机将其破碎后排出洞外。

⑥盾壳上预留超前注浆孔，在施工过程可以根据需要，进行超前地质勘探、超前钻孔和注浆作业。

⑦为防止盾构在饱含地下水的卵石土地层掘进时螺旋输送机产生喷漏现象在盾构设计时考虑预留保压泵碴装置的接口。

⑧盾构机配备有可以进行带压作业的双仓压力仓，保证盾构在需要进行刀具检查、更换时可以随时进行。

⑨盾构始发完成后，有计划地进行刀盘、刀具检查。根据试掘进的掘进情况，优化掘进参数。

2）有计划的刀具检查、维修与更换

①预先采用在合适位置进行地层加固或带压作业等方式，有计划地进行刀具检查，并根据检查的结果进行刀具磨损分析、制定刀具维修与更换方案，进行有计划的刀具检查、维修与更换，确保设备完好率，提高施工效率，减少被动停机。

②合理选择掘进参数。降低刀盘转速，减轻与卵石圆砾的碰撞冲击，减小盾构掘进对地层的扰动。适当降低掘进速度，加强盾构姿态调整与控制，保证盾构掘进方向满足规范及设计要求。

③加强渣土改良。通过向土仓注入泡沫或添加膨润土泥浆加强渣土改良，降低圆砾石、卵石对刀盘、刀具的磨损。

④选择合适的排泥管管径。根据盾构的切削断面、送泥浓度、掘进速度、排泥浓度，计算送泥流量和排泥流量，再根据流体能输送的块石的大小，排出土砂的沉降限界速度，来决定排泥管径。排泥管拟采用直径 300mm 的管道。

⑤调整注浆参数。适当加大注浆量，有效的填充盾尾空隙，并及时进行二次补充注浆，控制地表沉降。

（6）盾构在曲线地段的推进

盾构在小曲线段进行掘进施工时，盾构机轴线拟合难度较大，容易发生管片错台、开裂、偏移以及开挖超挖等情况，施工中主要采用如下措施：

1）进入曲线段施工前，调整好盾构的姿态。尽量减小盾构机中心轴线与隧道中心轴线的夹角和偏移量，避免产生较大的超挖量。

2）精确计算每一推进循环的偏离量与偏转角的大小，合理调整推进油缸的推力、分区与组合方法。

3）根据导向系统的测量结果，确定下次推进的纠偏量与推进油缸的组合运用方式。经常对盾构机的姿态进行人工测量，校核导向系统的测量结果并进行调整。

4）合理的运用盾构机仿形刀，控制好超挖量。尽量使盾构机靠近曲线内侧推进，使曲线内侧出土量大于外侧出土量，控制推进速度。

5）为防止管片移动错位，要求分组油缸的推力差尽量减小，并尽量缩短同步注浆浆液的凝胶时间，减少管片的损坏与位移。

6）在曲线推进的情况下，应使盾构当前所在位置点与远方点的连线同设计曲线相切。

7）对掘进参数实行动态管理，根据开挖面地层情况适时的调整掘进参数，保证掘进方向的准确，避免引起更大的偏差。

8）施工中，盾构曲线行走轨迹引起的建筑空隙比正常推进大，应加大注浆量，正确选好压注点和注浆次序，并做好盾尾密封，每环推进时根据施工中的变形监测情况，随时调整注浆量，注浆过程中严格控制浆液的质量、注浆量及注浆压力，注浆未达到预期效果时盾构机暂停掘进。

9）选择合适的拼装管片类型。

二、TBM

隧道掘进机是一种专门用于开挖地下通道工程的大型高科技专用施工装备，它具有开挖快、优质、安全、经济、有利于环境保护和降低劳动强度的优点。掘进机技术体现了计算机、新材料、自动化、信息化、系统科学、管理科学等高新技术的综合和发展，反映了一个国家的综合国力和科技水平。现代掘进机技术的最大特点是广泛使用遥测、遥控、电子、信息技术对全部作业进行指导和监控，集成机械、电气、液压和自动控制为一体化、智能化的设备，使掘进过程始终处于最佳状态。

1. 隧道掘进机（TBM）的类型

（1）支撑式 TBM

典型的现代支撑式 TBM 的结构可分为开挖、支护和驱动组合体，运输装配设备两部分。

刀盘属于掘进机第一组合体，由液压马达或电机驱动，通常沿中空主轴承周围以环形模式布置在机器的主轴上。带有防尘隔层的刀盘罩将刀盘与被开挖掌子面隔开，刀盘罩可保护刀盘，防止物料侵入；防尘隔层灰尘和碎屑进入刀盘后面的工作区。岩渣通过刀盘上的铲斗装置和刀盘后面的导向板运到刀盘中心，在那里岩渣落进漏斗，送到运输机上，运输机通常置于机器的中心轴位置。选用液压驱动马达时，驱动液压泵站的电机安装在后配套上。掘进头的推进力由一支撑推进系统提供。

第二组合体和设施用在工作面或 TBM 防尘护盾后面，进行即时支护措施，并进行地层预探测。初期保护性支护措施包括：直接在刀盘罩后面架设支护拱架和挂网、洞顶锚杆或喷浆，进行洞顶区域的巷道保护。

除了这些机械和液压安全辅助设备外，还需物料运输设备将支护拱架从位于 TBM 后部的中继存储站运送至前方安装地点。

（2）扩孔式 TBM

扩孔 TBM 从技术和经济方面拓展了全断面掘进机的应用领域，特别适合于需要通过探测导洞来确认特殊风险因素的地层条件。

在第一阶段由 TBM 开挖直径为 4 ~ 4.5m 的导洞，再用扩孔 TBM 进行第二阶段的扩孔开挖。

与全断面掘进机相比，扩孔 TBM 系统在运输和组装方面有其优点，因为施工导洞的 TBM 重量较轻、尺寸较小，扩孔后的 TBM 更易于拆成基本部件、盘辐等。实际上机器后面的整个隧道断面都可以在后配套系统上进行即时支护。除了支撑外，需要在导洞和扩孔断面之间的结合处安装带有洞顶保护盾壳的稳固（支承）环，以防止岩屑掉进导洞内。导洞直径和扩孔直径的最大比率约为 1：2.5。

（3）护盾式 TBM

1）单护盾式 TBM

单护盾式 TBM 的整个机器都由一个护盾进行保护，适用于需在刀盘后采用较多支护措施的一般破碎甚至不稳定的地层。

护盾式 TBM 的优点是支护工作可在护盾盾壳内完成，与洞壁没有任何接触。然而，当遇到较大的断层或通过洞穴地层时会产生严重的问题。因此，在预测的断层地段掘进期间，进行系统的勘测钻探是非常重要的。TBM 遇到有问题的地段时，可以进行灌浆以稳固岩体，或借助用玻璃纤维强化的洞顶锚杆来加强地层结构。另外，要以最佳的方式设计刀盘检修出口，以便在掌子面前方发生障碍时进行检查并处理，对掌子面前方的“洞穴”也能从这些出口用喷浆进行稳固。在护盾保护下用管片进行支护和衬砌。

2）双护盾式 TBM

同单护盾式 TBM一样，双护盾式 TBM 适用于无地下水的不能自立的软弱破碎地层段，并在护盾内安装管片衬砌。双护盾系统可同时满足推进和管片安装的要求。双护盾 TBM 在每个掘进行程中的中断时间短，后接触护盾周期性地前移。双护盾 TBM 系统在纵向上可分为三部分：①带刀盘的前护盾；②中间部分的伸缩护盾；③后接触护盾，带有用于安装管片的尾盾。把伸缩护盾、接触护盾（支撑盾壳）和盾尾合称为后护盾。

带管片衬砌操作的双护盾掘进机工作周期分为两个阶段。

①前进和管片放置过程：支撑护盾牢固地撑紧在洞壁上，刀盘推进油缸支承在接触护盾的连接处，并在掘进过程中将刀盘向前推进，保持所达到的掘进速率直至刀盘推进油缸行程结束。同时管片在盾尾安装，在安装期间后护盾的护盾推进油缸支撑着管片直至整环闭合。

②后护盾换位阶段：后护盾盾壳换位只持续几分钟。首先，推进油缸卸载，随后护盾盾壳支撑的径向支撑油缸缩回并卸载，然后借助于后护盾推进油缸使刀盘推进油缸周围的后护盾盾壳前移。接着，重复掘进和管片安装过程。

附属装置包括：

①刀盘上的超挖刀具，可得到更大的开挖直径，洞壁由伸缩护盾盾壳支承直至管片安装。

②可纵向及径向移动伸缩的刀盘，以便超挖隧道的一侧，提高机器的转向性。

2. 隧道掘进机的工作原理

以下主要介绍岩石 TBM，并以山西省万家寨引黄工程采用的直径为 6.125m 的美国罗宾斯（Robbins）双护盾全断面掘进机为例。

（1）掘进作业

TBM（以 Robbinsl80 型为例）破岩是通过机头刀盘上的 37 个球形滚刀旋转完成，由周边铲斗歹停地铲起弃渣，通过漏斗和溜槽卸到工作面的胶带输送机上，再转入出渣列车运出。

掘进循环可分为两阶段：

1）掘进阶段。首先紧固装置，将 TBM 后盾固定在隧洞中，然后，驱动电动机在推进液压缸的作用下，带动刀头旋转破岩，切削前进 0.8m（进尺深），此时，后配套辅助设备均停在洞内，出渣列车在胶带机底部接渣。在后护盾的安装室，同时进行调运和安装混凝土管片（安装在完成两个掘进进尺后进行），并在安装好的管片背后及围岩间充填豆粒石和灌浆。在掘进过程中，可控制推进缸的油量来完成机体转向。

2）后盾和尾部设施前移阶段。当刀头与前护盾前进 0.8m 后，暂停工作，前护盾借助夹紧装置固定在岩壁上，后盾通过收缩推力液压缸前移 0.8m。通过操纵相应的装置，前移后续车架并自动延伸风管、水管和轨道，至此完成一次进尺。

（2）隧洞内混凝土管片安装工艺

隧洞内混凝土管片安装工艺，见表 10-2。

表 10-2 隧洞内混凝土管片安装工艺

安装步骤	具体操作
装车前检查	将准备运至洞内的新管片进行严格的检查，凡发现严重破损或有裂缝的管片不准装车，根据缺陷严重程度决定报废或修补，修补时应用高强度水泥砂浆
安装	由机械手在顶头调运，安装时应防止碰撞，错台小于 5mm，管片按规定就位并固定好，随即进行高强度专用水泥砂浆勾缝，接缝充填饱满。待砂浆凝固后，涂上防水油膏
管片型号的确定	隧洞内地质变化复杂，由设计人员会同地质师，监理工程师等，根据围岩类别选择管片型号
充填豆粒石	机具由压力罐、胶带输送机、输送管组成。通过预留孔进行压力充填，将管片和围岩间空隙充填饱满后用灰袋纸塞孔，等待灌浆
回填灌浆	在 TBM 的尾部进行回填灌浆

（3）洞内运输及出渣

在 TBM 中，出渣设备是主机和后配套系统的组成部分，它是靠机器上的输送机完成的。岩渣在刀盘中自动送料到带式运输机，通常在 TBM 和后配套之间的连接处转载到后配套输送机上，再用一个装渣装置或一个中间贮仓漏斗直接转卸到轨道运输车或自卸车运出。在掘进阶段不连续装渣（例如自卸车运输）的场合中，可使用贮仓漏斗。

第三节 矿山钻爆法

一、矿山法

1. 基础内容

矿山法的开挖过程包括钻孔、装药、起爆、出渣。

炸药爆炸后，在极短时间内产生高温高压气体，体积急剧扩大，并产生能量巨大的冲击波破坏岩石。岩石受到冲击波巨大压力后，孔周岩体被压碎。压碎区外岩体经受大的切向应力，形成了辐射状开裂的径向裂缝。孔周岩体的压碎区大约达到炮孔半径的一倍，而压碎区外的径向裂缝却能达到约20倍炮孔直径。这种爆破形成的裂缝使岩体切割为碎块，在爆破气体巨大压力的作用下，将会被抛出临空面。

矿山法优点是：

（1）对于各种地质和几何形状的适应性，尤其是在交叉点、横通道、渡线和洞室等处；

（2）多掌子面可同时操作，设备和工艺简单，便于工人掌握；

（3）较低的造价。

矿山法施工的缺点：

（1）开挖的隧道洞壁不平整，超挖、欠挖量大；超挖会增加混凝土的投入，因而增加投资；施工作业区有较大的危险，工作环境恶劣；

（2）施工对围岩的破坏扰动范围及程度较大，一方面增加了工作面的危险性，另一方面要加强支护；

（3）施工作业速度较慢；对周围环境影响大。

2. 施工要点

矿山法隧道开挖施工工序包括准备、布眼、钻孔、装药、填塞、爆破、通风、处理悬石、排渣。

（1）施工准备

开挖断面上布置炮眼之前，应测量出开挖断面的中线，并标上开挖断面的轮廓线。

（2）布眼

根据围岩种类、地质情况、预期循环进尺确定炮眼数量、位置、深度和倾斜度及装药量。布眼方式有多种，但其基本原则是尽量增大破碎岩石的临空面（或称自由面）以提高爆破效果，所以掏槽眼就成为布眼的重点。

1）掏槽眼

掏槽眼是开挖断面中第一排起爆的炮眼，其功能是首先将开挖断面的中央部位岩石爆破掏出，为以后各排爆破的岩石提供临空面。掏槽眼的布置原则：炮眼位置应布于断面的中部或中下部，炮眼方向应尽可能垂直于岩层的层理；炮眼的数量，应视断面的大小而定。掏槽布置形式分为楔形掏槽和直眼掏槽两种。直眼掏槽的特点：①适用范围较广，可以随岩质变化调整配孔的布置及孔数；②钻眼深度不受断面尺寸的限制，当循环进尺变更时，只需增减炮眼深度；③钻眼工作干扰少，凿岩时容易掌握炮眼方向，能保证钻眼质量，有利于多台凿岩机作业；④炮眼数目多，有些孔不装药；⑤爆破后抛渣距离较小，⑥钻眼质量较高，可力求做到炮位准确。图 10–4 为掏槽炮眼布置参考图。

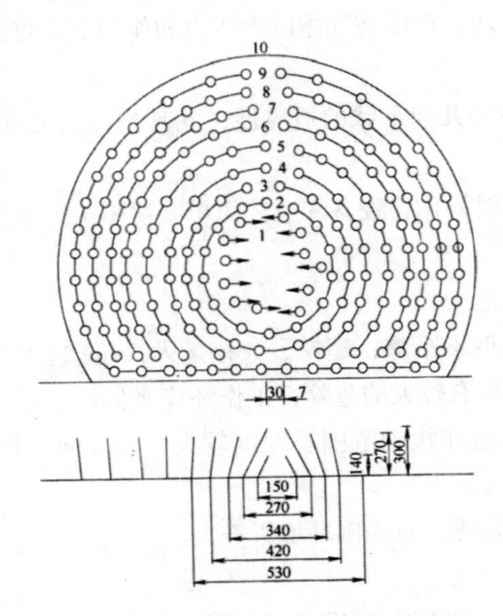

图 10–4　掏槽炮眼布置参考图

2）周边眼及辅助眼

周边眼常布置在距设计开挖断面轮廓线边缘 0.2m 左右的地方，眼底到达设计边缘的距离视岩石而定，松软岩石可钻直眼，次坚石距边界约 0.1m，坚石可达到边界或深入边界。辅助炮眼的布置视情况而定。掏槽炮眼布置参考图 10–4。

（3）钻孔

钻孔是在开挖断面上按标志的布眼位置进行的打眼作业。钻孔时应利用长度不大于 80cm 的短钻杆，待钻入一定深度后再更换适应炮眼深度的长钻杆。凿岩机是最经济的钻机。由于手持钻机在作水平钻孔时很费力，所以钻机是由千斤顶或压气支架支持在可以延伸的风腿支架上，后者则放在隧洞底板上或支持在凿岩台车的平台上。钻孔台车使得钻机能钻任何尺寸的隧洞。钻孔台车有三种形式：①主线轨道安装钻孔台车，靠运输线行驶（适用于小型隧洞）；②门架式轨行钻孔台车（适用于大隧洞）；③轮胎式或履带式钻孔台车（适用于无轨运输的隧洞）。

（4）装药和填塞

每个炮眼装药前要用扫眼器将炮孔吹扫干净，同时使用扫眼漏斗，使吹扫、装药工作平行作业，缩短时间。一般爆破作业为连续装药，药卷直径要与孔径吻合，如采用 36mm 的大直径药卷或 32mm 直径的药卷，先划破，再用炮泥捣实，以增加密度，提高爆破威力。最后填塞时，可以用砂和黏土的混合物堵塞。

（5）爆破

钻爆法的起爆方法有火花起爆、电力起爆和导爆管起爆三种（见表 10–3）。

表 10–3　钻爆法的起爆方法

方法	具体内容
电力起爆法	此法是用电雷管和导线连成爆破网络，通过接通电源起爆。电力起爆可预先检测爆破的准确性，防止产生拒爆，安全性好，是目前较普遍采用的方法。采用此法应特别注意对洞内电源的管制，注意消除杂散电流、感应电流和高压静电等，防止产生意外早爆现象
导爆管起爆法	导爆管是一种非电起爆器材，它由普通雷管、激光枪或导爆索引爆。引爆的导爆管以 2000m/s 的速度传递着冲击波，从而引爆与其相连的雷管（普通瞬发雷管和非电延时雷管）起爆。此种方法具有抗静电杂电、抗水、抗击、耐火和传爆长度大等优点
火花起爆法	火花起爆是用火雷管（铜雷管或纸雷管）和导火索起爆，通过点燃导火索点燃雷管起爆药卷。此法操作简单，容易掌握，但不安全因素多（如导火索燃烧速度不均匀，不能精确地控制起爆时间，点燃导火索必须在工作面上进行）。特别是长隧道和全断面一次开挖炮眼数量较多时，点炮时应有相应的安全措施

（6）通风

施工通风不仅可以排除爆破后产生的有害气体，而且可以降低凿岩的粉尘，冲淡和排除有害气体，补充新鲜空气。按通风方式可分为：压入式、吸出式及混合式。

（7）处理悬石

放炮通风后接好照明线路，作业班组负责人进入工作面后，首先要处理哑炮和悬石，修复和设置临时支撑，确认工作面无危险隐患后，方可进行排渣和测量布眼等作业。

（8）排渣

隧道施工中排渣是关键工序，直接关系到工作效率和施工进度。排渣常用的机械有皮带运输机和窄轨蓄电瓶机车等。

二、新奥法

新奥法施工的一个显著特点就是信息化程度高。在新奥法中，采用反分析方法，逐步校正设计参数，优化设计，如图 10–5 所示。

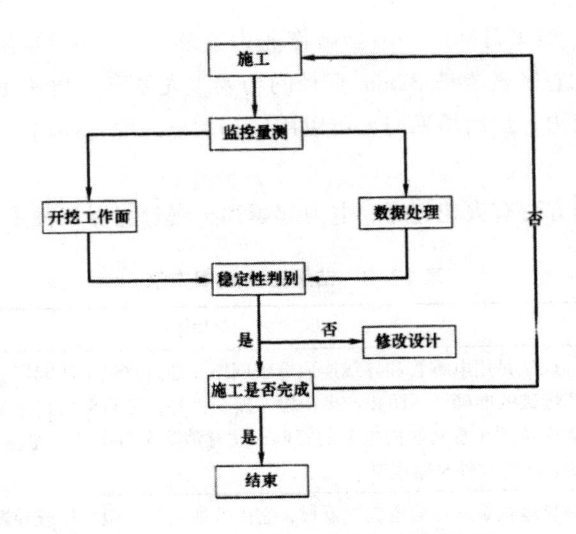

图10-5 新奥法反分析施工流程图

光面爆破、喷锚支护和现场量测是新奥法施工的三大支柱。

（1）光面爆破

采用钻孔爆破法开挖隧道工程时，为了减少超挖和欠挖，严格控制对围岩的扰动，必须采用一种特定的控制爆破即光面爆破技术。

光面爆破主要特点是：周边轮廓面能较好地达到设计要求，超挖欠挖少（实施效果较好时，超挖不大于 10 ~ 15cm，欠挖不大于 5cm）。据统计，光面爆破的超挖量约为 8%，而一般钻爆法为 15% ~ 30%，甚至更大；在岩面上保留 60% ~ 70% 以上的眼痕，岩面平整，起伏小；对围岩扰动轻微，岩面上不产生明显的延伸较长的爆破裂缝和振酥现象。实测资料表明，光面爆破所引起的围岩松动圈的深度仅为普通爆破法的 1/3 ~ 1/2，对维护围岩的稳定性和原有的围岩抗力具有显著的作用，并为喷锚支护创造了良好的条件。光面爆破和喷锚支护配合使用，会取得更加明显的技术经济效果。

光面爆破，是利用岩石的抗拉强度远小于其抗压强度（约为 1/20 ~ 1/10）的这一特性，采用微差引爆，并靠周边多个炮眼同时起爆来实现的。一次成功的光面爆破应该是既在两个相邻的炮眼之间形成较为平坦的拉断裂缝，又对炮孔岩壁产生最低程度的破坏。为此，在炮眼中的装药量不宜过大，并使其沿孔深方向作比较均匀地分布；掏槽孔和内圈各排炮孔的布置，应力求使最后一响的周边孔取得比较一致的抵抗线，周边炮眼的距离要合理加密，并保证其同时起爆。

（2）锚喷支护施工

为及时有效地控制围岩变形、维护和调动围岩的自承能力，采用与围岩紧密结合的柔性的混凝土层和锚杆是一种理想的支护形式。实测资料表明，在开挖的洞室围岩内存在着应力降低区、应力增高区和原始应力区。应力降低区岩体的应力已基本释放，处于松散状态。暂时维持岩体稳定的因素主要有两个：一是依靠裂隙间的摩阻力和黏聚力以及岩块间相互镶嵌和夹持作用；二是开挖洞室形成围岩拱，当此"拱圈"内的岩石向下位移时将使拱的作用得以加强。施工中，开挖洞室围岩的失稳通常是从露在开挖面（临空面）的某些不稳定块体（即危石）的坍滑开始的。因此，只要及时用适当的支护手段（如喷、锚等）有效地防止这类"危石"坍滑，就能保持围岩的稳定性。

喷锚支护使喷射混凝土、锚杆和被支护的岩体之间形成一个联合支护结构。每根锚杆用砂浆与围岩固结，锚杆群体的联合作用以及喷混凝土的粘结作用，形成一个坚固的承载拱，改变了原来应力降低区内岩体的松散状态，使岩体由结构的荷载转化为承担荷载的结构。

锚杆一般应穿过松动区，深入到稳定区内一定深度。其长度一般控制在 2 ~ 5m。喷射混凝土和锚杆施作的时间，应紧跟开挖面，以防止岩体塑变增大。根据需要，可在喷射混凝土内设置金属网，以增加其强度和整体性。喷锚支护一般可采用喷→锚→喷的施工顺序。

（3）现场量测

现场量测是新奥法的重要内容之一。新奥法的安全性和经济性是通过把量测结果及时地反馈到下一阶段的设计和施工中来实现的。因此，快速、准确地进行现场量测和数据处理，已成为成功应用新奥法的关键。

新奥法的临时支护设计包括一个详细周密的量测布置，以便系统地控制围岩和衬砌的变形和应力。围岩变形的量测采用伸长计和收敛量测仪，径向应力和切向应力量测采用压力盒。量测变形点可同时装有长型伸长计和短型伸长计两种。洞顶和洞底的变形采用一般水准仪或全站仪量测。

（4）隧道防水

隧道防水层采用的材料很多，如高密度 PVC 防水板，PE 卷材等，关键是防水板的焊接或粘结工艺。防水层外设泡沫塑料缓冲板，防止防水层被初次支护粗糙面划破。

（5）二次衬砌混凝土浇筑

在初次支护变形稳定后，施作防水层及二次支护。二次衬砌混凝土采用模筑施工，分段浇筑（一般 10m 为一段）。目前，推广采用的模板台车泵送混凝土施工技术，可以提高施工质量，并加快施工进度。

第四节　地下工程特殊开挖方法

一、气压室法

这种方法是把开挖洞段密封好，在进出口段布置气密室，从洞外进入气密室再进入洞内，要经两层密封门，洞内气压大于外压或大气压 12bar。用这个超压来减少渗入洞中的水，也以此压力改善围岩稳定状况。

气压室法需额外的设备投资，而且施工速度将降低，一般只是在不得已时采用。

二、冷冻法

地下建筑工程冻结法是在建筑施工中运用人工制冷技术，把待施工的地下工程周围一定范围内的含水不稳定岩土层冻结，使它形成封闭冻结壁，隔绝与地下水的联系，改变岩土性质，增加它的强度和稳定性，确保地下工程安全施工的方法。这种方法起源于建筑基础的土壤加固。已被应用在矿建、地铁、水利、隧道等工程。在地下水较多，施工困难时，也能运用冷冻法，以液氨注入地层，把隧道周围的土壤冻结起来，进行开挖。现在，冻结技术已广泛应用在特殊地层凿井，基坑和挡土墙加固，盾构隧道盾构进出洞周围土体加固，地铁、隧道联络通道及泵站施工、两段隧道地下对接时土体加固和工程事故处理等方面。

冻结法运用的是传统的氨压缩循环制冷技术。为形成冻结壁，在井筒周围由地面向地层钻一圈或数圈冻结孔，孔内安装冻结器。冻结站制出的低温盐水（–28℃左右）在冻结器内循环流动，吸收周围地层的热量，形成冻土圆柱，并不断扩大交圈形成封闭的冻结壁，实现设计的厚度和强度。一般将这一期间叫做积极冻结期。而把掘进时维护冻结壁厚度期间叫做消极冻结期。吸收地层热量的盐水，在盐水箱内把热量传给蒸发器中的液氨，变为饱和蒸汽氨，再被压缩机压缩成过热蒸汽进入冷凝器冷却。把地热和压缩机作功出现的热量传给冷却水，把这些热量传给大气。

（1）冻结法的优缺点

冻结法施工是开挖地下工程的临时支护方法，具有如下优点：冻结法施工的适用范围较为广泛；施工的隔水性能较好；冻结法施工的冻结壁强度高；此法对所处地层扰动较小，地面沉降控制得好；按工程需要能灵活布置冻结孔和调节冷冻液的温度，随时增加和控制冻土壁的厚度及强度；冻土墙的连续性和均匀性较好；对地层污染程度较小。运用冻结法施工也存在一些缺点，施工周期与其他支护方法相对较长，设备较多，造价较高，冻胀融沉可能导致地面的隆起，对工程造成不良影响。冻结技术可分为竖向冻结技术，水平冻结技术和特殊工程冻结技术。

（2）冻结法的施工工艺

冻结方案选择要全面分析隧道穿过岩层（土层）的工程地质与水文地质特征，按冻结深度、冷冻设备和施工队伍素质统筹确定。要以取得最佳的技术经济效果为出发点，选择技术先进、经济合理的冻结方案。如：冻结法凿井的冻结方案有一次冻全深方案、分期冻结方案、差异冻结方案、局部冻结方案等。冻结深度要按地质条件确定，冻结壁厚度取决于地压状况、冻土强度、变形特征、冻结壁暴露时间、掘进段高及冻土温度，冻结孔设置通常由井筒断面、冻结深度、钻孔允许偏差和冻结壁厚度确定，测温孔按工程特点设置。

冷冻站的一般设备有氨压缩机、冷凝器、蒸发器等。辅助设备有氨油分离器、贮氨器、集油器、调节阀、液氨分离器和除尘器等。氨压缩机是冷冻站的主设备，它是将饱和蒸发氨压缩为过热蒸气氨，实现冷凝压力，形成氨的卡诺循环。它是实现补偿功的机械。冷凝器是用来冷却氨，把氨由气态变为液态的装置。蒸发器是热交换系中必要的热交换设备。冻结法的施工工艺主要包括：安装冻结站，冻结管施工，冻结期，维护冻结期和解冻期。

三、分部开挖、分部支护法

在软弱地层中开挖洞室，一般办法是先开挖一小部分，再用喷锚支护做全断面保护，再不断扩挖，逐步支护。通常采用双侧导坑法，挖好一个侧导坑，支护好，再挖另一侧导坑，支护好。再挖掉中间遗留下来的土柱，并支护形成封闭结构。开挖后在其中做钢筋混凝土二次衬砌。

四、超前灌浆、超前锚杆法

在地下水较为丰富的工程，通常采用超前灌浆法。就是在开挖前先在掌子面上钻孔深为 20m、30m 的深孔，进行压力固结灌浆，使要开挖洞段的岩石缝尽量固结起来并减少漏水，之后开挖。挖到灌浆深度一半时，再作一圈深孔灌浆，循环进行。使开挖工作面在灌浆固结过的岩层中进行。

超前锚杆法是在掌子面顶拱部位向前上方打入 4 ~ 5m 的锚杆，锚杆后端露出较长，用喷射混凝土或钢拱架支护好，再向前开挖 1 ~ 2m，支护好，继续打下一轮锚杆，循环作业，使开挖在顶部锚杆的保护下进行。

五、长距离顶管技术

长距离顶管属于非开挖管线工程施工技术，长距离顶管的施工程序是：先在管道的一端挖掘工作坑（井），完成或在其内安装顶进设备，将管道顶入土层，边顶进边挖土，将管段逐节顶入土层内，直到顶至设计长度为止。顶管施工示意如图10–6。

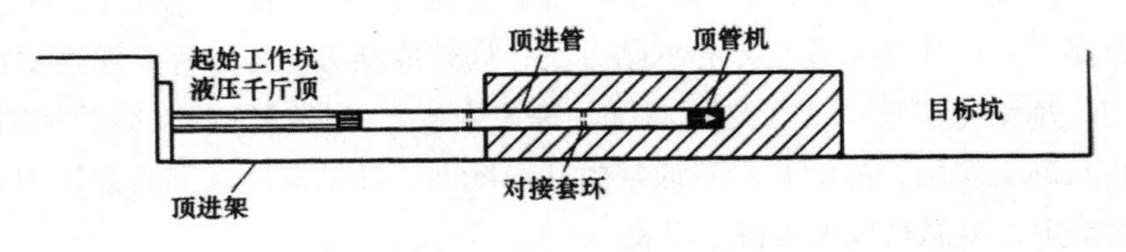

图10–6　顶管施工示意图

1. 顶管技术的基本设备

顶管施工的基本设备主要包括管段前端的工具管，后部顶进设备及贯穿前后的出泥与气压设备，此外还有通风照明等设施。

工具管是长距离顶管的关键设备。

2. 顶管施工的关键技术与措施

长距离顶管的关键技术：

（1）顶力问题。顶管的顶力随着顶进长度的增加需不断增加，但是又受到管道强度的限制，不能无限增加，因此用普通顶管法只在管尾推进的方法，顶进距离受到限制。所以长距离顶管必须解决在管道强度允许范围内施加的顶力问题。目前有两种方法：即采用润滑剂减阻和中继接力技术。

（2）方向控制。管段能否按设计轴线顶进，这是长距离顶管成败的关键之一。顶进方向失控，会导致管道弯曲，顶力急骤增加，顶进困难，工程无法施工。因此，必须有一套能准确控制管段顶进方向的导向机构。上海基础工程公司顶管系统中，采用三段双铰工具管来完成。

（3）制止正面坍方。坍方危及地面建筑物，使管道方向失去控制，导致管道受力情况恶化，给施工带来许多困难。在深层顶管中，制止坍方实际上是制服地下水的问题。

为了解决上述技术关键，在长距离顶管中主要采用的技术措施见表10–4：

表10-4　长距离顶管中主要采用的技术措施

技术措施	具体内容
穿墙	从打开穿墙管闷板，将工具管顶出井外，到安装好穿墙止水，这一过程通称穿墙。穿墙是顶管施工的主要工序，因为穿墙后工具管方向的准确程度将会给以后管道的方向控制和管道拼接工作带来影响。穿墙时应注意，在穿墙内事先经过夯实的黄黏土，以免地下水和土大量涌入工作井，打开穿墙闷板，应立刻将工具顶进
纠偏与导向	顶管必须设计轴向顶进，应控制顶进中的方向和高程，若发现偏差，必须纠偏。以往纠偏工作是当管道头部偏离了轴线后才进行，但这时管道已经产生了偏差，因此管轴线难免有较大的弯曲。管道偏离轴线，其中一个主要原因是顶力不平衡导致。如果事先能消除不平衡外力，就能更好防止管道的偏位
局部气压	顶管在流砂层和流塑状态的土层顶进，有时因正面挤压力不足以阻止坍方，则易产生正面坍方，出泥量增加，造成地面沉降，管轴线弯曲，给纠偏带来困难，而且还会破坏泥浆减阻效果。为解决这类问题，常根据局部气压的大小视具体情况而定
触变泥浆减阻	为减少长距离顶管中的管壁四周摩阻力，在管壁外压注触变泥浆，形成一定厚度的泥浆套，使顶管在泥浆套中顶进，以减少阻力
中继接力顶进	在长距离顶管中，只采用触变泥浆减阻措施仍显不够，还需采用中继接力顶进，也就是在管道中设置中继环，从而解决顶力不足问题

六、气动夯管锤铺管施工

气动夯管锤实质上是一个低频、大冲击功的气动冲击器，由压缩空气驱动，将要铺设的钢管沿设计路线直接夯入地层，从而实现非开挖穿越铺管的一种铺管工具。在夯管过程中，夯管锤产生很大的冲击力，并通过调节锥套、出土器和夯管头作用于钢管后端，再通过钢管传递到前端的切削头（管鞋）上，切割土体，并克服地层与管体的摩擦力使钢管不断进入土层。随着钢管前行，被切割的土心进入钢管内。待钢管抵达目标后，取下管鞋，将管中的土心排出，钢管留在孔内，即完成铺管。

气动夯管锤铺管的特点：

（1）地层适用范围广。夯管锤铺管几乎适应除岩层以外的所有地层。

（2）铺管精度较高。气动夯管锤铺管属不可控向铺管，但由于其以冲击方式将管道夯入地层，在管端无土楔形成，且在遇障碍物时，可将其击碎穿越，所以具有较好的目标准确性。

（3）对地表的影响较小。夯管锤由于是将钢管开口夯入地层，除了钢管管壁部分需排挤土体之外，切削下来的土芯全部进入管内，因此即使钢管铺设深度很浅，地表也不会产生隆起或沉降现象。

（4）夯管锤铺管适合较短长度的管道铺设，为保证铺管精度，在实际施工中，可铺管长度按钢管直径（mm）除以10就得到夯进长度（以m为单位）。

（5）对铺管材料的要求。夯管锤铺管要求管道材料必须是钢管，若要铺设其他材料的管道，可铺设钢套管，再将工作管道穿入套管内。

（6）投资和施工成本低，施工进度快。

（7）工作坑要求低。

（8）穿越河流时，无须在施工中清理管内土体，无渗水现象，确保施工人员安全。

气动夯管锤铺管的一般施工程序如图10-7所示。

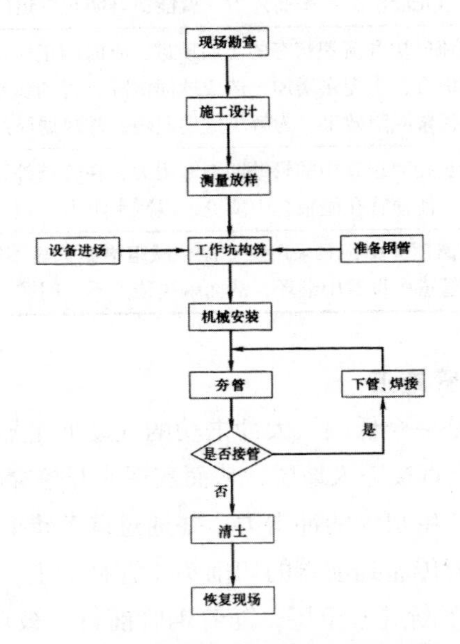

图10-7　气动夯管锤铺工艺流程图

（1）测量放样

根据施工设计和工程勘察结果，在施工现场地表规划出管道中心线、下管坑位置、目标坑位置和地表设备的停放位置。放样以后须经过复核，在工程有关各方没有异议以后即可进行下步施工。

（2）准备钢管、设备进场

夯管锤铺管用钢管在壁厚上有一定的要求，达不到要求时，钢管端部和接缝处需加强，以防被打裂。钢管要求防腐时，应在施工前做好。为防止防腐层在夯管过程中损坏，最好采用玻璃钢防腐，也可用三油两布沥青、环氧树脂等防腐。设备进场主要是空压机、电焊机、夯管锤及配套机具的进场。

（3）工作坑构筑

工作坑包括下管坑和目标坑。应在正式施工前按设计要求开挖。一般下管坑坑底长为：管段长度 + 夯管锤长度 +1m，坑底宽为：管径 +1m。接收坑坑底可挖成正方形，边长为：管径 +1m。

（4）机械安装

以上各项工作准备好以后即可进行机械安装。先在下管坑内安装导轨（短距离穿越铺管可以不用导轨），调整好导轨的位置，然后将管置于导轨上。在钢管进入地层的一端焊上切削头。如注浆，还需在切削头后焊

上注浆喷头，并连接好注浆系统。用张紧器将夯管锤、调整锥套、出土器、夯管头和待铺钢管连在一起，使其成为一个整体。将夯管锤的进风管通过管路系统与空压机相连接。

（5）夯管

启动空压机，开启送风阀，夯管锤即开始工作，徐徐地将钢管夯入地层。在第一根管段进入地层以前，夯管锤工作时，钢管容易在导轨上来回窜动，应利用送风阀控制工作风量，使钢管平稳地进入地层。第一段钢管对后续钢管起导向作用，其偏差对铺管精度影响极大。一般在第一段钢管进入地层 3 倍管径长度时，要对其偏差进行检测，并及时调整，在继续夯入一段后重复测量和调整一次，直至符合要求为止。钢管进入地层 3 ~ 4m 后可逐渐加大工作风量至正常值。

（6）下管、焊接

当前一管段不能使管道到达目标坑时，还需下入下一管段。将夯管锤和出土器等从钢管端部卸下并沿着导轨移到下管坑的后部，将下一管段置于导轨上，并调到与前一管段成一直线。管段间一般采用手工电弧焊接，焊缝要焊牢焊透，管壁太薄时焊缝处应用筋板加强，以提供足够的强度来承受夯管时的冲击力。要求防腐的管道，焊缝还须进行防腐处理。采用了注浆措施的，还须加接注浆用管。然后继续夯管，直至将全部管道夯入地层为止。

（7）清土、恢复现场

夯管结束后须将钢管内的存土清除出去。常用的清土方法有压气排土法、螺旋钻排土法和人工清土。压气排土法最简单，适用于非进入管道，其做法是：将管的一端掏空 0.5 ~ lm 深，将清土球置于管内，用封盖封住管端，向管内注入适量的水，然后连接送风管道，送入压缩空气，管内土心即在空气压力作用下排出管外。使用此法应注意安全，土心的迅速排出对靠近的物品和人员可能造成损害。螺旋钻排土和人工清土一般都用于较大直径管道。清土工作完成后，还应按有关规定回填工作

坑，清理现场，撤出机械设备。至此铺管工程结束。

七、导向钻进法施工

（1）导向钻进法施工的基本原理

导向钻进施工法是将定向钻机设在地面上，在不开挖土壤的条件下，采用探测仪导向，控制钻杆钻头方向，达到设计轴线的要求，经多次扩孔，拖拉管道回拉就位，完成管道敷设的施工方法。

成孔方式有两种：干式和湿式。干式钻由挤压钻头、探头室和冲击锤组成，靠冲击挤压成孔，不排土。湿式钻由射流钻头和探头室组成，以高压射流切割土层，有时辅以顶驱式动力头以破碎大块卵石和硬土层。两种成孔方式均以斜面钻头来控制钻孔方向。若同时给进和回转钻杆柱，斜面失去方向性，实现保直钻进；若只给进不回转钻杆柱，作用于斜面的反力使钻头改变方向，实现造斜钻进。钻头轨迹的监视，一般由手持式地表探测器和孔底探头来实现，地表探测器接收显示位于钻头后面探头发出的信号（深度、顶角、工具面向角等参数），供操作人员掌握孔内情况，以便随时进行调整。

（2）导向钻进法施工工序

导向钻进法的施工工序：测量放线—导向孔轨迹设计—施工准备—钻机就位—钻导向孔—回拉扩孔—回拉铺设管道（拖管）。

1）测量放线

根据施工要求的入土点和出土点坐标放出管线中心轴线，并根据要求进行导向孔轨迹设计。

2）钻机就位

钻机就位前对施工场地进行平整（20 ~ 30m），保证设备通行及进出场。测量打好轴线后，根据入土点、入土角度结合现场实际情况使钻机准确就位。钻机设备、泥浆设备、固控设备安装完成后，对其进行调试，确保导向孔的精度。

3）钻导向孔

导向孔的钻进是整个导向钻的关键。为了确保出土位置达到设计要求，控向对穿越精度及工程成功与否至关重要，开钻前要仔细分析地质资料，确定控向方案，钻机手和导向仪操作手要重视每一个环节，认真分析各项参数，互相配合钻出符合要求的导向孔，钻导向孔要随时对照地质资料及仪表参数分析成孔情况。

4）回拉扩孔

导向孔完成后，然后进行回拉扩孔，首先将导向头卸下，装上一钻头，钻头孔径比孔洞大 1.5 倍，然后将钻头往回拖拉至初始位置，卸下该钻头，换上更大的钻头，来回数次，直到符合回拖管道要求。回拉扩孔时的钻具组合为：钻杆 + 扩孔器 + 钻杆。预扩孔的次数主要由地层地质条件、回拖管线管径大小等来决定。地层硬度越大，扩孔次数越多；管径越大，扩孔次数也越多，最后扩孔直径一般到大约管径的 1.3 ~ 1.5 倍为止，保证管线能安全顺利拖入孔中。

5）回拉铺设管道（拖管）

管道回拖是穿越的最后一步，也是最为关键的一步。管道回拖成功了，管道铺设也就基本完成了。在回拖时采用的钻具组合为：钻杆 + 扩孔器 + 回拖万向接 + 穿越管道。在回拖时要连续作业，避免因停工造成缩孔、塌孔，从而使回拖阻力增大，或发生“泥包钻”，如果万一回拖力太大时，应采用助推器进行助推。回拖的管道要布置在穿越中心线上，尽量避免与出土的钻杆之间形成夹角，回拖前若地形较平时沿管线挖一“发送沟”，并在发送沟中灌入水，然后将管线放入发送沟内。当管线管径小时，可直接将焊接的管线放在滚轮架上，以便回拖时减少摩擦力，保护管道。当回拖的管道管径大时，回拖前根据出土角的大小沿钻杆开挖一出土斜坡，以利于管线按出土角度回拖入孔中。

（3）钻头的选择依据

1）在淤泥质黏土中施工，一般采用较大的钻头，以适应变向的要求。

2）在干燥软黏土中施工，采用中等尺寸钻头一般效果最佳（土层干燥，可较快地实现方向控制）。

3）在硬黏土中，较小的钻头效果比较理想，但在施工中要保证钻头至少要比探头外筒的尺寸大 12mm 以上。

4）在钙质土层中，钻头向前推进十分困难，所以，较小直径的钻头效果最佳。

5）在粗粒砂层，中等尺寸的钻头使用效果最佳。在这类地层中，一般采用耐磨性能好的硬质合金钻头来克服钻头的严重磨损。另外，钻机的锚固和冲洗液质量是施工成败的关键。

6）对于砂质淤泥，中等到大尺寸钻头效果较好；对于致密砂层，小尺寸锥形钻头效果最好，但要确保钻头尺寸大于探头筒的尺寸。在这种土层中，向前推进较难，可较快地实现控向。另一方面，钻机锚固是钻孔成功的关键。

7）在砾石层中施工，镶焊小尺寸硬质合金的钻头使用效果较佳。

8）对于固结的岩层，使用孔内动力钻具钻进效果最佳。

第五节 明挖法

一、地下连续墙法

1. 基础内容

地下连续墙是区别于传统施工方法的一种较为先进的地下工程结构形式和施工工艺。它是在地面上用特殊的挖槽设备，沿着深开挖工程的周边（例如地下结构物的边墙），在泥浆护壁的情况下，开挖一条狭长的深槽，在槽内放置钢筋笼并浇灌水下混凝土，筑成一段钢筋混凝土墙段。然后将若干墙段连接成整体，形成一条连续的地下墙体。地下连续墙可供截水、防渗或挡土承重之用。

地下连续墙的优点如下：

（1）适用于多种土质情况；

（2）施工时振动小、噪声低，有利于城市建设中的环境保护；

（3）能在建筑物、构筑物密集地区施工；

（4）能兼作临时设施和永久的地下主体结构；可结合“盖作法”施工，缩短施工总工期。

地下连续墙的缺点如下：

（1）对于岩溶地区含承压水头很高的砂砾层或很软的黏土；

（2）施工现场组织管理不善，可能会造成现场潮湿和泥泞，影响施工；

（3）土层条件特殊，易出现不规则超挖和槽壁坍塌；

（4）现浇地下连续墙的墙面较粗糙，墙面平整处理增加了工期和造价；

（5）需有一定数量的专用施工机具和具有一定技术水平的专业施工队伍。

地下连续墙适用范围：

（1）处于软弱地基的深大基坑，周围又有密集的建筑群或重要的地下管线，对基坑工程周围地面沉降和位移值有严格限制的地下工程；

（2）既作为土方开挖时的临时基坑围护结构，又可用作主体结构的一部分的地下工程；

（3）采用盖作法施工，地下连续墙同时作为挡土结构、地下室外墙、地面高层房屋基础的工程。

2. 施工要点

地下连续墙的施工过程复杂，工序多。其中修筑导墙，泥浆的制备和处理，钢筋笼的制作和吊装以及水下混凝土浇灌是主要的工序。

（1）导墙施工

1）导墙的作用

导墙作为连续墙施工中必不可少的构筑物，具有以下作用：

①控制地下连续墙施工精度，导墙与地下墙中心相一致，确定沟槽走向，是量测挖槽标高、垂直度的基准；

②挡土作用；

③重物支承台施工期间，承受钢筋笼、灌筑混凝土用的导管、接头管以及其他施工机械的静、动荷载；

④维持稳定液面的作用导墙内存蓄泥浆，为保证槽壁的稳定，泥浆液面始终保持高于地下水位一定的高度。此高度值的确定，大多数规定为 1.25 ~ 2.0m。一般使泥浆液面保持高于地下水位 1.0m，能满足要求。

2）导墙的形式

导墙一般采用现浇钢筋混凝土结构。也有钢制的或预制钢筋混凝土的装配式结构，目的是想能多次重复使用。

3）导墙施工

导墙一般采用 C20 混凝土浇筑，配筋通常为 ϕ12 ~ ϕ14@200。

表土较好时：导墙施工期保持外侧土壁垂直自立时，则以土壁代替外模板，避免回填土和槽外地表水渗入槽内。

表土较差时：开挖后外侧土壁不能垂直自立，外侧需设模板。导墙外侧的回填土应用黏土回填密实，防止地面水从导墙背后渗入槽内，引起槽段塌方。

地下墙两侧导墙内的净距，应比地下连续墙厚度略宽，一般为 40mm 左右。导墙顶面应高于地面 100mm 左右，以防雨水流入槽内稀释及污染泥浆。

（2）泥浆护壁

1）泥浆的作用

泥浆的作用是护壁、携渣、冷却机具和切土滑润，其中护壁为最重要的功能。

泥浆性能有：

①具有一定的密度，渗入土壁形成一层透水性很低的泥皮，有助于维护土壁的稳定性。

②具有较高的黏性，在挖槽过程中将土渣悬浮起来。使钻头时刻钻进新鲜土层。

③降低钻连续冲击或回转而上升的温度，减轻钻具的磨损消耗。

④有良好的固壁性能，且便于灌筑混凝土。

⑤有一定的稳定性，保证在一定时间内不出现分层现象。

2）护壁泥浆的成分

地下连续墙挖槽护壁用的泥浆主要成分和外加剂见表 10–5。

表 10–5 地下连续墙挖槽护壁用泥浆的主要成分和外加剂

泥浆种类	主要成分	常用的外加剂
膨润土泥浆	膨润土、水	分散剂、增黏剂、加重剂、防漏剂
聚合物泥浆	聚合物、水	—
CMC 泥浆	CMC、水	膨润土
盐水泥浆	膨润土、盐水	分散剂、特殊黏土

我国工程中使用最多的是膨润土泥浆。

3）不同地层中的泥浆配合比（表 10–6）

表 10–6 不同地层中的泥浆配合比

地层	膨润土（%）	增黏剂 CMC（%）	分散剂 FCL（%）	其他
黏性土	5 ~ 8	0 ~ 0.02	0 ~ 0.5	
砂	5 ~ 8	0 ~ 0.05	0 ~ 0.5	
砂砾	8 ~ 12	0.05 ~ 0.1	0 ~ 0.5	堵漏剂

4）泥浆质量的控制指标

在施工过程中，要保证泥浆的物理、化学性质的稳定性和合适的流动特性。

①泥浆密度：尽量低（小于 1.15）。

②泥浆黏度和切力：破坏泥浆中网状结构单位面积上所需的力，称为泥浆极限静切力，也简称泥浆切力。

③泥浆失水量和泥饼厚度：泥浆在沟槽内受压差的作用，部分水掺入土层，这种现象叫泥浆的失水。滤失的多少叫泥浆的失水量。

④泥浆含砂量：泥浆含砂量是指泥浆中不能通过 200 号筛孔，即直径大于 0.074mm 的砂子所占泥浆体积的百分数。

⑤泥浆 pH 值；也叫泥浆酸碱值。

⑥泥浆胶体率和稳定性。

（3）槽段开挖

连续墙是分段施工，每一段称为一槽段，一次混凝土灌筑单位。槽段开挖是连续墙施工中的重要环节，约占工期的一半。

1）槽段长度确定

一般而言，各种长度均可施工，且越长越好。如能减少地下墙的接头数，可提高防水性能和整体性。但实际槽段长度确定，是由许多因素决定的，一般应考虑以下的因素：

地质情况、环境、起重机挖土机能力、单位时间内供应混凝土的能力、所具备的稳定液槽容积、占用的场地面积以及能够连续作业的时间等。

最大槽段长度为 20m，但通常一段不超过 10m。从我国的施工经验看，槽段以 6 ~ 8m 长较合适。

2）槽段平面形状和接头位置

一般为纵向连续一字形。但为了增加地下连续墙的抗挠曲刚度，也可采用 L 形、T 形及多边形，墙身还可设计成格栅形。

（4）钢筋笼加工和吊放

1）钢筋笼加工

地下连续墙的受力钢筋一般采用 HRB335 钢筋，直径不宜小于 16mm，构造筋可采用 HPB300 钢筋，直径不宜小于 12mm。最好按单元槽段做成一个整体。

2）钢筋笼的吊放

钢筋笼起吊时，顶部要用一根横梁（常用工字钢），其长度要和钢筋笼尺寸相适应。钢丝绳须吊住四个角。钢筋笼的构造与起吊方法如图 10-8 所示。

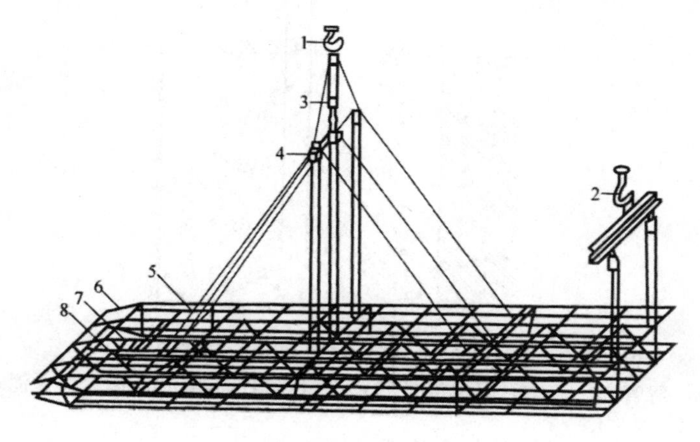

图 10-8　钢筋笼的构造与起吊方法

1、2—吊钩；3、4—滑轮；5—卸甲；6—钢筋笼底端向内弯折；7—纵向桁架；8—横向架立桁架

（5）水下混凝土灌筑

1）浇灌混凝土前的清底工作

槽段开挖到设计标高后，要测定槽底残留的土渣厚度。沉渣过多，会使钢筋笼插不到设计位置，或降低地下连续墙的承载力，增大墙体的沉降。

清底的方法：有沉淀法和置换法两种。

沉淀法是在土渣都沉淀到槽底后再进行清底；

置换法是在挖槽结束后，对槽底进行清理，在土渣还没有沉淀之前用新泥浆把槽内的泥浆置换出来，使泥浆的密度在1.05以下。

2）对混凝土的要求

浇筑具有水下混凝土浇筑的施工特点。

混凝土强度等级一般不应低于C20。级配除了满足结构强度要求外，还要满足水下混凝土施工的要求，比如流态混凝土的坍落度宜控制在15 ~ 20cm左右，混凝土具有良好的和易性和流动性。

混凝土配比中水泥用量一般大于400kg/m^3，水灰比一般须小于0.6。

3）混凝土浇筑

地下连续墙混凝土是用导管在泥浆中灌筑的。图10–9为导管法浇筑混凝土示意图。

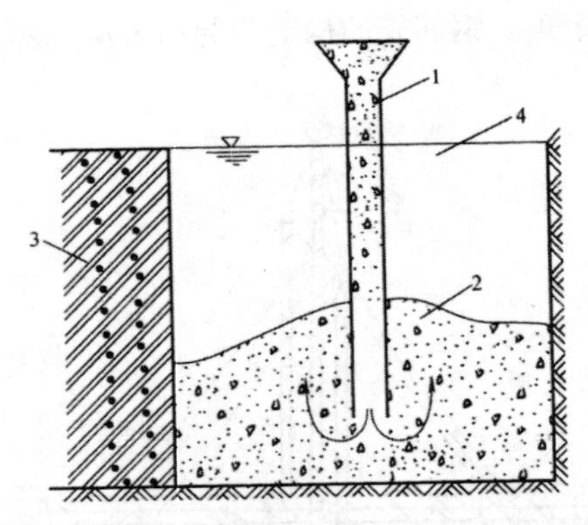

图10–9　导管法浇筑混凝土示意图

1—导管；2—正在浇灌的混凝土；3—已经浇筑混凝土的槽段；4—泥浆

（6）地下连续墙槽段间的接头处理

地下连续墙槽段间的接头一般可分为两大类：施工接头和结构接头。

1）施工接头

施工接头是浇筑地下连续墙时纵向连接两相邻单元墙段的接头；满足受力和防

渗的要求，施工简便、质量可靠，对下一单元槽段的成槽不会造成困难。

①直接连接构成接头

混凝土与未开挖土体直接接触。在开挖下一单元槽段时，用冲击锤等将与土体相接触的混凝土改造成凹凸不平的连接面，再浇灌混凝土形成所谓“直接接头”。

②接头管接头

使用接头管（也称锁口管）形成槽段间的接头。图 10-10 为各式接头。

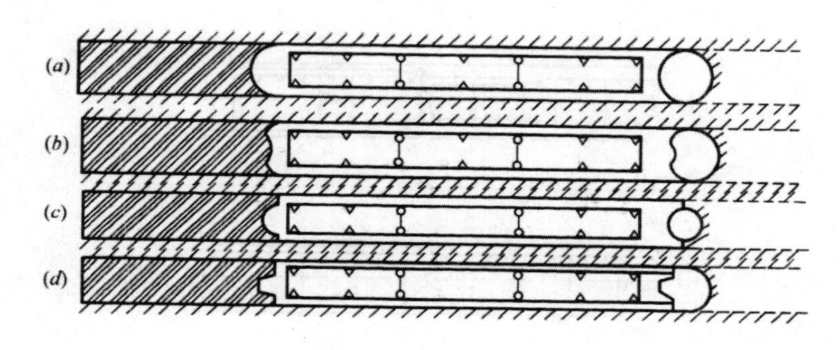

图 10-10 各式接头

（a）圆形；（b）缺口圆形；（c）带翼形；（d）带凸榫形

③接头箱接头

接头箱接头可以使地下连续墙形成整体接头，接头的刚度较好，和接头管相似，其施工过程如图 10-11 所示。

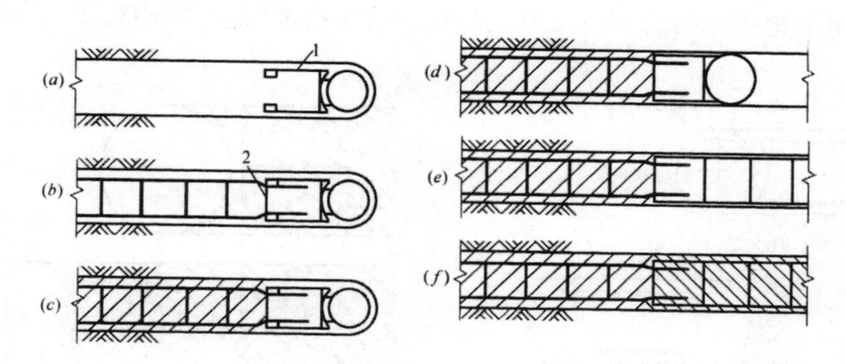

图 10-11 接头箱接头的施工过程

（a）插入接头箱；（b）吊放钢筋笼；（c）浇筑混凝土；（d）吊出接头箱；
（e）吊放后一个槽段的钢筋笼；（f）浇筑后一个槽段的混凝土形成整体接头
1—接头箱；2—焊在钢筋笼端部的钢板

④隔板式接头

隔板式接头按隔板的形状分为平隔板、榫形隔板和V形隔板（图10-12）。

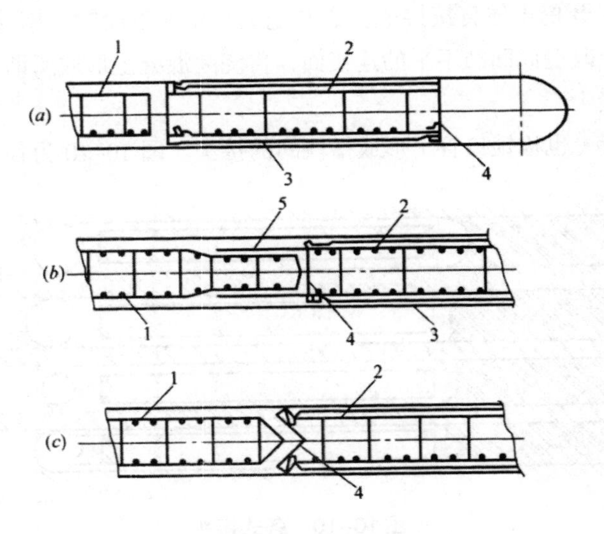

图10-12 隔板式接头

（a）平隔板；（b）榫形隔板；（c）V形隔板

1—钢筋笼（正在施工地段）；2—钢筋笼（完工地段）；3—用化纤布铺盖；4—钢制隔板；5—连接钢筋

⑤预制构件的接头（图10-13）

用预制构件作为接头的连接件，按材料可分为钢筋混凝土和钢材。

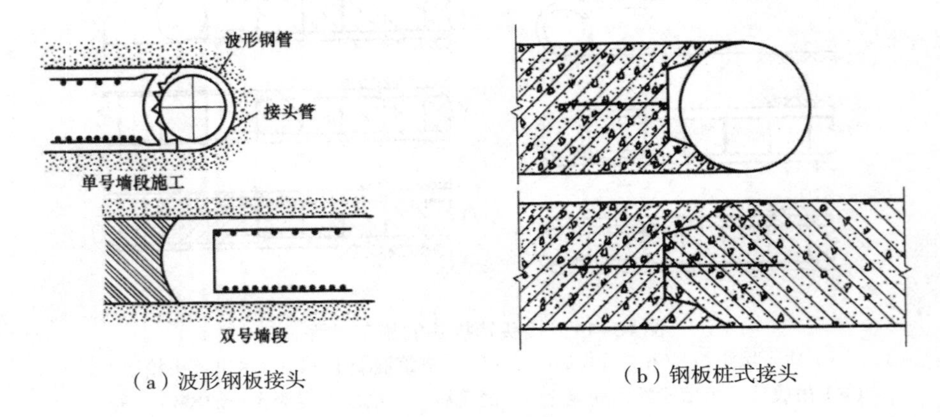

（a）波形钢板接头　　（b）钢板桩式接头

图10-13 预制构件的接头

2）结构接头

结构接头是已竣工的地下连续墙在水平向与其他构件（地下连续墙内部结构的梁、柱、墙、板等）相连接的接头。常用的有下列几种：

①直接连接接头

在浇筑地下连续墙体以前，在连接部位预先埋设连接钢筋。即将该连接筋一端直接与地下墙的主筋连接，另一端弯折后与地下连续墙墙面平行且紧贴墙面。预埋钢筋的直接接头，施工容易，受力可靠，是目前用得最广泛的结构接头。

②间接接头

间接接头是通过钢板或钢构件作媒介，连接地下连续墙和地下工程内部构件的接头。一般有预埋连接钢板和预埋剪力连接件法两种方法。

二、盖挖法

1. 基础内容

盖挖法是先盖后挖，以临时路面或结构顶板维持地面畅通，再进行下部结构施作的施工方法。早期的盖挖法是在支护基坑的钢桩上架设钢梁、铺设临时路面维持地面交通。开挖到基坑底部后，浇筑底板直至浇筑顶板的盖挖顺作法。

后来使用盖挖逆作法。用刚度更大的围护结构取代了钢桩，用结构顶板作为路面系统和支撑，结构施作顺序是自上而下挖土后浇筑侧墙楼板至底板完成。也有采用盖挖半逆作法，施工程序如下：围护结构—顶板—挖土到基坑底部—底板及其侧墙—中板及其侧墙。

盖挖法的优点：

（1）结构的水平位移小；

（2）结构板作为基坑开挖的支撑，节省了临时支撑；

（3）缩短占道时间，减少对地面干扰；受外界气候影响小。

盖挖法的缺点：

（1）出土不方便；

（2）板墙柱施工接头多，需进行防水处理；

（3）工效低，速度慢；

（4）结构框架形成之前，中间立柱能够支承的上部荷载有限。

2. 盖挖法的施工方法

盖挖法施工主要有以下几种类型：盖挖顺作法、盖挖逆作法（图 10–14）、盖挖半逆作法、盖挖顺作法与盖挖逆作法的组合（图 10–15）、盖挖法与暗挖法的组合

(图 10-16)、盖挖法与盾构法组合。

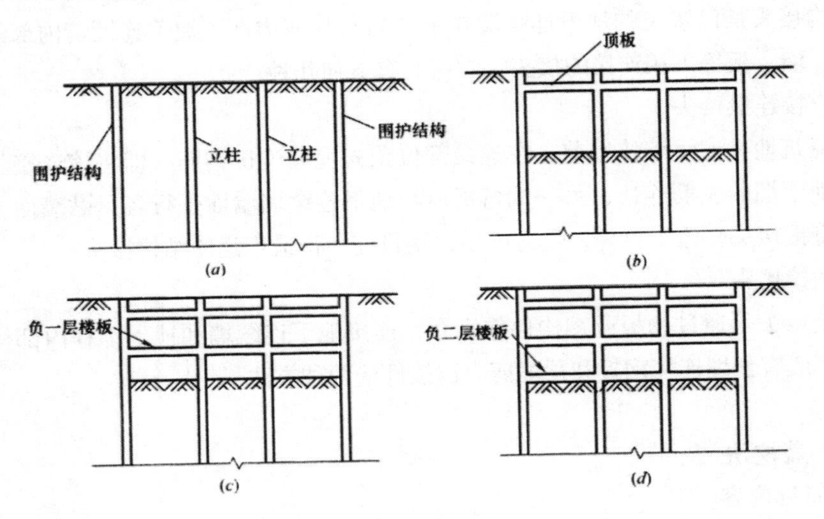

图 10-14 盖挖逆作法施工程序图

(a)各部位名称;(b)顶板施工;(c)负一层楼板施工;(d)负二层楼板施工

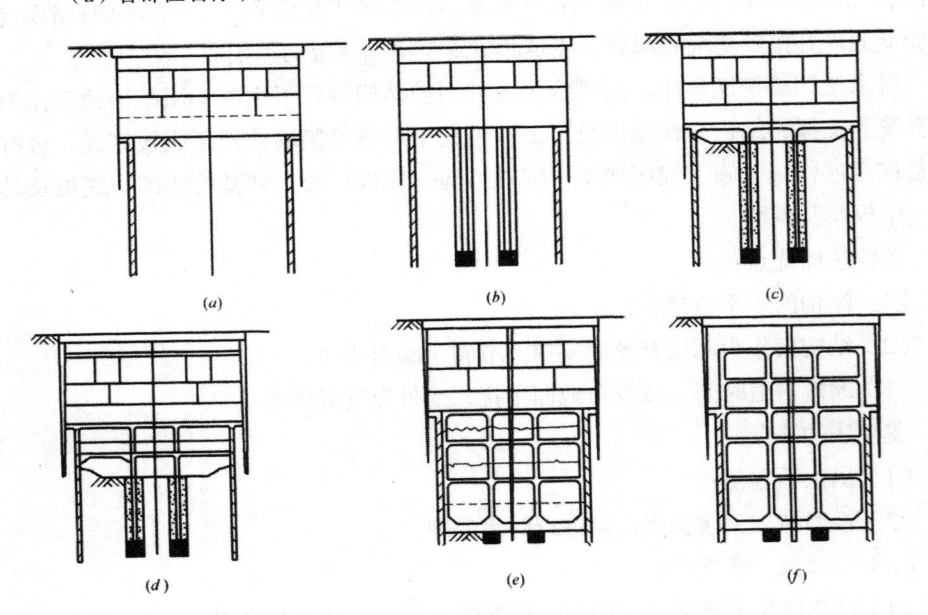

图 10-15 盖挖顺作法与盖挖逆作法组合施工程序图

(a)施工上半部围护结构、中间柱、挖土并架设支撑、下半部围护结构;(b)主体结构中间柱施工

(c)浇筑第二层楼板并开挖土方;(d)架设支撑,浇筑第三层楼板及其侧墙并开挖土方;

(e)依次浇筑第四层 楼板及相应侧墙;(f)用顺作法浇筑第一、二层结构,拆除临时设施回恢路面

①用暗挖法修建两个行车隧道及梁柱；②锚喷护坡、挖孔桩；③用盖挖法完成其他部分。

3. 施工要点

（1）施工期间地面的处置有以下基本方式：

1）部分或全部占用地面；

2）分条施工临时路面和结构顶板，维持部分交通；

3）夜间施工、白天恢复交通。

（2）围护结构

盖挖法施工的地下工程围护结构形式基本可分为两大类：

1）由桩（钻孔桩、挖孔桩或预制桩）和内衬墙组成的柱墙结构；

2）地下连续墙或地下连续墙与内衬墙组合结构。在软弱土层中，多采用刚度和防水性较好的地下连续墙。

围护结构与内衬墙之间的构造视传力方式不同可分为两种：分离式结构、复合式结构。

1）分离式结构

当围护结构与内衬墙之间需设防水层时，为保证防水效果，在围护结构与内衬墙和板之间一般不用钢筋拉结。施工中为保证板的强度和刚度，有时需在上下板之间设置拉杆或临时立柱。软弱土层中，分离式内衬墙往往较厚，但由于防水性能好，采用较多。

2）复合式结构

在围护结构与内衬墙处设置拉结钢筋，使二者结合为整体，共同受力。但防水效果较差。

从减少墙体水平位移和对附近建筑物影响来看，盖挖逆作法效果最好。在软弱土层开挖时，侧压力较大，除以板作为墙体的支撑外，还需设置一定数量的临时支撑，并施加预应力。

（3）中间临时柱

中间临时柱在结构框构形成前是承受竖向荷载的主要受力构件，能减少板的应力。盖挖顺作法大多采用在永久柱两侧单独设置临时柱。而盖挖逆作法多使临时柱与永久柱合二为一。临时柱通常采用钢管柱或H形钢柱。柱下基础可采用桩基和条基。桩基多采用灌注桩。条基用于地质条件较好的地段，可通过暗挖小隧道来完成。

（4）土方挖运

土方挖运是控制逆作法施工进度的关键工序，开挖方案还直接影响板的模板形式及侧墙水平位移的大小。根据基坑的空间和地质条件，可选择是人工挖运或是小型挖掘机挖运。

盖挖法施工的土方，由明、暗挖两部分组成。条件许可时，从改善施工条件和缩短工期考虑应尽可能增加明挖土方量。一般是以顶板底面作为明、暗挖土方的分界线，这样可利用土模浇筑顶板。而在软弱土层，难以利用土模时，明挖土方可延续到顶板下，按要求架设支撑，立模浇筑顶板。

暗挖土方时应充分利用土台护脚支撑效应，采用中心挖槽法，即先挖出支撑设计位置土体，架设支撑，再挖两侧土体。

暗挖时，材料机具运送、挖运的土方均通过临时出口。临时出口可单独设置或利用隧道的出入口和风道。

（5）混凝土施工缝的处理

逆作法施工时，结构的内衬墙及立柱是由上而下分段施作，施工缝一般多在立柱设 V 形接头、在内衬墙上设 L 形接头进行处理。

施工缝根据结构对强度及防水的要求，有三种处理方法可供选择（见表 10–7）：

表 10–7　混凝土施工缝的处理方法

处理方法	内容
注入法	在先浇和后浇混凝土之间的缝隙压入水泥浆或环氧树脂使其密实
直接法	在先浇混凝土的下面继续浇筑，浇注口高出施工缝，利用混凝土的自重使其密实，对接缝处实行二次振捣，尽可能排除混凝土中的气体，增加其密实性
充填法	在先浇和后浇混凝土之间留一个充填接头带，清除浮浆后再用膨胀的混凝土或砂浆充填

三、沉管法

1. 沉管法的优缺点

沉管法的优点是：

（1）对地质水文条件适应能力强（施工较简单、地基荷载较小）；

（2）可浅埋，与两岸道路衔接容易（无需长引道，线形较好）；

（3）防水性能好（接头少漏水几率降低，水力压接滴水不漏）；

（4）施工工期短（管段预制与基槽开挖平行，浮运沉放较快）；

（5）造价低（水下挖土与管段制作成本较低，短于盾构隧道）；

（6）施工条件好（水下作业极少）；可做成大断面多车道结构（盾构隧道一般为两车道）。

沉管法的缺点是：

（1）管段制作混凝土工艺要求严格，需保证干舷与抗浮系数；

（2）车道较多时，需增加沉管隧道高度。导致压载混凝土量、浚挖土方量与沉管隧道引道结构工程量增加。

2. 基本原理

沉管法的实质是在隧址附近修建的临时干坞内（或船厂船台）预制管段，用临时隔墙封闭，然后浮运到隧址规定位置，此时已于隧址处预先挖好水底基槽。待管段定位后灌水压载下沉到设计位置，将此管段与相邻管段水下连接，经基础处理并最后回填覆土即成为水底隧道。

整个沉埋隧道由水底沉管、岸边通风竖井及明洞和明堑组成，沉埋隧道的施工，主要有以下工序，如图 10–16 所示。

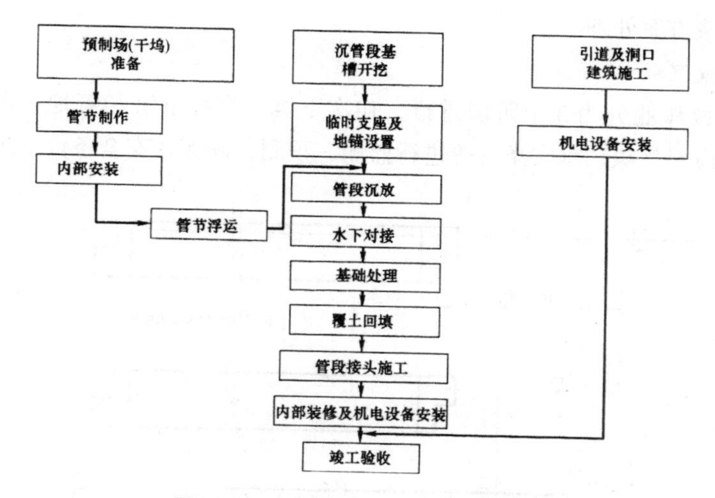

图 10–16　沉管隧道的施工流程图

在所有的工序中，管段制作，管节浮运、沉放、水下对接和基础处理的难度较大，是影响沉管隧道成败的关键工序。

3. 施工要点

（1）管段制作

管段的预制是沉管隧道施工的关键项目之一，关键技术包括：

1）重度控制技术。混凝土重度决定了管段重量大小，如果控制不当，可能造成管段无法起浮等问题，为了保证管段浮运的稳定性干舷高度，必须对混凝土容重进行控制，措施包括配合比控制、计量衡器控制、配料控制、重度抽查等。

2）几何尺寸控制。几何尺寸误差将引起浮运时管段的干舷及重心变化，进而增加浮运沉放的施工风险。特别是钢端壳的误差，会增加管段对接难度和质量、影响接头防水效果，甚至影响隧道整条线路。因此，几何尺寸误差控制是管段预制施工技术的难点、重点之一。管段几何尺寸控制措施主要包括精确测量控制、模板体系控制、钢端壳控制，钢端壳采用二次安装消除安装误差。

3）结构裂缝预防。管段混凝土裂缝的控制是沉管隧道施工成败的关键之一，也是保证隧道稳定运行的决定性因素，因此需要在所有施工环节对裂缝控制予以充分考虑。

4）结构裂缝处理虽然采取了一系列防裂措施，但管段裂缝是不可能避免的。出现裂缝后，应采取补救措施。首先对裂缝观察描述认定，依据其性质选用合理的方案补救。第一类为表面裂缝，可采用表面封堵方案处理；第二类为贯穿性裂缝，可采取化学灌浆方案处理。

（2）管段沉放

管段沉放作业分为 3 个阶段进行，初次下沉、靠拢下沉和着地下沉（10–17）。在沉放前，应对气象、水文条件等进行监测、预测，确保在安全条件下进行作业。

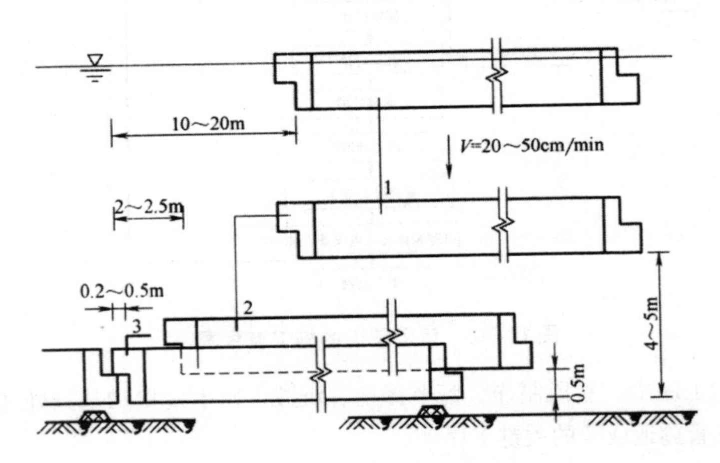

图 10–17 管段下沉作用步骤示意图

（3）管段的水下连接

管段的水下对接采用水下压接法完成，该法是利用静水压力压缩 GINA 止水带，使其与被对接管段的端面间形成密闭隔水效果，水下对接的主要工序包括对位、拉合、压接内部连接、拆除端封墙等工序。

为了确保沉管隧道各个管段能准确连接，需要建立测量系统和调整装置。测量系统包括引导管段到位和使管段正确对接两个部分。引导管段到位的测量系统是在陆地上用扫描式全站仪自动跟踪测量定位控制塔上的棱镜，根据测量结果用计算机算出管段现在位置，显示在屏幕上，指导指挥人员下一步决策（进一步下沉或平面位置调整）。使管段正确对接的测量系统可采用超声波探测装置（水下三维系统）配合陆地上的引导系统，以及时掌握管段的绝对位置与状态（管段摆动与否），以及正沉放管段与已沉放管段之间的相对位置（端面间距离、方向、纵横断面的倾斜等），从而安全、正确并以最短时间实现管段的沉放与对接，避免沉放过程中管段碰撞和GINA橡胶止水带损伤等事故发生。超声波探测装置可自动测量管段端面之间的相互距离、水平和垂直偏移、管段倾斜，检测结果通过计算机处理后显示出图像，作为监控管段沉放的根据。最后对接时，还需潜水员大量、多次的检查，确认位置正确，保证沉放安全、成功。管段压舱水箱加减压舱水时，管内需要人工操作多个阀门，管段沉放开始之前管内人员必须全部离开，拉合管段并初步止水后，人员方可再进入管内进行水力压接，这是沉管隧道施工的安全要求，但实际操作很难做到。因管段沉放接近基槽底部时，通常周围水体重度会增加，管段负浮力会减小，这时需要施工人员进入管内进行操作增加压舱水。

（4）管段基础处理

沉管隧道基础设计与处理是沉管隧道特别是矩形沉管隧道的关键技术之一。沉管隧道基础沉降问题与一般地面建筑的情况截然不同。沉管隧道在基槽开挖、管段沉放、基础处理和最后回填覆土后，抗浮系数仅 1.1 ~ 1.2，作用在沟槽底面的荷载不会因设置沉管而增加，相反却有所减小。在沉管隧道沉管段中构筑人工基础，沉降问题一般不会发生。有些国家（如日本）明确规定，当地基容许承载力 [R] ≥ $20kN/m^2$，标准贯入度 N ≥ 1 时，不必构筑人工沉管基础。但是在沉管段基槽开挖时，无论采取何种挖泥设备，浚挖后沟槽底面总留有 15 ~ 50cm 的不平整度。沟槽底面与管段表面之间存在众多不规则的空隙，导致地基土受力不均匀，同时地基受力不均也会使管段结构受到较高的局部应力，以致开裂，因此，必须进行适当的基础处理，以消除这些有害空隙。

沉管隧道基础处理主要是解决：

1）基槽开挖作业所造成的槽底不平整问题；

2）地基土特别软弱或软硬不均等工况；

3）考虑施工期间基槽回淤或流砂管涌等问题。

从沉管隧道基础发展来看，早期采用的是刮铺法（先铺法）。该方法是在疏浚地基沟槽后，在两边打桩并设立导轨，然后在沟槽上投放砂石，用刮铺机进行刮铺。

它适用于底宽较小的钢壳圆形、八角形或花篮形管段。美国早期的沉管隧道常用此法。该法有不少缺点，特别是对矩形宽断面隧道不适用，而逐渐被淘汰，取而代之的是后填法。后填法是将管段先沉放并支承于钢筋混凝土临时垫块上，再在管段底面与地基之间垫铺基础。后填法克服了刮铺法在管段底宽较大时施工困难的缺点，并随着沉管隧道的广泛应用，不断得到改进和发展，现有灌砂法、喷砂法、灌囊法和压注法，其中，压注法又分为压浆法和压砂法。

（5）管段防水设计

对沉管隧道来说，防水是一个非常重要的工程。沉管隧道的防水包括管段的防水和接头的密封防水。管段结构形式有圆形钢壳式和矩形钢筋混凝土式两大类。钢壳管节以钢壳为防水层，其防水性能的好坏取决于拼装成钢壳的大量的焊缝质量。为了保证焊缝的防水质量，应对焊缝质量进行严密检查。钢筋混凝土管段的防水又包括管段混凝土结构的防水和接缝防水。自防水是隧道防水的根本，对于混凝土管段来说，渗漏主要与裂缝的发展有关。因此，在提高混凝土抗渗等级的同时，要采用低水化热水泥并严格进行大体积混凝土浇筑的温升控制，将管段混凝土的结构裂缝和收缩裂缝控制在允许范围内，为了保证焊缝的防水质量，应对焊缝质量进行严密检查。钢筋混凝土管段的防水又包括管段混凝土结构的防水和接缝防水。自防水是隧道防水的根本，对于混凝土管段来说，渗漏主要与裂缝的发展有关。因此，在提高混凝土抗渗等级的同时，要采用低水化热水泥并严格进行大体积混凝土浇筑的温升控制，将管段混凝土的结构裂缝和收缩裂缝控制在允许范围内。除了管段的自防水以外，管段外防水层的敷设通常也是很有必要的。

第十一章　新型钢筋、模板及脚手架技术

第一节　新型钢筋

一、高强钢筋应用技术

1. 技术性能指标

400MPa 和 500MPa 级钢筋通常直径为 6 ~ 50mm，其主要性能指标应符合表11–1 的规定。

表11–1　钢筋主要性能指标

钢筋等级 MPa	屈服强度标准值 MPa	抗拉强度标准值 MPa	抗压强度标准值 MPa	最大力总伸长度 Agt（%）	实际重量与理论重量的偏差（%）
HRB400 HRBF400	400	540	360	≥7.5	±7（直径小于14mm） ±5（直径14 ~ 20mm） ±4（直径大于20mm）
HRB500 HRBF500	500	630	435		

2. 高强钢筋的优越性

（1）高强钢筋相对传统钢筋可靠度高，强度大，通过提高钢筋设计强度替代增加用钢量增强结构的安全储备是一种经济合理的选择；

（2）高强钢筋相对传统钢筋的用钢量少，在强度充分利用的情况下可节约钢材15% 左右。

3. 高强钢筋的应用

目前，我国正加快淘汰强度 335MPa 热轧带肋钢筋，对地震多发地区的建筑物、建筑物基础工程、重点工程，强制使用强度 400MPa 以上钢筋。对采用微合金化或超细晶粒等工艺建筑钢材产量较大的大中型企业的生产线进行改造，促进建筑钢材

的升级换代。在“十二五”末，国家将通过行政及技术手段淘汰 335MPa 级钢筋。

目前 400MPa 级钢筋已在较大范围内使用，成功用于长江三峡水利枢纽工程、北京奥运工程、苏通长江公路大桥等工程。HRB500 钢筋处于课题研究、标准修订的过程中，国内各地都进行了工程试用，河南、河北地区的试验建筑现已建成，在京津城际铁路的无渣轨道板中也大量应用。

二、钢筋焊接网应用技术

1. 技术特点

钢筋焊接网技术指标应符合相关的规定。冷轧带肋钢筋的直径宜采用 5 ~ 12mm；热轧钢筋的直径宜为 6 ~ 16mm。焊接网制作方向的钢筋间距宜为 100mm、150mm、200mm，与制作方向垂直的钢筋间距宜为 100 ~ 400mm，焊接网的最大长度不宜超过 12m，最大宽度不宜超过 3.3m。

（1）焊接网的钢筋

钢筋焊接网宜采用 CRB550 级冷轧带肋钢筋或 HRB400 级热乳带肋钢筋制作，也可采用 CPB550 级冷拔光面钢筋制作。冷轧带肋钢筋焊接网是目前国内外主要应用的焊接网品种，热轧带肋钢筋焊接网延性好，能适应抗震要求。

（2）焊接网的分类与规格

钢筋焊接网一般分为定型焊接网和定制焊接网两种。定型焊接网有时也称为标准网，通用性较强，一般可在工厂提前预制，有大量库存。定制钢筋焊接网也称为非标准网，采用的钢筋直径、间距和长度可根据具体工程情况由供需双方确定，并以设计图表示。目前我国多使用定制网，但标准网应该是我国发展钢筋网技术的方向。

3. 钢筋焊接网优点

钢筋焊接网的优点，见表 11-2。

表 11-2　钢筋焊接网的优点

优点	内容
加快施工速度	大量工程实践表明，在钢筋用量相同的前提下，1000kg 焊接网如按单层铺放约需 4 个多工时，如采用双层网需 6 个多工时，而手工绑扎需 22 个工时
增强混凝土抗裂性能	焊接网的焊点不仅能承受拉力，还能承受剪力，纵横向钢筋形成网状结构共同起粘结锚固作用，有利于增强混凝土的抗裂性能，减少或防止混凝土裂缝的产生与发展

续表

优点	内容
提高钢筋工程质量	焊接网刚度大、弹性好、不易变形，混凝土保护层厚度易于控制均匀
具有较好的综合经济效益	采用焊接网节省大量现场绑扎人工和施工场地，加快施工速度，提高钢筋工程质量

三、大直径钢筋直螺纹连接技术

1. 基础内容

钢筋直螺纹连接技术是指在热轧带肋钢筋的端部加工出直螺纹，利用带内螺纹的连接套筒对接钢筋，达到传递钢筋拉力和压力的一种钢筋机械连接技术。根据直螺纹制作工艺的不同，钢筋直螺纹连接分为镦粗直螺纹钢筋连接技术、滚轧直螺纹钢筋连接技术、精轧螺纹钢筋连接技术等，目前国内的连接主要是前述二种连接方式，后一种精轧螺纹钢筋连接技术主要是针对预应力混凝土结构用的高强度钢筋的连接。

钢筋直螺纹连接的工艺流程：钢筋下料→钢筋套丝→接头单体试件试验→钢筋连接→质量检查。

近年来，随着钢筋连接技术的不断发展，直螺纹接头又衍生出一些新的类型，如正反异径型、焊接型等，为结构的施工带来更多的选择。

2. 镦粗直螺纹钢筋连接技术

镦粗直螺纹钢筋连接技术是先将钢筋端部镦粗，在镦粗段上制作直螺纹，再用肋螺纹的连接套筒对接钢筋。该技术由钢筋镦粗技术和直螺纹制作技术组成。目前镦粗以冷镦工艺为主，通过冷镦工艺，不仅扩大了钢筋端部横截面积，同时钢筋经冷镦加工后，钢材的屈服和极限强度均有所提高，从而可确保接头的强度高于钢筋母材强度。钢筋的镦粗是采用专用的钢筋镦头机来实现。在钢筋镦粗段上用专用钢筋直螺纹套丝机对钢筋镦粗段加工制作直螺纹。

镦粗直螺纹钢筋接头强度高、钢筋丝头螺纹质量好、接头的整体质量稳定可靠、适合各种工况应用，尤其适合加长丝头型接头对接钢筋笼。

3. 滚轧直螺纹钢筋接头

滚轧直螺纹钢筋接头是利用钢筋的冷作硬化原理，在滚丝机滚乳螺纹过程中提高钢筋材料的强度，补偿钢筋净截面面积减小给强度造成的损失，使滚乳后的钢筋接头能与钢筋母材保持基本等强。

滚轧直螺纹钢筋接头加工目前主要采用直接滚轧和剥肋滚轧两种类型。直接滚轧是使用滚丝机直接在钢筋端部滚丝的一种工艺，剥肋滚轧是在滚轧螺纹前先将钢筋纵横肋剥去，然后再进行滚丝。

滚轧直螺纹主要设备是钢筋直螺纹滚丝机，其结构与套丝机基本一致，不同的是将套丝机头改为滚丝机头。直接滚乳与剥肋滚轧直螺纹滚丝机结构大体相同，只是滚丝机的机头及机头前后机械限位部分有所区别。

滚轧直螺纹钢筋连接技术工艺简单、操作容易、设备投资少，受到用户的普遍欢迎。滚乳直螺纹钢筋接头强度高、工艺简单，最适合钢筋尺寸公差小的工况，但当钢筋尺寸公差或形位公差过大时，易影响螺纹及接头质量，通过剥肋工序可明显改善滚轧螺纹外观和螺纹内在质量。现场加工的接头应按照要求对变形进行检验，严格控制丝头的直径及圆柱度。

4. 钢筋机械接头的使用规定

《钢筋机械连接技术规程》JGJ107—2016 对钢筋机械接头的分级、性能要求和接头在结构中的应用都作了明确规定。接头应根据抗拉强度以及高应力和大变形条件下反复拉压性能的差异分三个等级，即Ⅰ级、Ⅱ级和Ⅲ级，视应用情况采用。结构构件中纵向受力钢筋的接头宜相互错开，在同一连接区段内有接头的受力钢筋截面面积占受力钢筋总截面面积的百分率应符合规范相关规定。

直螺纹连接接头质量控制主要包括：连接套筒的质量控制、钢筋端部螺纹丝头的质量控制、接头安装、接头的工艺检验和现场抽检。

四、钢筋机械锚固技术

1. 基础知识

钢筋锚固是各类工业与民用建筑、大跨桥梁、水工结构、地铁、隧道、核电站等混凝土结构工程设计与施工中的一个重要技术内容。传统的钢筋锚固方式是利用钢筋与混凝土的粘结锚固，或利用端部钢筋弯折减少粘结锚固长度后进行锚固。这种传统锚固方式钢筋用量较大，而且容易造成锚固集中区钢筋拥挤，影响混凝土浇筑质量。近十余年来，出现了在钢筋端部连接锚固板的机械锚固方式，这种锚固方式可明显减少钢筋粘结锚固长度，节约钢材，方便施工。

钢筋机械锚固技术是将螺帽与垫板合二为一的锚固板与钢筋通过直螺纹连接方式相连，实现钢筋锚固。锚固板分为“部分锚固板”和“全锚固板”。部分锚固板与钢筋组装后称为部分锚固板钢筋，其锚固作用机理为：钢筋的锚固力由埋入段钢筋与混凝土之间的粘结力和锚固板的局部承压力共同承担。全锚固板与钢筋组装后称为全锚固板钢筋，其锚固力可完全由锚固板的局部承压力提供，特别适用于梁、板使用。

钢筋机械锚固的施工工艺流程：施工准备→工艺检验→钢筋切割→钢筋端部滚轧螺纹→螺纹检验→安装锚固板→锚固板钢筋拧紧→扭矩检查。

施工前应将检验合格的钢筋锚固板，按规格存放整齐、妥善保管备用，同时做好施工交底。钢筋下料宜用专用钢筋切断机，钢筋端部不得有弯曲，钢筋端面须平整并与钢筋轴线垂直。丝头正式加工前应按有关规定进行组装件的单向拉伸试验，检验合格的钢筋丝头，应立即安装锚固板并码放在适当区域，以免钢筋丝头受到污损。锚固板安装后应用扭力扳手抽检，校核拧紧力矩。

2. 技术特点

该技术相比传统的钢筋锚固技术，具有以下显著特点：

（1）可减少钢筋锚固长度，节约40%以上的锚固用钢材，降低成本；

（2）锚固板与钢筋端部通过螺纹连接，安装快捷，质量及性能易于保证；锚固板具有锚固刚度大、性能好、方便施工等优点，有利于商品化供应；

（3）采用锚固板钢筋的构造形式，可简化钢筋工程的现场施工，并可改善节点受力性能和提高混凝土浇筑质量。

第二节　模板技术

一、清水混凝土模板技术

1. 技术要求

清水混凝土工程分为普通清水混凝土、饰面清水混凝土和装饰清水混凝土，设计时根据不同要求进行清水混凝土模板选择。普通清水混凝土可以选择钢模板，饰面清水混凝土可以选择木胶合板面板的模板，装饰清水混凝土可以选择聚氨酯作内衬图案的模板。

在清水混凝土模板设计前，应先根据建筑师的要求对清水混凝土工程进行全面深化设计，设计出清水混凝土外观效果图，在效果图中应明确明缝、蝉缝、螺栓孔眼、装饰图案等位置。然后根据设置合理、均匀对称、长宽比例协调的原则设计模板，确定模板分块、面板分割尺寸。

模板安装前应核对清水混凝土模板的数量与编号，复核模板控制线；检查装饰条、内衬模的稳固性，确保隔离剂涂刷均匀。吊装模板时必须有专人指挥，模板起吊应平稳，吊装过程中，必须慢起轻放，严禁碰撞；入模和出模过程中，必须采用牵引措施，以保护面板。模板的安装应根据模板编号进行，并保证明缝与蝉缝的垂直度与交圈。模板安装时应遵循先内侧、后外侧，先横墙、后纵墙，先角模、后墙模的原则。混凝土达到规定强度即可进行拆模，拆除过程中要加强对清水混凝土特别是对螺栓孔的保护；拆模后，应立即对模板清理，对变形与损坏的部位进行修整，并均匀涂刷隔离剂，吊至存放处备用。

2. 清水混凝土模板类型

（1）普通清水混凝土模板

普通清水混凝土由于对饰面和质量要求较低，可以选择钢模板，要求面板板边必须铣边。

（2）饰面清水混凝土模板

模板体系由面板、竖肋、背愣、边框、斜撑、挑架组成。面板采用自攻螺钉从背面与竖肋固定，竖肋与背愣通过 U 形卡扣连接，相邻模板间连接采用夹具，面板上的穿墙孔眼采用护孔套保护。

（3）装饰清水混凝土模板

模板体系由模板基层和带装饰图案聚氨酯内衬模组成，模板基层可以使用普通清水混凝土模板和饰面混凝土模板。

聚氨酯内衬模技术是利用混凝土的可塑性，在混凝土浇筑成型时，通过特制衬模的拓印，使其形成具有一定质感、线形或花饰等饰面效果的清水混凝土或清水混凝土预制挂板。

二、钢（铝）框胶合板模板技术

1. 基础知识

在全钢模板和全木模板发展的过程中，全钢模板重量大、成本高，全木模板周转使用次数低、材料浪费严重的缺点逐渐暴露出来，国内外的一些模板公司研究如何将两者的优点结合起来，提高模板的性价比和使用寿命，于是就研发出了钢框胶合板模板。为了在没有起重设备的结构工程以及在顶板混凝土结构上使用，要求模板重量比钢框胶合板模板更轻，因此在钢框胶合板模板的基础上，研发出了铝框胶合板模板。

钢（铝）框胶合板模板是一种模数化、定型化的模板，具有重量轻、通用性强、模板刚度好、板面平整、技术配套、配件齐全的特点，模板面板周转使用次数可达 30 ~ 50 次，钢（铝）框骨架周转使用次数 100 ~ 150 次，每次摊销费用少，经济技术效果显著。

2. 钢框胶合板模板

钢框胶合板模板分为实腹和空腹两种，以特制钢边框型材和竖肋、横肋、水平背愣焊接成骨架，嵌入 12 ~ 18mm 厚双面覆膜木胶合板，以拉铆钉或自攻螺钉连接紧固。面板厚 12 ~ 15mm，用于梁、板结构支模；面板厚 15 ~ 18mm，用于墙、柱结构支模。下面以墙、柱模板对钢框胶合板模板进行介绍，梁、板模板参见铝框胶合板模板。

钢框胶合板模板具有重量轻，板幅大，用钢量少，模板吸附力小，脱模容易，周转次数多，保温性能好，有利于冬期混凝土的保温，维修方便等特点。

模板体系由各规格标准模板、标准角模、对拉螺栓、模板夹具、加强背楞、吊钩、斜撑、挑架等组成。

钢框胶合板模板施工流程（见表 11–3）：

表 11–3　钢框胶合板模板施工流程

步骤	主要内容
模板安装前准备	核对模板的数量与编号，复核模板控制线；检查模板塑料套管设置，确保隔离剂涂刷均匀
模板吊运	吊装模板时必须有专人指挥，模板起吊应平稳，吊装过程中，必须慢起轻放，严禁碰撞；入模和出模过程中，必须采用牵引措施，以保护面板
模板安装	根据模板编号进行模板安装入位，调整模板的垂直度及拼缝，销紧夹具，锁紧穿墙杆螺母。模板安装时应遵循先内侧、后外侧，先横墙、后纵墙，先角模后墙模的原则
模板拆除与保养	先松开穿墙杆螺母，再松开模板夹具，最后松开墙体模板的支撑，使模板与墙体分离；模板拆除后，应立即清理、修整，并均匀涂刷隔离剂，吊至存放处备用

3. 铝框胶合板模板

以空腹铝边框和矩形铝型材焊接成骨架，嵌入 15 ~ 18m 厚双面覆膜木胶合板，以拉铆钉连接紧固，模板之间用夹具或螺栓连接成大模板。铝框胶合板模板分为重型和轻型两种，重型铝框胶合板模板用于墙、柱；轻型铝框胶合板模板用于梁、板。下面以梁、板模板为例对铝框胶合板模板进行介绍，墙、柱模板参见钢框胶合板模板。

铝框胶合板模板体系由带顶托、三脚架的钢支撑和铝框胶合板模板两部分组成。

铝框胶合板模板由横边框、竖边框、次龙骨、提手、角连接件、面板等组成。带顶托、三脚架的可调钢支撑由外管、内管、可调螺母、插销等组成，其顶托通过卡环固定在钢支撑顶端。

与钢框胶合板模板相比，铝框胶合板模板体系钢支撑采用三脚架固定，支撑体系操作简单、安全、快捷，模板重量轻（25.92kg/ 块），单人就可搬运安装。

三、塑料模板技术

1. 基础内容

塑料模板采用的 FRTP 增强塑料是以高分子材料聚丙烯为主要基材，通过物理改性，并填充植物纤维增强，同时采取先进的生产工艺和设备，一次挤出成型。增强塑料模板以废旧塑料回收为主，既解决了白色污染的问题，又有效利用废旧资源。

塑料模板施工散支散拆是一种常见的施工方法，采用 12mm 塑料模板，直接与木方连接。

曲线形桥梁塑料模板是最好的一种曲线形预制桥梁模板材料，它可以保证清水混凝土质量，又容易加工，而且能够在很大程度上降低成本，提高质量。

钢（铝）框塑料模板，是一种组拼模板，将塑料模板镶于钢（铝）框内，模板间采用 U 形卡和专用卡具连接。这种模板具有使用周期长，回收价值高，拼装方便，清洁维修量小等优点。铝框塑料模板还具有重量轻，板面大，安装施工非常方便等特点。

2. 技术实施要求

塑料模板使用前应根据工程实际情况进行规格选择，对某些特殊结构应进行模板设计。安装前应对进场模板进行检查，模板表面应清洁、光滑，不应有裂缝、分层、错位、硬刺、压痕和深的划痕。模板外部尺寸、厚度、端面等的偏差必须符合有关规定。

模板堆放场地必须清除杂物、保持地面平整，模板与地面按要求间距合理放置木方；板的高度不得超堆码高度（≤ 1.5m），并应堆码整齐；25℃以上必须加盖遮阳布，防止模板高温暴晒起拱变形。

模板拆除前应确定拆除顺序并进行施工交底，拆除应由边而内，自上而下逐层进行，遵循先拆侧向支撑后拆垂直支撑，先拆不承重结构再拆承重结构的原则。拆模后的模板必须及时去除闲钉及模面杂物，修补有损伤的板面，以备下次使用。

四、组拼式大模板技术

1. 基础内容

组拼式全钢大模板是一种单块面积大、刚度好、板面平整度高、整体强度大，以符合建筑模数的标准模板块为主、非标准模板块为辅，具有通用化、系列化、工具化和模数化的特征，能完整组拼成各种形状墙体和柱体的混凝土结构的大型钢模板。组拼式大模板作为一种施工工艺，施工操作简便可靠，施工速度快，工程质量好，混凝土表面平整光洁，不需抹灰或简单抹灰即可进行内外墙面装修，能满足清水混凝土施工的要求，可以达到饰面清水混凝土的标准。模板材料坚固耐用，周转使用次数多达几百次，维修简便，能够显著降低模板成本，是一种可循环使用、可再生利用、可持续发展的绿色建材。

我国组拼式全钢大模板于20世纪80年代开始发展，20多年来已形成几种不同系列的全钢大模板，其中主要有厚度为75mm、85mm、86mm、100mm、106mm、126mm等各种系列的全钢大模板，本书重点阐述当今主流的86系列全钢大模板及其有关技术。

2. 主要技术内容

组拼式全钢大模板体系的设计应注意工程结构类型、施工工艺、施工设备、质量要求；板块规格尺寸的标准化、模数化；模板荷载大小；模板的运输、堆放和装拆过程中对模板变形的影响等。

组拼式全钢大模板体系由平面模板、弧形模板、角模板、调节模板、柱模板、梁模板、电梯井筒模板、门窗洞口模板、柱帽模板、楼梯模板等组成。模板支撑包括柔性支撑、刚性支撑、单侧支撑、外挂架、挑架和操作平台等。操作平台一般由挑架、护栏、爬梯、脚手板等组成。模板各种连接件有对拉螺栓、背楞、夹具、连接器和吊钩等。

组拼式全钢大模板体系的组拼方式包括：平面模板、柱模板和门窗洞口模板的组拼；平面模板、柱模板和梁模板的组拼；平面模板、可调圆弧模板和接局丰昊板的拼接等。

3. 组拼式大模板施工技术

组拼式大模板施工顺序为：施工准备→模板及穿墙拉杆的定位放线→调整墙体钢筋以避开拉杆位置→安装模板的定位装置→安装门窗洞口模板→安装模板和紧固穿墙拉杆→安装验收→分层对称浇筑混凝土→拆模→混凝土质量修补及孔位填补→混凝土养护及保护→混凝土表面清理→干燥后喷刷涂料→成品保护→模板清理或更新待用。

第三节 脚手架技术

一、插接式钢管脚手架及支撑架

1. 基础内容

插接式钢管脚手架及支撑架适应性强，除搭设一些常规脚手架外，还可搭设悬挑结构、悬跨结构、整体移动、整体吊装架体等。我国以从法国引进的CRAB系统产品为基础，进行消化、吸收，再结合中国建筑市场的特点形成了插接式钢管脚手架独立完整的体系。

相对于扣件式和碗扣式脚手架，插接式钢管脚手架进行了杆件的原材料升级，并将节点的扣件焊接于杆件上，节点连接可靠，结构形式设计科学、合理，搭设的精度高，具有承载力高、稳定性好的特点。该脚手架搭设而成的结构形式多样，除了传统的满堂红脚手架，还可以搭设成悬挑形式、悬跨形式、移动脚手架等结构类型。

插接式钢管脚手架体系安全可靠，施工快捷，美观大方，能够有效地保证建筑工程的施工安全，质量稳定可靠，周转率高，并且由于没有零散小部件，从源头上大大降低了材料的丢失率，节约了成本。

2. 主要技术内容

插接式钢管脚手架及支撑架基本组件为：立杆、横杆、斜杆、底座、顶托、承重横杆、用于安装踏板的横杆、踏板横梁、中部横杆、水平杆上立杆，接配件为锁销、销子、螺栓。

该型脚手架沿立杆杆壁的圆周方向均匀分布有4个U形插接耳组，横杆端部焊接有横向的C形或V形卡，斜杆端部有销轴。立杆与横杆及斜杆以适当的形式相扣，再用楔形锁销穿插其间实现连接。根据管径不同，上下立杆之间可采用内插或外套两种连接方式。节点的承载力由扣件的材料、焊缝的强度决定，并且由于锁销的倾角远小于锁销的摩擦角，因此在受力状态下，锁销始终处于自锁状态。

插接式钢管脚手架施工前应根据工程结构设计图、施工要求、施工目的、服务对象及施工现场条件，编制脚手架或模板支撑架专项施工方案及施工图，对设计方案进行详细的结构计算，确保脚手架或模板支撑架的稳定性，制定确保质量和安全施工等有关措施，以及脚手架或模板支撑架施工工艺流程和工艺要点，同时根据专项施工方案对所需材料进行统计。

二、盘销式钢管脚手架及支撑架

1. 基础内容

由于目前我国在脚手架与支撑架的设计、制造、使用过程中没有进行严格的功能区分，造成在很多情况下使用脚手架来替代支撑架，加上没有对产品加工质量进行严格的控制，使用过程没有严格把关，造成架体垮塌事故频发。为了区别于现有的碗扣架、钢管架、门形架等脚手架，特别是针对桥梁、大型共建等需要的高大支撑架体，结合国外的支撑架与脚手架的主流形式，有必要引进、开发一种新型脚手架、支撑架系统，有针对性地满足不同工程的需求，确保架体的安全性、适用性、经济性。为此，我国引入了盘销式钢管脚手架及支撑技术。

盘销式脚手架具有以下特点：

（1）安全可靠。立杆上的圆盘与焊接在横杆或斜拉杆上的插头锁紧，接头传力可靠；立杆与立杆的连接为轴向承插；各杆件轴心交于一点。架体受力以轴心受压为主，由于有斜拉杆的连接，使得架体的每个单元近似于格构柱，因而承载力高，不易发生失稳。

（2）搭拆快、易管理，横杆、斜拉杆与立杆连接简便、快捷、功效高。全部杆件系列化、标准化，便于仓储、运输和堆放。

（3）适应性强，除搭设常规架体外，由于有斜拉杆的连接，盘销式脚手架还可搭设悬挑结构、跨空结构、整体移动、整体吊装、拆卸的架体。

（4）节省材料、绿色环保。由于采用低合金结构钢为主要材料，在表面热浸镀锌处理后，与其他支撑体系相比，在同等荷载情况下，材料可以节省 1/3 左右，产品寿命可达 15 年，减少相应维护费用。

2. 主要技术内容

（1）盘销式钢管脚手架的立杆上每隔一定距离焊有圆盘，横杆、斜拉杆两端焊有插头，通过敲击楔型插销，将焊接在横杆、斜拉杆的插头与焊接在立杆的圆盘锁紧。

（2）盘销式钢管脚手架分为 φ60 系列重型支撑架和似 8 系列轻型脚手架两大类。φ60 系列重型支撑架的立杆为 φ60 × 3.2 焊管制成；立杆规格有：1m、2m、3m，每隔 0.5m 焊有一个圆盘；横杆及斜拉杆均采用 φ48 × 3.5 焊管制成，两端焊有插头并配有契型插销；搭设时每隔 1.5m 搭设一步横杆。φ48 系列轻型脚手架的立杆为 φ48 × 3.5 焊管制成；立杆规格有：1m、2m、3m，每隔 1.0m 焊有一个圆盘；横杆及斜拉杆均为采用 φ48 × 3.5 焊管制成，两端焊有插头并配有契型插销；搭设时每隔 2.0m 搭设一步横杆。

（3）盘销式钢管脚手架一般与可调底座、可调托座以及连墙撑等多种辅助件配套使用。

关于盘销式钢管脚手架目前尚无相应的安全技术规程，通常以容许荷载法设计架体。脚手架或模板支撑架应用前必须编制专项施工方案，确保架体稳定。盘销式脚手架以验算立杆允许荷载确定搭设尺寸。

三、附着式升降脚手架

1. 基础内容

脚手架一直是建筑施工必不可少的施工装备，进入20世纪80年代中期以来，随着我国经济建设的高速发展，高层、超高层建筑越来越多，搭设传统的落地式脚手架，不但不经济而且很不安全。针对这种高层建筑，一些建筑施工公司和脚手架专业公司研制了一种新型脚手架体系——附着式升降脚手架，又称“爬架”。这种脚手架仅需要搭设一定高度并附着于工程结构上，依靠自身的升降设备和装置，结构施工时可随结构施工逐层爬升，装修作业时再逐层下降。

2. 主要技术内容

附着升降脚手架主要由架体结构、附着支撑结构、升降动力控制设备组成。

（1）架体结构是附着升降脚手架的主要组成结构，由架体构架、架体竖向主框架和架体水平桁架等三部分组成。架体构架一般是采用普通脚手架杆件搭设的与竖向主框架和水平梁架连接的附着升降脚手架架体结构部分；竖向主框架是用于构造附着升降脚手架架体，垂直于建筑物外立面，与附着支撑结构连接，主要承受和传递竖向和水平荷载的竖向框架；架体水平梁架是用于构造附着升降脚手架架体，主要承受架体竖向荷载，并将竖向荷载传递到竖向主框架和附着支承结构的水平结构。

（2）附着支承结构是直接与工程结构连接，承受并传递脚手架荷载的支承结构，是附着升降脚手架的关键结构，由升降机构及其承力结构、固定架体承力结构、防倾覆装置和防坠落装置组成。

（3）升降动力控制设备由升降动力设备及其控制系统组成。其中控制系统包括架体升降的同步性控制、荷载控制和动力设备的电器控制系统等。

附着升降脚手架的出现为高层建筑外脚手架施工提供了更多的选择，同其他类型的脚手架相比，附着升降脚手架具有节省材料、人工，独立性强，速度快，安全防护可靠，管理规范，专业化程度高等特点。

四、附着式电动施工平台

1. 基础内容

附着式电动施工平台（也称电动桥式脚手架或导架爬升式工作平台，英文缩写WC-WP）是一种搭设于立柱之上且可沿立柱升降的脚手架平台，将升降机和工作平台合二为一，在为施工人员提供操作平台的同时也解决了材料的运输问题。操作控制箱安装在工作平台上，施工人员可自行调节。它可替代脚手架及电动吊篮，用于建筑工程装修作业，尤其适合既有建筑物的改造又有贴砖、干挂石材、幕墙等施工作业。

附着式电动施工平台是目前国际上比较先进的施工设备，在欧美等发达国家已普遍使用，近几年在国内一些建筑工程中也开始得到应用，取得了良好的经济效果。

附着式电动施工平台技术特点：

（1）附着式电动施工平台是靠电机驱动，采用齿轮齿条传动方式使脚手架工作平台升降的大型施工装备，升降平稳，安全可靠；

（2）脚手架平台可停于立柱上任何位置，施工操作舒适，并能降低劳动强度；

（3）防坠落、防倾覆、限高行程自动控制、自动调平控制等多种安全保险设计，保障了安装和使用安全；

（4）设备操作简单、自动化程度高；

（5）可以运输材料与工具，而不需要其他的施工设备，减轻了工程施工中垂直运输的压力；

（6）同传统落地式脚手架或悬挑脚手架相比，使用材料少，安装、拆卸快，可降低脚手架工程施工成本；同电动吊篮比更安全、更稳定、更高效。

2. 主要技术内容

附着式电动施工平台设计以架体结构、动力运行、电路控制为基础，通过结构受力分析，运行参数设定，在控制安全有效的前提下，对电动桥式脚手架进行总体设计。附着式电动施工平台由架体系统、驱动系统、控制系统三部分组成。架体系统由承重底座、附着立柱、作业平台三部分组成。驱动系统由钢结构框架、减速电机、防坠器、齿轮驱动组、导轮组、智能控制器等组成。控制系统由低压控制箱通过控制电缆与驱动系统连接。

采用附着式电动施工平台应根据工程结构图进行配置设计，编制施工方案，绘制工程施工图，合理确定附着式电动施工平台的平面布置和立柱附墙方法，编制施工组织设计并计算出所需的立柱、平台等部件的规格与数量。根据现场情况确定合理的基础加固措施，制定确保质量和安全施工等有关措施。

第十二章　新型混凝土施工技术

第一节　高性能混凝土

一、高性能混凝土的新组分

1．超细矿粉

高性能混凝土的主要特征之一是其高耐久性。改善孔结构及水泥石集料界面结构是提高混凝土材料性能的主要手段之一，为了达到改善孔结构及水泥石集料界面结构的目的，其有效措施是添加矿物质超细粉。因而超细的矿粉势必成为配制高性能混凝土的必不可少的新组分。

目前使用最多的超细矿粉有：桂灰、超细矿渣、超细粉煤灰、超细沸石粉和超细石灰石粉等，以及上述超细粉的不同组合。这些超细矿粉以及它们的组合，作为配制高性能混凝土的新组分，在高性能混凝土中所起的作用（一般称为“粉体效应”）可归纳为以下几点。

（1）活性效应

活性效应主要表现在以下两方面。一是这些超细矿粉均具有相当高的潜在水硬性，它们含有大量的火山灰活性物质。它们与水泥水化生成的 $Ca(OH)_2$ 进行二次反应，生成低碱性水化硅酸钙，增加了水泥石中水化硅酸钙的含量。其作用与粉煤灰水泥、矿渣水泥和火山灰水泥中的粉煤灰、矿渣、火山灰等混合材料起的作用相同。另一方面，超细矿粉细度均很大，如硅灰的比表面积达 $18000m^2/kg$，平均粒径 $0.1\mu m$ 左右，其他的超细矿粉的比表面积也在 $600m^2/kg$ 以上。如此细度的矿粉，与水泥水化的 $Ca(OH)_2$ 的二次反应速度及反应程度均很高，大大地消耗了对强度和稳定性产生不良影响的 $Ca(OH)_2$ 晶体的数量。生成大量的低碱水化硅酸锦，使水泥石中大孔的含量明显减少，增加了水泥石的密实程度，对抗渗性能的提高起到正面效应。同时二次水化反应也明显减小了界面过渡区的厚度以及过渡区中定向排列

的 $Ca(OH)_2$ 晶体数量，有效地改善了水泥石与集料的界面结构。

（2）微集料填充效应

超细矿粉颗粒的直径一般平均在 5μm 以下，小于硅酸盐水泥粒子的平均直径 10μm，因此它们可以填充在水泥粒子间的空隙中，提高胶凝材料的密实程度。胶凝材料加水硬化后其密实程度和强度也相应提高。图 12–1 是清华大学冯乃谦教授的实验数据。

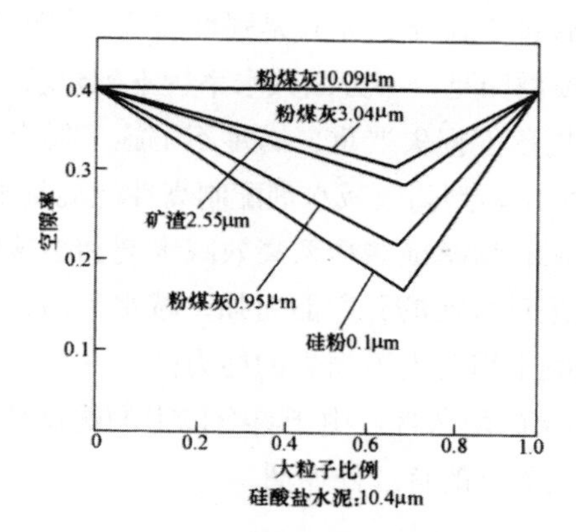

图 12–1　粒子组合和孔隙率变化示意图

图中可见，粒径相近的硅酸盐水泥（10.4μm）与粉煤灰（10.09μm）相复合，无论二者比例如何，胶凝材料的空隙率几乎不发生变化。当将粒径为 3.04μm 的粉煤灰与水泥相复合，二者比例为 30：70 时，胶凝材料的空隙率降低了约 10%。图 12–1 中，其他超细矿粉与硅酸盐水泥相复合，胶凝材料的总空隙率变化也与之相类似。并且一般超细矿粉与水泥比例在 30：70 时，效果最好。

2. 新型高效减水剂

高性能混凝土除应具有高耐久性特性以外，还应具有高强度与高流动性，一般高性能混凝土的 W/C 上限不应超过 0.40，随着对强度的进一步高的要求，W/C 应进一步降低。而对高流动性的要求通常是初始坍落度在 18 ~ 22cm 左右，如要求免振自密实，初始坍落度应达 22 ~ 24cm。同时更重要的是不但要求高性能混凝土初始坍落度大，还要求坍落度的经时损失要尽可能的小。低 W/C 和高坍落度及较小的坍落度经时损失，使得新型高效减水剂成为配制高性能混凝土不可缺少的组分之一。

大量试验表明，配制高性能混凝土所选用的高效减水剂应满足下列要求：

（1）高减水率。通常减水率应大于 25%。

（2）新拌混凝土坍落度经时损失小。应以满足施工的具体要求来确定。

（3）与所使用的水泥相容性好。

我国使用历史最长的两大类高效减水剂有：

（1）芳香族萘磺酸盐系高效减水剂。目前市场上供应的型号较多，如 NF 型、FND 型、UNF 型、MF 型等。

（2）三聚氰胺系高效减水剂。如 SM- Ⅰ、SM- Ⅱ等。

上述两类高效减水剂，减水率均可达 20% 以上，一直是配制高强混凝土选用的高效减水剂。但配制高性能混凝土，尤其是强度较高等级的高性能混凝土，有时它们的效果并不理想。主要原因是，一方面减水率达不到要求，即保证较低的 W/C 时，流动性较差；另一方面坍落度损失严重，满足不了施工要求，尤其是夏季温度较高时的施工要求。因此，采用新型高效减水剂配制高性能混凝土就是必需的措施之一。

目前新型高效减水剂有氨基磺酸盐系高效减水剂和多羧酸系高效减水剂。这两大类高效减水剂的特点是对水泥的分散能力强，减水率高，可大幅度降低 W/C，与水泥适应性好，保持混凝土坍落度不损失的能力强。并且这两大类高效减水剂均不含 Na2S04，能提高混凝土的耐久性。由于具有以上的优良特性，因此这两类新型高效减水剂是配制高性能混凝土的首选外加剂。

二、高性能混凝土的制备与施工

1. 高性能混凝土的拌制

（1）高性能混凝土的配料

应严格控制配制高性能混凝土原材料的质量，包括对原材料的供应源的调查和预先的抽样检查以及原材料进场后的抽样检测，如水泥不仅应抽样复试，而且应该做快测强度以及凝结时间实验。还应确立合理的骨料、水泥、外掺粉、外加剂的贮运方式，保证使用过程先进先出，材质均匀，便于修正。

高性能混凝土的配料可以采用各种类型配料设备，但更适宜商品化生产方式。混凝土搅拌站应配有精确的自动称量系统和计算机自动控制系统，并能通过人机对话对原材料品质均匀性、配合比参数的变化等，进行监控、数据采集与分析。但无论哪种配料方式，均必须严格按照配合比重量计量。计量允许偏差严于普通混凝土施工规范，它的允许偏差为：水泥和掺合料 ±1%，粗、细骨料 ±2%，水和外加剂 ±1%。配制高性能混凝土必须准确控制水量，砂、石中的含水量应及时测定，并按测定值调整用水量和砂、石用量。严禁在拌合物出机后加水，必要时可在搅拌车中二次添加高效减水剂。高效减水剂可采用粉剂或水剂，并应采用后掺法。当采用水剂时，应在混凝土用水量中扣除溶液用水量；当采用粉剂时，应适当延长搅拌时间

（不超过 30s）。

（2）高性能混凝土的搅拌

由于高性能混凝土用水量少，水胶比低，胶凝材料总量大，拌合时比较黏稠，不宜拌合均匀，因此需要用拌合性能好的强制性搅拌设备。卧轴式搅拌机能在较短时间内把混凝土搅拌均匀，故推荐使用这种设备，禁止使用自落式搅拌机。国外引进设备中有新型逆流式或行星式搅拌机，效果也很好。

高性能混凝土搅拌特点之一是坍落度经时损失快。控制坍落度经时损失的方法，除选择与水泥相容性好的高效减水剂外，可在搅拌时延迟加入部分高效减水剂或在浇筑现场搅拌车中调整碱水掺量。

高性能混凝土的搅拌时间，应该按照搅拌设备的要求，一般现场搅拌时间不少于 160s，预拌混凝土搅拌时间不小于 90s。

目前施工现场常用喂料方式，见图 12–2。

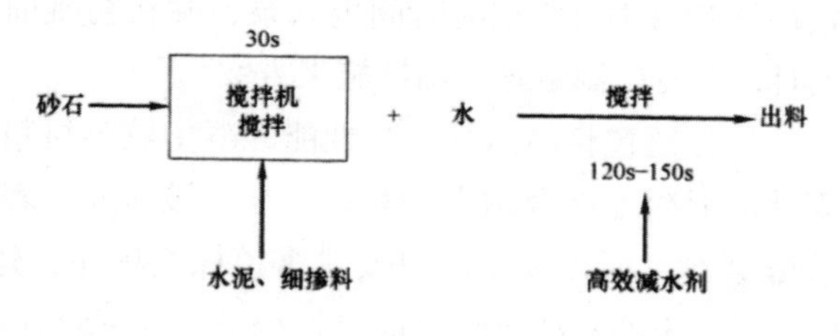

图 12–2　喂料方式示意图

2. 高性能混凝土的运输和浇筑

（1）高性能混凝土拌合物的运输

长距离运输拌合物应使用混凝土搅拌车，短距离运输可用翻斗车或吊斗。装集料前应考虑坍落度损失，湿润容器内壁和清除积水。

第一盘混凝土拌合物出料后应先进行开盘鉴定。按规定检测拌合物工作度（包括冬施出罐温度），并按计划留置各种试件。混凝土拌合物的输送应根据混凝土供应申请单，按照混凝土计算用量以及混凝土的初凝、终凝时间，运输时间、运距，确定运输间距。混凝土拌合物进场后，除按照规定验收质量外，还应记录预拌混凝土出场时间、进场时间、入模时间和浇筑完毕的时间。

（2）高性能混凝土的浇筑

现场搅拌的混凝土出料后，应尽快浇筑完毕。使用吊斗浇筑时，浇筑下料高度超过 3m 时应采用串筒。浇筑时要均匀下料，控制速度，防止空气进入。除自密实高性能混凝土外，应采用振捣器捣实，一般情况下应采用高频振捣器，垂直点振，不得拉平。浇筑方式为分层浇筑、分层振捣，用振捣棒振捣应控制在振捣棒有效振动半径范围内。混凝土浇筑应连续进行，施工缝应在混凝土浇筑之前确定，不得随意留置。在浇筑混凝土的同时按照施工试验计划，留置好必要的时间。不同强度等级的混凝土现浇相连接时，接缝应设在低强度等级构件中，并离开高强度等级构件一定距离。当接缝处混凝土强度等级不同且分先后施工时，可在接缝位置设置固定的筛网（孔径 5mm × 5mm），先浇筑高强度等级混凝土，后浇筑低强度等级混凝土。

高性能混凝土最适于泵送，泵送的高性能混凝土宜采用预拌的混凝土，也可以现场搅拌。高性能混凝土泵送施工时，要加强组织管理和现场联络调度，确保连续均匀供料，泵送混凝土应遵守相关的规定。

使用泵送进行浇筑，坍落度应为 120 ~ 200mm（由泵送高度确定）。泵管出口应与浇筑面形成 50 ~ 80mm 高差，便于混凝土上下产生压力，推动混凝土流动。输送混凝土的起始水平管段长度不应该小于 15m。现场搅拌的混凝土应在出机后 60min 内泵送完毕。预拌混凝土应在其 1/2 初凝时间内入泵，并在初凝前浇筑完毕。冬期以及雨季浇筑混凝土时，要专门制定冬、雨期施工方案。

高性能混凝土的工作性还包括易抹性。高性能混凝土胶凝材料含量大，细粉增加，低水胶比，使高性能混凝土拌合物十分黏稠，难于被抹光，表面会很快形成一层硬壳，容易产生收缩裂纹，所以要求尽早安排多道抹面程序，建议浇筑后 30min 之内抹光。对于高性能混凝土的易抹性，目前仍缺少可行的试验方法。

3. 高性能混凝土的养护

混凝土的养护是混凝土施工的关键步骤之一。对于高性能混凝土，由于水胶比小，浇筑以后泌水量少。当混凝土表面蒸发失去水分而得不到充分补充时，使混凝土塑性收缩加剧，而此时混凝土尚不具有抵抗变形所需的强度，就容易导致塑性收缩裂缝的产生，影响耐久性和强度。另外高性能混凝土胶凝材料用量大，水化升温高，由此导致自收缩和温度应力也在加大，对于流动性很大的高性能混凝土，由于胶凝材料用量大，在大型竖向构件成型时，会造成混凝土表面浆体所占比例较大，而混凝土的耐久性在近表层所受影响最大，所以加速表层的养护对高性能混凝土显得尤为重要。

为了提高混凝土的强度和耐久性，防止产生收缩裂缝，很重要的措施是混凝土浇筑后立即喷养护剂或用塑料薄膜覆盖。用塑料薄膜覆盖时，应使薄膜紧贴混凝土表面，初凝后掀开塑料薄膜，用木抹子磨平表面，至少搓 2 遍。搓完后继续覆盖，待终凝后立即浇水养护。养护日期不小于 7d（重要构件养护 14d）。对于楼板等水平构件，可采用覆盖草帘、麻袋等包裹，并在外面再裹以塑料薄膜，保持包裹物潮湿。

应该注意：尽量减少用喷洒养护剂来代替水养护，养护剂也绝非不透水，且有效时间短，施工中很容易破坏。

当在高性能混凝土中掺人膨胀剂时，养护的方法是否及时有效，对膨胀量有很大影响，因钙矾石的形成需要大量的结合水，尤其是大面积构件的混凝土中要注意覆盖保持湿润。

混凝土养护除保证合适的湿度外，另一方面是保证混凝土合适的温度，高性能混凝土拌合物比普通混凝土对温度和湿度更加敏感，混凝土的入模温度、养护湿度应根据环境状况和构件所受内、外约束程度加以限制。养护期间混凝土内部最高温度不应高于75℃，并应该采取措施使混凝土内部与表面的温度差小于25℃。

第二节　轻集料混凝土

一、轻集料的分类

凡堆积密度小于或等于1200kg/m^{3}的人工或天然多孔材料，具有一定力学强度且可以作混凝土的集料均称为轻集料。

轻集料又分为轻粗集料和轻细集料，按照有关规定，粒径在5mm以上、最大松散密度不超过1000kg/m^{3}的称为轻粗集料；粒径不大于5mm、最大松散密度不超过1100kg/m^{3}的，称为轻细集料。

1. 按材料的来源分类

轻集料的来源十分广泛，按照国际材料与结构研究试验所协会（RILEM）的建议，轻集料可分为：

（1）天然轻集料

由火山爆发或生物沉积形成的天然多孔岩石加工而成。如浮石、泡沫熔岩、火山凝灰岩、火山渣、多孔石灰岩等。

（2）工业废料轻集料

以粉煤灰、矿渣、煤矸石等工业废料为原料，经过加工而成的多孔轻集料。如粉煤灰陶粒、膨胀矿渣陶粒、烧结煤矸石陶粒、炉渣、煤渣等。

（3）人造轻集料

以黏土、页岩、板岩或某些有机材料为原材料，经过加工而成的多孔材料。如黏土陶粒、页岩陶粒、沸石岩轻集料等。

2. 按使用功能分类

轻集料按使用功能分类为：结构型轻集料、结构保温型轻集料和保温型轻集料三种。

3. 按材料属性分类

（1）无机轻集料

天然或人造无机硅酸盐类的多孔材料，如浮石、火山渣等天然轻集料和各种陶粒、矿渣等人造轻集料。

（2）有机轻集料

天然或人造的有机高分子多孔材料，如木屑、碳珠、聚苯乙烯泡沫轻集料等。

4. 按集料粒型分类

（1）圆球型

圆球型轻集料是原材料经造粒工艺加工而成的，呈圆球状的材料，如粉煤灰陶粒和磨细成球的页岩陶粒等。

（2）普通型

普通型轻集料是原材料经破碎加工而成的呈非圆球状的材料，如膨胀珍珠岩、页岩陶粒等。

（3）碎石型

碎石型轻集料是由天然轻集料或多孔烧结块经破碎加工而成的呈碎石状的材料，如浮石、自然煤矸石、煤渣等。

二、轻集料性能

轻集料混凝土的特性很大程度上取决于轻集料的性能。因此要配制满足工程要求的轻集料混凝土，首先必须了解轻集料的性能。轻集料的性能主要由颗粒级配、堆积密度、筒压强度、吸水率、抗冻性和颗粒表观密度等技术指标来衡量。

1. 颗粒级配

集料颗粒大小的搭配称颗粒级配。它对混凝土工作性和强度都有极大的影响，尤其是粗集料的最大粒径对轻集料混凝土的工程性、砂率、水泥用量、干缩以及强度影响最大。一般地在一定范围内，最大粒径小的，其所配制的混凝土强度比最大粒径大的要高些。因此我国规定结构轻集料混凝土的粗集料最大粒径不宜大于20mm；保温和结构保温轻集料混凝土粗集料的最大粒径不宜大于30mm。

2. 轻集料的堆积密度

堆积密度表示轻集料在某一级配下，自然堆积状态时单位体积的质量。堆积密度不仅能反映轻集料的强度，还能反映轻集料的颗粒密度、粒形、级配、粒径等变化。

我国对轻集料的堆积密度分为 8 个等级，轻砂也分为 8 个等级，见表 12–1。

表 12–1　轻集料的密度等级

密度等级		堆积密度范围（kg/m^3）
轻粗集料	轻砂	
300	–	210 ~ 300
400	–	310 ~ 400
500	500	410 ~ 500
600	600	510 ~ 600
700	700	610 ~ 700
800	800	710 ~ 800
900	900	810 ~ 900
1000	1000	910 ~ 1000
–	1100	1010 ~ 1100
–	1200	1110 ~ 1200

3. 筒压强度及强度等级

轻集料的强度不能以单粒强度来表示，而是以筒压强度和强度等级来加以衡量。

我国规定用筒压强度测定粗集料的强度。筒压强度的测试，是将 10 ~ 20mm 粒级的粗集料，装入截面积为 $100cm^2$ 的圆筒内作抗压试验，取压入深度 20mm 时的抗压强度为该轻集料的筒压强度。由于轻集料在筒内为点接触，因此其抗压强度不是轻集料的极限强度，它只反映集料颗粒强度的相对强度。

试验用筒压强度装置如图 12–3 所示。

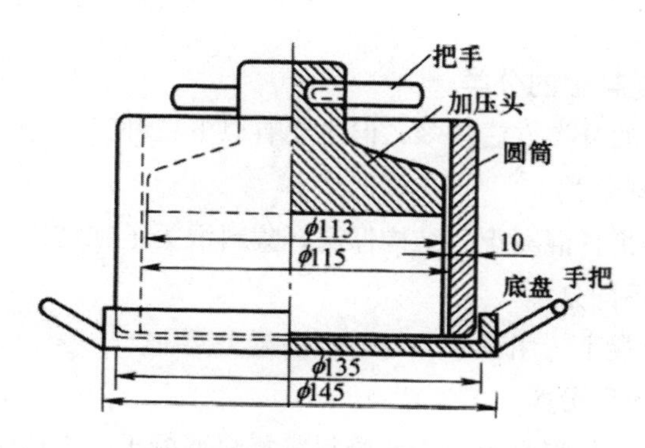

图 12–3　轻集料筒压测定装置示意图

4. 吸水率

轻集料吸水率的大小主要取决于轻集料的生产工艺及内部的孔隙结构和表面状态。通常，孔隙率越大，吸水率越高，尤其是具有开放孔的轻集料。

轻粗集料的吸水率主要以测定其干燥状态的吸水率，作为评定轻集料质量和确定混凝土拌合物附加水量的指标。

吸水率过大的轻集料会给混凝土带来不利的影响。首先吸水率过大的轻集料会使施工时轻集料混凝土混合料的工作性难以控制，另外硬化后的混凝土保温性能、抗冻性和强度均会降低。一般烧胀陶粒 24h 吸水率可达 10%，粉煤灰陶粉、火山灰、膨胀珍珠岩等轻集料，lh 的吸水率达到 24h 吸水率的 80% 以上。

一般的工程实践经验，轻集料的吸水率不宜大于 22%。与吸水率相关的技术指标还有软化系数。软化系数反映材料在水中浸泡后抵抗溶蚀的能力。K 一般由下式计算：

$$K=\frac{f_w}{f_g}$$

式中 f_w——饱和吸水后的强度，MPa；

f_g——干燥时的强度，MPa。

5. 抗冻性

轻集料的抗冻性是耐久性的一个重要指标，一般用直接冻融后的质量损失表示。粉煤灰陶粒、黏土陶粒、页岩陶粒和天然轻集料的抗冻性，经 15 次冻融循环（D_{15}）的重量损失不大于 15%。对寒冷地区，使用轻集料混凝土时，必须对轻集料的抗冻性进行检验，只有采用抗冻性合格的轻集料配制的混凝土才能保证其耐久性。

三、轻集料混凝土的分类

轻集料混凝土的分类方法较多，但主要有以下三种：

1. 按用途不同分类

可分为保温轻集料混凝土、结构保温轻集料混凝土和结构轻集料混凝土三种。

2. 按细集料不同分类

可分为全轻混凝土（用轻砂）与砂轻混凝土两种。

3. 按粗集料不同分类

可分为天然轻集料混凝土、工业废料轻集料混凝土、人造轻集料混凝土三种。

四、轻集料混凝土的性能

1. 力学性能

（1）强度和强度等级

轻集料混凝土的强度等级划分为11级，分别用符号CL5、CL7.5、CLIO、CL15、CL20、CL25、CL30、CL35、CL40、CL45、CL50表示。和普通混凝土相同，轻集料混凝土的强度等级，也是以150mm×150mm×150mm立方体试块，28d抗压强度标准值作为数值标准来界定的。

（2）密度及密度等级

按表观密度，轻集料混凝土可分为12个等级，某一密度等级的轻集料混凝土密度标准值可取该密度等级干表观密度范围的上限值。见表12–2。

表12–2　轻集料混凝土密度等级

密度等级	干表观密度的变化范围 kg·m^{-3}	密度等级	干表观密度的变化范围（kg·m^{-3}）
800	760 ~ 850	1400	1360 ~ 1450
900	860 ~ 950	1500	1460 ~ 1550
1000	960 ~ 1050	1600	1560 ~ 1650
1100	1060 ~ 1150	1700	1660 ~ 1750
1200	1160 ~ 1250	1800	1760 ~ 1850
1300	1260 ~ 1350	1900	1860 ~ 1950

（3）弹性模量

由于轻集料的弹性模量低于普通集料的弹性模量，所以轻集料混凝土的弹性模量普遍低于普通混凝土的弹性模量。轻集料混凝土的强度越低、密度越小，其弹性模量也越小。一般根据轻集料种类、配合比及强度的不同，轻集料混凝土弹性模量比普通混凝土的低25% ~ 65%。

表12–3是粉煤灰陶粒和黏土陶粒混凝土的弹性模量与强度等级及密度等级的关系。

（4）徐变

由于轻集料混凝土弹性模量较小，故其徐变较普通混凝土的徐变要大。试验表明：CL20 ~ CUO的轻集料混凝土徐变值比C20 ~ C40普通混凝土的徐变值大15% ~ 40%。

（5）收缩变形

与徐变类似，轻集料混凝土的收缩变形大于同等级的普通混凝土的收缩变形。干燥收缩值也有相同规律。试验表明，轻集料混凝土的最终收缩值约为 0.4 ~ 1.0mm/m，为同等普通混凝土收缩值的 1 ~ 5 倍。

表 12-3　轻集料混凝土的弹性模量

强度等级	密度等级											
	800	900	1000	1100	1200	1300	1400	1500	1600	1700	1800	1900
CL5.0	34	38	42	46	50	54	58	62	–	–	–	–
CL7.5	42	47	52	57	62	67	72	77	82	–	–	–
CL10	–	–	60	66	72	78	84	90	96	102		
CL15	–	–	–	–	88	59	102	109	116	123	130	–
CL20	–	–	–	–	–	–	119	127	135	143	151	159
CL25	–	–	–	–	–	–	–	142	151	160	169	178
CL30	–	–	–	–	–	–	–	–	165	175	185	196
CL35	–	–	–	–	–	–	–	–	–	180	190	200
CL40	–	–	–	–	–	–	–	–	–	185	195	205
CL45	–	–	–	–	–	–	–	–	–	–	200	210
CL50			–	–	–	–	–	–	–	–	205	215

2. 热物理性能

（1）热导率

热导率（λ）是反映材料热传导能力的一个重要参数。干燥状态下轻集料混凝土平均热导率 $\bar{e}_d$ 可用下式计算：

$$\bar{e}_d=0.0725e^{00128}\cdot p_s$$

式中　$\bar{e}_d$——轻集料混凝土的平均热导率，w/（m · K）；

p_s——轻集料混凝土的表观密度，kg/m³。

（2）导温系数

导温系数（a）反映材料冷却或加热时各点达到相同温度的速度，是衡量材料传递热量快慢的一个指标。轻集料混凝土的导温系数计算公式如下：

$$a=\frac{\lambda}{cp_s}$$

式中　a——轻集料混凝土导温系数，m²/h；

λ——轻集料混凝土导热系数，KJ/（m · h · K）；

c——轻集料混凝土比热，KJ/（kg · K）；

p_s——轻集料混凝土表观密度，kg/m³。

（3）蓄热系数

蓄热系数（S）是反映材料蓄热能力的参数。轻集料混凝土蓄热系数可按下式计算：

$$S=\sqrt{\overline{\lambda}\cdot c\cdot ps\cdot \frac{2\pi}{T}}$$

式中 S——轻集料混凝土的蓄热系数，W/（m·K）；

$\overline{\lambda}_d$——轻集料混凝土的平均热导率，W/（m·K）；

c——轻集料混凝土比热，kJ/（kg·K）；

T——轻集料混凝土的温度，K。

五、轻集料混凝土的制备与施工

1. 轻集料预处理工艺

轻集料使用前的预湿工艺体现了轻集料混凝土与普通混凝土生产工艺的不同之处。经过预处理后，不仅能够改善混凝土的工作性能，降低坍落度经时损失，而且对于混凝土的力学性能、体积稳定性和耐久性都具有重要作用。例如，轻集料内部预先饱和的水分可降低自收缩和塑性收缩，提高混凝土早期抗塑裂性能以及增加混凝土的后期强度。但是预湿处理也会产生一些负面影响，如增加混凝土密度和运输成本，降低抗冻性和耐火性等。由此看来，选择合理的预处理工艺非常关键，最重要的是确定预湿方法和预湿时间。

预湿方法有喷淋、浸泡、真空饱水等，最常用的方法是喷淋和浸泡。预湿时间的确定以前主要靠经验，缺乏科学依据。合理的预处理工艺应首先掌握轻集料的吸水特性，在掌握轻集料的吸水率与饱和时间之间的关系，绘制吸水率随保水时间变化趋势图的基础上，再确定预湿时间，即可通过控制预湿时间来掌握预湿程度。由于轻集料的预湿程度会影响混凝土的抗冻性，因此预湿程度的选择还要考虑施工技术手段和环境因素。

（1）施工期间温度较高或者施工完毕后一个月气温不低于0℃，可适当延长预处理时间，甚至采用真空处理或者温差处理，以增加轻集料保水程度；

（2）施工期间为冬季，施工完毕即面临低温考验或负温考验，应适当减小轻集料保水程度。

2. 搅拌工艺

轻集料混凝土的自重较小，如果采用立式搅拌机难以将其搅拌均匀，而应采用卧轴强制式搅拌机，同时还应该适当延长搅拌时间。轻集料混凝土搅拌时间一般不宜小于 3min，以使混凝土搅拌均匀。预湿后的轻集料在投料时携带的水分包括内部孔隙吸人的水分和表面吸附的水分。表面吸附的水分对混凝土工作性能影响较大，因而为保证用水量和轻集料用量计量的准确性，在投料前必须保证轻集料处于表面干状态。如果采用浸泡法预处理，则必须将料袋从水中捞出沥干后才可用于生产。

轻集料混凝土的搅拌工艺最重要的是加料顺序。轻集料在拌合过程中吸入水泥浆，也会吸入部分减水剂，因而加入减水剂必须遵循在集料充分拌湿之后才能加入的原则，以防止因集料吸附而降低减水剂的减水效果。对于经预湿处理和未经预湿处理的轻集料，混凝土的加料顺序是不同的，具体的投料顺序分别如图 12-4 和图 12-5 所示。

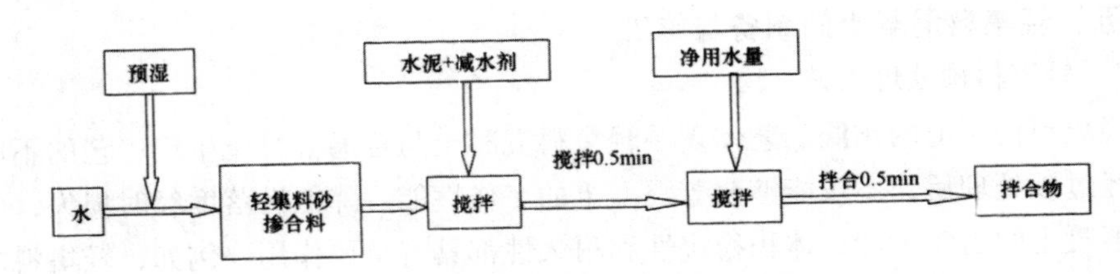

图 12-4 轻集料预湿处理时的投料顺序

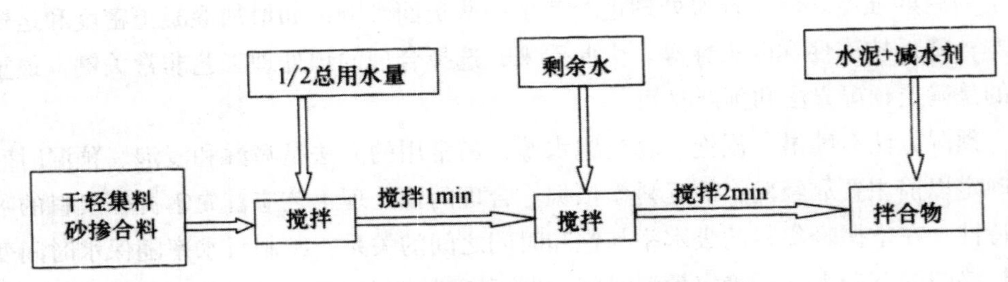

图 12-5 轻集料未经预湿处理时的投料顺序

3. 拌合物的运输

根据经验，应尽量缩短轻集料混凝土的运输距离，防止在运输途中出现分层离析和流动性损失过大，并加强坍落度观察和控制。

（1）加强拌合物卸料时的坍落度检测。坍落度实验方法对轻集料混凝土的敏感性较差，但由于坍落度实验操作简单，结果直观，因而仍不失为一种较好的试验方法。由于坍落度超过 220mm 的轻集料混凝土拌合物在施工现场极易产生严重的离析现象，进而影响施工质量，因此当混凝土拌合物的坍落度超过 220mm 时，应及时查找原因进行监控。

（2）在干燥高温时，拌合物的坍落度损失比较快。造成轻集料混凝土拌合物坍落度损失快的原因：一是轻集料持续吸水，二是高效减水剂和水泥或掺合料相容性差。如果前一种原因可排除，在出现坍落度损失快的情况后，应及时和高效减水剂供应商联系，设法调节减水剂的组分或更新减水剂品种，而不得在运输过程中或在浇筑现场随意加水。如果是前一种原因，则应通知厂方提高轻集料混凝土的预湿程度或调整加料顺序。

4. 浇筑和振捣工艺

与普通混凝土相比，轻集料混凝土拌合物自重较小，且具有较大的离析倾向，因而在浇筑与振捣工艺方面，轻集料混凝土有一些特殊要求：对大流动性混凝土适宜采用插捣成型，对于干硬性混凝土，可采用振动台或表面加压成型。

在分层浇筑时，每次分层应尽可能趋于水平，尽量避免形成较陡的斜坡，防止轻集料从拌合物中脱离后，沿斜坡滚落至斜坡低处“扎堆”。为保证轻集料混凝土在整个构件断面上具有较好的均匀性，同时也利于振动密实，每次分层浇筑的高度以300 ~ 500mm为宜。

为防止高性能轻集料拌合物因振动而产生离析，在选用振捣以及振捣工艺时应注意：

（1）适宜采用高频低振幅器振动成型，应严防过振造成离析。

（2）对于竖向结构物（如梁的腹板），宜采用插入式振捣方式，并可辅以人工插捣和外部振动。对于板式结构物（如桥面板、楼板），当厚度较小（小于200mm）时，宜采用振动横梁或表面振动器振动成型，而当板厚度较大时，宜采用插入式振捣方式成型，并辅以表面振动方式修整。振动棒每次插入深度应大于每次分层的高度，向拌合物下延伸约50mm。通过振动棒向拌合物下延伸可调整轻集料在整个构件截面高度上的分布，使其更加均匀。

（3）由于轻集料的密度小于砂浆，轻集料混凝土在振动成型时无法看到普通混凝土达到振动密实时出现的如砂浆泛起、停止下沉等表观现象，操作人员以往的经验不再适用。通常情况下，轻集料混凝土振动延续时间应以10s左右为宜。但是由于轻集料混凝土密度小，排除气泡的速度比普通混凝土慢，所以振捣还必须充分。

（4）由于轻集料为多孔结构，振动能量在轻集料混凝土拌合物中的衰减速度要快于普通混凝土。因此，为保证混凝土的密实，应缩短振点间距。按经验，普通拌合物的振点间距一般为振动棒作用半径的1.5倍，而轻集料混凝土的振点间距应缩小至振动作用半径的1倍。

总体上看，采用振捣棒对轻集料混凝土进行振动成型，遵循的原则应是“振动时间、振点间距短”。

5. 养护工艺

轻集料内部所含水分可供轻集料混凝土养护之用，并能减少混凝土的收缩变形：当混凝土表面的水分蒸发时，轻集料内部的水分从集料基体转移，水分连续迁移在一定时期内维持着混凝土内部水化反应的进行。这个时期持续时间长短视周围气候条件和轻集料的保水率而定，在温和的气候下，可保证适宜的水化，而不必采用防止蒸发的措施，如用湿麻袋或喷湿的塑料薄膜。但在炎热的气候条件下或风速较大的情况下，仍然有必要加强养护以防止表面失水干燥，在这种情况下，连续的潮湿养护是防止过度蒸发和收缩开裂最有效的方法。养护期间，如果温度显著下降，就要特别注意，以防止冷缩引起的开裂。由于高强、高性能轻集料混凝土所用的轻集料吸水率一般都比较低，因而要加强养护，如在混凝土达到要求的强度时宜尽早拆模进行养护；当仅以水泥作为胶凝材料时，一般情况下养护时间不少于 7d；当掺加了粉煤灰、磨细矿渣和硅灰等活性矿物掺合料时，应适当延长养护时间。

第三节　无砂大孔混凝土

一、无砂大孔混凝土原材料及配合比

1. 原材料

无砂大孔混凝土原材料包括水泥、粗集料和拌合水，根据工程的需要也可使用早强剂和减水剂。

（1）水泥

无砂大孔混凝土是由粗集料和水泥石胶结而成的多孔堆聚结构。由于粗集料的强度远远高于混凝土的强度，故粗集料与水泥石的黏结强度是该材料的最薄弱环节，破坏主要发生在集料界面间的水泥石层中，因而胶凝材料、水泥的品种、强度、数量等对无砂大孔混凝土的强度起到关键作用。

一般情况下，无砂大孔混凝土宜选用普通硅酸盐水泥，也可使用矿渣硅酸盐水泥，其他品种水泥应通过试验确定。为了保证无砂大孔混凝土具有满意的强度，水泥多用 42.5MPa 和 52.5MPa 等级的水泥。

（2）粗集料

无砂大孔混凝土所用粗集料可分两类，即普通粗集料和轻质集料（包括人造和天然集料）。试验证明，无砂大孔混凝土集料粒径越小，集料颗粒间的空隙率越大，

且配制的混凝土强度偏高，因此无砂大孔混凝土集料通常采用尺寸不大的单一粒级，如 10 ~ 20mm 或 10 ~ 30mm，这样可以使空隙率较大，集料颗粒间有足够的接触面积，保证混凝土有足够的强度。

无砂大孔混凝土粗集料针、片状颗粒含量按质量计不大于 15%，碎石中含泥量（包括含粉量）不宜大于 1%。

（3）外加剂

根据具体情况可选用不同型号的减水剂，减水剂的使用可以增加水泥浆的流动性和黏性，有利于对集料的包裹。冬季施工时可考虑使用早强剂。各类外加剂的使用均应经试验确定。

2. 配合比

无砂大孔混凝土配合比设计原则是根据已知材料性能及所需强度等级和松堆密度，在确保混凝土和易性的前提下，应使所用水泥用量最少。由于不含细集料，故其配合比设计方法、计算、设计步骤与普通混凝土不同。

（1）水泥用量的确定

由于没有细集料，无砂大孔混凝土集料的总表面积要比普通混凝土小很多，由此用于包裹集料表面的水泥用量也很少，一般在 100 ~ 250kg/m³。

水泥用量 C 与配制强度 $R_{配}$的关系大致成正比。二者关系如下：

1）普通粗集料，42.5MPa 普通硅酸盐水泥：

$$C=59.58+13.79R_{配}$$

2）人造陶粒集料，42.5MPa 普通硅酸盐水泥：

$$C=31.85R_{配}-28.15$$

式中，配为无砂大孔混凝土的配制强度，与混凝土设计强度等级 R^b 关系为：

$$R_{配}=\frac{R^{b}}{1-C_{v}}$$

式中 C_v 为混凝土变异系数。应根据施工单位以往积累的数据分析确定，如缺乏无砂大孔混凝土的施工经验，可取 25%。

（2）水灰比的确定

无砂大孔混凝土水灰比偏大时，会产生离析，水泥浆会从集料颗粒表面淌下，形成不均匀的混凝土组织；水灰比偏小时，则水泥浆难以均匀地包裹所有的颗粒表面，从而使和易性下降。试验表明，只有在最佳水灰比时，无砂大孔混凝土才会具有最大的抗压强度。对于普通无砂大孔混凝土，水灰比通常取 0.45，也可按下式

估算:

1）42.5MPa 普通硅酸盐水泥:

$$\frac{W}{C}=0.5797-0.000715C$$

2）陶粒无砂大孔混凝土，净水灰比取值范围如下:

$$42.5\text{MPa普通硅酸盐水泥}：\frac{W}{C}=0.30\sim0.37$$

$$32.5\text{MPa矿渣硅酸盐水泥}：\frac{W}{C}=0.34\sim0.42$$

（3）粗集料用量

每立方米无砂大孔混凝土粗集料用量应为：碎石的紧堆密度或陶粒的紧堆密度×0.98（折减系数）。

二、无砂大孔混凝土的物理力学性能

（1）物理特性

1）收缩与徐变

无砂大孔混凝土收缩与水泥用量和粗集料的种类有关。水泥用量大，收缩量也大；集料致密，收缩量小；轻质集料较普通集料收缩量大。

但由于无砂大孔混凝土孔隙率大，水泥用量相对于普通混凝土少得多，且凝结硬化快，因此其收缩量要比普通混凝土小，一般只有普通混凝土收缩量的一半，且绝大部分收缩在早期完成。试验证明，其收缩量在 10d 内可完成总收缩量的 50% ~ 80%；28d 几乎完成全部的收缩量。

无砂大孔混凝土徐变可按下式计算:

$$\varepsilon_{sh}=15.871gt-0.66$$

式中　t——龄期（d）；

ε_{sh}——徐变值（$\times10^{-6}$）。

最大徐变值在 $0.4R^{b}$ 压应力下，约为 0.4×10^{-3}。比普通混凝土小。

2）导热系数

无砂大孔混凝土结构中存在大量孔洞，导致其导热系数比普通混凝土导热系数小得多。试验表明，其导热系数大致与同厚的砖墙相同。并且，随着无砂大孔混凝土强度等级的增高，水泥用量增多，密实度及密度增加，导热系数也随之增加。密度每增加 200kg/m³，导热系数约增加 0.12W/（m·K）。

3）抗冻性

无砂大孔混凝土结构中存在大量孔洞，可有效地缓解冻胀应力，因而其抗冻性能良好，如配合使用引气剂，其抗冻性能更加优良。

4）毛细作用和透水性

由于结构中存在较大的孔洞，无砂大孔混凝土的毛细作用很小，一般水的渗入厚度小于2 ~ 3倍的集料最大粒径。但如水泥用量过大，水灰比过高，会使多余水泥浆填充在孔洞中增加其毛细作用。

与普通混凝土相比，无砂大孔混凝土的透水性很好，约为普通混凝土的150% ~ 175%。较小的毛细作用和较好的透水性能，使得无砂大孔混凝土广泛应用于停车场、网球场等地面的垫层，效果十分理想。

5）耐火性

衡量材料耐火性的三个指标是物质的可燃性、隔热性和热膨胀。

构成无砂大孔混凝土的矿物组织在火焰长时间作用下不会燃烧；结构内部存在的孔洞可使其有良好的隔热性，并且在火焰作用下膨胀较小，故其耐火性十分优良。150mm厚的墙体经4h耐火试验，其强度无明显下降。

6）软化系数与膨胀系数

无砂大孔混凝土在冷却或在0℃ ~ 100℃范围内加热时，线膨胀系数为0.8×10^{-5}。软化系数在0.76 ~ 0.89范围内。

（2）力学特性

无砂大孔混凝土内部存在大量的孔洞，导致其力学性能与普通混凝土差别较大。其抗拉强度、抗压强度及黏结力均小于普通混凝土。

1）抗压强度

无砂大孔混凝土的抗压强度与水泥用量、水灰比、密度以及集料粒径的大小等因素有关。一般，水泥用量大，强度高；集料粒径小且外形短粗，强度高。这是因为集料之间接触点多，内部黏结力增大的原因。

水灰比对强度影响十分显著。水灰比太小，水泥浆流动性差，不能均匀包裹在集料颗粒表面；水灰比过大，水泥浆会从集料上滑下，也会影响最终强度。因此存在一个最佳水灰比，其值一般在0.38 ~ 0.50之间。

2）抗拉强度、抗折强度与黏结力

试验结果统计表明，无砂大孔混凝土的抗拉强度和抗折强度约为其极限抗压强度的0.08%和0.17%左右。

粘结力与钢筋的直径有关，在一定范围内其趋势是随直径的减少而增大。但直径过小粘结力反而会下降。粘结力还与混凝土的成型方法及水泥用量有关。另一有效增加粘结力的方法是在钢筋表面预先涂刷一层水泥浆，这既可以增加粘结力，同时又会对钢筋的防锈蚀起到良好的作用。

三、无砂大孔混凝土的制备与施工

1. 无砂大孔混凝土的搅拌

无砂大孔混凝土的搅拌，目前一般都是采用与搅拌普通混凝土相同的机械，搅拌方法也大致相同。由于水泥浆的稠度较大，且数量较少，为了使水泥能够均匀地包裹在骨料上，宜采用强制式搅拌机。

采用自落式搅拌机时，搅拌机叶片上容易粘上大量水泥浆，若不注意会越粘贴越厚。曾经发生过凝固达 20cm 厚的事故。防止这种事故的办法是改变投料顺序，先加水量的一半，从前面加入，待粘在筒臂上尤其是筒臂后半部所粘的粘接层洗净之后，再投石子和水泥，最后再将余下的一大半水从后面慢慢加入，使搅拌筒后部的料充分润湿，以便出料以及下一次冲洗。搅拌时间 5min 左右。

为了防止头几盘强度偏低，可在头盘及第二盘中多加些水泥。头盘可多加 70%，第二盘可多加 50%，采用轻骨料时，搅拌时间宜适当延长，这是由于轻骨料表面比较粗糙。

采用自落式或强制式搅拌机，搅拌无砂大孔混凝土不易搅拌均匀，有一定的局限性。苏联试验了一种称为预拌水泥法的新的搅拌方法，这种方法首先拌制比需要量大 3 ~ 4 倍的水泥浆，然后将粗集料与已拌好的水泥浆一起搅拌，保证每个集料上都包裹上较多的水泥浆，使这些集料表面的水泥浆，恰好是所需要的。采用这种方法可保证搅拌的均匀性，水泥浆的利用率也最大。用此方法搅拌，在水泥用量相同的情况下，强度可增加 50% ~ 100%。由于它能保证拌合物的均匀性，所以使离散率也大大下降，这也是从另一方面降低了水泥用量。

2. 无砂大孔混凝土的浇筑

无砂大孔混凝土中的水泥量有限，水泥浆只够包裹骨料颗粒，因此在浇筑过程中不宜强烈的振捣，否则将会使水泥浆沉积，破坏混凝土结构的均匀性。这样不仅使混凝土的强度下降，而且会降低混凝土的隔热性能，所以只允许在墙脚或转角处插扦轻插捣。在一定高度下浇筑，靠混凝土的重力也可得到充分的密实度。在窗台处或其他障碍物周围浇筑混凝土时，必须十分谨慎。设计模板时可在窗台下开设一小口，以便伸进模板进行插捣。

关于自由下落高度，各国的规定相差甚远。英国认为自由下落高度可达 7.6m，且不超过四层。靠自重落料成型，一般不需要捣固，而对于一些重要部位则应捣固。

之所以产生上述的差别，主要是由于各国使用的骨料粒径和级配不同。粒径大的骨料易产生离析，反之则不易产生离析。同时，骨料的级配对自由下落的高度也有影响。骨料粒径级配大一般不易产生离析。反之则易离析。

我国一些地区的施工经验表明，当骨料粒径为 1 ~ 3cm 时，自由下落高度在 1.5m 左右。在这种情况下，构件的质量是可以得到保证的。

3. 无砂大孔混凝土的养护

无砂大孔混凝土由于存在大量的孔洞，干燥很快，所以养护非常重要，要避免混凝土水分大量蒸发。遇有烈日与大风气候时，应加以覆盖，淋水或用氯化钙促凝，使其提前凝结。

无砂大孔混凝土的湿养时间应为 7 ~ 8d。另外，还要防止雨淋。一般来说，阴天和小雨天气对无砂大孔混凝土的养护是有利的，但要防止暴雨冲刷，这样会带走水泥浆，造成一些部位薄弱。

洒水养护时，不能用水龙头直接喷射无砂大孔混凝土墙面，应在 2 ~ 3m 处用散射养护。混凝土浇筑后 1d 开始洒水养护，若遇干热天气，可在浇筑后 8h 开始养护，以免过早失水。每天至少洒水四次，拆模时间可参考表 12–4。

表 12–4　无砂大孔混凝土的拆模时间

混凝土养护温度	最早拆模时间（d）	最早受荷时间（d）
21℃以上	1	3
10 ~ 21℃	2	5
4.4 ~ 10℃	3	10
4.4℃以下	不需采用预防措施	不需采用预防措施

第十三章　预应力混凝土施工新技术

第一节　预应力高效材料

一、预应力混凝土的选用

1. 预应力结构对混凝土性能的要求

在预应力混凝土结构中一般采用以水泥为胶结材料的混凝土，通常要求预应力混凝土结构中的混凝土材料应具有强度高、耐久性好和变形小等特点。具体来说，结构中的混凝土应具备下述特性：

（1）高强度

预应力混凝土结构一般要求采用强度较高的混凝土，主要原因是为了与高强度的预应力钢筋相匹配，用以承受较大的压应力。可以充分发挥混凝土材料抗压性能好的特性，从而有效了解其小构件截面的尺寸和自重，增大构件跨度。也可以提高构件端部局部受压强度，有利于预应力筋的锚固。

（2）高弹性模量

在预应力结构中采用弹性模量较高的混凝土，可以使构件具有更小的弹性变形和塑性变形，减小因混凝土弹性变形引起的预应力损失。

（3）快硬早强

预应力混凝土不仅要求强度高，而且对现浇预应力混凝土结构要求混凝土的早期强度和弹性模量增长要快，以便早张拉预应力筋，缩短工期。因此，采用快硬硅酸盐水泥或采用掺入综合性能的外加剂配置的混凝土，已经成为现代预应力混凝土工艺发展的趋势。

（4）收缩徐变小

混凝土的收缩是指混凝土在不受力的情况下，由于所含水分的蒸发及其他物理化学原因引起的体积缩小，主要与混凝土的品质和构件所处的环境等因素有关。普通混凝土的收缩随时间的增加而增加，一般在浇筑后的 7 天龄期可达到总收缩的

1/4，2 周后可达到总收缩的 30% ~ 40%。第一年总收缩可达到 $\varepsilon=(150\sim400)\times10^{-6}$，一年后仍有所增加。

徐变是指在一个持续的应力作用下，混凝土应变随时间不断增长的现象，是一种依赖于应力状态和时间的非弹性变形。徐变变形过程如图 13–1 所示。

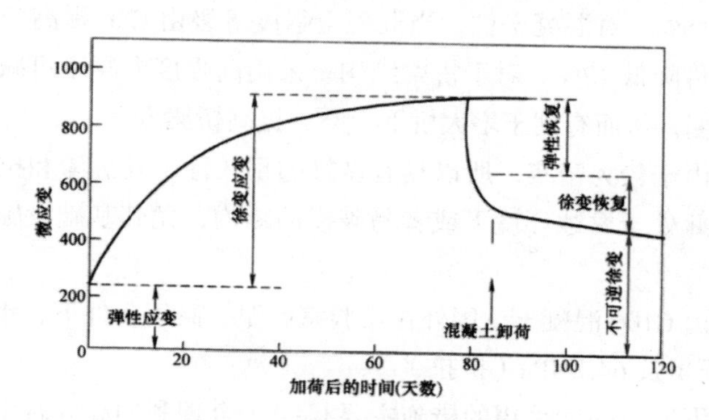

图 13–1　徐变变形过程示意图

混凝土中徐变的原因比较复杂，通常认为，除水分移动外还有其他因素对徐变起作用，首先是预应力的大小，应力值越大，混凝土的徐变值也会越大；其次，骨料的存在能够延缓混凝土的徐变；另外，加载时混凝土的龄期、水灰比、振捣情况等都会影响混凝土的徐变。

（5）良好的耐久性

混凝土应有足够的抗渗透性、抵抗碳化和抵抗有害介质入侵的能力。同时混凝土应对预应力筋、锚具连接器等无腐蚀性影响，因此对耐久性有重大影响的氯离子和碱含量也应加以限制。预应力构件的混凝土氯离子含量不得超过 0.06%，即混凝土的拌合物中不得掺入含氯化物的外加剂。

2. 预应力混凝土的种类

目前预应力混凝土结构中应用的混凝土可分为普通混凝土（强度在 C30 ~ C50）；高强混凝土和高性能混凝土（强度在 C60 ~ C80）；超高强混凝土（强度在 C80 以上）；高强纤维混凝土；自密实混凝土。

（1）普通混凝土

普通混凝土是指采用常规的水泥、砂石为原材料，采用常规的生产工艺生产的混凝土，是目前工程中最为常用的混凝土。

（2）高强混凝土

所谓高强混凝土是指采用常规的水泥、砂石为原材料，采用常规的生产工艺，主要依靠添加高效减水剂或同时掺入一定数量的活性矿物材料，使新拌混凝土具有良好的工作性能，并在硬化后具有高强、高密实性的水泥混凝土。

高强混凝土的主要优点是混凝土强度高，采用高强混凝土具有较高的经济效益。根据实际工程经验，对混凝土屋架，当混凝土强度由 C40 提高到 C60 时，体积缩小 20%，造价降低 15%。对混凝土柱，当混凝土强度等级由 C30 提高到 C50 时，用钢量减小 40%，造价降低 17%。对于桥梁结构，采用高强度混凝土可减小桥梁结构自重、增加结构刚度，从而有利于增大桥下净空，提高桥梁寿命。

高强混凝土由于较为密实，所以具有良好的耐久性，其抗渗和抗冻性能均高于普通混凝土，因此处于腐蚀环境下或者易破损的结构，尤其基础设施工程，多采用高强混凝土。

我国已研制出 C100 混凝土，国外在实验室高温、高压条件下，水泥石的强度达到 662MPa（抗压）及 64.7MPa（抗拉）。

目前为提高混凝土强度采用的措施主要有：1）合理利用高效减水剂（即超塑化剂），采用优质骨料、优质水泥，利用优质掺合料（活性材料），如优质磨细粉煤灰、硅灰、天然沸石或超细矿渣、矿粉，利用高效减水剂以降低水灰比，这些是获得高强及高流动性混凝土的主要技术措施。2）采用 52.5、62.5、72.5 级的硫铝硅酸盐水泥、铁铝硅酸盐水泥及相应的外加剂。

高强混凝土具有优良的物理力学性能及良好的耐久性，但是延性较差，而在高强混凝土中掺入适量的钢纤维后制成的纤维增强高强混凝土，其抗拉、抗弯、抗剪强度均有提高，其延性和抗疲劳、抗冲击等性能则会有大幅度提高。

（3）高性能混凝土

长期以来人们总是以强度来评价混凝土的性能。但实践表明：诸如桥梁、道路、海上构筑物、化工构筑物等设计使用寿命期较长且处于恶劣环境中的结构物的破坏原因，并不是强度问题，而是耐久性问题。事实上，强度高的混凝土不一定能够保证具有足够的耐久性。

所谓高性能混凝土，是指混凝土具有高强度、高耐久性、高流动性等多方面的优越性能。高性能混凝土比高强混凝土具有更好的施工及使用性能，具有更广泛的应用范围。高性能混凝土一般都是高强混凝土，而高强混凝土却不一定是高性能混凝土。

（4）高强轻骨料混凝土

所谓轻骨料混凝土，是指利用密度在 1120kg/m^3 以下的骨料配制而成的各种轻混凝土。

为了增大预应力混凝土结构的跨越能力或混凝土海洋采油平台的可移动性，在预应力混凝土结构中大量采用轻骨料混凝土，其强度要求大于C30。常用的天然轻骨料有浮石、火山灰、凝灰岩等，人造轻骨料可用多种材料经过热处理制取，如黏土、页岩陶粒、黏土陶粒、膨胀珍珠岩等。轻骨料混凝土具有自重较轻、保温、抗冻性能好等优点。

多孔的有机材料在混凝土潮湿的碱性环境中不能耐久，故不宜用作骨料。孔隙较少、孔结构为均匀分布的细孔的轻骨料，其强度一般较高，可以用来配置结构混凝土。

为了提高轻骨料混凝土的强度，增加密实性，在轻骨料混凝土中掺人硅灰可取得很好的效果。

（5）自密实混凝土

所谓自密实混凝土，是指浇筑时不需要机械振捣，而是依靠自身重量使其密实的混凝土。

配制这种混凝土的方法：1）粗骨料的体积为固体混凝土体积的50%；2）细骨料的体积为砂浆体积的40%；3）水灰比为0.9 ~ 1.0；4）进行流动性试验确定超塑化剂用量及最终的水灰比，使材料获得最优的组成。

自密实混凝土具有显著的优点：

施工现场无振动噪声；可进行夜间施工，不扰民，对工人健康无害；混凝土质量均匀、耐久，钢筋布置较密或构件体型复杂时也利于浇筑；施工速度快，现场劳动量小。

3. 混凝土的耐久性

耐久性是指混凝土在长时期内保持其强度和外观形状的能力。为提高耐久性，混凝土必须具有能抵抗气候作用、化学侵蚀、磨损和其他破坏过程的特性。

根据混凝土的使用环境不同，对结构耐久性的要求也不同，表13-1给出了混凝土使用环境的分类方法。

表13-1　混凝土的使用环境分类

序号	环境类别		说明
1	一		室内正常环境
2	二	a	室内潮湿环境、非严寒和非寒冷地区的露天环境，与无侵害的水或土壤直接接触的环境
		b	严寒和寒冷地区的露天环境与无侵蚀性的水或土壤直接接触的环境

续表

序号	环境类别	说明
3	三	使用除冰盐的环境，严寒及寒冷地区冬季水位变动的环境，滨海室外环境
4	四	海水环境
5	五	受人为或自然的侵蚀性物质影响的环境

预应力钢材腐蚀的数量比普通钢材要多，后果也更严重。这不仅是因为强度等级越高的钢材对腐蚀越敏感，还因为预应力筋的直径相对较小，腐蚀一点就会显著减少钢筋的面积，产生应力集中，导致结构提前破坏。

混凝土中如果含有腐蚀性成分将会严重影响预应力钢筋的性能。为此，根据耐久性的要求，按照构件在50年内能保护钢筋不发生危及结构安全的锈蚀，对混凝土中的氯离子含量及受力钢筋的混凝土保护层厚度做了相关规定，如表13–2和表13–3所示。

表13–2　结构混凝土耐久性的基本要求

序号	环境类别		最大水灰比	最小水泥用量（kg/m³）	最低混凝土强度等级	最大氯离子含量（%）	最大碱含量/（kg/m³）
1	一		0.65	225	C20	1.0	不限制
2	二	a	0.60	250	C25	0.3	2.0
		b	0.55	275	C30	0.2	3.0
3	三		0.50	300	C30	0.1	3.0

表13–3　混凝土保护层最小厚度

序号	环境类别		板、墙、壳/mm			梁/mm			柱/mm		
			≤C20	C25–C45	≥C50	≤C20	C25–C45	≥C50	≤C20	C25–C45	≥C50
1	一		20	15	15	30	25	25	30	30	30
2	二	a	—	20	15	—	30	30	—	30	30
3		b	—	25	20	—	35	30	—	35	30
4	三		—	30	25	—	40	35	—	—	35

4．混凝土外加剂

为了获得所需的高强度、高耐久性、收缩徐变小且便于施工的混凝土，常在混凝土中添加外加剂。按生产的效果，添加剂可分为：

（1）减水剂：减水剂可以减少用水量，改善混凝土的和易性，提高混凝土的弹性模量和早期强度。同时由于用水量的减少使得混凝土中的毛细孔隙减少，提高了抗渗性。

（2）加气剂：加气剂在混凝土拌合物中造成大量的小气泡，能改善混凝土的抗冻融性。在浇筑和振捣混凝土时起到润滑作用，减少离析和含水量。

（3）膨胀剂：膨胀剂依靠自身或与水泥中的某些成分的反应，在水化过程中产生有制约的膨胀。添加膨胀剂可以有效地减少由于混凝土收缩引起的预应力损失，并且可以提高构件的抗裂强度。

（4）调凝剂：掺入缓凝剂的混凝土有利于提高混凝土的耐久性，对干缩也有一定的控制作用；但延缓了混凝土达到放张强度的时间，延长了工期。掺入速凝剂的混凝土弹性模量、粘贴力、抗剪强度均有所下降，且混凝土的收缩较大。

二、预应力钢筋的选用

1. 预应力钢筋选用要求

（1）高强度

一方面，为了提高预应力混凝土结构的抗裂性，通常需要对混凝土施加很大的预压力，这就要在预应力钢筋中建立数值很大的拉应力，因此要求预应力钢筋具有较高抗拉强度；另一方面，预应力钢筋在张拉过程中，会产生较大的预应力损失，为了能够在预应力钢筋内部最终建立起理想的拉应力，需要采用很大的张拉力以克服预应力损失的影响。这些因素都要求预应力钢筋应具有很高的强度。

（2）良好的粘结力

预应力混凝土结构中先张法构件是依靠预应力钢筋与混凝土间的粘结力来传递预应力的，张拉力越大，所需要的粘结力就越大。在后张法预应力混凝土结构中，预应力筋与孔道后灌水泥浆间应有较高的粘结强度，使预应力筋与周围的混凝土形成一个整体共同承受外荷载。因此，要求预应力钢筋应具有良好的粘结性能。为提高钢丝与混凝土间的粘结性能，可以选用刻痕钢丝或以钢丝为母材扭绞形成的钢绞线，增大粘结力。

（3）足够的塑性和良好的加工性能

一方面，为保证构件在破坏之前有较大的变形能力，要求预应力筋应具有较好的塑性性能；另一方面，预应力筋在施工过程中需要弯曲和转折，同时在锚夹具中承受较大的局部应力。这都要求预应力钢筋应有较好的塑性和加工性能。

表 13-4 给出了以冷拉钢丝为例的预应力筋的力学性能。

表13–4 冷拉钢丝力学性能及工艺性能

公称直径	抗拉强度不小于/MPa	规定非比例伸长应力不小于/MPa	拉伸率不小于（%）	弯曲次数	
				次数/180°不小于	弯曲半径/mm
3.00	1470	1100	2	4	7.5
	1570	1180	2	4	7.5
1.00	1670	1250	3	4	10
5.00	1470	1100	3	5	15
	1570	1180	3	5	15
	1670	1250	3	5	15

2. 预应力钢筋的种类

目前国外还有超高强钢绞线、高抗腐蚀筋、大直径钢绞线、超耐久性钢绞线等。

（1）钢绞线

钢绞线是由多根平行高强钢丝以另一根直径稍粗的钢丝为轴心，沿同一方向扭转，并经低温回火处理而成。规格有2、3、7、19股等。其中最常用的是7股钢绞线，可以表示为7ϕ5或ϕ15，即由6根直径为5mm的高强钢丝围绕一根直径加大5%～7%的高强钢丝扭转而成。

（2）高强钢丝

高强钢丝是用优质高碳钢盘条经索氏体化处理、酸洗、镀铜或磷化后冷拔制成。碳素钢丝采用80号钢，含碳量0.7～0.9%。高强钢丝中的光面钢丝常成束用于有锚具的后张法预应力混凝土结构中，而螺旋肋钢丝及三面刻痕钢丝多用于自锚的先张法预应力混凝土结构中。

（3）热处理钢筋与冷轧带肋钢筋

这两种钢筋主要用于先张法预应力混凝土构件中。热处理钢筋是由热轧RRB400级钢筋经调质热处理而成。先经加热至900℃左右，并保持恒温，然后淬火，以提高钢筋的抗拉强度，再经450° 左右的中温或低温回火处理，以改善其塑性性能。这种钢筋强度高，弹性模量高而松弛小，其直径通常为6～10mm，以圆盘供应，可直接用于预应力混凝土构件中，免去冷拉、对头焊接，有利于施工。但易出现匀质性差的问题，主要用于铁路轨枕，也可用于先张法预应力混凝土楼板。

冷轧带肋钢筋是用普通低碳钢或低合金钢热轧圆盘条做母材，经冷轧或冷拔减径后在其表面冷乳成具有三面或两面月牙形横肋的钢筋。

（4）无粘结预应力筋

无粘结预应力筋是指带有专用防腐油脂涂料层和外包层的无粘结预应力筋。

一般采用张拉钢筋以建立预应力混凝土结构的初应力，其钢筋与混凝土间是有粘结的。但是对于现浇平板、密肋板和一些特种构件，后张法工艺中孔道的成型和灌浆工序复杂，且难于控制质量。于是研制和发展了无粘结预应力混凝土结构，这种结构中预应力钢筋与混凝土间无粘结，靠两端锚具建立预应力。

无粘结预应力筋由三种材料组成：光面钢丝束（7$5）、润滑油脂、高压聚乙稀塑料套管。截面如图 13-2 所示。

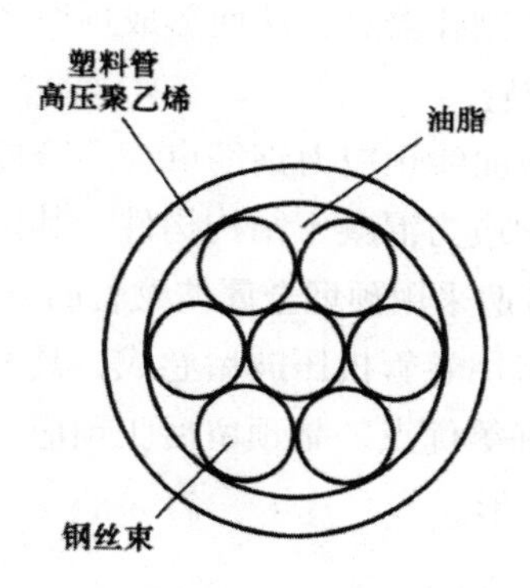

图 13-2　无粘结预应力钢筋截面示意图

用于制作无粘结的钢材为 7 根 4mm 或 5mm 的钢丝绞合而成的钢绞线或 7 根直径 5mm 的碳素钢丝束。

三、非预应力钢筋

在预应力钢筋混凝土构件中通常需要设置一定数量的非预应力钢筋，用以改善构件受力性能和裂缝分布状况。非预应力钢筋宜选用热轧钢筋 HR335 和 HR400，箍筋宜选用热轧钢筋 HPB235。非预应力筋的强度标准值与设计值见表 13-5。

表 13-5　非预应力钢筋力学性能

种类	d/mm	f_{yk}（kN/mm²）	fy（kN/mm²）	$f_{y'}$（kN/mm²）	E_s/（×105kN/mm²）
HPB235	8 ~ 20	235	210	210	2.1
HRB335	6 ~ 50	335	300	300	2.0
HRB400	6 ~ 50	400	360	360	
RRB400	8 ~ 40	400	360	360	

四、留孔及灌浆材料

预应力混凝土结构所用材料除了预应力钢筋和混凝土之外，还有后张法预留孔道壁的管道材料和灌浆材料。

1. 留孔

后张预应力混凝土构件中预留孔道的制作方法常见的是埋入式和抽拔式。所谓埋入式是在预应力混凝土构件中根据设计要求永久埋置管道，从而形成预留孔道，待混凝土达到设计强度后，即可直接张拉管道内的预应力筋。预留孔道通常采用金属波纹管或钢管。所谓抽拔式是指在预应力混凝土构件中根据设计要求预埋制孔器具，待混凝土初凝后抽拔出制孔器具，从而形成预留孔道。制孔器具通常为预埋钢管或预埋冲水、冲压的橡胶管。

目前，对于配有大吨位曲线预应力钢筋束、多跨连续曲线预应力钢筋束和空间曲线预应力钢筋束的后张预应力混凝土结构构件，其留孔方法已经较少采用胶管抽芯法和预埋钢管法，而是普遍采用预埋金属波纹管的方法。

金属波纹管是由薄钢带用卷管机压波后卷成，具有重量轻、刚度好、弯折和连接简便、与混凝土粘结性好等优点，是预留后张预应力钢筋孔道的理想材料。波纹管一般为圆形，也可以有扁形。

2. 灌浆材料

对于后张预应力混凝土结构或构件，在预应力钢筋张拉之后，孔道中应灌入水泥浆。灌浆的目的有两个：首先是用水泥浆保护预应力钢筋，避免预应力钢筋发生锈蚀；其次是使得预应力钢筋与周围的混凝土共同工作，变形一致。因此，水泥浆应具有一定的粘结强度。

第二节　有粘结预应力施工技术

一、预应力筋制作及下料

预应力筋一般均为高强度钢材，如果局部加热或急剧冷却，将引起该部位的马氏体组织脆性变化，小于允许张拉力的荷载即可造成脆断，危险性很大。因此在现场加工或组装预应力筋，不得采用加热、焊接和电弧切割。在预应力筋近旁进行焊接操作时，应非常小心，使预应力筋不受过高温度、焊接火花或接地电流的影响。

预应力筋的下料，应根据不同预应力筋的种类采用不同的方法，现分别简述如下：

（1）预应力钢丝下料

预应力钢丝下料一般应在空旷平坦场地上进行，测量预应力筋的长度误差应控制在 -50 ~ 100mm 之间，不应使钢丝直接接触地面。如果下料过程中发现钢丝表面有电焊接头或机械损伤，应及时剔除。

采用镦头锚具（图 13-3）时，同束钢丝下料长度的相对差值不应大于 L/5000，且不得大于 5mm（L 为钢丝下料长度），为满足这一要求，可采用钢管限位法进行。钢管固定在木板上，钢管内径比钢丝直径大 3 ~ 5mm，钢丝穿过钢管至另一端角铁限位器时切断。限位器与切断器切口间的距离即为钢丝的下料长度。

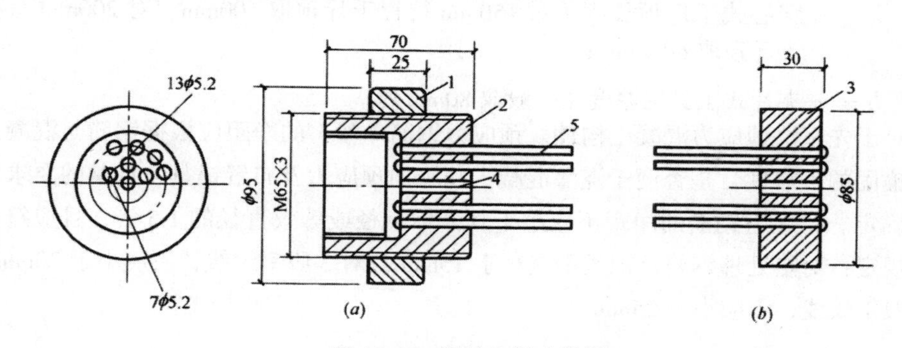

图 13-3 钢丝束镦头锚具

（a）张拉端锚具和螺母；（b）固定端锚板

1—螺母；2—锚杯；3—锚板；4—排气孔；5—钢丝

为保证钢丝束两端钢丝的排列顺序一致，穿束与张拉时不致紊乱，每束钢丝都必须进行编束。随着所用锚具形式不同，编束方法也有差异。采用镦头锚具时，根据钢丝分圈布置的特点，首先将内圈和外圈钢丝分别用铁丝顺序编扎，然后将内圈钢丝放在外圈钢丝内扎牢。为了简化钢丝编束，钢丝的一端可直接穿入锚环，另一端距端部约 20cm 处编束。当采用锥形锚具时，钢丝编束可分为空心束和实心束两种，但都需要圆盘梳丝板理顺钢丝，并在距钢丝端部 5 ~ 10mm 处编扎一道，使张拉分丝时不致紊乱。

（2）钢绞线下料

与钢丝束下料方法相近，钢绞线下料应在平坦场地上进行，钢绞线下面垫木方或彩条布，不得将钢绞线直接接触土地以免生锈，也不能在混凝土地面上生拉硬拽，磨伤钢绞线，下料长度误差控制在 -50 ~ +100mm 以内。钢绞线的下料宜采用砂轮切割机切割，不得采用电弧切割。

采用夹片锚具、穿心式千斤顶张拉时，如图 13-4 所示，钢绞线下料长度可采用下式计算：

1）两端张拉

$$L = l + 2(l_1 + l_2 + l_3 + 100)$$

2）一端张拉

$$L = l + 2(l_1 + 100) + l_2 + l_3$$

式中 l ——构件的孔道长度；

l_1 ——夹片式工作锚厚度（一般取 60mm 厚）；

l_2 ——穿心式千斤顶长度（对 150mm 行程千斤顶取 500mm，对 200mm 行程千斤顶取 600mm）；

l_3 ——夹片式工具锚厚度（一般取 80mm 厚）。

对于先张法预应力混凝土构件，预应力钢筋（丝）的净距应根据钢筋与混凝土粘结锚固的可靠性，是否便于浇灌混凝土和施加预应力及布置锚具、夹具的要求等因素确定。预应力钢筋的净距不应小于其公称直径或等效直径的 1.5 倍，且应符合下列规定：对热处理钢筋及钢丝不应小于 15mm；对 3 股钢绞线，不应小于 20mm；对 7 股钢绞线，不应小于 25mm。

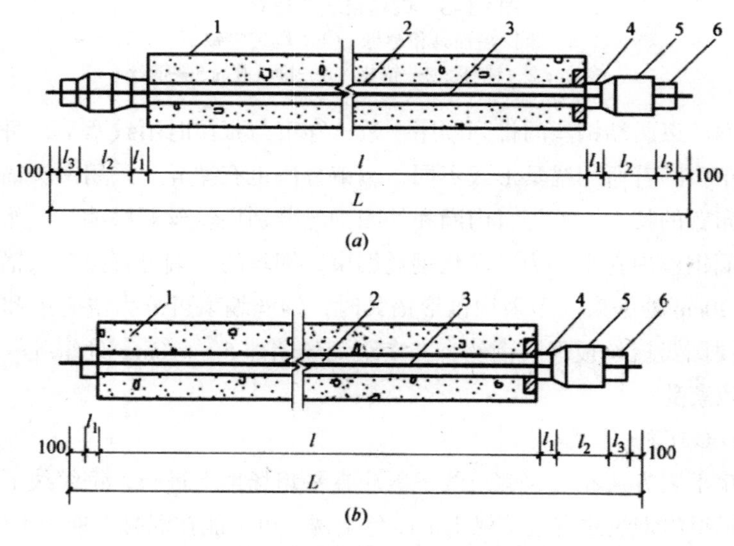

图 13-4 钢筋束、钢绞线束下料长度计算简图

（a）两端张拉；（b）一端张拉

1—混凝土构件；2—孔道；3—钢绞线；4—夹片式工作锚；5—穿心式千斤顶；6—夹片式工具锚

当先张法预应力钢丝按单根方式配筋有困难时，可采用相同直径钢丝并筋的配筋方式，并筋可采用双并筋或三并筋，其等效直径取等于与其截面面积相同的等效圆截面直径，双并筋可取为单筋直径的1.4倍，三并筋可取为单筋直径的1.7倍。并筋应视为重心重合的等效直径钢筋，其混凝土保护层厚度、锚固长度、预应力传递长度及正常使用极限状态对挠度、裂缝的计算应按等效直径考虑。

当预应力钢绞线、热处理钢筋采用并筋方式时，应有可靠的构造措施。

二、预留孔道

1. 留孔原则

孔道在混凝土浇筑振捣时留置。孔道的尺寸与位置应该正确，预留孔道的位置也就是预应力束的位置。如果孔道位置不正确，就使预应力束位置偏移，张拉后会使构件受力不均匀，容易引起翘曲，影响构件质量。要保证预留孔道畅通，孔道不畅通，不仅穿筋困难，而且会产生很大摩阻力，影响张拉力的准确；孔道的线形应平顺，接头不漏浆等。孔道端的预埋钢板应垂直于孔道中心线，孔道成型的质量，直接影响到预应力筋的穿入与张拉，应严格控制。

孔道的直径应根据预应力筋的外径和所用锚具的种类而定，对粗钢筋，一般应比预应力筋的直径、钢筋对焊接头处外径或穿过孔道的锚具或连接器外径大10～15mm，以便于它们顺利通过，并宜于保证灌浆密实。对钢丝或钢绞线，孔道的直径应比预应力束外径或锚具外径大5～10mm，且孔道面积应大于预应力筋面积的两倍。曲线孔道的转向角和曲率半径均按预应力筋的相应值采用。孔道之间的间距以及孔道壁与构件表面的净距，既要便于浇灌混凝土，又要便于施加预应力，一般孔道之间的净距不应小于50mm，孔道壁与构件表面的净距不应小于40mm，特殊情况应根据所采用的锚具和张拉设备而定以免预加应力时造成困难。

2. 预留孔道方法

预应力混凝土工程中的孔道形状主要有三种：直线形、曲线形和折线形。孔道的直径与布置，主要根据预应力混凝土构件的受力性能，并参考预应力筋张拉和锚固特点确定。

预应力筋的孔道成形方法主要有：钢管抽芯法、胶管抽芯法、预埋管法等。成形的孔道的尺寸与位置应正确，孔道应平顺，接头不漏浆，端部预埋钢板应垂直于孔道中心线等。孔道成形的质量对预应力筋的摩擦损失影响较大，应严格把关。

目前工程中常用的预应力筋孔道成形的方法为预埋波纹管来形成孔道。

预留孔道端部波纹管与预埋钢板的连接有两种做法：一是波纹管延伸至与预埋

钢板的孔洞外口齐平（图 13-5a），用泡沫海绵等软物密封。这种做法，孔道密封较好，但预埋钢板的孔径要稍大于波纹管外径；另一种是采用比长为 100mm 小一号同型波纹管作为接头管，一端插入预埋钢板孔洞内，另一端与波纹管连接（图 13-5b）。这种做法接头较麻烦，但预埋钢板的孔洞与波纹管内径相同即可，预埋钢板应与波纹管孔道中心线垂直。

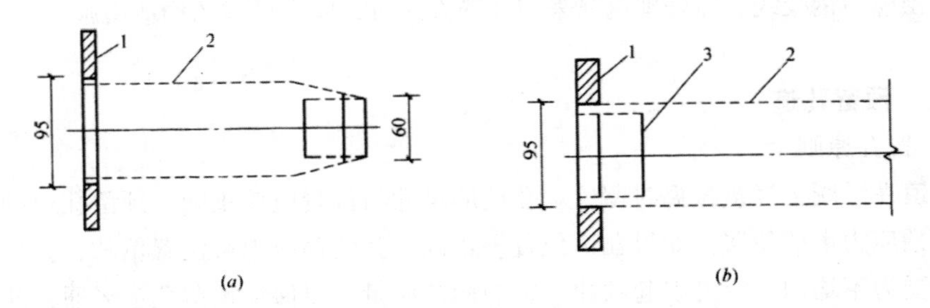

图 13-5　波纹管端部接头

1—预埋钢板；2—波纹管；3—接头管

波纹管安装时，宜事先按照设计图中预应力筋的曲线坐标在侧模板上弹线，以波纹管底为准，定出波纹管曲线位置。波纹管的固定，可采用钢筋马凳支托，间距为 600 ~ 800mm。钢筋马凳应焊在箍筋上，箍筋下面要用垫块垫实。波纹管安装就位后，必须用铁丝将波纹管与钢筋马凳绑在一起或用 6mm 倒 U 形细钢筋电焊在托筋上卡住波纹管，以防止浇筑混凝土时波纹管位置偏移或上浮。

波纹管安装时应尽量避免反复弯曲（在施工现场或其他地方尽量减少搬动次数，穿管时由两人以上拿波纹管）以避免被钢筋挤压，防止电火花烧伤，安装后检查曲线坐标，接头与破损处用胶带包好。波纹管与端部扩大孔间搭接约 50mm，其间隙用 C40 细石混凝土封好。波纹管控制点的安装偏差：垂直方向为 ±20mm，水平方向为 ±20mm。

3. 灌浆孔、排气孔、排水孔与泌水管的设置

在构件两端及跨中应设置灌浆孔或排气孔，孔距不宜大于 12m。灌浆孔或排气孔也可设置在锚具或铸铁喇叭处，灌浆孔用于进水泥浆，其孔径一般不宜小于 16mm，排气孔是为了保证孔道内气流通畅，不形成封闭死角，保证水泥浆充满孔道，对直径要求不严，一般施工中将灌浆孔与排气孔统一做成灌浆孔，灌浆孔在跨内高点处应设在孔道上侧方，在跨内低点处应设在下侧方。

排水孔一般设在每跨曲线孔道的最低点，开口向下，主要用于排除灌浆前孔道内冲洗用水或养护时进入孔道内的水分。

泌水管设在每跨曲线孔道的最高点处，开口向上，露出梁面的高度一般不小于500mm。泌水管用于排除孔道灌浆后水泥浆的泌水，并可二次补充水泥浆。泌水管一般可与灌浆孔统一留用。灌浆孔的做法，是在波纹管上开口，用带嘴的塑料弧形压板与海绵垫片覆盖并用钢丝扎牢，再接增强塑料管（外径20mm，内径16mm）。为保证留孔质量，波纹管上可先不打孔，在外接塑料管内插一根12mm的光面钢筋，露出外侧，待孔道灌浆前，再用钢筋打穿波纹管，拔出钢筋。

孔道的布置应考虑张拉设备和锚具的尺寸及端部混凝土局部受压承载力等要求。后张法预应力钢丝束（包括钢绞线束）的预留孔道应符合下列要求。

（1）对预制构件，预留孔道之间的水平净距不宜小于50mm，孔道至构件边缘的净距不应小于30mm，且不宜小于孔道直径的1/2；

（2）在框架梁中，预留孔道在竖直方向的净距不应小于孔道外径，水平方向的净距不应小于1.5倍孔道外径；从孔壁算起的混凝土保护层厚度，梁底不宜小于50mm，梁侧不宜小于40mm；

（3）预留孔道的内径应使预应力钢筋能够顺利通过，并保证孔道灌浆质量。

因此，预留孔道的内径应比预应力钢丝束或钢绞线束外径及需穿过孔道的连接器外径大10～15mm；

（4）凡制作时需要预先起拱的构件，预留孔道宜随构件同时起拱；

（5）在构件两端和跨中应设置灌浆孔或排气孔，其孔距不宜大于12m。孔道灌浆要求密实，水泥浆强度不应低于M20，其水灰比宜为0.4～0.45，为减少收缩，宜掺入外加剂。

三、预应力筋穿束及张拉

1. 预应力筋穿束

预应力筋穿入孔道，简称穿束。穿束需要解决两个问题：穿束时机与穿束方法。

（1）穿束时机

根据穿束与浇筑混凝土之间的先后关系，可分为先穿束和后穿束两种。

1）先穿束法先穿束法即在浇筑混凝土之前穿束。对埋入式固定端采用连接器施工，必须采用此法。先穿束法穿束省力，但穿束占用工期，束的自重引起的波纹管摆动会增大摩擦损失，且束端保护不当易生锈。按穿束与预埋波纹管之间的配合，又可分为以下三种情况。

一是先放束后装管，即将预应力筋先放人钢筋骨架内，然后将波纹管逐节从两端套入并连接。

二是先装管后穿束，即将波纹管先安装就位，然后将预应力筋穿入。

三是两者组装后放入，即在梁外侧的脚手架上将预应力筋与套管组装后，从钢筋骨架顶部放入就位，箍筋应做成开口箍。

2）后穿束法后穿束法即在浇筑混凝土之后穿束。此法可在混凝土养护期内进行，不占工期，便于用通孔器或高压水通孔，穿束后即行张拉，易于防锈，但穿束较为费力。

（2）穿束方法

根据一次穿入数量，可分为整束穿和单根穿。钢丝束应整束穿，钢绞线优先采用整束穿，也可用单根穿。穿束工作可由人工、卷扬机和穿束机进行。

1）人工穿束。人工穿束可利用起重设备将预应力束吊起，工人站在脚手架上逐步穿入孔内。束的前端应扎紧并裹胶布，以便顺利穿过孔道。对多波曲线束，宜采用特制的牵引头，工人在前头牵引，后头推送，并用对讲机保持前后两端同时出力。对于长度≤50m 的两跨曲线束，人工穿束还是方便的。在多波曲线束中，用人工穿单根钢绞线较为困难。

2）用卷扬机穿束。用卷扬机穿束主要用于特长束、特重束、多波曲线束等整束穿的情况。卷扬机的速度宜慢些（每分钟约为 10m），电动机功率为 1.2 ~ 2kW。束的前端应装有穿束网套或特制的牵引头。

3）用穿束机穿束。用穿束机穿束适用于单根穿钢绞线的情况。穿束机有以下两种类型：一是由油泵驱动链板夹持钢绞线传送，速度可任意调节，穿束可进可退，使用方便。二是由电动机经减速箱减速后由两对滚轮夹持钢绞线传送。进退由电动机的正反控制，穿束时钢绞线前头应套上一个子弹头形的壳帽。

2. 预应力筋张拉

预应力筋张拉是预应力混凝土结构施工的关键工序，应精心组织、做好各项准备工作。

（1）张拉设备的选择

为了确保预应力钢筋混凝土构件的工程质量，准确的使预应力筋达到要求的张拉力，保证在张拉过程中安全操作，在张拉之前，必须根据构件生产工艺特点及钢筋（或钢丝）的规格、根数等因素，合理地选用张拉机具与设备。预应力筋的张拉力一般为设备额定张拉力的 50 ~ 80%，预应力筋的一次张拉伸长值不应超过设备的最大张拉行程值。当一次张拉不足时，可采用分级重复张拉的方法，但所用的锚具与夹具应适应重复张拉的要求。

张拉设备应配套标定，以确定张拉力与压力表读数的关系曲线。标定张拉设备用的试验机或测力仪的精度不得低于 ±2%。压力表的精度不宜低于 1.5 级，最大量程不宜小于设备额定张拉力的 1.3 倍。标定时千斤顶活塞的运行方向，应与实际张拉工作状态一致。

当发生下列情况之一时，应对张拉设备重新标定：

1）千斤顶经过拆卸修理；

2）千斤顶久置后重新使用；

3）压力表受力碰撞或出现失灵现象；

4）更换压力表；

5）张拉后预应力筋发生多根破断事故或张拉伸长值误差较大。

预应力筋张拉伸长值，可按下式计算：

$$\triangle L=PL_r/A_pE_p$$

式中　P——预应力筋的平均张拉力，取张拉端拉力与跨中（二端张拉）或固定端（一端张拉）扣除孔道摩擦损失后的拉力平均值，即：$P=P_j(2—k_x+\mu\ \theta)/2$；

L_r——预应力筋的实际长度；

A_P——预应力筋的截面面积；

E_P——预应力筋的实测弹性模量；

P_j——张拉控制力，超张拉时按超张拉力取值。

（2）混凝土的强度检验

施加预应力时的混凝土立方体强度，直接影响构件的安全、锚固区的局部承压、徐变引起的损失等，是施加预应力成败的关键。

对施工阶段不允许出现裂缝的构件或预压时全截面受压的构件，在预加应力、自重及施工荷载作用下，截面边缘的混凝土法向拉应力和法向压应力应符合下列规定要求：$\sigma_{ct}\leqslant f_{tk'}$ 及 $\sigma_{cc}\leqslant f_{tk'}$。

预应力筋锚固时锚头下混凝土将承受较大的局部应力。因此，锚固区的混凝土强度必须满足局部承压要求，以免构件端部开裂，甚至破坏。

施加预应力时，混凝土的立方体强度，应根据以上三方面核算结构进行综合确定，但不宜低于设计混凝土强度等级的 75%。

如后张法构件为了搬运等需要，可提前施加一部分预应力，使梁体建立较低的预压应力，足以承受自重荷载，但混凝土的立方体强度不应低于设计强度等级的 60%。

（3）预应力筋张拉力的确定

预应力筋设计张拉力 Pj 可按下式计算：

$$P_j=\sigma_{con}A_p$$

式中　σ_{con}——预应力筋设计张拉控制应力值；

A_p——预应力筋的截面面积。

预应力筋施工张拉力在考虑松弛损失后，采用以下施工程序及张拉力值：

①设计时松弛损失按一次张拉程序取值：

$$0\rightarrow P_j\rightarrow 锚固$$

②设计时松弛损失按超张拉程序取值：

对墩头锚具等可卸载锚具：$0\rightarrow 1.05P_j$ 持荷 2min $\rightarrow P_j$ 锚固

对夹片锚具等可卸载锚具：$0\rightarrow 1.03P_j$ 锚固

以上各种张拉操作程序，均可分级加载，分级测量伸长值。

（4）施加预应力的方式

施加预应力的方式很多，除常用的一端张拉、两端张拉、对称张拉和超张拉等之外，还有下面将介绍的分批张拉、分段张拉、分阶段张拉及补偿张拉等。

1）分批张拉

分批张拉是指在后张构件或结构中，多根预应力筋需要分批进行张拉的方式。由于后批预应力筋张拉所产生的混凝土弹性压缩对先批张拉的预应力筋造成预应力损失，所以先批张拉的预应力筋张拉力应加上该弹性压缩损失值或将弹性压缩损失平均值统一增加到每根预应力筋的张拉力内。

2）分段张拉

分批张拉是指在多跨连续梁板分段施工时，通长的预应力筋需要逐段进行张拉的方式。对多跨无粘结预应力板，先铺设无粘结筋，然后浇筑第一段混凝土，待混凝土达到强度后，利用专门的千斤顶卡在无粘结筋上对已浇筑段进行张拉锚固，再进行第二段施工。对大跨度多跨连续梁，在第一段混凝土浇筑与预应力筋张拉后，第二段预应力筋利用锚头连结器接长，以形成通长的预应力筋。

3）分阶段张拉

分阶段张拉是指在后张结构中，为了平衡各阶段的荷载，采取分段逐步施加预应力的方式。所加的荷载不仅是外载（如楼层自重），也包括由内部体积变化（如弹性缩短、收缩与徐变）产生的荷载。梁的跨中处下部与上部纤维应力应控制在容许范围内。这种张拉方式具有应力、挠度与反拱容易控制和节省材料等优点，适用于跨越地道支承高层建筑荷载的大梁或各种传力梁。

4）分级张拉一次锚固

这种张拉顺序是在施加预应力过程中按五级加载过程依次上升油压，分级方式为20%、40%、60%、80%、100%，每级加载均应量测伸长值，并随时检查伸长值与计算值的偏差。张拉到规定油压后，持荷复验伸长值，合格后，实施一次性锚固。

张拉前安装张拉设备时，对直线预应力筋，应使张拉力的作用线与孔道中心线重合；对曲线预应力筋，应使张拉力的作用线与孔道中心线末端的切线重合。

5）分级张拉分级锚固

预应力筋张拉用液压千斤顶的张拉行程一般为150 ~ 200mm，对较长的预应力筋束（一般当预应力筋长度大于25m时），其张拉伸长值会超过千斤顶的一次全行程，必须分级张拉、分级锚固。对超长预应力筋，其张拉伸长值甚至达到千斤顶行程的好几倍，必须经过多次张拉，多次锚固，才能达到最终张拉力和伸长值。

6）补偿张拉

补偿张拉是指在早期的预应力损失基本完成之后再进行张拉的方式。采用这种补偿张拉，可克服弹性压缩损失，减少钢材应力松弛损失，混凝土收缩与徐变损失等，以达到预期的预应力效果。此法在水利工程中采用较多。

四、曲线孔道灌浆

预应力检查合格后，孔道应尽快灌浆。灌浆用的水泥采用强度不低于425级，不含有任何结块或其他水化作用迹象的普通水泥。水灰比0.4 ~ 0.5灰浆的泌水体积（3h后）控制在2%以内，最大不超过3%。为增加饱满度，掺入0.0055% ~ 0.01%水泥用量的铝粉。水泥浆强度一周内不应小于20MPa，四周内不应低于C30级混凝土强度。

灌浆应从曲线孔的底点灌进。考虑到梁的中间难进出，施工困难，先在边跨底点灌，待压力达到0.3MPa左右后，可以在已出浆的出气孔继续灌。20min左右以后再在上面出气孔处压浆。

灌浆工作应缓慢均匀地进行，不得中断，并应排气通顺；在孔道两端冒出浓浆并封闭排气孔后，宜再继续加压至0.5 ~ 0.6MPa。稍后再封闭灌浆孔，灌浆顺序宜先灌注下层孔道。

在气温较低条件下施工时，孔道灌浆后水泥浆内的游离水在低温下结冰，会将混凝土胀裂，造成沿孔道位置混凝土出现冻害裂缝，缝宽可达0.1 ~ 0.3mm。因此，在冷天灌浆前，孔道周边的温度应在5℃以上，水泥浆的温度在灌浆后至少有5天保持在5℃以上，灌浆时水泥浆的温度宜为10 ~ 25℃。在灌浆前，如能在孔道内通入5℃的温水，对洗净孔道与提高孔道附近的温度是很有效的。此外，在水泥浆中加人适当的加气剂与减水剂或采取二次灌浆工艺等，都有助于减少孔道内的游离水，避免冻害裂缝的产生。

第三节　无粘结预应力混凝土施工技术

一、无粘结筋的制作及质量要求

用于制作无粘结筋的高强钢材和有粘结的完全一样，并无特殊要求。

无粘结筋用钢绞线，钢丝不得有死弯，如有，必须切断，成型中每根钢丝应为通长，严禁有接头。塑料使用前必须烘干或晒干，避免成型过程中由于气泡而引起塑料表面开裂。涂料层和成型管壁厚度要均匀，套管壁厚一般为0.8 ~ 1.2mm，并通过调整各项工艺参数以保证成型塑料层与涂油预应力筋之间有一定的间隙，使得涂油预应力筋能在塑料套管中任意滑动，涂料层油脂应充足饱满，达到减少张拉摩阻损失的目的。制作好的无粘结预应力筋可以直线或盘圆运输、堆放。但应堆放在有遮盖的棚内，以免烈日曝晒和风吹雨淋。装卸堆放时，应采用软钩并在吊点处垫上橡胶衬垫，注意保护塑料套管免遭破坏。

二、锚具系统及张拉设备

1. 锚具

预应力筋用锚具——预应力结构或构件中为保持预应力筋的拉力，并将其传递到结构或构件上所用的永久性锚固装置。

2. 夹具

预应力筋用夹具——预应力结构或构件施工时为保持预应力筋拉力，并将其固定在张拉台座（设备）上的临时锚固装置。

3. 张拉设备

单根钢绞线无粘结筋的张拉设备可选用YC型千斤顶（YC-20D，YCJ20型前卡式），钢绞线群锚系统不同型号有自己的配套千斤顶，如XM槽共用YCD型千斤顶，QM锚具用YCQ型千斤顶等。JM型锚具系统的张拉设备为YC-60，YC-120千斤顶。各类张拉用千斤顶加撑脚后，常可用来张拉墩头锚具。配套油泵为ZB4-500型、ZBO.8-600型和ZB0.6-630型等电动高压油泵。ZB0.8-500型和ZB0.6-630型油泵流量小、张拉速度稍慢，ZB4-500型流量大、张拉速度快，一般为张拉多根预应力筋的动力源。机具有张拉杆，顶压器、工具锚等。群锚系统也可采用小型千斤顶单根张拉，由于配备了轻型电动油泵和便携式千斤顶，故重量轻、操作简便，适合在高空及狭小场地进行张拉作业。

三、预应力筋下料与编束

1. 预应力筋的下料长度计算

预应力筋下料长度的计算，应考虑构件长度、锚夹具厚度、千斤顶长度，镦头的预留量．弹性回缩值，张拉伸长值，钢材品种和施工方法等因素。

（1）夹片式锚具

采用穿心式千斤顶在构件上张拉钢丝束或钢绞线，其下料长度 L 可按照图 13–6 及下式计算。

1）一端张拉

$$L = l + 2(l_1 + 100) + l_2 + l_3$$

2）两端张拉

$$L = l + 2(l_1 + l_2 + l_3 + 100)$$

式中　l ——构件的孔道长度；

l_1 ——夹片式工作锚厚度（一般取 60mm 厚）；

l_2 ——穿心式千斤顶长度；

l_3 ——夹片式工具错厚度（一般取 80mm 厚）。

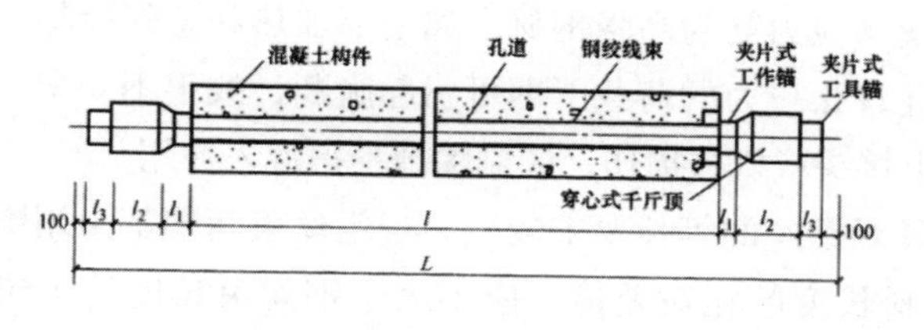

图 13–6　钢绞线采用夹片锚具示意图

（2）镦头锚具

采用拉杆式或穿心式千斤顶在构件上张拉，在计算钢丝的下料长度 L 时，应考虑钢丝束张拉锚固后螺母位于锚杯中位，如图 13–7 所示：

）一端张拉

$$L = l + 2h + 2\delta - 0.5(H - H_1) - \Delta L - C$$

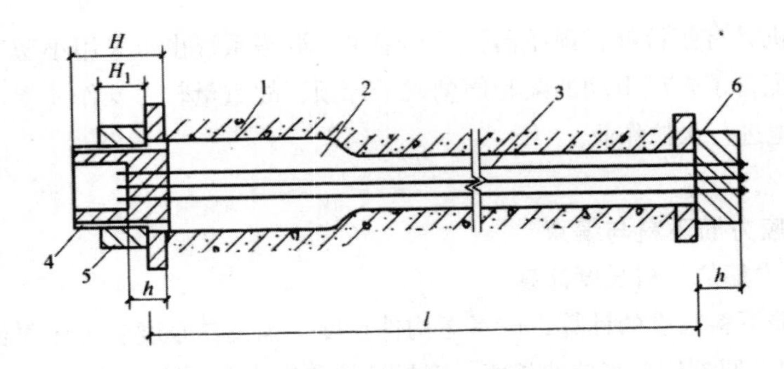

图 13–7　钢丝束采用墩头锚具

1—混凝土构件；2—孔道；3—钢丝束；4—锚杯；5—螺母；6—锚板

12——两端张拉

$$L = l + 2h + 2\delta - (H - H_1) - \Delta L - C$$

式中　l ——构件的孔道长度；

h——锚杯底部厚度或锚板厚度；

δ ——钢丝墩头留量，对 ϕ5 取 10mm；

H ——锚杯高度；

△ L——钢丝束张拉伸长值；

C ——张拉时构件混凝土的弹性压缩值。

2. 预应力筋下料和编束

预应力筋的下料，宜采用砂轮锯或切断机切断，不得采用电弧切割。这是因为钢绞线和碳素钢丝预应力筋为高强钢材，如局部加热和急骤冷却，将引起该部位脆性变态，在小于允许张拉力的荷载下即可引起脆断，故很不安全。此外，下料时如发现钢丝表面有电接头或机械损伤，应剔除掉不得混入使用。

采用镦头锚具对钢丝的等长要求较严。当钢丝束两端都采用镦头锚具时，同一束中各根钢丝下料长度的相对差值，应不大于钢丝束长度的 1/5000，且不得大于 5mm。

为保证无粘结筋两端的排列顺序一致，在穿束与张拉时不致紊乱，必须对其进行编束。

四、无粘结筋的铺放及浇筑混凝土

后张无粘结预应力混凝土施工包括模板、钢筋、浇筑混凝土和张拉无粘结筋四部分，其工艺流程为：

安装框架或楼板模板→放线→绑扎下部非预应力钢筋→铺放暗管→安装无粘结筋张拉端模板（包括打眼，焊预埋承压板等）→铺放无粘结筋及定位→绑扎上部非预应力钢筋→隐蔽工程检查→浇筑混凝土→混凝土养护→张拉准备→张拉无粘结筋→注入润滑防锈油脂、切断超长的无粘结筋→端部封闭。

1. 无粘结筋的铺放

在铺放无粘结筋前，应仔细检查筋的规格尺寸，端部模板预留孔编号及端部配件，对局部轻微损坏的护套，可用塑料胶带补好，破坏严重的应予以报废。无粘结筋的铺设应按设计图纸的规定进行，铺设时的要求如下：

（1）无粘结筋的铺放分单向和双向曲线配置两种。铺放无粘结筋之前，应预设铁马凳，以控制无粘结筋的设计轮廓尺寸，对平板一般每隔 2m 设一马凳，跨中处可不设马凳，直接绑扎在底筋上。曲线段的起始点主张拉锚固点应有一段不小于 300mm 的直线段。无粘结筋的垂直偏差在梁内为 ±10mm，在板内为 ±5mm，水平偏差 ±30mm，目测横平竖直。

（2）对双向曲线配置的无粘结筋，除上述要求外，还应注意铺放顺序。应对每个纵横无粘结筋交叉点相应的两个标高进行比较。

若一个方向某一筋的各点标高均分别低于与其相交的各筋相应点标高时，则此筋就可以先铺放，标高较高者次之。应避免两个方向的无粘结筋相互穿插铺放。

（3）要尽量避免敷设的各种管线将无粘结筋的矢高抬高或降低。

（4）当多根无粘结筋组成集团束配置时，每根无粘结筋应保持平行走向，不得相互扭绞；当要求无粘结筋沿竖向、环向或呈螺旋形铺放时，应有定位支架或其他构造措施控制位置。

（5）镦头锚具张拉端的安装，可先将塑料保护套插入承压板孔内，然后用定位螺杆将保护套内的锚杯固定在端部模板上，并注意定位螺杆拧入锚杯内必须顶紧各钢丝镦头。

2. 浇筑楼板混凝土

为了能顺利浇筑楼板混凝土，确保工程质量，应注意下列几点：

（1）在浇筑楼板混凝土之前，要配备专职人员负责检查无粘结筋的束形是否符合设计要求，张拉端和固定端的安装是否符合工艺要求，若不符合应及时进行调整和绑扎牢固。

（2）在无粘结筋铺放组装完毕后，应进行隐蔽工程检查验收，当确认合格后，方可浇筑混凝土。

（3）浇筑混凝土时，严禁踏压无粘结筋及触碰锚具，应确保无粘结筋的束型和锚具的位置准确。

（4）混凝土应振捣密实，必须保证张拉端和固定端混凝土的浇捣质量，应进行正常养护。混凝土成型后，若发现有裂缝或空鼓现象，必须在无粘结筋张拉之前进行修补。

五、施加预应力

1. 张拉控制应力

预应力筋张拉力 N_{con} 的计算式为：

$$N_{con}=\sigma_{con}\cdot A_p$$

式中 σ_{con}——预应力筋的张拉控制应力值；

A_p——预应力筋的截面面积。

有关预应力筋张拉控制应力的规定，对后张法碳素钢丝，钢绞线为 $0.7f_{ptk}$（f_{ptk} 为钢丝、钢绞线强度标准值）。预应力筋如需提高张拉力，用来部分抵消由于应力松弛、摩擦、钢筋分批张拉等产生的预应力损失，对于碳素钢丝，刻痕钢丝和钢绞线，张拉控制应力允许值可提高 $0.05f_{ptk}$，即最大张拉控制应力可提高到预应力筋抗拉强度标准值的 75%。

2. 施加预应力时的混凝土强度

在后张法构件中，预应力钢筋锚具下的混凝土受有很大的集中力，因此在该处混凝土达到一定强度时才能施加预应力。另外，还需要作施工阶段验算，构件在施加强应力时，尚应能满足承载力和裂缝控制的要求，也要求混凝土具有足够的强度。从减少预应力收缩徐变损失来说，也不希望在混凝土强度还很低时施加预应力。当然，要等混凝土强度增高时再施加预应力，需要延长养护时间，会拖长施工期。

3. 曲线筋一端张拉工艺

曲线预应力筋采用一端张拉工艺所建立的预应力值能否满足设计要求，主要与锚具变形和钢筋内缩值、孔道摩擦系数值的大小及曲线束弯起角度的大小等因素有关，可通过计算确定。

（1）采用两端张拉工艺情况

如图 13-8（a）所示，反向摩擦影响长度 $L_f < 1/2$，张拉端锚固后预应力筋的应力大于固定端的应力。这一般是在曲线束弯起角度较大，孔道摩擦系数大，锚具内缩量小的情况下出现。这时应采用两端张拉工艺，以提高固定端的应力。

（2）采用一端张拉工艺情况

如图 13-8（b）所示，反向摩擦影响长度 $L_f \geq 1/2$，张拉端锚固后预应力筋的应力小于固定端的应力，跨中应力受锚具变形和钢筋内缩影响而有所减小。这一般在曲线束弯起角度不大，孔道摩擦系数较小，锚具内缩量较大时出现，应采用一端张拉工艺。

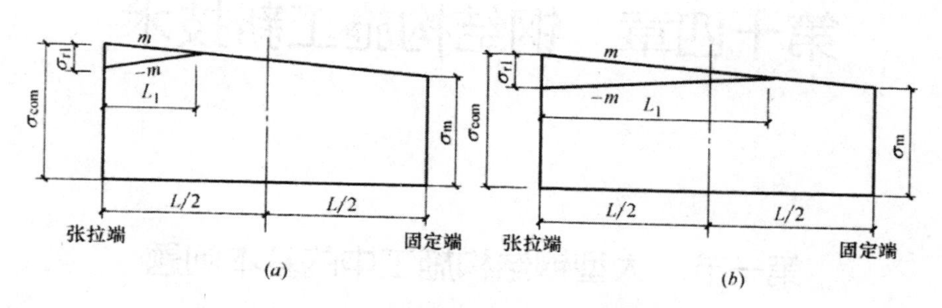

图 13–8　张拉锚固阶段曲线筋应力变化示意图

（a）两端张拉；（b）一端张拉

一端张拉工艺有简化施工的优点，由于无粘结预应力筋具有摩擦系数小，用于平板中曲线束弯起角度不大等特点，很适宜采用一端张拉工艺，目前在工程中已得到大量应用。此外，国内在吊车梁、预制框架梁、单跨现浇框架梁及现浇井式梁等多项工程中采用一端张拉工艺，均取得了好的效果。

无粘结预应力筋的张拉，一般 25m 以内为一端张拉，超过 25m 宜采用两端张拉，当筋长超过 50m 时，宜采取分段张拉。

4. 分批张拉的影响

后张法施工的预应力混凝土构件，当采用分批张拉时，后批张拉的预应力筋对先批张拉的预应力筋会引起弹性压缩预应力损失，为消除该损失的影响，可将该项损失在施工时预先加在第一批先张拉预应力筋的张拉控制应力上，进行超张拉；或在第二批张拉预应力筋完毕时，再对第一批预应力筋进行补张拉。

第十四章　钢结构施工新技术

第一节　大型钢结构施工中的基本问题

一、大型钢结构拼装式基本单元或模块的确定

钢结构微观单元与宏观结构的关系十分关键，是钢结构施工的基础。微观单元要与施工工艺、技术能力以及结构的宏观需要等方面的因素相适应。施工者需要根据设计图纸，对于整体结构进行拆解，使其成为可以在工厂中生产的微观单元。

具体来讲，在确定基本单元或模块时应考虑以下几个基本因素：

1. 构件加工供应商的生产能力

模块化的生产过程是现代制造业的基本特征，在可能的情况下，模块或单元应尽可能地大一些，对于建筑业尤其如此。这可以有效地降低现场工作的难度与压力，同时由于工厂作业的可靠性，可以得到更加稳定的工程质量，而工程成本也会在一定程度上降低。因此很多大型工程都是如此，如迪拜的帆船酒店，其外部钢结构的斜向支撑就是由加工厂在车间中一次制作完成，现场直接安装的。

2. 施工单位的吊装、安装能力

大型构件固然有其优势，如果有可能，甚至可以将整个建筑物在工厂中制作完成，直接运到现场。但实际上是不可能的。过大的构件显然会遇到一个无法解决的问题——运输、吊装与安装。

首先就是运输问题，大型构件的运输会带来巨大的社会问题，道路与路线的通行、通过能力，交通的协调尤为重要，这些都会制约着构件的体积与重量，也会带来巨大的成本。

其次吊装与安装也是十分关键的。大型构件、超重模块，意味着大型的起重设备、非常规的起重模式。这些在成本、技术的可行性与难度上，以及施工的安全性等方面都会带来问题。

3. 连接施工的方便性

将整体结构拆解为基本单元或模块后，拼装时的连接点将成为工程施工中的关键节点。该节点应该满足施工方便的要求。所谓施工方便，就是该节点可以在现场通过简单快速的施工过程，即可以实现有效地连接，满足技术质量要求。由于单元或模块是巨大的，在其安装之前需要依靠各种临时固定或支撑设施保证其形态与位置，而这种状态是不稳定的，可能存在着巨大的风险，因此连接施工过程必须限定在最短的时间内，采用最为简便的方式来进行。对于构件之间的复杂连接，在现场难以完成的情况下，必须在工厂中利用机械化的处理方式，借助先进的仪器设备进行。北京国家体育场（“鸟巢”）项目的钢结构施工中，有些异常复杂的节点均选择工厂加工的形式，利用计算机辅助制造技术（CAM），有效地避免了现场拼装过程中可能出现的复杂相贯线焊接的问题。

4. 连接点的力学稳定性

无论采用何种连接技术，焊接或螺栓连接，连接点仍然是一个薄弱环节。因此在整体结构的分解过程中，应尽可能在构件的内力较小处进行。在拉、压、弯、剪、扭的各种内力的规避上，一般按照扭矩、剪力、弯矩、压力、拉力的次序进行规避。这是因为对于钢构件来讲，受拉、受压性能是最稳定的，钢构件全部长度范围内的拉力（压力）一般也是一致的，不存在特别的，拉力是最小的截面。而其他几种内力都存在沿杆件不同截面而变化的特征，选择内力最小截面，并根据该截面的受力特征、内力分布来确定连接模式、焊缝与螺栓的分布。

5. 单元与模块的标准化程度

大型结构在宏观上有着各种形态，但在微观上仍可以实现标准化。标准化不仅仅意味着低成本，更重要的是，标准化的构件在拼装过程中不会面对复杂的编码问题。非标准化的构件必须进行编码，非标准构件越多，编码与识别就会越复杂，稍有误差就可能出现构件报废。而标准化的构件显然不会出现此类问题，这可以有效地避免施工中的识别性错误，提高工作效率，降低成本。

二、大型钢结构拼装、吊装方案的制定与选择

工厂中加工而成的模块或单元，需要在现场进行拼装。常规来讲，大型（大跨）钢结构有以下几种拼装模式：满堂脚手架，散件高空整体拼装模式；地面整体拼装，整体吊装模式；地面小构件拼装为较大的单元与模块，高空整体拼装模式等。除此之外，拼装与吊装方案还应包括起重设备的选择与校正等。

1. 拼装模式的确定

（1）满堂脚手架，散件高空拼装模式

该模式也被称为高空散装法，是小型空间结构的典型安装工艺。具体而言，就是在结构施工前，在结构正下方的施工场地内，架设满堂脚手架，并形成结构宏观体系的基本轮廓特征。在拼装时，采用起重设备将零部件、单元或模块吊装至脚手架顶部的施工平台上，在平台上进行拼装。该施工方法相对简单，稳固的脚手架平台犹如地面一般。但正是由于处于脚手架平台上操作，构件不可能过大，结构体系也不可能过高，否则会产生巨大的坍塌风险，或导致高昂的成本。

该模式多适合跨度不大、高度不高的小型结构的拼装过程。

（2）地面拼装，整体吊装的方法

该方法也称为整体安装法，包括整体吊装法、整体提升法、整体顶升法等。不论哪种方法，其工艺过程大同小异，都是先在地面上对于高空的结构进行拼装，完成之后再根据具体情况采用不同的起重设备与方式，将其提升至预定的空中位置。

相比散件高空拼装模式，该方法在拼装过程中相对安全，便于进行各种校正与变形调整，可以用大型设备对于复杂的形态进行地面加工。但该模式对于起重设备与工艺依赖度较大，不适用于超大型的结构体系。

（3）分模块地面制作拼装，高空整体拼装的方法

该模式是前两种的结合。对于超大型的结构系统，不论其平面有多大，形体有多复杂，力学上如何要求，都可以分割成若干个独立的承载单元或模块。这样，每一个单元可以根据其自身的性能与要求，采取各自的施工方案，高空散装或地面拼装，最后在高空整体合成一个完整的空间结构。

该施工模式所适用的结构体系的最大特征，是需要具备完全独立的力学单元，尽管该单元不是整体结构，但也能独立存在、承载，保持自身的稳定性。

2. 起重设备的选择

起重设备是大型钢结构不可缺少的，也是核心与关键性的设备。在施工中可以采用制式的设备，比如塔吊、履带吊、汽车吊等；也可以采用非制式的，根据施工需要，利用卷扬机、千斤顶、桅杆等在现场自行构成起重系统，满足工程的需要。

（1）塔式起重机

大跨结构一般都不是很高，主要使用固定式的塔式起重机，塔身可以根据需要和可能性进行侧向附着。塔式起重机在大跨结构施工中的优势，在于其水平的起重臂与垂直的塔身之间可以形成较大的自由空间。该空间对于大跨度构件来讲尤为重要，在保证了起重高度的同时，也满足了跨度的要求。

但塔式起重机的起重量一般都较小，有时不能满足大型构件的起重重量的要求。

（2）*履带式或汽车式起重机*

这类起重机也被称为杆式起重机，其核心特点是有斜向的起重臂。也正是由于斜向的起重臂，使得该起重设备的臂下空间非常有限。因此在该设备使用前，尤其是大型设施吊装前，需要进行停机位置的核算，保证一次吊装成功。

（3）*非制式起重设施*

所谓非制式起重设施是指起重设施是施工单位或吊装作业的承包方在现场根据需要，自行采用各种零部件进行设计组装而成的，专门用于本建设项目吊装过程的设施。这些设备一般以千斤顶或卷扬机（绞盘）作为核心，辅之以滑轮组、钢丝绳以及各种固定设施构成。

非制式起重设施具有起重量大、灵活简便的特点，在工程中往往起到难以想象的作用。但同时也应看到，正是由于该设施属于非制式的，其自身的设计、安装与使用、监控非常专业化，安全性能也不稳定，一般来讲，非普通建筑施工企业能够完成，多采用专业分包的方式进行。

大型钢结构施工中所采用的高空滑移法、顶升法、提升法以及结构自身悬挂法等，一般都是采用非制式起重设备进行。在天津滨海机场新航站楼屋面吊装工程中，施工方先将航站楼分成若干个独立的屋面系统，分别在地面上各自进行拼装，然后采用整体提升设备，将其分别提升至安装位置，再在高空实施拼装。在提升过程中，部分屋面系统的吊安装所采用的就是非制式起重设备。

三、施工过程中的未完成结构系统的力学状态与构件的拼装次序

钢结构的零散单元在施工过程中，单元自身以及尚未完成结构的力学状态与最终结构的力学状态可能是不一致的，甚至是相反的（拉杆与压杆）。当拱、壳结构尚未合拢时，其构造如同一个巨大的悬臂梁，将产生异常大的内力；对于悬索结构、张拉结构等，索具的安装、张拉次序，也会使结构产生与最终受力模式所不同的力学反应。可能使结构体系在建设过程中就出现坍塌。

因此，作为施工单位，对于结构拼装过程的力学验算和校核是结构施工的关键环节，必须保证结构在施工过程中，能够抵御各种施工荷载甚至一些偶然的自然灾害，如施工中可能出现的阵风、大雪或地震。这些问题必须在施工前加以确定，施工方必须与结构设计者联合制定施工方案，并在施工中严格地按照预先制定的流程进行操作，否则后果不堪设想。

央视大楼的斜向双主塔与大型悬臂结构，在施工中很好地体现了结构施工荷载

模式与使用模式的巨大差异，施工单位在施工前就对其进行了完整的力学分析，考虑了各种不利的影响，甚至施工过程中的地震反应，保证了项目安全顺利地进行。

尤其需要注意的是，不同的结构体系，其力学特征不同；即使相同的结构模式，不同的施工过程也会产生不同的力学过程。因此，不存在可以用于多个工程的通用技术方案。在具体施工中，应因地制宜，结合具体情况来制定施工方案。

第二节 网架与网壳施工

一、网架与网壳的特点与优势

网架与网壳是由多根杆件按照一定的网格形式通过节点连接而成的空间结构。构成网架的基本力学单元有三角锥、三棱体、正方体、截头四角锥等。仅从该单元的构成上来看，可能并非空间的几何不变体系，但经过相关的单元的有效组合，完全可以构成空间的受力体系。但在施工中，这些单元不一定就是拼装过程的单元或模块。施工的模块应该尽可能做成几何不变体系，以便在吊装或安装的过程中能够有效保持自身的几何状态。

1. 网架的优点和缺点

网架结构属于空间桁架结构，与一般桁架结构一样，网架结构的杆件在计算中可以忽略其自重作用，视其仅承担拉力和压力。网架可以很好地发挥钢材的力学性能，并能够实现空间受力。因此与其他大跨度结构相比，在相同的承载力下，网架结构重量相对较轻、刚度大、抗震性能也较好。从有限元的意义来讲，网架结构可以通过其微观单元构成宏观的任意形态，外形非常美观。

网架结构也存在一些缺陷，主要是汇交于节点上的杆件数量较多，节点受力复杂，制作困难，施工难度较高，易发生意外事故。同时，由于网架必须按照特定的序列进行分布，杆件的定位、校正与精度控制十分困难和复杂。另外，如前文所述，网架属于大跨空间结构，力学过程、吊装单元较为复杂，对于施工企业的技术能力、水平和经验要求较高，因此其施工成本也相对较高。

随着大跨度结构的增多，网架结构的优势将会愈加明显，而其缺陷也会逐步被克服，成为一种广泛使用的结构。

2. 网架应用范围

网架主要应用于各种单层大跨度结构，尤其是对于追求外部造型的大跨度结构和建筑物，网架几乎是其首选的结构体系。网架结构的建筑，一般均会成为一个城市或区域的标志性建筑，如大型体育馆、会展中心、机场、火车站等，多采用视觉效果好的空间曲面网架模式；而对于外观效果要求并不强烈的一般大跨结构，如俱乐部、影剧院、食堂、飞机库、车间等则大量采用平板型网架或圆柱形网架结构。

二、网架结构初始施工过程的小拼单元与中拼单元

小拼单元，是钢网架结构安装工程中，除散件之外的最小安装单元，一般分平面桁架和椎体两种类型。中拼单元是指钢网架结构安装工程中，由散件之外的最小安装单元组成的安装单元，一般分条状和块状两种类型。

钢网架结构在施工中的基本步骤是：散件，小拼单元、中拼单元、区域拼（安）装、整体拼（安）装。但对于采用不同节点的网架来讲，并不一定完全依照该过程进行。

钢网架小拼单元主要在焊接球节点的网架拼装施工过程中采用，螺栓球网架在杆件拼装、支座拼装之后即可以安装，不进行小拼单元拼装。焊接节点网架则需要进行小拼单元的组装，即将杆件和球节点进行焊接，形成小型单元（模块），然后再进行较大模块或区域的拼装。

1. 焊接节点的小拼单元施工

焊接节点首先应进行节点（球）的焊接，完成后必须对已拼装的钢球分别进行强度试验，符合规定后才能开始小拼。在具体小拼之前，应对小拼场地清理，针对小拼单元的尺寸、形态、位置，进行放样、划线。根据编制好的小拼方案，并结合装配方便和脱胎方便，设计与制作拼装胎位（小拼单元的地面临时支撑系统），对拼装胎位的焊接，并防止变形，完成后复验各部拼装尺寸，满足要求后，进行小拼单元的焊接。

焊接球网架有加衬管和不加衬管两种，凡需加衬管的部位，应备好衬管，先在球上定位点固，然后再进行杆件焊接。

钢网架焊接球小拼有多种形式，常见的有以下几种（见表14–1）：

表14–1　钢网架焊接球小拼的形式

形式	内容
一球一杆型	这是最简单的形式，在焊接时，应注意小拼尺寸和焊接质量
二球一杆型	焊缝相对增加，拼装焊接后应防止由于焊接应力产生的杆件变形
一球三杆型	焊缝较多，拼装后应注意保持半成品的角度和尺寸，防止焊接变形
一球四杆型	拼装后应注意焊接变形，自重较大，防止码放时和由于自重产生的变形，一般应在支腿间加临时连杆，保持角度与尺寸

焊接球网架小拼单元的焊接，应尽可能由一名焊工一次完成，单元应焊接牢固，焊缝饱满、焊透，焊坡均匀一致。焊缝完成后需要进行外观检查，并同时进行超声波检查。

完成后的小拼单元为单锥体时，其弦杆长、锥体高、上弦对角线长度、下弦节点中心偏移等指标，应符合要求。小拼单元如不是单锥体，其节点中心偏移为控制指标。此外，焊接球节点与钢管中心偏移也必须在控制范围内。

2. 焊接节点的中拼单元施工

大型焊接球网架结构施工中，需要采用地面中拼，高空合拢的拼装形式.，拼装形式可以分为：条形中拼、块形中拼、立体单元中拼等形式。

在中拼过程中，由于中拼单元（模块）尺度、自重较大，需要有效的控制中拼单元的尺寸和变形，中拼单元拼装后应具有足够刚度，并保证自身几何构造满足力学的不变体系，否则应采取临时加固措施，防止吊装变形。

为保证网架顺利拼装，在条与条或块与块合拢处，可采用附加安装螺栓等措施。在安装时，先采取螺栓预拼，临时固定，再采用焊接的方式，最后连接固定。由于中拼单元之间必须进行悬空对接，因此需要搭设中拼支架，支架上的支撑点的位置应设在下弦节点处。支架应验算其承载力和稳定性，必要时可以试压，以确保安全可靠，同时应防止支架下沉。

网架中拼单元尽可能在吊（安）装现场进行组装，减少中间运输过程。如特殊情况需运输时，应在吊装、运输过程中，采取措施防止网架变形的有效措施。

3. 螺栓节点的中拼单元施工

大型螺栓球节点网架结构需要进行模块组装施工，除不存在焊接应力外，其他要求与焊接球节点网架结构基本相同。但也应注意的是，螺栓球节点的连接组装应严格地按照编码进行，宜从中间开始，向两边对称进行。先组装成小立体单元，再逐次安装周边的单元。安装螺栓的拧紧过程中，不可将螺栓一次拧紧，要留几丝扣，待网架安装完成，并经测量复核后，再将螺栓全部拧紧。

同时要注意，安装时，严禁将网架的杆件和螺栓节点连接件强迫就位，以防止网架结构改变受力状态和内力重分配。网架在拼装过程中应随时检查基准轴线、标高及垂直偏差，有问题应及时纠正；安装螺栓时，若发现螺栓孔眼不对，不可任意扩孔，要重新加工，若丝扣拧不动或出现固结，应将螺栓拧开，找出原因进行处理，严防螺栓假拧；安装完毕，在拧紧螺栓后，应将多余的螺孔封口，并应用油腻子将所有接缝处填嵌严密，补刷防腐漆两道。

三、网架结构的整体结构的安装

网架结构的整体结构的安装一般分为高空散装法、分条或分块安装法、高空滑移法、整体安装法等。不论哪一种安装模式，网架结构的基本形体安装过程是相同的，无非安装时的位置、最后形成整体结构的方式不同。

1. 整体网架结构组装的基本工艺

（1）螺栓球节点网架结构的基本安装螺栓球节点网架安装的基本工艺流程为：

放线、验线→安装下弦平面网络→安装上弦倒三角网络→安装下弦正三角网络→调整、紧固→（安装屋面帽头）→支座焊接、验收。

1）放线、验线与基础检查

首先要检查基座的稳定性，合格后方能在基座放线、验线，经复验检查轴线位置、标高尺寸符合设计要求以后，才能开始安装。

2）安装下弦平面网架

将第一跨间的支座安装就位，对好柱顶轴线、中心线，用水平仪对好标高，有误差应予修正。

安装第一跨间下弦球、杆，组成纵向平面网格。排好临时支点，保证下弦球的平行度，如有起拱要求时，应在临时支点上找出坡底。安装第一跨间的腹杆与上弦球，一般是一球二腹杆的小单元就位后，与下弦球拧入，固定。

安装第一跨间的上弦杆，控制网架尺寸。注意拧入深度影响到整个网架的下挠度，应控制好尺寸。检查网架、网格尺寸，检查网架纵向尺寸与网架失高尺寸。如有出入，可以调整临时支点的高低位置来控制网架的尺寸。

3）安装上弦倒三角网格

网架第二单元起采用连续安装法组装。

从支座开始先安装一根下弦杆，检查丝扣质量，清理螺孔、螺扣，干净后拧入，同时从下弦第一跨间也装一根下弦杆，组成第一方网格，将第一节点球拧入，下弦第一网格封闭。

安装倒三角锥体，将一球三杆小单元（即一上弦球、一上弦杆、二腹斜杆组成的小拼单元）吊入现场。将二斜杆支撑在下弦球上，在上方拉紧上弦杆，使上弦杆逐步靠近已安装好的上弦球，拧入。然后将斜杆拧入下弦球孔内，拧紧，另一斜杆可以暂时空着。继续安装下弦球与杆（第二网格，下弦球是一球一杆）。一杆拧人原来的下弦球螺孔内，一球在安装前沿，与另一斜杆连接拧入，横向下弦杆（第二根）安装入位，两头各与球拧入，组成下弦第二网格封闭。

按上述工艺继续安装一球三杆倒三角锥，在二个倒三角锥体之间安装纵向上弦杆，使之连成一体。逐步推进，每安装一组倒三角锥，则安装一根纵向上弦杆，上弦杆两头用螺栓拧入，使网架上弦也组成封闭形的方网格。

逐步安装到支座后组成一系列纵向倒三角锥网架。检查纵向尺寸，检查网架挠度，检查各支点受力情况。

4）安装下弦正三角网格

网架安装完倒三角锥网格后，即开始安装正三角锥网格。

安装下弦球与杆，采用一球一杆形式（即下弦球与下弦杆），将一杆拧入支座螺孔内。安装横向下弦杆，使球与杆组成封闭四方网格，检查尺寸。也可以采用一球二杆形式（下弦球与相互垂直二根下弦杆同时安装组成封闭四方网格）。

安装一侧斜腹杆，单杆就位，拧入，便于控制网格的矢高。继续安装另一侧斜腹杆，两边拧入下弦球与上弦球，完成一组正三角锥网格。逐步向一侧安装，直到支座为止。

每完成一个正三角锥后，再安装检查上弦四方网格尺寸误差，逐步调整，紧固螺栓。正三角锥网格安装时，应时刻注意临时支点受力的情况。

5）调整、紧固

网架安装过程中，应随时测量检查网架质量。检查下弦网格尺寸及对角线，检查上弦网格尺寸及对角线，检查网架纵向长度、横向长度、网格矢高，在各临时支点未拆除前进行了各种调整。

检查网架整体挠度，可以通过上弦与下弦尺寸的调整来控制挠度值。网架在安装过程中应随时检查各临时支点的下沉情况，如有下降情况，应及时加固，防止出现下坠现象。网架检查、调整后，应对网架高强度螺栓进行重新紧固。

网架高强螺栓紧固后，应将套筒上的定位小螺栓拧紧锁定。

6）安装屋面帽头以及相关附属性工作

屋面帽头是在网架上部节点位置处承托屋面的支撑构件。

在安装时首先将上弦球上的帽头焊件拧入，然后在帽头杆件上找出坡度，以便安装屋面板材。注意对螺栓球上的未用孔以及螺栓与套筒、杆件之间的间隙应进行封堵，防止雨水渗漏。

最后进行结构的验收，各部尺寸合格后，进行支座焊接。

（2）焊接节点网架结构的基本安装

焊接节点网架结构的基本工艺流程为：

放线、验线→安装平面网格→安装立体网格→安装上弦网格→网架验收

1）放线、验线

首先标出轴线与标高，检查基座的位置状况，网架安装单位对提供的网架支承点位置、尺寸、标高经复验无误后，才能正式安装。网架地面安装环境应找平放样，网架球各支点应放线，标明位置与球号。对各支点标出标高，如网架有起拱要求时，应在各支承点上反映出来，用不同高度的支承钢管来完成对网架的起拱要求。

2）钢网架平面安装

放球，将已验收的焊接球，按规格、编号放入安装节点内，同时应将球调整好受力方向与位置，一般将球水平中心线的环形焊缝置于赤道方向（横向），有肋的一边在下弦球的上半部分。

放置杆件，将备好的杆件，按规定的规格布置钢管件件，放置杆件前，应检查杆件的规格、尺寸，以及坡口、焊缝间隙、将杆件放置在二个球之间，调整间隙，点固。

平面网架的拼装应从中心线开始，逐步向四周展外，先组成封闭四方网格，控制好尺寸后，再拼四周网格，不断扩大，注意应控制累积误差，一般网格以负公差为宜。

焊接，平面网架焊接前应编制好焊接工艺和网架焊接顺序，防止平面网架变形；焊接应按焊接工艺规定，从钢管下测中心线左边 20 ~ 30mm 处引弧，向右焊接，逐步完成仰焊、主焊、爬坡焊、平焊等焊接位置；球管焊接应采用斜锯齿形运条手法进行焊接，防止咬肉；焊接运条到圆管上测中心线后，继续向前焊 20 ~ 30mm 处收弧；焊接完成半圆后，重新从钢管下侧中心线右边 20 ~ 30mm 处反向起弧，向左焊接，与上述工艺相同，到顶部中心线后继续向前焊接，填满弧坑，焊缝搭接平稳，以保证焊缝质量。

3）网架主体组装

组装前先要检查验收平面网架尺寸、轴线偏移情况，检查无误后，继续组装主体网架；将一球四杆的小拼单元（一球为上弦球，四杆为网架斜腹杆'）吊入平面网架上方；小拼单元就位后，应检查网格尺寸，矢高，以及小拼单元的斜杆角度，对位置不正、角度不正的应先矫正，矫正合格后才准以安装；安装时发现小拼单元杆件长度、角度不一致时，应将过长杆件用切割机割去，然后重开坡口，重新就位检查；如果需用衬管的网格，应在球上点焊好焊接衬管，但小拼单元暂勿与平面网架点焊，还需与上弦杆配合后才能定位焊接。

4）钢网架上弦组装与焊接

放入上弦平面网络的纵向杆件，检查上弦球纵向位置、尺寸是否正确；放入上弦平面网架的横向杆件，检查上弦球横向位置、尺寸是否正确；通过对立体小拼单元斜腹杆的适量调整，使上弦的纵向与横向杆件与焊接球正确就位，对斜腹杆的调整方法是，既可以切割过长杆件，也可以用倒链拉开斜杆的角度，使杆件正确就位。保证上弦网格的正确尺寸。

调整各部间隙，各部间隙基本合格后，再点焊上弦杆件；上弦杆件点固后，再点焊下弦球与斜杆的焊缝，使之联系牢固；逐步检查网格尺寸，逐步向前推进。网架腹杆与网架上弦杆的安装应相互配合着进行。

网架安装结束后，应按安装网架的条或块的整体尺寸进行验收，主要是焊缝质量，包括外观质量，超声波探伤；验收合格后，才能进行下一步工作。

2. 网架结构施工的高空散装法

将结构的全部杆件和节点（或小拼单元）直接在高空设计位置总拼成整体的安装方法称为高空散装法。

高空散装法分为全支架法（即满堂脚手架）和悬挑法两种。全支架法多用于散件拼装，而悬挑法则多用于小拼单元在高空总拼。高空散装法施工不需大型起重设备，但现场及高空作业量大，同时需要大量的支架材料和设备。

高空散装法脚手架用量大，高空作业多，工期较长，需占建筑物场内用地，且技术上有一定难度。该方法主要适用于非焊接连接的各种类型网架、网壳或桁架，除连接施工外，拼装的关键技术问题是各节点的坐标（位置）控制。

采用螺栓球高空散装法时，应设计布置好临时支点，临时支点的位置、数量应经过验算确定。高空散装的临时支点应选用千斤顶为宜，可以逐步调整网架高度。当安装结束拆卸临时支架时，可以在各支点间同步下降，分段卸荷。

满堂脚手架所设置的网架临时支点的位置、数量、支点高度应统一安排，支点下部应适当加固，防止网架支点局部受力过大，架子下沉。

3. 网架结构施工的分条或分块安装（吊装）法

分条（分块）安装法又称小片安装法，是指结构从平面分割成若干条状或块状单元，分别用起重机械吊装至高空设计位置总拼成整体的安装方法。本安装法适用于分割后刚度和受力状况改变较小的网架，即条、块模块仍然可以构成完整的、

独立的几何不变体系，可以承担施工中的荷载，如两向正交正放四角锥、正向抽空四角锥等网架。分条或分块的大小应根据起重能力和现场的状况而定，满足施工的工艺与安全要求。由于条（块）状单元大部分在地面焊接、拼装，高空作业少，因此有利于控制质量，并可省去大量的拼装支架。

分条或分块安装法的条块模块的制作、拼装也在地面上进行，与散装法相同。

除此之外，还也应注意以下几方面：

首先，承重支架除用扣件式钢管脚手架外，因为分条或分块安装法所用的承重支架是局部不是满堂的脚手架，所以也可以用塔式起重机的标准节或其他桥架、预制架来做支撑。

其次，分条或分块安装法主要靠起重机吊装，因此网架分条分块单元的划分，主要根据起重机的负荷能力和网架的结构特点而定。其划分方法有下列几种：

（1）网架单元相互靠紧，可将下弦双角钢分开在两个单元上。此法可用于正放四角锥等网架。

（2）网架单元相互靠紧，单元间上弦用剖分式安装节点连接。此法可用于斜放四角锥等网架。

（3）单元之间空出一个节间，该节间在网架单元吊装后再在高空拼装，可用于两向正交正放等网架。

第三，由于网架属于拼装，因此网架挠度需要进行调整。

条状单元合拢前应先将其顶高，使中央挠度与网架形成整体后该处挠度相同。由于分条分块安装法多在中小跨度网架中应用，可用钢管作顶撑，在钢管下端设千斤顶，调整标高时将千斤顶顶高即可，比较方便。如果在设计时考虑到分条安装的特点而加高了网架高度，则分条安装时就不需要调整挠度。

第四，网架尺寸控制，由于条块拼装，网架单元尺寸必须准确，以保证高空总拼时节点吻合和减少偏差。

一般可采取预拼装或套拼的办法进行尺寸控制。另外，还应尽量减少中间转运，如需运输，应用特制专用车辆，防止网架单元变形。

4. 网架结构施工的高空滑移法

（1）高空滑移法及其特点

将结构按条状单元分割，然后把这些条状单元在建筑物预先铺设的滑移轨道上，由一端滑移到另一端，就位后总拼成整体的方法称为高空滑移法。

高空滑移法具有如下特点：

1）由于在土建完成框架、圈梁以后进行，而且网架是架空作业的，因此对建筑物内部施工没有影响，网架安装与下部土建施工可以平行立体作业，大大加快了工期。

2）高空滑移法对起重设备、牵引设备要求不高，可用小型起重机或卷扬机。而且只需搭设局部的拼装支架，如建筑物端部有平台可利用，可不搭设脚手架。

3）采用单条滑移法时，摩擦阻力较小，如再加上滚轮，小跨度时用人力撬棍即可撬动前进。当用逐条积累滑移法时，牵引力逐渐加大，即使为滑动摩擦方式，也只需用小型卷扬机即可。由于网架滑移时速度不能过快（≤ 1m/min），一般仅需通过滑轮组变速即可。

（2）高空滑移法的基本分类

1）单条滑移法和逐条累计滑移法

单条滑移法，将条状单元一条一条地分别从一端滑移到另一端就位安装，各条单元之间分别在高空再连接，即逐条滑移，逐条连成整体。逐条累计滑移法，先将条状单元滑移一段距离后（能连接上第二条单元的宽度即可），连接上第二条单元后，两条单元一起再滑移一段距离（宽度同上），再接第三条，三条又一起滑移一段距离……如此循环操作直至接上最后一条单元为止。

2）滚动式滑移法与滑动式滑移法

滚动式滑移即网架装上滚轮，网架滑移时是通过滚轮与滑轨的滚动摩擦方式进行的。滑动式滑移即网架支座直接搁置在滑轨上，网架滑移时是通过支座底板与滑轨的滑动摩擦方式进行的。

3）水平滑移、下坡滑移及上坡滑移法

如建筑平面为矩形，可采用水平滑移或下坡滑移，当建筑平面为梯形时，短边高、长边低、上弦节点支承式网架，则可采用上坡滑移。下坡滑移可有效的省动力，但需控制滑移速度。

4）牵引滑移法与顶推滑移法

牵引法即将钢丝绳绑扎于网架前方，用卷扬机或手扳葫芦拉动钢丝绳，牵引网架前进，作用点受拉力。顶推法即用千斤顶顶推网架后方，使网架前进，作用点受压力。

5）平行滑移法与旋转滑移法

如果结构平面为矩形，网架单元轴线方向与建筑物纵向相垂直，则采用平行滑移法，每一组网架单元依次递进的滑移就位。如果结构平面呈圆形或环形，则可采用旋转滑移法，每组单元在旋转的轨道上滑移就位。

（3）高空滑移法的适用范围

高空滑移法适用于现场狭窄、山区等地区施工，也适用于跨越施工，如车间屋盖的更换、轧钢、机械等厂房内设备基础、设备与屋面结构平行施工。高空滑移法对于滑轨的要求较高，滑轨必须平直、稳定，支座具有足够的承载能力。在实施滑移时，网架单元双侧顶推或牵引设施应控制好速度，注意协调，防止出现异常变形。

5. 网架结构施工的整体安装法

网架结构整体施工法是指网架结构的整体（或以某较大区域）结构体系在地面（或空中临时平台）上进行整体组装，完成后由起重设备进行一次整体提升就位的安装方法。

（1）整体安装法的分类

根据提升的模式，整体安装法分为以下几种：

1）整体吊装法，直接采用吊车吊装，适用于各种类型的相对小型网架，吊装时可在高空平移或旋转就位。

2）整体提升（顶升）法，适用于周边支承及多点支承网架，可用升板机、液压千斤顶等小型机具进行施工。

采用吊装或提升、顶升的安装方法时，应考虑下列因素：

首先，吊点或提升点的选择，宜与网架结构使用时的受力状况相接近；其次，吊点的最大反力不能大于起重设备的负荷能力；第三，应尽量使各起重设备的负荷接近，避免偏斜；第四，在提升过程中，提升设备除垂直拉（压）力外，不宜承受水平方向的作用，避免对于网架系统形成挤压或拉伸而产生变形。

（2）整体吊装法的施工

采用整体吊装法时，网架地面总拼可以就地与柱错位或在场外进行。当就地与柱错位总拼时，网架起升后在空中需要平移或转动 1.0 ~ 2.0m 左右再下降就位。由于柱子是穿在网架的网格中的，因此凡与柱相连接的梁均应断开，即在网架吊装完成后再施工框架梁。建筑物在地面以上的有些结构必须待网架安装完成后才能进行施工，不能平行施工。

当场地条件许可时，可在场外地面总拼网架，然后用起重机抬吊至建筑物上就位，这虽解决了室内结构拖延工期的问题，但起重机必须负重行驶较长距离。就地与柱错位总拼的方案适用于用拔杆吊装，场外总拼方案适用于履带式、塔式起重机吊装。

（3）整体提（顶）升法的施工

提升要根据网架形式、重量，选用不同起重能力的液压穿心式千斤顶，钢绞线（螺杆），泵站等进行网架提升。提升阶段网架支承情况不能改变，对利用的结构柱一般情况不需要加固，如果柱顶上做出牛腿或采用拔杆（放提升设备或提升锚点），需验算结构柱稳定性。如果不够，要对柱或拔杆采取稳定措施，如设缆风等。为了更好地发挥整体提升法的优越性，可将网架屋面板、防水层、顶棚、采暖通风及电气设备等全部在地面及最有利的高度上进行施工，可大大节省施工费用。

通过提升设备验算，当不能满足全部屋面结构整体提升时，也可安装部分屋面结构后再提升。应当注意的是，为防止屋面结构安装后，在提升过程中产生扭曲而造成局部出现裂纹，要采取必要的加固处理。

在具体实施时，整体提（顶）升的方法包括：

1）单提网架法，网架在设计位置就地总拼后，利用安装在柱子上的小型设备（穿心式液压千斤顶）将网架整体提升到设计标高上然后下降就位、固定。

2）网架爬升法，网架在设计位置就地总拼后，利用安装在网架上的小型设备（穿心式液压千斤顶），提升锚点固定在柱上或拔杆上，将网架整体提升到设计标高，就位、固定。

3）升梁抬网法，网架在设计位置就地总拼，同时安装好支承网架的装配式圈梁（提升前圈梁与柱断开，提升网架完成后再与柱连成整体），把网架支座搁置于此圈梁中部，在每个柱顶上安装好提升设备，这些提升设备在升梁的同时，抬着网架升至设计标高。

4）升网滑模法，网架在设计位置就地总拼，柱是用滑模施工。网架提升是利用安装在柱内钢筋上的滑模用液压千斤顶，一面提升网架一面滑升模板浇筑混凝土。

单提网架法和网架爬升法都需要在原有柱顶上接高钢柱约 2 ~ 3m，并加悬挑牛腿以设置提升锚点。单提网架法的操作平台设在接高钢柱上，网架爬升法的操作平台设在网架上弦平面上。升梁抬同法网架支座应搁置在圈梁中部，升网滑模法网架支座应搁置在柱顶上，单提网架法、网架爬升法网架支座可搁置在圈梁中部或柱顶上。

网架整体提升法一般情况下适宜在设计平面位置地面上拼装后垂直提升就位。如网架垂直提升到设计标高后还需水平移动时，需另加是挑结构结合滑移法施工就位到设计位置。

在进行具体提升时，首先要进行试吊提，试提过程是将卷扬机启动，调整各吊点同时逐步离地。试提一般在离地 200 ~ 300mm 之间。各支点全部撤除后暂时不动，观察网架各部分受力情况。如有变形可以及时加固，同时还应仔细检查网把吊装前沿方向是否有碰或挂的杂物或临时脚手架，如有应及时排除。同时还应观察吊装设备的承载能力，应尽量保持各吊点同步，防止倾斜。

然后进入正式提升阶段，该阶段要求操作应连续进行，即在保持网架平正不倾斜的前提下，应该连续不断地逐步起吊（提升）。争取当天完成到位，除非遇到特殊有害天气，如大风、暴雨等，可停止施工。就位时不宜过快，提升即将到位时，应逐步降低提升速度，防止过位。

第三节　张力（拉）结构——悬索、索膜与张拉弦结构

一、悬索结构施工

悬索结构包括三部分：索网、边缘构件和下部支撑结构。

悬索结构安装施工与其结构特点密切相关。在各种悬索结构中，尽管结构体系不同，但它们都是以悬挂在支承结构上的钢索作为主要承重构件的。由于钢索本身是柔性材料，在自然状态下没有刚度，且形状也不确定，故必须施加一定的预应力才能赋予其一定的形状，成为在外荷作用下具有必要刚度和形状稳定的结构。因此悬索结构的安装施工，主要是解决钢索的架设及如何施加预应力的问题。

悬索结构的施工程序是：建立支承结构（柱、圈梁或框架）并预留索孔或设置连接耳板，把经预拉并按准确长度准备好的钢索架设就位，调整到规定的初始位置并安上锚具临时固定，然后按规定的步骤进行预应力张拉和屋面铺设。

1. 钢索

（1）钢索的种类

钢索一般采用平行钢丝束、钢绞线或钢绞线束等。

高强钢丝（用符号 ϕp 表示）的直径常用的有 5mm、6mm 和 7mm，强度标准值为 1570MPa 与 1670MPa。钢绞线（用符号知表示），是用多根高强钢丝在绞线机上成螺旋形绞合，并经回火处理制成。钢绞线的直径常用的有 12.7mm 和 15.2mm，强度标准值为 1720MPa 和 1860MPa。尽管悬索结构是钢结构，但钢索所采用的高强钢丝与钢绞线的性能应符合相关规范的规定。

（2）钢索的制作

悬索结构差异度较大，作为主要承重结构的钢索，需要按照结构的特殊要求单独制作。钢索的制作一般须经下料、编束、预张拉及防护等几个程序。编束时，不论钢丝束或钢绞线束均宜采用栅孔梳理，以使每根钢丝或多股钢绞线保持相互平行，防止互相交错、缠结。成束后，每隔 1m 左右要用铁丝缠绕拉紧。

钢索在下料前应抽样复验，内容包括外观、外形尺寸、抗拉强度等，并出具相应的检验报告。下料前先要以钢索初始状态的曲线形状为基准进行计算，下料长度应把理论长度加长至支承边缘，再加上张拉工作长度和施工误差等。另外在下料时还应实际放样，以校核下料长度是否准确。

钢索应采用砂轮切割机下料，下料长度必须准确。在每束钢索上应标明所属索

号和长度，以供穿索时对号入座。

（3）钢索的防护

钢索悬挂完成后，其表面需要进行防护，这样才能有效地防止空气中氧化腐蚀。钢索的防护有以下几种做法（见表 14–2）：

表 14–2　钢索的防护方法

方法	具体操作
涂油裹布法	钢索表面涂防锈油脂，裹麻布或玻璃布，涂油、裹布应重复2 ~ 3道，每道包布的缠绕方法与前一道相反
灌水泥浆法	钢索张拉后，在钢套管内进行压力灌浆，钢套管外表面刷防锈漆
PE料包覆法	钢索用PE料进行包覆，PE料厚度一般为5mm，机械化生产，成品供应
多层防护做法	采用镀锌钢绞线或涂环氧钢绞线，再灌水泥浆或涂油包塑；在无粘结钢绞线束外加钢套管或PE套管，内灌水泥浆或液体氯丁橡胶
涂油包塑法	采用机械化涂抹防锈油脂并外包热挤成型的高密度聚乙烯（PE）套管，商品化生产单根钢绞线或钢丝束无粘结预应力筋，必要时，可在整束钢索上加包PE套管，采用双层做法。一般内层PE套管厚1.2mm，外层PE套管厚0.4 ~ 0.8mm

钢索的防护做法应根据钢索所在的部位、使用环境及具体施工条件选用。不论采用哪种方法，在钢索防护前均应做好除污、除锈工作。

2. 锚具

锚具是将钢索固定于支撑体系上的关键构件。钢索的锚具有钢丝束镦头锚具、钢丝束冷铸锚具与热铸锚具、钢绞线夹片锚具、钢绞线挤压锚具、钢绞线压接锚具等多种。根据是否施加预应力，锚具又分为张拉端锚具与非张拉端锚具，在使用中根据设计要求进行采用。

悬索结构所使用的锚具与预应力混凝土结构的原理、构造基本相同。但应注意的是，由于悬索结构主索的索径更大，所需锚具也会更大，安全性能要求更高。

3. 钢索安装

（1）预埋索孔钢管

索孔钢管是钢索与支撑结构的连接构造，钢索通过该钢管，依靠锚具固定于支撑结构上。

对于混凝土支承结构（柱、圈梁或框架），在其钢筋绑扎完成后，先进行索孔钢管定位放线，然后用钢筋井字架将钢管焊接在支承结构钢筋上，并标注编号。模板安装后，再对钢管的位置进行检查和校核，确保准确无误。钢管端部应用麻丝堵严，以防止浇混凝土时流进水泥浆。

对于钢构件，一般在制作时先将索孔钢管定位固定，待钢构件吊装时再测量对正，以保证索孔钢管角度及位置准确；也可在钢构件上焊接耳板，待钢构件吊装定位后，将钢索的端头耳板用销子与焊接耳板连接。

（2）挂索

当支承结构上预留索孔安装完成，并对其位置逐一检查和校核后，即可挂索。

在高空架设钢索是悬索结构施工中难度较大、并且很重要的工序。挂索顺序应根据施工方案的规定程序进行，并按照钢索上的标记线将锚具安装到位，然后初步调整钢索内力及控制点的标高位置。

对于索网结构，先挂主索（承重索，向上受力），后挂副索（稳定索，向下受力），在所有主副索都安装完毕后，按节点设计标高对索网进行调整，使索网曲面初步成型，此即为初始状态。索网初步成型后开始安装夹具，所有夹具的螺母均不得拧紧，待索网张拉完毕经验收合格后再拧紧。

（3）钢索与中心环的连接

对于设置中心环的悬索结构体系，钢索与中心环的连接可采用两种方法，即钢索在中心环处断开并与中心环连接，此时中心环处于受拉状态；或钢索在中心环处直接通过，此时中心环仅起到规范作用。

（4）钢索与钢索的连接

在正交索网中，为使两个方向的钢索在交叉处不产生相互错动，应采用夹具在交叉处连接固定。

4. 钢索的施加预应力

施加预应力是悬索屋盖结构施工的关键工序。通过施加预应力，可使各索内力和控制点标高或索网节点标高都达到设计要求。对于混凝土支承结构，只有在混凝土强度达到设计要求后才能进行此项工作。

在悬索结构中，对钢索施加预应力的方式有张拉、下压、顶升等多种手段。其中，采用液压千斤顶、手动葫芦（倒链）等张拉钢索是最常用的一种方式；采用整体下压或整体顶升方式张拉，是一种新颖的施工方法，具有简易、经济、可靠等优点。如安徽体育馆、上海杨浦体育馆等索桁屋盖，利用钢桁架整体下压在悬索上，对悬索施加预应力，具体做法是借助于边柱顶部预埋螺杆，通过拧紧螺母将每榀桁架端支座同时压下。

张拉千斤顶常用的有：100 ~ 250t 群锚千斤顶（YCQ、YCW 型）、60t 穿心千斤顶（YC 型）、18 ~ 25t 前卡千斤顶（YCN、YDC 型）等。前两者可用于钢绞线束与钢丝束张拉，后者仅用于单根钢绞线张拉。

钢索的张拉顺序应根据结构受力特点、施工要求、操作安全等因素确定，以对称张拉为基本原则。钢索的张拉时，对直线束，可采取一端张拉；对折线束，应采取两端张拉。张拉力宜分级加载；采用多台千斤顶同时工作时，应同步加载。实测张拉伸长值与计算值比较，其允许偏差为5% ~ 10%。

张拉结束后切断两端多余钢索，但应使其露出锚具不少于50mm。为保证在边缘构件内的孔道与钢索形成有效粘接，改善锚具受力状况，要进行索孔灌浆和端头封裹。这两项工作一定要引起足够的重视，因为灌浆和封裹的质量直接影响到钢索的防腐措施是否有效持久，从而影响到钢索的安全与寿命。

5. 钢索与屋面构件连接

悬索结构张拉后，可铺设檩条和屋面板及悬挂吊顶。屋面板可以采用预制钢筋混凝土薄板、彩色压型钢板等轻质材料。

屋面板采用预制钢筋混凝土薄板时，可在预制板内预埋挂钩，安装时直接将屋面板挂在悬索上即可。连接时将夹板先用螺栓连到悬索上，再将屋面板搭于夹板的角处。

屋面板采用彩色压型钢板时，可通过薄壁型钢檩条与钢索连接。对于索网结构，为使索网受荷均匀且与受力分析相对应，檩条可架设在索网节点立柱上。钢檩条安装完毕以后，开始铺设彩钢屋面板。

预应力张拉和屋面铺设常需交替进行，以减少支承结构的内力。在铺设屋面的过程中要随时监测索系的位置变化，必要时作适当调整，以使整个屋盖达到预定的位置。

二、膜结构施工

1. 膜材的制作和加工

索膜结构体形通常都较为复杂，这是由于膜片的各种角度变化较多，变形较大，变形后产生的内应力极为复杂，会导致整体结构产生异常的变形。因此对于膜材的制作加工精度要求非常高，以便在安装过程中，顺利衔接，保证表面顺畅的同时，减少内部应力的作用。

膜材的加工一般在专业化工厂室内环境下进行，不能在现场操作。膜材必须按照设计要求的形状进行裁剪，编码。为避免膜材不同批号间性能及颜色的差异，对于同一单体膜结构的主体宜使用同一批号生产的膜材。

（1）膜的裁剪

裁剪的方法有机械裁剪和人工裁剪。相比机械方式，人工裁剪的精度较低，但对于极为复杂的形状适应性好。为保证裁剪的质量裁剪过程中，需要注意，裁剪的下料图纸由设计提供，并按照膜材实际的材性检验结果对裁剪下料图进行调整；裁剪过程中不得发生折叠弯曲；人工裁剪放样过程中，尽量采用统一的量具进行，减小由于量具误差造成的裁剪误差；对已经裁剪好的膜片应进行检验和编号，作出尺寸、位置、实测偏差等的详细记录。

（2）膜的连接

膜材的连接有三种基本的方法，缝纫、热合与机械连接。

缝纫连接是一种最牢固、最传统的连接方法，但是缝纫线容易被损坏，且可以导致持续性的后继破坏，产生崩溃。缝纫连接不适用于 PTFE 涂覆玻璃纤维织物和其他所有脆性布基的薄膜材料。缝制过程中应该做到宽度、针幅等均匀一致，严禁发生跳缝、脱线，避免膜片的扭曲、褶皱等不良现象。

热合连接，或热焊接是加热连接缝，并使织物上层的涂层熔融，然后施加压力并使连接缝冷却。可以通过向膜材吹热空气，或者让膜材接触加热物件，或者通过高频电磁波，使得膜材获得相应的热量实现熔融。热和连接适用于 PVC 涂覆聚酯长丝织物和 PTFE 涂覆玻璃纤维织物。

机械连接，一般作为辅助连接方式。

对于膜片的连接方式大都采用第二种方法，即热合连接又称热融合。

（3）包装和运输

经检验合格的成品膜体，在包装前，根据膜材特性、膜材尺寸、施工方案、现场场地条件等确定完善的包装方案。在制定包装方案时要考虑膜材基材的性能，如以合成纤维作基材的膜材可以折叠包装，以玻璃纤维作基材的膜材不适宜折叠。

对聚四氟乙烯为涂层，玻璃纤维为基层的膜材料可以以卷的方式包装，其中卷芯直径不得小于 100mm，对于无法卷成筒的膜体可以在膜体内衬填软质填充物，然后折叠包装。膜体折叠时要选用的填充材料应干净、不脱色，避免填充物对膜面的污染。由于单片膜体通常尺寸较大，包装完成后，在膜体外包装上标记包装内容、使用部位及膜体折叠与展开方向。这个过程要求施工单位严格按照包装方案实施，由专人负责。在膜材运输过程中要尽量避免重压、弯折和损坏，减少由于包装和运输过程中膜面产生材料褶皱，影响结构外观。

同时在运输时也要充分考虑安装方案，尽量将膜体一次运送到位，避免膜体在场内的二次运输，减少膜体受损的机会。

2. 膜材的安装

在膜材安装之前，应该对于结构体系进行安装就位，以便形成确定的形状，方便膜材的安装。

膜体安装包括膜体展开、连接固定、吊装到位和张拉成形四个部分。

在具体施工之前，应注意施工环境的要求，膜结构施工应该避免在冬季进行，若准备工作不充分或风雨天不具备展开条件时，不能进行膜单元的展开安装。

（1）膜材铺展及穿索

膜片轻薄，展开时容易受外部环境影响，发生褶皱；而展开过程中出现各种问题，重新铺展时，会遇到很多问题，甚至损坏。因此在膜材展开时，应直接按照编码与方向的要求进行展开，确保准确无误。

如果单片膜材面积过大，所需展开空间过大，则需要现场搭设脚手架与大面积施工平台，以保证膜材的平顺展开。展开过程中，也要尽可能避免膜材受损。

膜材铺展开后，按照图纸所标示的索具，分别摆放到位。在平台上将边索、脊索用 U 型卡分别安装到膜材上。U 型卡等膜的紧固夹板在安装前必须打磨平整，不得有锐角、锐边、飞刺等易破坏膜材的部分；紧固夹板的间距不应大于 2m，且应根据膜结构的跨度大小、荷载情况调整夹板中心的间距，防止膜材受拉力变形不均匀；夹板的螺栓、螺母必须一次拧紧到位，以便在后期张拉时有效紧固；膜面上原则上禁止上人，如必须进行时，应做好防范，穿软底鞋，并避免在膜面踩出折痕。

（2）挂膜与固定

挂膜应该在天气良好的状态下进行，避免风雨的作用。吊装在整个膜结构工程中是一个关键技术，需要在施工前根据工程情况制定完善的吊装方案。在具体实施过程中，较大面积，或线形长度较长的膜体，可以在地面将膜体铺展开并连接好各种附件后，将膜体沿长向作折叠，然后用起重机械整体吊装到屋面，接着用卷扬机等张拉设备沿一定的方向将膜体展开并连接到支承结构的相应节点上；相对小面积的膜体，可以在地面铺展开后，直接将各个连接点用提升设备同步提升到设计标高，并与支承结构的相应节点连接好。

3. 膜体张拉及收边

预应力是膜结构的关键环节，通过预应力的施加，不仅使膜体光滑平整，更可以使膜结构具有一定的几何外形和抵抗外荷载的能力，使其与边缘构件整合成为完整的结构体系。预应力技术贯穿膜结构设计、施工和使用的全过程，预应力的分析与控制是膜结构的核心技术。

膜结构的预应力大小及其分布模式与膜结构的几何外形是对应的，设计者必须根据整体结构的分布，来确定膜结构内合理的预应力值及其分布，来维持合理的几何形状。一般常见的膜结构预应力水平在 2 ~ 10kN/m，施工中通过张拉定位索或顶升支撑杆来实现。在实际工程中，可以根据不同的结构形式和施工条件，选择不同的施工方法。

（1）顶升支撑杆法

该方法与支帐篷类似，对于类似于帐篷模式的膜单元，也可以借鉴采用。在操作中可以先将周边节点固定，然后用千斤顶顶升支撑杆到设计标高，在膜面内形成预张力。在顶升支撑杆之前，整个结构体系没有刚度，是个机动体系；在顶升过程中各个结构构件作相对运动，体系中预应力重新分布，最后达到各自设计的预应力状态，并且各结构构件达到设计位置，整个体系具备设计的刚度和稳定性。

在整个顶升过程中采用位移控制为主，应力控制为辅的控制方法，因此可以保证结构体系最终几何、应力状态的正确性。

（2）分阶段张拉法

索膜结构体系的膜片都是通过索与主体结构连接到一起的。对膜面施加张力的过程就是调整索内力的过程，当索张拉到设计张力时，与索相连的膜面也就张拉到设计张力。对鞍形单元多采用对角方向同步或依次调整各个索的张力值，逐步加至设计值。

在张拉过程中，应该避免膜片直接受力并逐级施加张力，最后一步张力施加必须间隔 24h，以消除膜片在张力作用下的徐变效应，并注意监测张拉位移的误差，应控制在设计值的 ±10% 范围内。

（3）分方向张拉法

该方法主要针对由一列平行拱架支撑的膜结构，可以首先沿膜的纬线方向将膜布张拉到设计位置，然后再沿经线方向给膜面施加预张力。施工方案通常采用位移控制，来判断结构是否张拉到设计位置。

4. 膜结构的施工监测及检验

膜结构的外形是不确定性的，必须通过预应力的张拉才能实现。预应力的张拉过程、张拉参数，都需要在设计时进行确定，并在施工过程中严格按照设计执行。

但由于膜材并非绝对满足计算力学的有关假设，现实材料的不均匀性和瑕疵，使得膜材在张拉过程中可能出现与设计不吻合的问题。这些问题可能导致结构变形、膜材翘曲，甚至撕裂。因此在预应力长了过程中，施工人员必须实时监测，不能简单依照设计参数来进行。

传统的施工方式主要依靠工人的感觉与经验来进行判断，现在有些先进的设备已经可以实现对膜结构的张拉过程进行监测和检验。

三、张弦与索穹顶结构施工

1. 张弦结构的施工

张弦结构非常轻巧，充分利用了材料的性能，形成了较大的跨度。该结构一般都是采用大型钢管桁架制作成结构的上弦受压构造，而下弦则采用受拉钢索，并有效的施加预应力，形成较高的刚度与大跨度。

张弦梁结构的施工，很多工艺与网架结构类似，包括拼装法、滑移法与整体安装法。拼装法多采用单梁地面拼装，施加预应力，再吊装安装的模式；大型结构可先进行上弦骨架的吊（拼）装，高空临时固定，再进行下弦安装和预应力的施加并最终成形的方式；而对于纵横双向的张弦结构、圆形或多边形等更加复杂的结构，则可以采用地面整体拼装，在进行整体提升的方式进行安装。

（1）单榀单向张拉弦桁架施工与吊安装

由于没有下弦构造，张拉弦结构独立上弦构造的刚度往往较小，在地面进行拼装时应做好各种支撑，保证其基本形状。上弦构造多采用管桁架的模式，节点焊接构造是施工中的关键环节之一。为了保证节点的受力的有效性与安全，节点本身一般采用加工厂单独制作的模式，焊接拼口留设在与之相连杆件上，而不是采用复杂的杆件相贯线焊接模式。

上弦桁架完成后，即可安装下弦支撑架，安装钢索下弦，就位后进行张拉收紧。张拉完成后，可以进行吊装与安装工作。

吊装应该注意，由于张拉弦结构的下弦为预应力钢索，不能承担任何压应力，而张拉弦桁架跨度又比较大，因此在吊装时只能采用两端抬吊的方式。由于张拉弦桁架结构的重心偏高，并可能高于吊点位置，在吊装过程中会导致构件侧向反转，因此吊装多采用横向支架模式，有效避免事故的发生。

除了地面拼装整体吊装之外，如果采用高空拼装的施工模式，应尽量避免将上弦管桁架在地面整体焊接，完成后再进行吊装安装的工艺。这是因为在没有下弦构造时，上弦管桁架刚度较小，在吊装过程中容易发生较大变形甚至弯折事故。此时应该做好计划，于地面架设好安装平台，并将上弦管桁架分成若干组成部分，分别吊装，在高空就位进行拼装焊接。当高空焊接拼装完成后，再进行钢索（拉杆的）安装、张拉。

无论地面张拉还是高空张拉，对于单榀张拉结构，下弦张拉时应注意，由于没有侧向约束，下弦的张拉可能导致结构侧向失稳，因此在施工中应及时与设计者进行沟通协调，确定张拉程序与应力指标，防止工程事故的发生。具体张拉时，应先进行预张拉，以便进行找形调整，准确无误后，再进行后续张拉直至达到设计指标。

（2）双向或辐射式张拉弦桁架施工

双向或辐射式张拉结构比较复杂。单元桁架不能形成独立的受力结构，也难以独立存在，因此在施工中应做好整体施工程序的计划。一般多采用地面整体拼装，整体提升的施工模式。在具体施工中，先按照结构几何特征做好地面支撑系统，再于其上部进行张拉结构的上弦拼装与焊接。上弦结构系统完成后，进行结构找形、调整与矫正，然后进行下弦钢索（拉杆）的安装。

由于双向或辐射式张拉弦桁架属于整体式的空间结构模式，因此在下弦的张拉过程中，特别强调与设计协商，确定预应力的张拉方案。一般多采用多级对称张拉模式，即每一单元结构的预应力都是通过多次张拉与调整的过程，才达到设计的控制指标要求的；并且在张拉时，对于整体结构体系采用双向正交对称张拉（或多组均布张拉），张拉也应同步协调进行，防止单向张拉时可能导致的结构异常变形。每次（级）张拉过程中，均应对于结构变形进行测控，随时调整结构的变形，保证单元桁架变形满足要求的同时，也要保证整体结构尺寸、形状的正确性。

整体张拉、测控完成后，再进行整体提升。整体提升的做法与工艺，与网架结构基本相同。

2. 索穹顶结构的施工

索穹顶结构几乎完全是柔性结构，刚性构件极少，在没有施加有效的张力之前，也几乎不存在完整的形状，也不能承担任何外部作用。在没有可靠的措施保证下，对于索穹顶结构，应尽可能采用地面拼装，整体张拉成型的施工工艺。

在进行地面拼装时，应在下部主体结构或支承结构完成后，将相关构件按照编号在地面相应的位置进行连接、拼装。钢索下料时，应充分考虑松弛状态与预应力张拉收紧过程所形成的变形差异。所有构件安装、调整紧固完成后，在索网周边按照均布对称的原则设置张拉设备，进行张拉。

索穹顶结构的张拉过程也是分级进行的，每一级的张拉应力、张拉次序均应在施工之前与设计者进行沟通确定，在施工中严格按照预定程序进行，严禁随意变换。由于该结构几乎没有固定的形状，因此其每一级的应力张拉过程结束后，都需要进行形状与姿态的调整，确保其形状与变形符合设计要求。不能忽略或简化该调整过程，否则当变形累积，结构发生明显扭曲时，调整将可能无法进行。尽管在设计时，杆件与拉索的张拉状态都经过严格的计算分析，但由于每一根构件、拉索的具体性能与参数在制造过程中均可能存在误差，所以每一级张拉、找形完成后，需要根据实际情况重新测控构件内力，分析其变形状况，对于下一级张拉应力的控制提供有效的修正。

全部张拉、找形与姿态调整均完成并满足要求后，再进行屋面施工。

第四节 钢–混凝土组合结构施工

一、钢–混凝土组合梁板结构的施工

1. 组合梁（板）结构的基本形式

组合梁板结构是最为简单的组合模式，混凝土（根据需要进行配筋）承担截面内的压应力，型钢承担截面内的拉应力。常见的压型钢板混凝土楼板、型钢梁＋混凝土楼板等，均属于该类结构模式。该类模式结构，多用于梁板等形成跨度的结构中。

2. 组合梁（板）结构的施工过程

组合梁结构属于相对简单的钢—混凝土组合结构，其施工工艺中，钢结构部分的要求与工艺和普通钢结构几乎无异，而混凝土结构也是这样。对于压型钢板楼板，尽管混凝土底部无须安装模板，但由于压型钢板刚度可能并不满足要求，因此也需要根据具体情况，做好其下部的支撑或支架。支撑与支架的拆除时间，也需要根据板的跨度以及现场混凝土的强度发展状况来具体确定。

为了防止钢结构表面与混凝土相脱离，增加两种材料的连接性，一般在组合钢梁、压型钢板上部加设抗剪销钉。

二、钢管混凝土结构的施工

1. 钢管混凝土结构的原理与构造

在多维应力作用下，材料的抗压强度会有较大提高，混凝土材料也是如此。侧向压力会延缓纵向受压所形成裂缝的出现与开展，使纵向受压强度在一定范围内有效提高。

在工程中，对于混凝土多维强度的应用是很广泛的，最为典型的就是钢管混凝土，即在钢管中灌筑混凝土，形成内部是混凝土外部是钢管的承载构件。钢管对其内部混凝土的约束作用使混凝土处于三向受压状态，可延缓混凝土受压时的纵向开裂，提高了混凝土的抗压强度；钢管内部的混凝土又可以有效地防止钢管发生局部屈曲。两种材料相互弥补了彼此的弱点，又可以充分发挥各自的长处，从而使钢管

混凝土具有很高的承载能力。研究表明，钢管混凝土柱的承载力高于相应的钢管柱承载力和混凝土柱承载力之和。

另外，钢管混凝土的延性也很好。混凝土的脆性相对较大，高强度混凝土更是如此。如果将混凝土灌入钢管中在钢管的约束下，不但在使用阶段可以改善它的弹性性质，而且在破坏时也具有较大的塑性变形。此外，这种结构在承受冲击荷载和振动荷载时，也具有很大的韧性。钢管和混凝土之间的相互作用，使钢管内部混凝土的由脆性破坏转变为塑性破坏，构件的延性性能明显改善，耗能能力大大提高，具有优越的抗震性能。

除此之外，钢管混凝土的优势还体现在以下几方面：

耐火性能较好。火焰作用下，由于核心混凝土可吸收钢管传来的热量，从而使其外包钢管的升温滞后，这样钢管混凝土中钢管的承载力损失要比纯钢结构相对更小，而钢管也可以保护混凝土不发生崩裂现象，从而使得该结构能有效延长耐火时间。

耐腐蚀性能优于钢结构。钢管中浇筑混凝土使钢管的外露比钢结构少得多，抗腐和防腐所需费用也比钢结构节省。

在实际结构中，该结构主要用于轴心受压构件，如高层建筑底层的柱、拱桥的主拱、地下结构的主柱等。但由于钢管混凝土结构的受弯性能并不显著，同时也不宜做成矩形截面，所以不能作为梁出现在结构体系中。另外，钢管混凝土也可以通过格构模式，形成双肢、三角形或矩形柱，作为超大型结构的支撑体系。

2. 钢管混凝土结构的施工

钢管混凝土的施工主要包含钢管的制作、安装及混凝土的施工两个方面的内容。

（1）钢管构件的制作、安装

钢管混凝土柱用的钢管优先采用螺旋焊管，无螺旋焊接管时，也可以用滚床自行卷制钢管。焊接时除一般钢结构的制作要求外，要严格保证管的平、直，不得有翘曲、表面锈蚀和冲击痕迹。由于钢管内部在浇筑后永远没有机会进行处理，因此对钢管内壁需要进行特殊的除锈，这将增加钢管的制作周期，但是必需的。

钢管焊接必须满足焊后的管肢平直的要求，需要在焊接时采取相应的措施，消除焊接应力与焊接变形。管肢对接焊接前，对于小直径钢管应采用点焊定位；对于大直径钢管应另用附加钢筋焊于钢管外壁作临时固定联焊。为了确保联接处的焊缝质量，现场拼接时，在管内接缝处必须设置附加衬管。

钢管吊装时要控制构件在吊装荷载作用下的变形，吊点的设置应根据钢管构件本身的承载力和稳定性经验算后确定。吊装时应将管口包封，防止异物落入关内。

钢管构件吊装就位后，应立即进行校正，采取可靠固定措施以保证构件的稳定性。

（2）混凝土的浇筑

钢管内核心混凝土的配合比除了应满足有关力学性能指标的要求外，尚应注意混凝土坍落度的选择，应尽可能地大一些，以保证浇筑过程中的密实度要求。混凝土浇筑宜连续进行，若有特殊的间歇要求，不应超过混凝土的初凝时间。特殊情况下，需要在钢管内部留施工缝时，应将管口封闭，防止水、油污和异物等落入。施工缝衔接工艺与钢筋混凝土结构相同。但实际工程中，应尽力避免这种情况的发生，应该一次浇筑完成。

管内混凝土绕筑可米用人工逐层饶筑法、导管绕筑法、高位抛落免振捣法与泵送顶升浇筑法等进行。

1）人工逐层浇筑法、导管浇筑法

此两种方法适合于大口径钢管混凝土结构，与一般钢筋混凝土结构无异，浇筑后需要进行振捣，主要使用插入式振捣器，必要时也可以采用侧向表面振动器，在钢管表面进行振捣。

2）高抛免振捣混凝土施工方法

该方法是适用于管径大于350mm，高度不小于4m钢管混凝土柱，即拌合物是具有很高的流动性且不离析、不泌水、不经振捣或少振捣即可密实成形的混凝土，利用浇筑过程中高处下抛时产生的动能实现自流平，并充满钢管柱。该施工方法中，混凝土配合比是核心问题，水泥应具有较低的需水性，同时还应考虑其与高效减水剂的相容性，掺用的矿物细掺料也应具有低需水性、高活性。综合考虑后宜采用强度等级为42.5的硅酸盐水泥。骨料的粒径、尺寸和级配对拌合物的施工性，尤其拌合物通过间隙的能力影响很大。骨料采用粒径5 ~ 25mm的石子、粒径5 ~ 10mm的小石子，细度模数为3.0 ~ 2.6的中砂。粗骨料的最大粒径，当使用卵石时为25mm，使用碎石时为20mm。施工过程中严格控制砂中粉细颗粒的含量和石子的含泥量，砂子的含泥量一般不宜大于2%，石子的含泥量一般不宜大于1%。砂中粉细颗粒含量通过0.16mm筛孔量不小于5%。外加剂应有优质的流化性能，保持拌合物的流动性、合适的凝结时间与泌水率、良好的泵送性；对硬化混凝土的力学性质、干缩和徐变无不良影响，耐久性（抗冻、抗渗、抗碳化、抗盐浸）好。同时为避免钢管与混凝土间的微小空隙，必须在混凝土中加入少量膨胀剂，必要时也可以加入I级粉煤灰作为掺合料。

在高抛免振捣混凝土施工浇筑时，管内不得有杂物和积水，先浇筑一层100 ~ 200mm厚与混凝土强度等级相同的水泥砂浆，以防止自由下落的混凝土粗骨料产生弹跳。

当抛落的高度不足 4m 时，用插入式振捣棒密插短振，逐层振捣。除最后一节钢管柱外，每段钢管柱的混凝土，只浇筑到离钢管顶端 500mm 处，以防后期顶部焊接高温影响混凝土的质量。除最后一节钢管柱外，每节钢管柱浇筑完，应清除掉上面的浮浆，待混凝土初凝后灌水养护，用塑料布将管口封住，并防止异物掉入。安装上一节钢柱前应将管内的积水、浮浆、松动的石子及杂物清除干净。

最后一节浇筑完毕后，应喷涂混凝土养护液，用塑料布将管口封住，待管内混凝土强度达到要求后，用与混凝土强度相等的水泥砂浆抹平，盖上端板并焊好。

3）泵送顶升浇筑法

该方法是在钢管底部打孔，待安装就位后，将混凝土从其底部打入，向上逆顶的浇筑方法。该方法基本特点是，不搭设高空脚手架，减少高空作业及劳动强度，操作更为简便安全；混凝土浇筑速度快，也不浪费混凝土；施工无须振捣，依靠顶升挤压自然密实；不存在排气问题。

在具体操作中，重点解决混凝土配合比的设计、混凝土输送管的连接、钢管混凝土柱内混凝土的顶升三个关键性工艺。

混凝土配合比设计应满足可泵性要求，即水灰比小、坍落度大，减少混凝土收缩，强度、均匀性和凝聚性均优于普通同强度等级的塑性混凝土。在塑性混凝土中同时掺加减水剂和膨胀剂，可使混凝土拌合物泌水率减小，含气量增加，和易性改善，从而满足泵送要求。

钢管混凝土输送管的连接是通过短管和一个 135° 弯头实现的。连接短管与钢管柱呈 45° 自下而上插入管洞。管外径与弯头及混凝土输送管相同，便于使用管卡连接，从而使混凝土泵送顶升浇筑更加顺利。连接短管用螺栓与钢管柱连接，并通过计算来选配螺栓，以满足受力的要求。

钢管混凝土柱混凝土的顶升浇筑施工工艺。在混凝土泵送顶升浇筑作业过程中，不可进行外部振捣，以免泵压急剧上升，甚至使浇筑被迫中断。当混凝土供应量不能确保连续浇筑一根钢管时应不浇筑，以免出现堵塞现象。混凝土中石子从卸压孔洞中溢出则稳压 2 ~ 3min 方可停止泵送顶升浇筑。等待 2 ~ 3min 后再插入止回流阀的闸板，混凝土顶升浇筑施工完毕。

泵送混凝土截流装置。为防止在拆除输送管时混凝土回流，需在连接短管上设置一个止流装置，其形式可以是闸板式的，或者是插楔式的。混凝土泵送顶升浇筑结束后，控制泵压 2 ~ 3mm，然后略松闸板的螺栓，打入止流闸板，即可拆除混凝土输送管，转移到另一根钢管柱浇筑。待核心混凝土强度达 70% 后切除连接短管，补焊洞口管壁，磨平、补漆。补洞用的钢板宜为原开洞时切下的。

卸压孔。采用泵送顶升浇筑工艺，钢管柱顶端必须设溢流卸压孔或排气卸压孔。溢流卸压孔的面积应不小于混凝土输送管的截面面积，并将洞口适当接高，以填充混凝土停止泵送顶升浇筑后的回落空隙。

三、劲性混凝土结构的施工

1. 劲性混凝土结构简述

劲性混凝土结构是钢——混凝土组合结构的一种主要形式，是在钢筋混凝土内部加入型钢所形成的特殊复合材料，由于型钢芯犹如骨骼一般的存在，可以有效改善混凝土的延性，大大提高混凝土的抗震性能；而混凝土对于钢材的侧向约束，保证了钢材力学性能的发挥，不会因失稳提前退出工作。由于其承载能力高、刚度大、耐火性好及抗震性能好等优点，已越来越多地应用于大跨结构和地震区的高层建筑以及超高层建筑。尽管和钢管混凝土相比，劲性混凝土的抗压能力相对弱一些，但其用途更加广泛。由于其外形截面可以是任何形状，因此可以被用于几乎所有的构件。

劲性混凝土结构比钢结构可节省大量钢材，增大截面刚度，克服了钢结构耐火性、耐久性差及易屈曲失稳等缺点，使钢材的性能得以充分发挥，采用劲性混凝土结构，一般可比纯钢结构节约钢材 50% 以上。与普通钢筋混凝土结构相比，劲性混凝土结构中的配钢率要大很多，所以劲性混凝土构件的承载能力可以高于同样外形的钢筋混凝土构件的承载能力一倍以上，从而可以减小构件的截面积，避免钢筋混凝土结构中的肥梁胖柱现象，增加建筑结构的使用面积和空间，减少建筑的造价，产生较好的经济效益。

2. 劲性混凝土结构的施工

劲性混凝土柱中，型钢柱与钢筋的相交点多，钢柱与柱周主筋、箍筋的关系，钢柱与通过钢柱的水平梁钢筋、墙体水平筋的关系成为施工处理的重点。混凝土框架柱及混凝土剪力墙暗柱中加入型钢柱，比常规钢筋绑扎、模板支设等施工工艺增加很大的施工难度，施工中要求确保型钢柱的施工精确度，否则，会造成诸如钢柱偏位、梁筋墙筋无法通过等问题，导致返工，严重影响施工质量和进度。因此，施工中应重点控制型钢轴线位置、垂直度、对接焊接质量、钢筋绑扎质量及模板安装质量和混凝土浇筑质量等问题。

（1）钢结构深化设计

与普通钢筋混凝土结构施工相比，劲性混凝土需要深化设计过程，最为关键的是绘制逐个梁柱节点的翻样图，确定钢筋连接套筒标高、穿筋孔洞数量、直径与位置。型钢柱的加工图设计质量，是保证劲性混凝土柱的顺利施工关键第一步。

对于特殊位置的梁柱节点，尽量将梁钢筋和墙钢筋避开型钢，无法避开时，采用腹板穿孔的方式。当必须在腹板上预留贯穿孔时，型钢腹板截面损失率宜小于腹板面积的25%。当钢筋穿孔造成型钢截面损失不能满足承载力要求时，采取型钢截面局部加厚的办法补强，在型钢上穿孔应兼顾减少型钢截面损失与便于施工两个方面。

（2）钢结构基座安装

柱脚底板与钢柱基础节连为一体，钢柱生根于钢筋混凝土底板内。劲性钢柱采用预埋锚栓，锚入底板混凝土内。柱脚螺栓主要是通过套板控制螺栓相互之间距离，利用固定支架控制螺栓不变形、位置准确。固定架在基础绑扎钢筋时就应事先埋入，然后同基础钢筋连成一体，同时保证套板面标高符合设计要求。浇混凝土时将支架、套板、螺栓一次固定，浇成一体。柱脚板底预留50mm缝隙，采用高强无收缩细石混凝土压力灌浆灌实。

安装前将每根锚杆的调整螺母上标高调至设计的柱脚板底标高。当钢柱吊至距其位置上方200mm左右时，使其稳定，将柱脚底板的栓孔与锚杆对直，缓慢下落，下落过程中避免磕碰地脚螺栓丝扣。钢柱就位后在锚杆上加设锚杆垫板，即用单螺栓对连接板进行临时固定。用经纬仪在两个相互垂直的方向进行垂直度校正，微动四角锚杆的调整螺母可完成钢柱基础节的垂直度和标高的校正及轴线的调整，将基础节的底板与预埋螺栓采用双螺帽拧紧，并将锚杆垫板与柱底板四周进行围焊。

（3）上部结构钢柱安装

钢柱运到现场进行检查验收合格后，直接卸到现场钢柱吊装区内待安装。吊装前在柱头位置划出柱翼缘中心标记线，以便于上层钢柱的安装就位及与下层柱对中使用。型钢柱安装按照编号顺序依次进行。

钢柱就位后，对齐安装定位线，利用耳板及螺栓作为临时固定。每节柱翼板的接头端设置了连接耳板，柱就位时，使上下柱接头处两个方向的安装线对齐，用安装螺栓把连接板和上下耳板连接起来，稍加拧紧，即可脱钩。

钢柱调整采用千斤顶调节。调整前在下层钢柱上的相应位置焊接千斤顶支座，在上层钢柱相应位置上焊接耳板。在钢柱相互垂直的两个方向设2台经纬仪，观测钢柱垂直控制线校正结果，使钢柱的垂直度、标高、错边误差符合规范要求。

钢柱之间采用完全熔透的坡口对接焊缝连接。

（4）劲性混凝土结构中钢筋施工

劲性混凝土柱中型钢柱与钢筋的交叉点多，主要是钢柱与柱周主筋、箍筋以及钢柱与通过钢柱的水平梁钢筋关系较为复杂，处理难度相对较大。施工过程中，需要预先明确钢柱和钢筋之间复杂的空间关系，理顺钢筋的施工顺序，解决可能存在的各种矛盾，明确有效的施工方法，使劲性柱的钢筋施工得到简化。

框架柱及剪力墙暗柱主筋位置必须准确，否则将影响梁筋、墙体水平筋及柱箍筋穿过腹板预留孔。为保证主筋位置准确，在框架柱柱、剪力墙暗柱钢筋绑扎完成后，要放置专用定位筋对主筋位置进行定位保护，防止钢筋偏位。

柱内箍筋受钢柱影响较大，对于需穿过型钢柱腹板的箍筋，按照常规做法无法施工。可以采用制作“U”型箍筋，穿过预先在型钢柱的留孔，再将“U”型箍筋围绕主筋打弯后焊接闭合；或采用制作“L”型箍筋，穿过预先在型钢柱的留空，再将“L”型箍筋首尾相连焊接闭合。此时箍筋的闭合不能采用普通的搭接做法，应尽可能焊接，如果确有困难，“U”箍筋应保证50%以上的焊接率，“L”型箍筋应达到100%。

剪力墙暗柱中的型钢柱预留了箍筋穿孔，箍筋可以采用U型箍筋穿过型钢后单面焊接10d；但是未设置墙体水平筋的穿孔，可使用部分墙体水平筋计入暗柱构件体积配箍率的构造做法。

墙体水平筋与钢柱节点部位的绑扎形式为：当墙体水平筋的锚固长度不足，遇型钢腹板时，应在腹板附近垂直向上或向下弯锚15d，以使钢筋满足锚固要求当遇型钢翼缘时，应在进入劲性柱后弯折绕开钢柱翼缘板后折回，如锚固长度不足时，遇型钢腹板时，应在腹板附近垂直向上或向下弯锚15d，以使钢筋满足锚固要求。但应注意的是，如果设计图纸对于钢筋锚固平直段有特殊要求，且由于钢腹板或翼缘的存在而不能满足要求时，应与设计者进行协商处理。

连梁交叉暗撑或集中对角斜筋遇到型钢柱时，将暗撑的主筋和斜筋在遇到型钢柱腹板后，沿腹板打弯，总长度满足锚固构造要求。

由于框架梁不能架起绑扎，为防止梁筋箍筋绑扎困难，支设模板先立底模，留下侧模暂不支，待钢筋及型钢全部完成后再架设。

由于型钢的存在，当纵筋的水平段锚固长度不足，遇型钢腹板时，应在腹板上预留孔洞，以使钢筋穿过并满足锚固要求；当遇型钢翼缘时，应采用在纵筋标高处焊钢套筒的方式进行连接。

（5）劲性混凝土模板与混凝土施工

框架柱由于受柱内型钢柱的影响，加上柱内钢筋较为密集，无法采用常规的

PVC 塑料管内穿对拉螺杆的方法进行柱模板的加固。可以采用外部强化模板的方式，加设龙骨和侧向支撑，保证模板系统的稳固性。特殊情况下，可以采用型钢打孔的方式，穿过对拉螺栓，但不宜过多。

由于劲性柱间钢筋及钢骨十分密集，里面空间很狭小，混凝土流动性被严重限制，型钢制作时，加劲肋中心预留浇筑孔洞，浇筑混凝土时，施工的关键控制点是确保型钢和钢筋之间的混凝土的密实度。选择合适的混凝土施工配合比，严格控制混凝土坍落度，在浇筑混凝土时，应加强钢柱两侧对称振捣，通过振动棒在有效半径内的充分振捣，从而使型钢空隙部分的混凝土挤密，确保钢骨柱混凝土的浇筑质量。

第十五章 建筑外围护结构节能施工新技术

第一节 建筑外墙节能施工技术

一、建筑外墙外保温施工技术

1. 聚苯板薄抹灰保温系统

聚苯板薄抹灰外墙保温系统采用聚苯乙烯泡沫塑料板作为建筑物的外保温材料，当建筑主体结构完成后，将苯板用专用黏结砂浆或特殊锚固材料按要求黏结上墙，然后在聚苯板表面抹聚合物水泥砂浆，其中压入耐碱涂塑玻纤网格布加强以形成抗裂砂浆保护层，最后抹腻子和涂料作为装饰面层。

（1）保温机理

聚苯板薄抹灰外墙保温系统，也称为膨胀聚苯板薄抹灰外墙保温系统，是一种PB类型外保温及饰面系统（EIFS），置于建筑物外墙的外侧，主要由聚苯板、胶黏剂和必要时使用的锚栓、抹面胶浆和耐碱网格布及涂料等组成。它具有优越的保温隔热性能，良好的防水性能及抗风压、抗冲击性能，能有效解决墙体的龟裂和渗漏水问题。

（2）工艺流程及施工要点

工艺流程：基层处理→划线→剪裁聚苯板→配制抹面胶浆→铺贴聚苯板→铺贴玻璃纤维网→刷涂面层涂料

①基层处理：清除外墙外表面基层上的灰尘，铲除凸出物，凹处用1∶2.5的水泥砂浆找平，并用木抹子拉毛。

②划线：按照设计在基层上划出每一块聚苯板的位置。

③剪裁聚苯板：根据实际的建筑物外墙选定板材的下料尺寸，用加热电阻丝切

割，确保板材尺寸精确。

④配制抹面胶浆：按照设计配合比进行配制和搅拌均匀。胶黏剂应随用随配，配好的抹面胶浆最好在 1h 内用完，最长不宜超过 2h，遇炎热天气适当缩短存放时间。

⑤铺贴聚苯板：根据工程情况可采用从下至上或从上至下沿水平铺设方法，相邻挂板错缝搭接，搭接长度不宜小于 1/3 板长，转角部位应咬茬搭接。将刮好粘结剂的板贴在墙面，粘结牢固。在铺贴需要包边的部位，应先将附加或加强的玻璃纤维网压入基层胶泥再铺聚苯板。待板铺设 24h 后用专用工具对整个墙面打磨一遍。

⑥铺贴玻璃纤维网：在有包边要求和需要加强的部位铺设加强网，加强网在转角处应连续。在整个墙面上从下至上逐圈铺设标准网，在加强部位为双层或三层，其他部位为单层，标准网在大墙转角处也应连续。

⑦面层涂料：全部墙面铺网完成 24h 后方可进行面涂施工；检查是否有抹刀刻痕，拐角和边沿的网是否适当埋入，修整好所有不规则面层后再施工。

2. 聚氨酯彩色防水保温系统

聚氨酯彩色防水保温系统是以彩色防水涂膜、聚氨酯泡沫塑料、纤维增强抗裂腻子为主要材料的防水保温系统。在材料和施工工艺上将防水和保温有机统一，采用现场无缝喷涂，具有粘结性强、无冷热桥现象及施工方便、使用寿命长等特点。

（1）保温机理

聚氨酯彩色防水保温系统的保温层主要是硬质聚氨酯层，它是由多元醇和异氰酸酯双组分材料组成，采用直接喷涂成型技术，产生闭孔率不低于 93% 的硬泡沫化合物，使硬质聚氨酯层成为完整的、不透水的、没有拼缝的整体。它具有保温隔热性能良好、抗水性能独特、质量轻、抗腐蚀、耐老化、可塑性大、施工速度快等优点。

（2）工艺流程及施工要点

工艺流程：基层处理→吊垂线→滚涂彩色防水涂膜稀浆→喷涂硬质聚氨酯泡沫塑料→滚涂彩色防水涂膜稀浆→批嵌纤维增强抗裂腻子→铺设耐碱玻璃纤维网格布→做外装饰涂料层。

①基层处理：墙面应处理干净，清扫油渍、灰尘。墙面松动、风化部分应剔除干净。

②根据建筑要求，在墙面弹出外门窗水平、垂直控制线及伸缩线、装饰线等。在建筑外墙大角及其他必要处挂垂直基准钢线和水平线。对于墙面宽度大于 2m 处，需增加水平控制线，做标准厚度冲筋。

③基层平整度验收合格并清理干净后，将彩色防水涂膜稀浆均匀滚涂于基层墙体上，将基层墙面覆盖完全，不得有漏涂之处。

④开启聚氨酯喷涂机将硬泡聚氨酯均匀地喷涂于墙面上。施工喷涂可多遍完成，每次厚度宜控制在 10mm 之内。不易喷涂的部位可用胶粉聚苯颗粒保温浆料处理。硬质聚氨酯的长、高度在 23m 以上时，需预留变形缝，用聚氨酯密封膏填补。

⑤喷涂聚氨酯后再度喷涂彩色防水涂膜浆料进行界面处理，以确保后道保护层批嵌腻子与聚氨酯硬泡体的粘附强度达到标准要求。

⑥批嵌纤维增强抗裂腻子并铺设耐碱玻璃纤维网格布，以充分确保喷涂聚氨酯硬泡所组成的保温系统能最大程度保证工程不龟裂、不脱落。

3. 玻化中空微珠外墙外保温系统

玻化中空微珠外墙外保温系统是指设置在外墙外侧，由界面层、玻化中空微珠保温层、抗裂保护层和饰面层构成的，起保温隔热、防护和装饰作用的构造系统。

（1）保温机理

玻化中空微珠是由玻璃质火山矿物材料经加热膨胀、玻化冷却形成，表面玻化封闭，内部为多孔空腔结构，具有良好的保温性能。它外观呈不规则球形颗粒。由它作为轻骨料与特质砂浆混合，可以在墙体外侧形成一层绝热涂料层，起到保温的效果。它具有粘结强度高、早期强度高、结构稳定、抗震抗裂性好、抗负风压能力强、吸水率低、透水性好等优点，同时，它的单组分包装，解决了多组分保温砂浆现场混配带来的质量不稳定问题。

（2）工艺流程及施工要点

工艺流程：基层墙面清理→吊垂直、套方、弹抹灰厚度控制线→涂刷界面砂浆→做灰饼、冲筋→抹玻化微珠保温砂浆→弹分隔线、开分隔槽→保温层验收→抹抗裂砂浆同时压入耐碱网格布。

①施工要求基层墙面净化处理后再用软刷清扫干净。门、窗框四周应用保温砂浆分层填塞密实。

②根据保温层厚度要求弹出抹灰控制线，用滚刷或扫帚蘸取界面砂浆均匀涂刷于墙面上。

③用稍干的玻化微珠保温砂浆做灰饼、冲筋，抹玻化微珠保温砂浆。玻化微珠保温砂浆应在界面砂浆干燥固化前分数遍成活。

④保温固化干燥后，用铁抹子在保温层上抹抗裂砂浆，同时压入耐碱网格布。要求耐碱网格布竖向铺贴并全部压入抗裂砂浆内。耐碱网格布不得有干贴现象，粘贴饱满度应达到 100%，搭接宽度不应小于 100mm，两层搭接网格布之间要布满抗

裂砂浆，严禁干茬搭接。

4. 发泡水泥浆料外墙外保温系统

发泡水泥浆料外墙外保温系统是指设置在外墙外侧，由界面层、发泡水泥保温浆料、抗裂防水防护层和饰面层构成起保温隔热防护和装饰作用的构造系统。

（1）保温机理

发泡水泥浆料是由微泡剂、中空微珠及水泥等无机胶凝材料组成。其中发泡剂是由亲水基与亲油基团形成的大分子表面活性剂，其作用是水泥砂浆在搅拌过程中使水泥浆形成大量封闭独立稳定的微型凝胶壳（6000 ~ 9000 亿个 /m^3），这些微型凝胶壳将空气分割开，由于空气对流才能进行热传递，在不同介质间传递较慢，所以能达到保温效果。它具有和易性好、粘结性好、防水抗渗性好等优点。

（2）工艺流程及施工要点

工艺流程：墙体表面处理、验收→湿润墙体表面→挂线、打点、冲筋、做口→打微泡浆→拌制水泥砂浆加入微泡浆搅拌→混凝土构件表面刷浆→抹第 1 遍保温砂浆→抹第 2 遍保温砂浆→裁剪玻璃纤维布→抹第 3 遍保温砂浆压入玻璃纤维布→表面找平→验收合格后开始面层施工。

①墙面清理干净，清除油污及浮灰，保证墙面的垂直度、平整度符合规范要求。

②抹保温层前 3 天用喷壶式的喷头浇水湿润墙面。隔 1 天多后再抹保温层，有利于保温层与墙体的粘结，不易产生空鼓。

③在建筑物墙体顶部和底部打入膨胀螺栓。根据设计要求将保温层的厚度加 1 ~ 2mm 的线缝宽度，确定为保温层的控制厚度。沿挂铁丝方向每间隔 1.5 ~ 2m 做 1 个保温砂浆灰饼，分次将灰饼的厚度与挂线抹平。保温浆料抹上 30min 后才能再压抹实。

④根据规范要求拌制微泡水泥浆料。用滚刷沾胶浆往混凝土构件表面均匀的滚刷，使构件表面形成毛面，以增加与保温层的粘结力。

⑤抹保温砂浆厚度每遍以 10 ~ 12mm 为宜。待 30min 后用铁抹子赶压两遍压实，再用木抹子抹平搓成毛面。待第一遍砂浆用手指能按上浅手印时，可抹第二遍保温砂浆。

⑥抹第 3 遍保温砂浆时，厚度应控制在 3 ~ 5mm。布之间搭接长度应不小于 50mm，严禁不抹砂浆干搭接。玻璃纤维布的铺贴要求平整、无褶皱。

⑦压入玻璃纤维布后，在布表面再抹 1 层厚度为 3 ~ 5mm 的保温砂浆。抹完保温层后，严禁在面层上抹普通水泥砂浆腰线、门窗口套、刮刚性腻子（如水泥腻子、石膏腻子）等，以避免与保温层的干缩和变形不一样产生起鼓、裂缝、脱落。

⑧保温层立面垂直度、表面平整度、阴阳角垂直度、方正误差均不得大于3mm，厚度不允许有负差。验收合格后方可进行下道工序。

5. 建筑反射隔热涂料保温系统

建筑反射隔热涂料保温系统是以合成树脂乳液为基料，并由各种颜料、填料、助剂、空心微珠和高耐氧化、耐腐蚀金属微粒等配制成的建筑反射涂料形成保温系统。

（1）保温机理

辐射是热传导的重要方式之一，在太阳光辐射能量中，光波为250 ~ 2500nm的光波辐射能占到95%以上，反射隔热保温就是利用涂料中的金属微粒和玻璃珠对热光进行反射，从而达到保温隔热的效果。可分为内隔热保温和外隔热保温。它具有保温隔热效果好、施工简单、工期短、环保、造价低等优点。

（2）工艺流程及施工要点

工艺流程：基层处理→刮柔性腻子（局部找平）→磨平、清灰→涂刷底层涂料→第一道面层涂料→第二道面层涂料。

①根据建筑物高度确定放线方法，采用垂直吊线、水平拉线找准统一平整度。基层有空鼓、松动、起壳、起砂时应进行修补和清理，油污和浮灰清理干净。伸缩缝、分隔缝、裂缝等均应进行防水密封处理。

②柔性腻子施工时用砂布或砂纸打磨，要求平滑、无条痕和明显砂痕。腻子施工完成，养护和干燥至少3日后，再进行下一道涂刷反射隔热涂料的工序。

③涂刷底层涂料时，涂刷面的含水率不应大于10%，pH值不大于10。后一道涂饰工序应在前一道涂施工序完成后才能进行。可采用滚涂、喷涂或刷涂工艺进行，用料均匀，保持涂层厚薄均匀，不露底、不流坠、色泽均匀，确保面涂湿膜的厚度。

④外墙涂施施工应沿建筑物自上而下进行，施工段的划分，应以墙面分隔缝、墙面阴阳角或落水管为分界线。

⑤在气温较高的环境下进行大面积涂饰工程施工时，应组成分片操作或流水作业，顺着同一方向进行施工，并处理好每个施工片区或各流水段之间的接茬部位。

6. 空气夹层外墙外保温系统

空气夹层外墙外保温系统是在常规粘贴聚苯保温的基础上，在保温层与外挂石材间增加一个约为100mm的空气夹层，该空气夹层在整个外立面上上下联通，并在顶部设有通风口（图15-1）。冬季将该通风口关闭，阻止空气夹层内空气流动，增加了外墙的传热热阻，采用100mm厚的聚苯保温+100m厚空气层的结构，其冬季传热系数可降到0.4W/（m^2·K）以下，远低于节能规范标准中的传热系数限值。夏季将上部的通风口打开，夹层空气上下流通，可将外挂石材吸收的太阳辐射热及时带走，降低了保温材料外层的温度，也大大减少了向室内传递的热量，隔热效果非常明显。此外，流通的空气夹层还能够将保温材料的湿气带走，防止保温材料受潮。这种系统适合于寒冷地区的保温外墙设计，还可以用于南方炎热地区的墙体隔热设计。

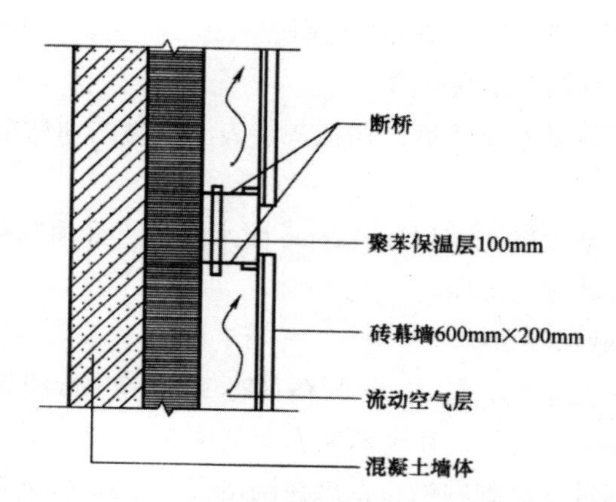

图 15-1　空气夹层外墙外保温系统的基本构造示意图

二、建筑外墙内保温施工技术

1. 增强粉刷石膏聚苯板内保温系统

增强粉刷石膏聚苯板内保温系统采用中密度聚苯板直接作为墙体保温材料，增强墙体保温效果，同时保温罩面层采用干缩值较低的粉刷石膏，结合玻纤网格布共同使用，现场直接施工成型，增强保温面层的整体性及抗干缩裂缝的能力，避免块材保温墙体易出现的冷（热）桥、开裂等质量通病。

（1）工艺流程及施工要点

工艺流程：基层清理→弹线→贴灰饼冲筋→粘贴聚苯板→抹底层灰、挂底层网布→抹面层灰→表面勒入网格布→做门窗护角→粘贴网格布→满刮耐水腻子。

①凡突出墙面 10cm 的砂浆混凝土块必须剔除并扫净墙面。

②在与外墙内表面相邻的墙面、顶棚和地面上弹出保温厚度控制线；根据保温板的截面尺寸，在墙面上弹出保温板粘贴位置线。

③根据保温厚度控制线及墙面平整度情况做灰饼，用 1：3 水泥砂浆在灰饼间冲筋。

④配制黏结石膏砂浆。

⑤粘贴聚苯板时，按黏结控制线，从下至上逐层顺序粘贴，保证黏结点与墙面充分接触。聚苯板间不留缝，出现个别板缝时，用楔形聚苯条（片）塞紧聚苯板与相邻墙面，顶棚接槎用黏结石膏嵌实、刮平。

⑥在聚苯板表面弹出踢脚高度控制线。用粉刷石膏砂浆在聚苯板上做标准灰饼，灰饼硬化后可大面积抹灰。在底层灰初凝前，横向绷紧 A 型中碱玻纤网格布。

⑦待底层灰 6 ~ 7 成干后，即可进行面层灰施工。粉刷石膏面层应平整、光滑，不得有空鼓和裂纹，网格布不得外露。

⑧粉刷石膏抹灰层基本干燥后，在抹灰层表面用黏结剂粘贴 B 型中碱玻璃纤维网格布并绷紧。

⑨网格布胶黏剂硬化后，满刮 2 ~ 3mm 耐水腻子，分两遍刮成，干后用砂纸打磨平整，验收后按设计做内饰面。

2. 带饰面聚苯板保温系统

带饰面聚苯板保温系统，即用 BP 胶粘剂将 30 ~ 50mm 厚聚苯板点粘在外墙内表面，中间留出 20mm 空气层，在聚苯板表面刮抹 5mm 厚饰面石膏砂浆或饰面水泥砂浆，随即横向满铺玻璃纤维网格布，再在网格布上刮抹 3mm 饰面石膏（或饰面水泥砂浆）浆体，即形成硬质面层。在厨房、卫生间等湿度较大的房间，应采用饰面水泥砂浆罩面的做法。

工艺流程及施工要点如下：

工艺流程：基层处理→做踢脚线、门窗护角→贴聚苯板→抹底层饰面石膏→满铺玻璃纤维网格布→抹面层饰面石膏（或上水泥砂浆）。

①粘贴聚苯板前，应先检查墙面平整垂直程度，并在墙上角按空气间层厚度粘贴 20mm 厚聚苯板块，做出标志，依次挂线。

② BP 胶黏剂及饰面石膏或饰面水泥粉料在工地加水拌合。加水量可根据稠度情况略予调整，但必须严格控制。拌合好的 BP 胶黏剂、饰面石膏及饰面水泥应在初凝前及时用完。

③将拌合均匀的 BP 胶黏剂，用勺舀到聚苯板面上，抹出直径为 80 ~ 100mm，厚度为 30mm 的黏结点，成梅花点状间隔分布，点距离为 300 ~ 350mm。

④将抹有胶黏剂的聚苯板贴在墙上，拍压贴牢，用 2cm 厚聚苯标志块保证空气间层厚度及墙面平整。待黏结聚苯板的 BP 胶黏剂凝结 24h 后，可进行聚苯板饰面处理。

⑤聚苯板饰面的基层，采用在聚苯板上满抹一层饰面石膏（或 ST 水泥）砂浆做法。在基层饰面石膏（ST 水泥）砂浆初凝前，将通长的整块玻纤网格布横向铺在饰

面石膏（ST 水泥）砂浆表面上。

⑥在玻璃纤维网格布表面，再满抹一层饰面石膏浆料或饰面水泥砂浆，其厚度为 3mm，最后用铁抹子以少量清水抹到不留抹痕为止。

第二节　建筑门窗节能施工技术

一、金属门窗节能技术

断桥铝合金窗框是为了提高传统铝合金窗（无阻断热桥）保温性能的一种改良窗框体系。断桥窗的原理就是将铝合金窗分为两部分，通过隔热材料将内外框连成一个整体，从而阻断了通过铝合金窗框的热传递。

按照其内外框的连接方式，可分为浇铸式和穿条式铝合金门窗，其中浇铸式铝合金内外窗之间空隙用聚氨酯发泡材料灌注，而穿条式是穿入聚酰胺尼龙条经滚压后，将内外框连在一起。经过断热处理后的铝合金门窗框在保留传统铝合金门窗具备的强度高、抗风压性能高的良好特性的基础上，显著地提高了保温性能。

二、塑料门窗节能技术

1. 硬聚氯乙烯塑料（PVC）门窗

塑料门窗是以高分子合成材料为主，以增强材料为辅制成的一类新型材料的门窗。塑料门窗框的材质有硬聚氯乙烯（简称 PVC）、聚氨酯（PUR）硬质泡沫塑料、玻璃纤维增强不饱和聚酯（GUP）和聚苯醚（PPO）塑料等。其中，硬聚氯乙烯塑料门窗是目前发展较快，使用量最大的一类，约占塑料窗框市场的 90% 以上。这是因为硬聚氯乙烯塑料具有硬度大、刚性和强度高、耐腐蚀、阻燃自熄、机械力学性能可靠、耐老化、使用寿命长等优点，能够满足建筑门窗的使用要求。聚氯乙烯树脂系人工合成，原料资源丰富，发展和使用 PVC 塑料门窗对平衡氯碱工业产品结构，节约木材资源，保护生态环境，节约能源都具有重要意义。

PVC 塑料门窗材质的导热系数为 0.17W/（m · K），仅为钢材的 1/360，铝材的 1/1250。PVC 塑料门窗用的塑料异型材在结构上采用中空多腔式，内部被分隔成多个充满空气的密闭小空间，使热传导率相对降低，具有优良的隔热保温性能。

2. 玻璃钢门窗

玻璃钢是性能优异的玻璃纤维增强塑料，玻璃钢门窗是以玻璃纤维增强不饱和聚酯树脂为窗框的新型门窗。这种窗既有钢、铝窗的坚固性，又有塑钢窗的防腐蚀、保温、节能性能，还具有独特的隔声、抗老化、寿命长、尺寸稳定等特性。

玻璃钢材质具有较高的结构强度。因而，窗框型材的空腹腹腔内不用钢板作为内衬，不需要金属辅助增强。由于以玻璃纤维及其织物作为增强材料，经树脂粘结后无毛丝裸露，经机械拉挤固化成型，因此抗折、抗弯、抗变形。玻璃钢属于优质复合材料，它对酸、碱、盐、油等各种腐蚀介质都具有特殊的防腐功能，不会发生锈蚀。玻璃钢寿命可达 50 年，基本与建筑物同寿命。

3. 木塑门窗

木塑门窗的窗框材质是木塑复合材料（WPC）。WPC 是用木纤维或植物纤维填充、增强的改性热塑性材料，兼有木材和塑料的成本和性能优点，经挤出或压制成型材、板材或其他制品，替代木材和塑料。

木塑门窗具有良好的保温、节能、隔声、阻燃、防腐、防老化、抗冲击、不变形、美观等特点，在美国和欧洲等国家已得到广泛应用。

三、复合门窗节能施工技术

1. 铝塑复合门窗

铝塑复合门窗的室外向阳面是铝合金型材，室内一侧是塑料异型材。由于采用外铝内塑结构，最大限度结合和发挥了铝合金型材及塑料异型材的性能优势。这类门窗结构强度高、抗老化，且隔热性能好。铝塑复合门窗主要应用于别墅、高档住宅楼及写字楼。

目前，铝塑复合门窗使用的铝塑复合型材主要有铝合金隔热断桥铝塑复合型材、铝合金隔热断桥迷宫式铝塑复合型材、铝合金腔室及塑料型材、腔室复合型材、塑料腔室型材装饰铝合金型材、铝合金腔室、中间塑料型材腔室、内铝合金腔室（铝塑铝）复合型材等。

铝塑门窗两侧采用铝材料，断桥采用改良的 PVC 塑芯作为隔热材料，因此，铝塑门窗兼备铝和塑料共同的优点——隔热、结实、美观，且门窗的耐强风性能比较好。铝塑复合门窗从选用材料上提高了门窗的整体强度、性能、档次和总体质量，使门窗的整体强度更高。

2. 铝木复合门窗

铝木复合门窗有木包铝门窗和铝包木门窗两种。

（1）木包铝节能门窗兼具节能铝合金门窗与木窗的优点，室外采用铝合金（或断桥铝合金），五金件安装牢固，防水防尘性能好，保留了铝合金门窗的优良的耐候性及整齐精确的风格，历久弥新。室内则采用经特殊工艺加工的高档优质木材镶嵌，颜色多样，提高了使用性与美观性。它具有保温隔热性能优异、强度高、不干裂、不变形、外形美观等优点。

（2）铝包木节能门窗是在纯木门窗外层增加铝合金保护层，既保留了纯木门窗的特性和功能，外层铝合金又起到了保护作用。铝包木节能门窗将木质门窗与铝合金门窗合二为一，在保留纯木门窗特性功能的同时，其外部铝合金对内部的木质也起到很好的保护作用，可以更好地融洽家居与自然的沟通，安全系数高。

3. 65三密封平开节能保温窗

65三密封平开节能保温窗是一种能够更好适应建筑节能法规的高档门窗产品。窗型有固定窗、对开窗、内开翻转窗等。该系统门窗各项性能达到或超过国家标准对高档窗的性能要求，保温性能达到8级，适用于炎热、严寒地区的建筑物。

框、扇、梃等主型材为四腔室、三密封结构，与普通平开系列型材相比增加一个隔离腔和一道密封，可显著提高保温性能和隔声性能。此外，由于门窗各部分热损失中玻璃所占的比例最高，因此65三密封平开窗在使用三层玻璃后，可以使K值显著降低，三玻较双玻K值可降低0.8 ~ lW/（m^2·K），保温性能显著提高，这既可节约能源，又可防止门窗结雾、结霜现象。

第三节　建筑屋面节能施工技术

一、架空隔热式屋面节能施工技术

架空隔热屋面是指将隔热板覆盖在屋面防水层上，并利用导热性能较低的支撑物架设一定高度的空间，利用空气流动加快散热，以起到隔热作用的屋面。

架空隔热屋面在屋顶设置通风的空气间层，不仅可以通过空气间层上层的隔热板阻挡直接照射到屋顶的太阳辐射，使屋顶变成二次传热，避免太阳辐射热直接作用于屋盖。同时，利用间层的空气流动带走一部分遮阳板吸收的热量，从而降低了传至屋里内表面的温度。

通过实验测试表明，在自然通风条件下，在夏季连续空调情况下，当两者的热阻相等时，架空隔热屋面内表面温度比实砌屋面平均低2.2℃，而且，架空隔热屋面表面温度波的最高值比实砌屋面延后3 ~ 4h。

架空隔热屋面一般在炎热地区采用。在建筑工程中常见的架空隔热屋面的构造如图15–2所示。

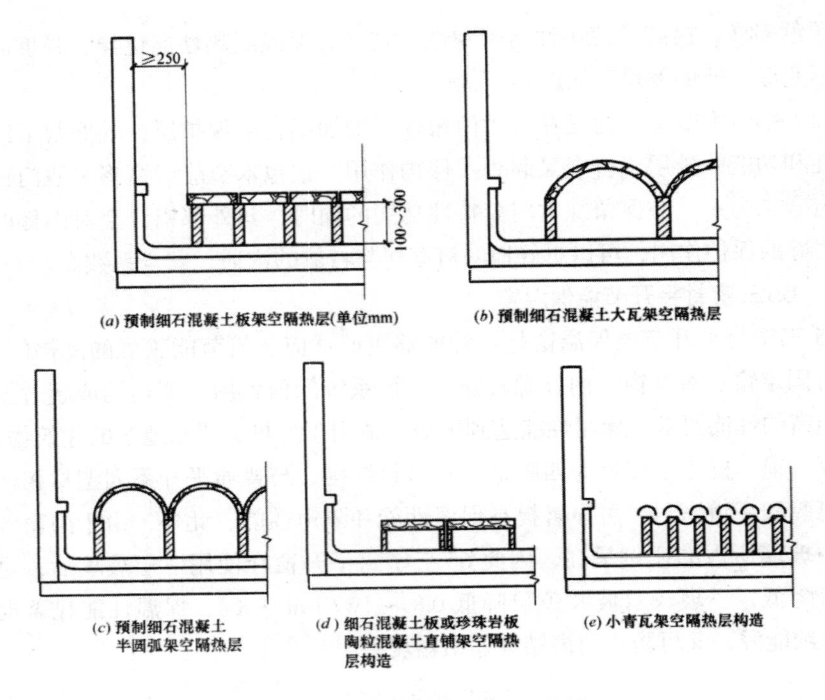

图 15-2　架空隔热屋面构造示意图

架空隔热屋面应在通风较好的平屋面建筑上采用。夏季风量小的地区和通风差的建筑上使用效果不好，尤其在高女儿墙情况下不宜采用。寒冷地区也不宜采用，因为冬天冷风穿过通道会降低屋面温度，反而使室内降温。在铺设架空板之前，应认真清扫屋面上的落灰和杂物，以保证隔热层气流畅通，但操作时不得损伤已完成的防水层。

二、种植屋面节能施工技术

在建筑屋面和地下工程顶板的防水层种植植物，使其起到防水、保温、隔热和生态环保作用的屋面称为种植屋面。

种植屋面分为覆土种植和无土种植两种。覆土种植是在钢筋混凝土屋顶上覆盖 100 ~ 150mm 厚的种植土壤。无土种植是采用水渣、蛭石或木屑代替土壤，具有自重轻、屋面温差小，有利于防水防渗的特点。另一种形式为屋顶绿化排水蓄水隔根板（又称屋顶绿化隔板），它同时具备蓄存水分、湿润植根、(架空）二层排水道（排除雨季积水）、架空透气、保温隔热和隔断植根等主要功能，解决了传统的屋顶绿化中，因为采用碎石、陶粒作为排水材料造成的建筑屋顶结构层超厚超重，排水不畅，不能使用原有建筑物屋顶走坡走水功能，又不能蓄水湿润植根的问题。

种植屋面是一种极佳的隔热保温措施，不仅绿化环境，还能吸收太阳辐射，同时还吸收了太阳能量用于植物的光合作用、蒸腾作用和呼吸作用，改善建筑物热环境和空气质量，辐射热能转化成植物的生物能和空气的有益成分，实现太阳辐射资源性的转化。

种植屋面的隔热原理有三个方面：一是植被茎叶的遮阳作用，可以有效地降低屋面的室外综合温度，减少屋面的温差传热量；二是植物的光合作用消耗太阳能用于自身的蒸腾作用；三是植被基层的土壤或水体的蒸发消耗太阳能。因此，种植屋面既是一种十分有效的隔热节能屋面，而且能够发挥良好的生态功效。

种植屋面的构造可根据不同的种植介质确定。种植介质分为有土种植和无土种植两类，其中无土种植一般可采用蛭石、珍珠岩、锯末等材料。种植屋面覆盖土层的厚度、重量应符合设计要求。

种植屋面上的种植介质四周应设挡墙，挡墙下部应设泄水孔。屋面平面设计应绘制种植范围、面积、尺寸、布置形式及种植土厚度。种植土的厚度：草坪为250 ~ 300mm，花木为300 ~ 400mm，且低于四周挡墙100mm。灌溉用水管可沿走道板沟内敷设。

种植屋面一般由结构层、保温隔热层、找平层、防水层、排（蓄）水层、种植层等构造层组成。

种植屋面应采用整体浇筑或预制装配的钢筋混凝土屋面板作为结构层，其质量应根据上部具体构造层及荷载计算确定。保温隔热层应选用密度小、压缩强度大、热导率小、吸水率低的材料，不得使用松散的保温隔热材料。

种植屋面应采用两道或两道以上的防水层设防，最上道防水必须采用耐根穿刺防水材料，防水层的材料应相容。一般施工中采用设置涂膜防水层和配筋细石混凝土刚性防水层两道防线的复合防水设防的做法，以确保其防水质量。

栽培植物宜选择日照时间长的浅根植物，如各种花卉、草等，一般不宜种植根深的植物。高矮不同品种的花苗混植，应按前矮后高的顺序种植，宿根花卉与1 ~ 2年生花井混植时，应先种植宿根花卉，后种植1 ~ 2年生花卉。

三、其他屋面节能施工技术

1. 蓄水屋面

蓄水屋面就是在刚性防水屋面上蓄一层水来提高屋顶的隔热能力。由于水的比热容量大，而且水在蒸发时要吸收大量的汽化潜热，而这些热量大部分从屋顶所吸收的太阳辐射热中摄取，由此大大减少了经屋顶传入室内的热量，降低了屋顶的内表面温度，是一种有效的隔热措施。

在相同条件下，蓄水屋面比非蓄水屋面的屋顶内表面的温度输出和热流响应要降低很多，且受室外扰动的干扰较小，具有很好的隔热和节能效果。对于蓄水屋面，由于一般是在混凝土刚性防水屋面上蓄水，这样既可以利用水层隔热降温，又改善了混凝土的使用条件：避免了直接曝晒和冰雪雨水引起的急剧伸缩；长期浸泡在水中有利于混凝土后期强度的增长；又由于混凝土有的成分在水中继续水化产生湿涨，因而水中的混凝土有更好的防渗水性能，同时蓄水蒸发和流动能及时地将热量带走，减缓了整个屋面的温度变化；另外，由于在屋面上蓄上一定厚度的水，增大了整个屋面的热阻和温度的衰减倍数，从而降低了屋面内表面的最高温度。

尽管屋面蓄水既有利于改善城市的生态环境，又有利于节能，但同时也存在一些问题。当屋面蓄水较浅时需要不定期地供水或换水，管理麻烦，蓄水时最好采用自然雨水。当屋面蓄水较深时，水的荷重不可忽视，且影响建筑物的抗震性能。如果防水处理不当，还可能引起漏水、渗水，因此在设计时需要综合考虑。比较适宜的水层深度为 150 ~ 200mm。同时，为避免水层成为蚊蝇滋生地，需在水中饲养浅水鱼及种植浅水水生植物。

2. 浅色坡屋面

在太阳辐射最强的中午时间，太阳光线对于坡屋面是斜射的，而对于平屋面是正射的，深暗色的平屋面对日光的反射不到 30%，而非金属浅暗色的坡屋面至少反射 65% 的日照，反射率高的屋面大约节省 20% ~ 30% 的能源消耗。据研究表明，使用聚氯乙烯膜或其他单层材料制成的反光屋面，能减少至少 50% 的空调能耗；在夏季高温时节则能减少 10% ~ 15% 的能源消耗。因此，若将平屋面改为坡屋面，并内置保温隔热材料，不仅可以提高屋面的热工性能，还有可能提供新的使用空间，也有利于防水，还兼有检修维护费用低、耐久性好等优点。

随着建筑材料技术的发展，用于坡屋面的砖瓦材料形式多，色彩选择广，对改变建筑千篇一律的平屋面单调风格，丰富建筑艺术造型，点缀建筑空间有很好的作用。它在住宅、别墅级城市大量平改坡屋面中被广泛应用。但坡屋面若设计构造不合理、施工质量不好，也可能出现渗漏现象。因此坡屋面的设计必须搞好屋面细部构造设计以及保温层的热工设计，使其能真正达到防水、节能的要求。

3. 太阳能屋面

屋顶太阳能光电产品技术分为两类：薄膜技术和晶体技术。薄膜技术比较便宜，但是产生的功率不及晶体技术的一半。因而，在空间有限的屋顶上使用晶体技术比较适宜。在一些低坡屋面和平屋面上采用由两层玻璃夹硅片组成的太阳能板，用托架或支架予以支撑。

美国开发出一种质轻又柔软的易成卷的超薄无定型硅电光板，可以直接粘贴到屋面上，不再需要支撑。另外一家公司的太阳能屋面系统由 12 块光电板组成，在工厂里与 PVC 卷材层压形成 3.05 ~ 12.2 的柔性太阳能板，施工时将其与耐渗的屋面卷材热焊在一起，并与构筑物的电器系统相连。

第十六章　施工过程监测和控制

第一节　大体积混凝土温度监测和控制

一、大体积混凝土温度监测

混凝土内部温度监测的内容要根据所施工工程的重要性和施工经验确定，测温的方法可采用先进的测温方法，如有经验也可采用简易测温方法。这些监测结果能及时反馈现场大体积混凝土浇筑块内部温度变化的实际情况，以及所采用的施工技术措施的效果。

1. 测温的仪器及相关要求

测温设备主要是电子测温仪。仪器由主机和测温探头、测温线组成。主机为便携式仪表，可数字显示被测温度值。测温仪器应满足以下要求：

（1）测温原件的选择应符合下列规定：测温元件的测温误差应不大于 0.3℃；测温元件安装前，必须再浸水 24h，满足要求之后才能用于温度监测。

（2）监测仪表的选择应符合下列规定：温度记录的误差应不大于±1℃；测温仪表的性能和质量应保证施工阶段测试的要求。

（3）测温元件的安装位置应准确，固定牢固，并与结构钢筋及固定架金属体绝热；测温元件的引出线应集中布置，并加以保护；混凝土浇筑过程中，下料时不得直接冲击测温元件及其引出线，振捣时，振捣器不得触及测温元件及其引出线，最好距离测点 300mm 以上。

2. 测温点布置原则

大体积混凝土浇筑块体温度监测点的主要布置要求是以能真实反映出混凝土块体的最高升温点，能反应混凝土内外温差、降温速度及环境温度为主要原则。测温点布置根据理论分析，面积与厚度较大的区域，其内部温度较高，且持续时间较长，从平面考虑包括布置在中部和边角区；从大体积混凝土高度断面考虑，应包括底面、中心和上表面；基坑深度较大时，需考虑增加测点，以便反映出不同深度的温度变化数值。

一般可按下列方式布置：

（1）温度监测的布置范围以所选混凝土浇筑块体平面图对称轴线的半条轴线为测温区（对长方体可取较短的对称轴线），在测温区内温度测点呈平面布置。

（2）在测温区内，温度监测的位置可根据混凝土浇筑块体内温度场的分布情况及温控的要求确定。

（3）在基础平面半条对称轴线上，温度监测点的点位宜不少于4处。

（4）沿混凝土浇筑块体厚度方向，每一点位的测点数量，宜不少于5点。

（5）保温养护效果及环境温度监测点数量应根据具体需要确定。

（6）混凝土浇筑块体底表面的温度，应以混凝土浇筑块体底表面以上100～200mm处的温度为准；混凝土浇筑块体的外表温度，应以混凝土外表以内100mm处温度为准。

3. 测温点的女装

（1）测温探头需要预先埋入大体积混凝土内，并将温度测点牢固地固定在钢筋骨架上。

（2）为了防止在浇筑混凝土时损坏温探点，需要采取措施对测温探点进行有效的保护，现场可利用胶带纸缠绕钢筋避免探头与钢筋直接接触等方法来避免浇筑混凝土时损坏、折断探头导线。

（3）测温线的插头用塑料袋罩好，避免潮湿，保持清洁。为便于测温，留在外面的导线长度不应小于20cm。

4. 测温时间

在混凝土浇筑初凝后开始，派专人进行测温工作。数据采集在升温阶段一般为每2h一次；降温初期每4h测一次；5d后，每8h测一次；10d后，每天测2次，直至混凝土内部温度与环境平均温度相差不超过20℃为止。通过测温数据结果来确定保温覆盖的措施，确保内外温差小于25℃。

二、大体积混凝土温度裂缝控制措施

混凝土浇筑凝结后，温度迅速上升，一般在3～5d达到峰值，而控制混凝土温度峰值所采取的手段主要是从设计和原材料两个方面入手，施工过程采用辅助控制为辅的原则，具体可以采取以下措施。

1. 设计措施

（1）大体积混凝土的强度等级在设计时宜在 C20 ～ C35 范围内选用利用后期强度 R60。随着高层和超高层建筑物不断出现，大体积混凝土的强度等级设计选择有日趋增高的趋势，出现 C40 ～ C55 等高强混凝土。设计强度过高，水泥用量过大，必然造成混凝土水化热高，混凝土块体内部温度高，混凝土内外温差超过 30℃以上，温度应力容易超过混凝土的抗拉强度，产生开裂。对于竖向受力结构可以用高强混凝土减小截面，而对于大体积混凝土底板应在满足抗弯及抗冲切计算要求下，采用 C20 ～ C35 混凝土，避免设计上“强度越高越好”的错误概念。考虑到建设周期长的特点，在保证基础有足够强度、满足使用要求的前提下，可以利用混凝土 60d 或 90d 的后期强度，这样可以减少混凝土中的水泥用量，以降低浇筑块体的温度升高。

（2）大体积混凝土基础在设计时除了应满足承载力和构造要求外，还应增配承受水泥水化热引起的温度应力及控制裂缝开展的钢筋，以构造钢筋来控制裂缝，配筋应尽可能采用小直径、小间距。采用直径你～匁 4 的钢筋和间距在 100 ～ 150mm 比较合理。

（3）面积较大的基础及其他筏式基础、箱式基础不应设置永久变形缝（沉降缝、温度伸缩缝）及竖向施工缝。

（4）大体积混凝土工程在施工前，应对施工阶段大体积混凝土浇筑块体的温度、温度应力及收缩力进行演算，确定施工该阶段大体积混凝土浇筑块体的升温峰值，按照规范的要求，内外温差不超过 25℃。

2. 材料措施

（1）为了减少水泥用量，降低混凝土浇筑块体的温度升高，可利用混凝土 60d 后期强度作为混凝土强度评定、工程交工验收及混凝土配合比设计的依据。

（2）采用降低水泥用量的方法来降低混凝土的绝对温升值，可以使混凝土浇筑后的内外温差和降温速度控制的难度降低，也可降低保温养护的费用，这是大体积混凝土配合比选择的特殊性。强度等级在 C25 ～ C35 的范围内选用，水泥用量最好不超过 380kg/m^3。

（3）应优先采用水化热低的矿渣水泥配制大体积混凝土。所用的水泥应进行水化热测定，水泥水化热测定按现行国家标准《水泥水化热试验方法（直接法）》测定，要求配置混凝土所用水泥的水化热不大于 250kJ/kg。

（4）掺合料及外加剂的使用。当前混凝土中所采用的掺合料主要是粉煤灰矿粉。可以利用加粉煤灰和矿粉来提高混凝土的和易性，改善混凝土工作性能和可靠性，同时可代替水泥，降低水化热。通常掺合料的掺加量为水泥用量的15% ~ 30%，可以达到降低水化热10% ~ 20%。外加剂主要指减水剂、缓凝剂和膨胀剂。混凝土中掺入水泥重量0.25%的木钙减水剂后，不仅使混凝土工作性能有了明显的改善，同时有减少10%拌合用水，节约10%左右的水泥，延缓水泥的水化时间，从而降低了水化热。一般泵送混凝土为了延缓凝结时间，要加缓凝剂，反之凝结时间过早，将影响混凝土浇筑面的粘结，易出现层间缝隙，使混凝土防水、抗裂和整体强度下降。为了防止混凝土的初始裂缝，宜掺加膨胀剂。常用的膨胀剂有UEA，EAS等型号。

3. 混凝土浇筑施工的措施

混凝土的拌制、运输必须满足连续浇筑施工以及尽量降低混凝土出料温度等方面的要求，并应符合下列规定：

（1）当炎热季节浇筑大体积混凝土时，混凝土搅拌场站宜对砂、石骨料采取遮阳、降温措施。

（2）搅拌用水可采用冰水，深井水等降低混凝土的出料温度。

（3）在夏季对浇筑完成后的混凝土表面进行蓄水降温和遮阳降温。

（4）对于一次性浇筑量较大的混凝土构件，在浇筑方案安排中尽量采用“后浇缝”和“跳仓打”等施工安排，缩小一次性浇筑的面积数量和混凝土浇筑量，以此来控制施工期间的较大温差及收缩应力。

4. 混凝土浇筑完成后的措施

混凝土浇筑完毕后，应及时按温控技术措施的要求进行保温养护，并应符合下列规定：

（1）保温养护措施，应使混凝土浇筑块体的内外温差及降温速度满足温控指标的要求。

（2）保温养护的持续时间，应根据温度应力（包括混凝土收缩产生的应力）加以控制、确定，但不得少于15d，保温覆盖层的拆除应分层逐步进行。

（3）在保温养护过程中，应保持混凝土表面的湿润。保温养护是大体积混凝土施工的关键环节，其目的主要是降低大体积混凝土浇筑块体的内外温差以降低混凝土块体的自约束应力；其次是降低大体积混凝土浇筑块体的降温速度，充分利用混凝土的抗拉强度，提高混凝土块体承受外约束力的抗裂能力，达到防止或控制温度裂缝的目的。同时在养护过程中保持良好的湿度和抗风条件，使混凝土在良好的环境下养护。

（4）塑料薄膜、草袋可作为保温材料覆盖混凝土和模板，在寒冷季节可搭设挡风保温棚。覆盖层的厚度应根据温控指标的要求计算。

（5）对标高在 ±0.000 以下部位的混凝土，只要条件具备，应该及时进行回填土工作；而对于 ±0.000 以上部位的混凝土应及时加以覆盖，切记不要让混凝土长期暴露在风吹日晒的环境中。

三、大体积混凝土动态温度监测与养护的控制方法

大体积混凝土动态温度监测与养护的控制方法主要是针对混凝土的升温和降温阶段而设置的。其中升温阶段的控制主要是在混凝土浇筑完成后的 3 ~ 5d 中控制混凝土内部温度的峰值与表面的温差，降温阶段主要是控制混凝土的降温速率。

1. 混凝土内部温度峰值测温与控制

混凝土浇筑凝结后，温度会在 3 ~ 5d 时间迅速上升达到峰值，因此，温度的监测在混凝土浇筑初凝后 2d 左右就要增加测温的频率，监测的主要内容是及时了解混凝土内部温度上升发展数值，以及温度峰值与表面温度差值情况。温度监测中一旦发现温度峰值与表面温度差值接近并超过 25℃时，计算机监控系统应立即发出警报，通知现场采用缩小温度差值的技术措施。

现场采用针对性的降温的技术措施的核心是“内降外保”，具体有两种方法：一种是表面蓄热法；另外一种是内部降温法。

（1）表面蓄热法。表面蓄热法主要内容是在混凝土表面采取相应的措施蓄留住混凝土表面的温度，防止空气流通，保持混凝土表面的温度不轻易散失，缩小表面与内部的温差，将降温控制在 25℃范围以内。

养护方法主要采用覆盖蓄热保温养护方法，现场所采用的保温材料为草包加薄膜的方法。可根据混凝土板的厚度不同来对应设置多单元的保温层，每一个单元相对独立，根据需要添加和减少。

（2）内部降温法。内部降温法主要思路是在浇筑混凝土施工之前，预先在混凝土内部温度区域预埋降温管道，通过液体的循环流动，带走混凝土内部的热量，以达到降低混凝土内部温度的目的，见图 16–1。

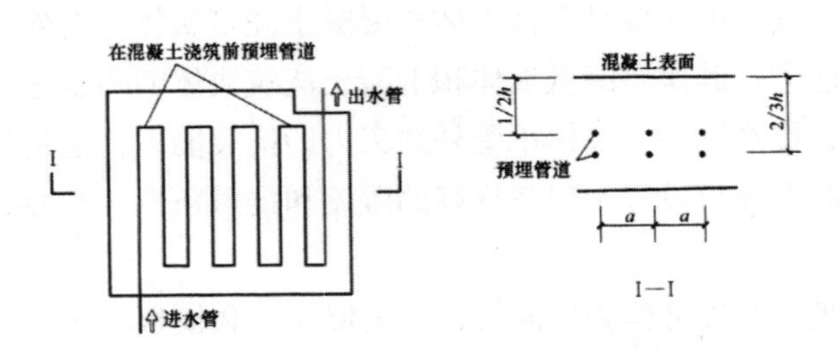

图 16–1　混凝土板内循环冷水管布置平面及剖面示意图

预埋在混凝土内部降温管道的位置，原则上设置在内部温度较高、不宜散发热量的部位，比如：在板厚的中心位置和板厚的三分之二的区域位置。由于采用内部降温措施需要增加施工工序、增加管道等设备的投入，因此，遇到重要结构的部位才采用这种方法，像浇筑不允许出现裂缝的防射线混凝土等结构构件时才采用这种方法。

2. 混凝土降温速率监测与控制

混凝土内温度下降经历的时间长，特别是新浇筑的混凝土，其强度处于发展阶段，本阶段的温度控制主要以表面蓄热保温为主。

混凝土降温过程中需要对降温速率进行及时检测，一旦出现降温速率在一天之内大于 1.0 ~ 1.5℃时，监控系统也需要立即发出警报。混凝土内部在温度下降时，由于降温速率超出规定的数值对混凝土主体结构所产生的影响要大于升温时的温差影响，大体积混凝土出现裂缝的众多原因中，混凝土降温速率超过规定的降温速率是其中重要的原因之一，因此，要特别注意在混凝土降温期间对降温速率的监测与控制。

第二节　深基坑工程施工监测和控制

一、深基坑工程施工监测

1. 深基坑监测仪器

深基坑现场监测常用的仪器有水准仪、经纬仪、测斜仪、分层沉降仪、钢筋计、土压力计、孔隙水压力计等。

（1）水准仪、经纬仪

在施工中，水准仪和经纬仪是使用得最为频繁的测量仪器。在基坑监测中，水准仪主要应用在以下几个方面：

1）基坑围护结构沉降；

2）基坑周围地表、地下管线、四周建筑物的沉降；

3）基坑支撑结构的差异沉降；

4）确定分层沉降管、地下水位观测孔、测斜管的管顶标高。

经纬仪主要应用在以下几个方面：

1）周围建筑物、地下管线的水平位移；

2）围护结构的顶面及各层支撑的水平位移；

3）斜侧管顶的绝对水平位移。

（2）测斜仪

1）测斜管的安装。测斜管有圆形和方形两种，国内多采用圆形，直径有 50mm、70mm 等，每一节一般为 2m 长，采用钢材、铝合金、塑料等制作，最常用的还是 PVC 塑料管。测斜管在吊放钢筋笼之前，接长到设计长度，绑扎在钢筋上，随钢筋笼一起放入槽内（桩孔内）。测斜管的底部与顶部要用盖子封住，防止砂浆、泥浆等杂物入孔内。

2）测斜仪工作原理。测斜仪上下各有一对滑轮，上下轮距 500mm，其工作原理是利用重

力摆锤始终保持铅直方向的性质，测得仪器中轴线与摆锤垂直线间的倾角，倾角的变化可由电信号转换而得，从而可以知道被测结构的位移变化值。

3）操作要点。埋人测斜管时，应保持垂直，如埋在桩体或地下连续墙内，测斜管应与钢筋笼绑牢。测斜管有两对方向互相垂直的定向槽，其中一对要与基坑边线垂直。测量时，必须保证测斜仪与管内温度基本一致，显示仪器读数稳定才开始测量。由于测斜仪测得的是两滑轮间的相对位移，所以必须选择测斜管中的不动点为基准点，一般以管底端点为基准点，而各点的实际位移是测点到基准点相对位移的累加。测斜管埋入开挖面以下，岩层不少于 1m，土层不少于 4m。

（3）钢筋计

1）钢筋计的安装。钢筋计焊接在钢筋笼主筋上，当作主筋的一段，焊接面积不应少于钢筋的有效面积，在焊接钢筋计时，为避免热传导使钢筋计零漂增加，需要米取冷却措施，用湿毛巾或流水冷却是经常米用的有效方法。

在开挖侧与挡土侧的主筋对应位置都安装钢筋计，钢筋计布置的间距一般为 2000 ~ 4000mm，视结构的重要性和监测需求确定。

2）钢筋计的用途和使用方法

钢筋计在基坑监测中主要用来测量围护结构的弯矩，包括测量基坑围护结构沿深度方向的应力，将其换算为弯矩，基坑支撑结构的轴力、平面弯矩以及结构底板所受的弯矩。

由于结构一侧受拉，一侧受压，相应的钢筋计一只受拉，另一只受压。测得钢筋计钢弦频率，再由频率换算成钢筋应力值，再核算成整个混凝土结构所受的弯矩。

$$M=\varphi(\sigma_1-\sigma_2)\times10^{-5}=\frac{E_c}{E_s}\times I_c(\sigma_1-\sigma_2)\times10^{-5}$$

式中　M——弯矩（t · m/m）;

σ_1、σ_2——开挖面、挡土面钢筋应力（kg/cm^2）;

E_s——钢筋的弹性模量（kg/cm^2）;

E_c——混凝土结构的弹性模量（kg/cm^2）;

I_c——结构断面惯性矩（kg/cm^2）。

（4）土压力计

1）土压力计的安装。土压力计的安装如图16–2所示，测量侧压力的安装方式，土压力盒绑扎于钢筋上，接触面紧贴土体一侧。

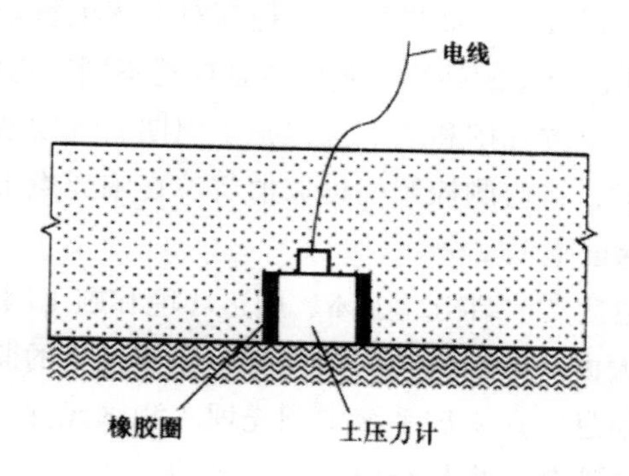

图16–2　土压力计的安装示意图

2）土压力计的工作原理。土压力计主要有电阻式和钢弦式两种，其中钢弦式最常用，工作原理同钢筋计基本相同，钢弦式土压力计有单膜和双膜两种，单膜式土压力计受接触介质的影响较大，而使用前的标定要与实际土壤介质一致，往往做不到，故测试误差较大。使用较广的是双膜式，其工作原理：接触面对变化不大的土压力较为敏感，受力时引起钢弦振动或应变片变形，弦的自振频率也发生变化。利用脉冲激励，使钢弦起振，并接收其频率。按事先标定（一般由厂家标定）的“压力—频率”关系曲线，即可得出作用在土压力计上的压力值。

3）土压力计安装要点。根据以往施工经验，土压力计绑扎在围护结构的钢筋上，成功的机会不是很大，因为在浇筑混凝土时，难以保证混凝土不包裹土压力计。最好的安装方法是在围护结构外面钻孔埋设土压力计，并在孔中注入与土体性质基本一致的物质，填实空隙。

2. 基坑监测的主要内容

目前基坑支护设计方面尚未形成一定的理论规范，为保证基础施工期间的安全，深基坑在开挖前应设置检测项目和监测观测点，借助仪器设备和其他一些手段对围护结构、基坑周围环境（包括土体、建筑物、构筑物、道路和地下管线等）的应力、位移、倾斜、沉降、开裂、地下水位的动态变化、土层孔隙水压力变化等进行综合监测。从对这些设置的监测项目和监测点所取得的监测信息，一方面与勘查、设计阶段预测的性状进行比较，对基坑支护设计方案进行评价，判断施工方案的合理性；另一方面通过反分析方法或经验方法计算与修正岩土的力学参数，预测下阶段施工过程中可能出现的问题，为优化和合理组织施工提供依据，并对进一步开挖与施工的方案提出建议，对施工过程中可能出现的险情进行及时的预报，以便采取必要的工程措施。

由于深基坑监测项目较多，如果每个工程都对上述项目全部进行监测，将大大提高工程的投资，因此，合理的基坑监测应该是针对不同工程的场地地质土层条件，施工场地的周边环境、土方开挖和地下工程施工周期、气候条件等因素进行有特点的设计和安排监测方案，将监测控制指标取值定位在临界点上，在施工中，再靠监测的动态信息反馈来保证施工安全。

深基坑支护系统包括支护结构、土体、周边环境和施工因素及施工过程，因此，监测的对象可分为两大面，即围护结构的监测和相邻环境的监测。监测工作首先要采集支护系统的有关信息，在支护系统中预先埋入测试元件，在开挖过程中进行测试，基坑开挖监测的主要内容见表 16–1。

表 16–1　基坑工程现场监测内容

序号	监测对象	监测项目	监测元件与仪器
（一）	围护结构		
1	围护桩	（1）支护桩顶水平位移与沉降	经纬仪、水准仪
		（2）支护结构的侧向挠曲	测斜仪
		（3）桩体内力	钢筋应力传感仪、频率仪
		（4）桩墙水土压力	压力盒、孔隙水压探头、频率仪
2	水平支撑	轴力	钢筋应力传感器、位移仪、频率仪
3	圈梁、围檩	（1）内力	钢筋应力传感仪、频率仪
		（2）水平位移	经纬仪
4	立柱	垂直沉降	水准仪
5	坑底土层	垂直隆起	水准仪
6	坑底地下水	水位	观测井、孔隙水压力探头、频率仪

续表

序号	监测对象	监测项目	监测元件与仪器
（二）	相邻环境		
7	相邻地层	（1）分层沉降	分层沉降仪、频率仪
		（2）水平位移	经纬仪
8	地下管线	（1）垂直沉降	水准仪
		（2）水平位移	经纬仪
9	相邻房屋	（1）垂直沉降	水准仪
		（2）倾斜	经纬仪
		（3）裂缝	裂缝刻度放大镜
10	坑外地下水	（1）水位	观测井、孔隙水压探头、频率仪
		（2）分层水压	孔隙水压探头、频率仪

基坑监测项目的具体选择需要根据具体支护形式、规模、开挖深度、周边环境等条件来确定，监测工作的核心是综合分析和预报，采集信息是基础，测试的项目越多，采集的信息越多，分析预报就越准确。

3. 监测点布设要求

（1）监测点布设要遵循合理、经济、有效的原则。工程中根据工程的需要和基地的实际情况而定。在确定测点的布设前，必须了解工程基地的地质情况和基坑的围护设计方案，再根据以往的经验和理论的预测来考虑测点的布设范围和密度。

（2）监测点能埋的测点应在工程开工前埋设完毕，有一定的稳定期，在工程正式开工前，各项静态初始值应测取完毕。沉降、位移的测点应直接安装在被监测的物体上，只有道路地下管线若无条件开挖样洞设点，则可安装钢筋延长至地面作为观测点使用。待测点完全稳定后，方可开始测量。

（3）测斜管应根据地质情况，埋设在那些比较容易引起塌方的部位，一般按平行于基坑围护结构以 30m 的间距布设；围护桩体测斜管应在围护桩体浇灌混凝土时放入；地下土体测斜管的埋设须用钻机钻孔，放人管后再用黄砂填实孔壁，用混凝土封固地表管口，并在管口加帽或设井框保护。测斜管的埋设要注意十字槽须与基坑边垂直。

（4）基坑在开挖前必然降低地下水位，否则可能引起坑外地下水位向坑内渗漏，地下水的流动是引起塌方的主要因素，因此地下水位的监测是保证基坑安全的重要内容；水位监测管的埋设应根据地下水文资料，在含水量大和渗水性强的地方，同时也可以用降水井进行监测。

（5）应力计是用于监测基坑围护桩体和水平支撑受力变化的仪器。它的安装也须在围护结构施工时请施工单位配合安装，一般选方便的部位，选几个断面，每个断面装两只压力计，以取平均值；应力计必须用电缆线引出，并编好号。

（6）分层沉降管的埋设与测斜管的埋设方法相同，埋设时须注意波纹管外的铜环不要被破坏；一般情况下，铜环每 1m 放一个比较适宜。基坑内也可用分层沉降管来监测基坑底部的回弹，当然基坑的回弹也可用精密水准测量法解决。

（7）土压力计和孔隙水压力计，是监测地下土体应力和水压力变化的手段。对环境要求比较高的工程，都需要安装。孔隙水压力计的安装，也须用到钻机钻孔，在孔中可根据需要按不同深度放入多个压力计，再用干燥黏土球填实，待黏土球吸足水后，便将钻孔封堵好。土压力计要随基坑围护结构施工时一起安装，注意它的压力面须向外；并根据力学原理，压力计应安装在基坑的隐患处的围护桩的侧向受力点。这两种压力计的安装，都须注意引出线的编号和保护。

（8）测点布设好后，必须绘制在地形示意图上。各测点须有编号”为使点名一目了然，各种类型的测点要冠以点名。

4. 监测数据观测

根据经验，基坑施工对环境的影响范围为坑深的 3 ~ 4 倍，因此，沉降观测所选的后视点应选在施工的影响范围之外；后视点不应少于两点。沉降观测的仪器应选用精密水准仪，按二等精密水准观测方法测二测回，测回校差应小于 ±1mm。地下管线、地下设施、地面建筑都应在基坑开工前测取初始值。在开工期间，应根据需要不断测取数据，从几天观测一次到一天观测几次都可以。每次的观测值与初始值比较即为累积量，与前次观测数据相比较即为日变量。根据公认的数据，日变量大于 3mm，累积变量大于 10mm 即应向有关方面报警。

位移监测点的观测一般最常用的方法是偏角法。同样，测站点应选在基坑的施工影响范围之外。外方向的选用应不少于 3 点，每次观测都必须定向，为防止测站点被破坏，应在安全地段再设一点作为保护点，以便在必要时作恢复测站点之用。初次观测时，须同时测取测站至各测点的距离，有了距离就可算出各测点的秒差，以后各次的观测只要测出每个测点的角度变化就可推算出各测点的位移量。观测次数和报警值与沉降监测相同。当然也可用坐标法来测取位移量。

地下水位、分层沉降的观测，首次必须测取水位管管口和分层沉降管管口的标高。从而可测得地下水位和地下各土层的初始标高。在以后的工程进展中，可按需要的周期和频率，测得地下水位和地下各土层标高的每次变化量和累积变化量。地下水位和分层沉降的报警值应由设计人员根据地质水文条件来确定。

测斜管的管口必须每次用经纬仪测取位移量，再用测斜仪测取地下土体的侧向位移量，再与管口位移量比较即可得出地下土体的绝对位移量。位移方向一般应取直接的或经换算过的垂直基坑边方向上的分量。应力、水压力、土压力的变量的报警值同样由设计人员确定。

监测数据必须填写在为该项目专门设计的表格上。所有监测的内容都须写明：初始值、本次变化量、累计变化量。工程结束后，应对监测数据，尤其是对报警值的出现，进行分析，绘制曲线图，并编写工作报告，因此，记录好工程施工中的重大事件是监测人员必不可少的工作。

二、基坑监测的控制值

由于各地区地质条件不同，因此根据当地的地质情况，并在总结了当地大量的工程实际经验基础上提出了定量化的指标，这些指标在当地是可行的，也可在地区之外的其他工程中参考，但切忌不分具体地区和不同的地质条件生搬硬套。

1. 基坑工程等级的划分（表16-2）

表16-2 基坑工程等级的划分

安全等级	一级	二级	三级
工程破坏和复杂程度	很严重	严重	不严重
基坑深度/m	＞14	9 ~ 14	＜9
地下水位埋深/m	＜2	2 ~ 5	＞5
软土层厚度/m	＞5	2 ~ 5	＜2
基坑边缘与相邻已有建筑浅基础或重要管线边缘的净距/m	＜0.5h	0.5 ~ 1.0h	＞1.0h

2. 邻近建筑变形与沉降允许值（表16-3）

表16-3 邻近建筑变形与沉降允许值

建筑类型	旧民房	一般民房	多层建筑	多层或高层建筑
建筑层数	1 ~ 2	1 ~ 3	3 ~ 6	6层以上
结构形式	土、木结构	砖、木结构	砖混结构	框架或剪力墙
基础形式	块石、条石	块石、条石	条基、片筏	桩基
允许变形	0.002L	0.003L	0.004L	0.002L
允许沉降/mm	≤30	≤50	≤80	≤20

3. 邻近建筑变形与沉降允许值（表 16–4）

表 16–4　邻近建筑变形与沉降允许值

地下管线类型	煤气管	自来水管	电信、电缆
地面水平位移允许值 /mm	≤ 30	≤ 50	≤ 80
地面沉降允许值	≤ 30	≤ 60	≤ 100

4. 支护结构水平位移允许值（表 16–5）

支护结构设计应考虑其结构水平变形及地下水位变化对周边环境的水平与竖向变形的影响。应根据周边环境的重要性，由变形的允许范围及土层性质等因素确定支护结构的水平变形值。除特殊要求外，支护结构的最大水平位移不宜超过表 16–5 的允许值。

表 16–5　支护结构最大水平位移允许值

安全等级	支护结构最大水平位移允许值
一级	30mm
二级	60mm
三级	150mm

5. 变形控制标准（上海基坑工程设计规程）（表 16–6）

表 16–6　变形监控标准

基坑等级	墙顶位移 /cm	墙体最大位移 /cm	地面最大沉降 /cm	最大差异沉降
一级	3	6	3	6/1000
二级	6	9	6	12/1000

第三节　大跨度结构监测和控制

一、大跨度结构施工监测和控制的目的与意义

1. 施工监测控制的目的

（1）实时掌握被监测体的工作状态，评判其安全性。在施工期将监测信息与结论反馈给设计、施工部门，验证设计、施工方案，在出现异常情况时及时指导、调整施工；在运行期间将监测信息、结论反馈给管理、生产部门，以便根据被监测体

的状态调度生产、运行，从而确保安全。

（2）根据已测资料预测被监测体下一步或近期工作状态，并给出安全评价，对可能的不安全情况给以预警，从而借以调整施工步骤和方式、运行的关与停，并在出现不良后果之前采取补救措施。

（3）以实测状态检验、提高现有设计、施工水平。监测资料包含被监测体的变形、应力、索力等监测项目的真实信息，而现有水平下的设计计算结果由于包含有假定、不确定因素及简化计算等影响，导致了与真实情况有所出入，甚至会因为大的疏漏或不合理的假设而出现大的偏差。借助实测信息发现这些问题，反分析重要力学参数来改善计算理论、设计方法、施工措施等，从而提高工程建设质量及安全性。

（4）使结构在建成时达到设计所希望的几何形状和合理的内力状态。

2. 施工监测控制的重要性

由于结构的复杂性、施工过程非常规性，大跨度复杂结构施工阶段的工作性能和使用阶段相差很大，大多数情况下，仅仅按照使用状态设计会使施工中的结构或构件处于不安全状态，需要考虑构件拼装、整体（或部分）吊装、提升等安装过程中结构和构件的内力、强度、稳定等问题。随着安装过程的进行，后期构件的制作尺寸必须考虑前期安装构件变形的影响，才能顺利安装，同时为了满足结构安装完成后的几何状态与设计要求相一致，需要在施工前考虑构件的安装预调问题，以得到构件的精确加工尺寸。目前，空间网架结构的施工方法大多需要搭建临时的辅助支撑，等网架结构拼接完成到位后，再撤除辅助支撑，这样辅助支撑周围的一些杆件将会由受压变为受拉。这种情况的出现是否会危及网架结构的安全，拆除辅助支撑过程中网架杆件内力的复杂变化是否会对杆件造成损伤甚至破坏，鉴于此，必须对网架结构进行施工安全监测，即对结构施工辅助支撑拆除前后的安全性进行分析，对保证网架结构在施工过程中的安全性至关重要。

大跨度空间结构属高次超静定结构，设计与施工高度结合，所采用的施工方法、安装顺序及加载顺序与成型后的线形及结构内力状态有密切的关系。在施工阶段，随着结构体系和荷载工况的不断变化，结构内力和变形也随之不断发生变化。只有在施工过程中加以有效监测与控制，才能保证结构在施工过程中的受力状态始终处在设计所要求的安全范围内。

二、施工监测和控制的基本过程

1. 监测方案设计与监测仪器选定

根据工程规模、特点及功能等要素，设计监测系统总体布置方案，制定能达到监测精度指标和技术要求的仪器清单，提出合理的监测工况及频率，提交监测工程的仿真计算等。在此基础上应考虑监测项目布置的合理性和监测数据的可利用性，以保证能监测到被监测体的状态，提供可供分析之用的数据。

2. 传感器与观测标志的埋设安装

此阶段首先是传感器的标定和量程的合理性，然后是现场埋设、安装、调试与维护等工作，在埋设时一定要保证位置准确，并采用一些合理的避让措施，从而确保传感器和观测标志的埋设安装有较高的成活率。由于传感器和观测标志的埋设是与工程施工同步进行的，施工现场工作条件复杂，传感器和观测标志埋设有时会与工程施工相冲突，所以应充分做好准备与协调工作。

3. 观测阶段

观测阶段通常按工程进展分为施工期与运营期监测。此阶段的主要任务是利用相关的采集仪和观测仪器来获取已埋设好的传感器和观测标志的实测数据。

4. 分析与反分析

监测的目的是为了掌握被监测体的状态，及时发现可能现存在或可能下一步存在的问题，并将有用的信息加以反分析。评价分析工作是在监测工作获得数据之始就开始，一定要保证实时性、延续性。此阶段主要是对被监测体状态的识别、评价、未来状态预测、一些力学参数的反演及对施工、设计合理性和相关理论的验证等。

三、施工监测控制的常用方法

目前大跨度空间钢结构工程中常用的施工监测包括应力监测、变形监测、索力监测、动力监测四个部分。

1. 应力监测

在外力作用下，工程结构内部产生应力，考察整个结构的应力分布情况是评定结构工作状态的重要指标，但是目前直接测定构件的应力是很困难的，一般通过测量应变，再通过材料的应力一应变关系得到应力，即 $\sigma=E\varepsilon$。应变监测部位应选择在构件安装施工过程中应力较大的部位，同时应兼顾不同的杆件类型。目前常用的应力监测方法有电阻应变片法、振弦式应变传感器法、光纤 Bragg 光栅应变传感器法。

（1）电阻应变片法

电阻应变片的工作原理是基于电阻丝的应变效应。即将电阻应变片粘贴在被测试件上，当试件受到外荷载作用产生变形后，电阻应变片也产生相同变形，从而使应变片敏感栅的长度发生变化，引起金属丝电阻值的变化，通过电阻应变仪测量应变片电阻值的微小变化，得到被测试件的应变变化。

此种方法的缺点是：粘贴、布线复杂，需花费大量准备时间；胶粘剂不稳定且对周围环境敏感，常用的 KH502 胶粘剂耐用期一般为 6 个月，只适合短期测量；导线较长，桥臂的电阻值会随导线长度增加而增加，从而影响应变片灵敏系数，导线在桥路电压作用下会产生电容和电感，使测量值发生无规律漂移。

电阻应变片法的优点是：电阻应变片价格低，如果措施得当（如做好防潮处理，使用屏蔽线等），测量精度也能满足要求。在满足施工监测要求的前提下，可结合其他应变监测手段以降低监测成本。

（2）振弦式应变传感器法

振弦式应变传感器的工作原理是将一定长度的钢弦张拉在两个安装块之间，安装块固定在结构表面，当结构产生变形后引起振弦式应变传感器内钢弦张力的变化，从而引起钢弦固有频率的变化。通过电磁线圈激励钢弦，钢弦将以其固有频率产生衰减振动，通过读数仪读取钢弦固有频率的变化来得到结构的应变。

此种方法的缺点是：由于钢弦初张后存在蠕变，所以振弦式应变传感器的正常使用年限有限，国产振弦式应变传感器的正常使用期为 3 年左右，并且使用也不是很方便，不适合大规模集成使用。

此方法的优点是：振弦式应变传感器无须电流、以频率为传输信号、抗干扰能力强、长距离传输不失真、安装方便、可重复使用，而且本身具有温度监测功能，不需另外设置温度传感器。振弦式传感器由于价格较低，能满足大多数工程监测要求，是目前在大跨度空间钢结构施工监测中应用最广的应变传感器。振弦式传感器在国家体育场“鸟巢”、2008 年奥运会羽毛球馆、中国国际展览中心新展馆、广东省博物馆新馆等工程的施工监测中得到应用。

（3）光纤 Bmgg 光栅（FBG）应变传感器法

光纤 Bragg 光栅（FBG）应变传感器的工作原理是利用光纤材料的光敏性，通过紫外激光在光纤纤芯上刻写一段 Bragg 光栅，Bragg 光栅本身对特定波长的光有反射，被测试件发生变形使 Bragg 光栅的周期发生改变时，其所反射的波长也相应改变，通过光纤光栅解调仪测得反射波长的改变值得到应变值。

此方法的优点：FBG 应变传感器调制的是波长信号，测得信号在真值附近几乎没有扰动，信噪比高；一根光纤上可以刻多个光栅，实现准分布式测量，非常适合大规模集成使用；光纤光栅为无源传感器，不受电磁场的影响，也不发热，无闪光放电现象，特别适于有强烈电磁场或易燃易爆的环境；光纤光栅的材料是非金属材料，耐腐蚀能力强，使用寿命一般为10年，适用于长期监测。FBG应变传感器在济南奥体中心体育馆、天津奥林匹克中心体育场、北京五棵松体育文化中心篮球馆等工程中得到应用。

2. 变形监测

变形监测和应力监测是全面准确地确定结构安全性的两个重要方法，尤其是在大跨预应力钢结构中可以作为索力的控制指标。变形结果直观可靠且精度高，因此是施工监测中重要的组成部分。变形监测方法主要有接触式位移计（百分表、千分表、挠度计）法、位移传感器法、电子全站仪法等。接触式位移计和位移传感器由于需要固定支座，在大跨度钢结构中使用不是很方便，较少采用。

电子全站仪法虽然为目前最常用的变形监测方法，但需要较多人工干预，尤其是在测点多、工况多的情况下，工作量大且耗费大量时间。进行近景摄影测量时对拍摄距离有较高的要求，距离越远点位误差越大，且点位误差在摄影机的景深方向明显偏大。

但此方法也有其优点：近景摄影测量由于其快速（速度可比常规测量方法提高一倍以上）、准确以及能测量到难以到达的目标，且相片可以作为历史文件保存，因此可广泛应用于大型工业设备及房屋建筑等方面的检测；采用近景摄影测量与电子全站仪相结合的方法进行大型工业设备的检测，可以充分发挥两者的优势，一方面利用电子全站仪精确快速地测定一小部分点位的坐标作为近景摄影测量的控制点，而近景摄影测量可以快速测定大量的难以到达的目标点的三维坐标。

3. 索力监测

由于预应力钢结构可以减轻结构自重、降低用钢量、节约成本，而且可以满足新的结构体系和建筑造型的需要，近些年来预应力大跨度钢结构得到广泛应用。预应力钢结构无论是在施工还是服役期间，索力的变化将会引起结构的内力重分布，影响结构的受力性能，有时还会降低结构的安全性和承载力，甚至出现整体垮塌。所以对索力进行监测，适时进行预应力补偿是十分必要的。索力监测的方法主要有油表、伸长值双控法、环形压力传感器法、磁通量传感器法、频率法等。

（1）油表、伸长值双控法

目前，拉索均使用油压千斤顶张拉，在张拉前根据设计和预应力工艺要求的实际张拉力对油表进行标定，在张拉预应力时就可以通过油表测得索的张拉力。张拉伸长值量测可使用测量精度为1mm的标尺测量，采用测量千斤顶油缸行程数值的方法。此方法是施工过程中最常用的方法。

此方法索力的测定只限于张拉时，它无法监测张拉完毕后索的拉力。但是张拉精度高，测得的张拉力值比较精确。

（2）环形压力传感器法

在张拉拉索时，千斤顶的张拉力通过连接杆传到拉索锚具，在连接杆上套一个环形压力传感器，即可测得千斤顶张拉力的大小。若需要长期监测索力，则可以将环形压力传感器放在锚具和拉索垫板之间。此方法价格昂贵，自身质量大，目前工程不推荐此法。

（3）磁通量传感器法

钢索为铁磁性材料，在受到外力作用时钢索应力发生变化，其磁导率随之发生变化，通过磁通量传感器测得磁导率的变化来反映应力变化，进而得出索力。磁通量传感器由两层线圈组成，激磁线圈通入直流电，通电瞬时由于有钢索存在，会在测量线圈中产生瞬时电流，因此会在测量线圈测得一个感应电压，感应电压同施加的磁通量成正比。对任何一种铁磁材料，在试验室进行几组应力、温度下的实验，建立磁导率变化与结构应力、温度的关系后，即可用来测定用该种材料制造的构件的内力。

这种方法不能应用到磁化钢索。但磁通量传感器属于非接触测量，直接套在钢索外面就可以使用，若钢索外面有 PE 等保护层也不需要破坏，除磁化钢索外，它不会影响钢索的任何特性，测量精度能达到 3%，结实可靠、适合长期监测使用。济南奥体中心体育馆、广东省博物馆新馆等工程采用了此方法监测索力。

（4）频率法

频率法是将拾振器固定在拉索上，拾取拉索在环境激励或人工激励下的振动信号，经过滤波、放大和频谱分析，根据所得频谱图来确定拉索的自振频率，然后根据自振频率与索力关系确定索力。频率法所确定的索力精度在很大程度上取决于索本身参数的可靠性，诸如索的抗弯刚度、垂度、边界条件、线密度等。目前，此法在桥梁工程中应用较多，在大跨度空间钢结构工程中应用较少。

（5）自制应变传感器法

自制应变传感器法是利用应变片电测原理而自行加工适合工程需要的传感器的方法。如广州体育馆在索力测试中采用自制应变传感器的方法，对 100 根索进行了监测。采用带圆孔的矩形钢板作为应变传感器的传感部分，在圆孔周围粘贴 4 个应变片，采用全桥连接，消除了温度效应和力偏载效应的影响，应变传感器通过夹具与拉索锚固联接。

这种方法只适合短期测量，长期测量效果得不到保证。其成本低，适合大规模使用，采取合理手段后精度也能满足监测要求。

4. 动力监测

结构的动力特性主要包括结构的自振频率、振型和阻尼比。了解结构的动力特性，可以避免和防止动荷载作用所产生的干扰与结构产生共振或拍振现象，可以帮助寻找相应的措施进行防震、消震或隔震，还可以识别结构物的损伤程度，为结构的可靠度诊断和剩余寿命的估计提供依据。由于实际结构的组成和材料性质等因素的影响，理论分析与实际值往往存在较大差距，因此监测结构的动力特性具有重要的实际意义。拾振器一般布置在振幅较大处，同时要避开某些杆件的局部振动。结构动力特性监测的方法有自由振动法、强迫振动法和脉动法。

（1）自由振动法

自由振动法是使结构受一冲击荷载作用而产生自由振动，通过记录仪器记下有衰减曲线的自由振动曲线，由此求出结构的动力参数。使结构产生自由振动的方法有突加荷载或突卸荷载法、预加初位移法、反冲激振器法等。若冲击力过大，可能对结构造成局部损伤。

（2）强迫振动法（共振法）

强迫振动法是利用专门的激振器对结构施加周期性的简谐振动，利用激振器可以连续改变激振频率的特点，当激振频率与结构自振频率相等时，结构产生共振，这时激振器的频率即结构的自振频率。试验时利用激振器先对结构进行一次快速变频激振试验，由此测得共振峰点的频率，然后在共振频率附近进行稳定激振，以求得较精确的动力参数。这种方法实际工程中难以操作，适合试验条件下的小尺寸结构，受环境影响较小。

（3）脉动法

建筑结构受到外界的干扰经常处于微小而不规则的振动，由于其振幅一般在10μm以下，故称之为脉动。脉动源自地壳内部微小的振动、风引起建筑物的振动、地面车辆运动、机器运转所引起的微小振动等。利用高灵敏度的拾振器、放大记录设备采集输出的振动曲线，经过数据分析就可确定的结构的动力特性。

这种方法的缺点：脉动法测试的随机性和变异性较大，有时得到的功率效果不佳，难以准确识别频率，测量时间周期长，数据采集受到环境的制约。

其优点：不需要任何激振设备，对建筑物没有损伤，不影响建筑物正常运行。

第四节　地下工程施工监测和控制

一、地下工程施工的特点及方法

1. 地下工程的特点

地下工程是修建在具有原岩应力场，由岩土和各种结构面组合的天然岩土体中的建筑物，是靠围岩和支护的共同作用保持其稳定性的。因此，工程的安全在很大程度上取决于围岩本身的力学特性及自稳能力，取决于其支护后的综合特性。地下工程的主要特点包括：地质条件一般较差；周边环境普遍复杂；结构埋深浅、与邻近结构相互影响大；围岩稳定性较难判断。

2. 地下工程施工主要方法

地下工程施工方法主要包括明挖法、暗挖法、沉管法等。

其中明挖法包括明挖顺作、盖挖顺作、盖挖逆作、分部开挖几种方式。暗挖法包括浅埋暗挖法、顶管法、盾构法。浅埋暗挖法包括全断面法、台阶法、CD 法或CRD法、侧壁导坑法和其他分部开挖方法。盾构法包括敞开式、气压式、土压平衡、泥水平衡的方式。沉管法包括钢壳方法、干船坞法。

二、地下工程施工监测的目的与意义

1. 地下工程施工监测的意义

在岩土中修建地下工程，地下工程设计理论分析牵涉问题较多，如：(1) 岩土的复杂性，(2) 施工方法难以模拟性，(3) 围岩与结构——支护（围护）相互作用的复杂性；同时考虑城市地下工程的特点，地质条件差、周围环境一般比较复杂，因此有必要通过信息化施工，及时了解施工过程中围岩与支护结构的状态，并及时反馈到设计与施工中去，以确保地下工程施工和周围建（构）筑物安全。作为信息化施工的最基础工作，监测显得非常重要。

2. 地下工程施工监测的目的地下工程施工监测的主要目的有：

(1) 通过监测了解地层在施工过程中的动态变化，明确工程施工对地层的影响程度及可能产生失稳的薄弱环节；

(2) 通过监测了解支护结构及周边建（构）筑物的变形及受力状况，并对其安全稳定性进行评价；

(3) 通过监测了解施工方法的实际效果，并对其进行适用性评价。及时反馈信息，调整相应的开挖、支护参数；

（4）通过监测收集数据，为以后的工程设计、施工及规范修改提供参考和积累。

三、主要监测项目

从考虑地下工程结构稳定及施工对环境影响出发，地下工程主要监测项目可以分成三类：第一类是支护结构的变形和应力、应变监测，第二类是支护结构与周围地层（围岩与结构）相互作用监测，第三类是与结构相邻的周边环境的安全监测。

根据监测项目对工程的重要程度可分为“必测项目”和“选测项目”两类。

城市地下工程施工多数采用浅埋暗挖法、明挖法、盾构法这三类方法，其监测内容见表 16–7 和表 16–8。

表 16–7　浅埋暗挖法工程主要监测项目

类别	监测项目	监测仪器	测点布置	监测频率
应测项目	围岩与支护结构状态	地质素描及拱架支护状态观察	每一开挖环	开挖面距监测断面前后＜2D时1 ~ 2次/d；开挖面距监测断面前后＜5D时1次/2山开挖面距监测断面前后＞5D时1次/周
	地表、地表建筑、地下管线及结构物沉降	水准仪和水准尺	每10 ~ 50m一个断面	
	拱顶下沉	水准仪和水准尺计	每5 ~ 30m一个断面，每断面1 ~ 3对测点	
	周边净空收敛	收敛计	每5 ~ 100m一个断面，每断面2 ~ 3测点	
	岩体爆破地表质点振动速度和噪声	声波仪及测振仪	质点振动速度根据结构要求设点，噪声根据规定的测距设置	随爆破随时进行
选测项目	围岩与结构内部位移	多点位移计、测斜仪等	选择代表性地段设监测断面，每断面2 ~ 3个测孔	开挖面距监测断面前后＜2D时1 ~ 2次/d；开挖面距监测断面前后＜5D时1次/2山开挖面距监测断面前后＞5D时1次/周
	围岩与支护结构间压力	压力传感器	选择代表性地段设监测断面，每断面10 ~ 20个测点	
	钢筋格栅拱架内力	支柱压力或其他测力计	选择代表性地段设监测断面，每断面10 ~ 20个测点。	
	初期支护、二次衬砌内力及表面应力	混凝土内的应变计或应力计	每取代表性地段设监测断面，每断面10 ~ 20个测点	
	锚杆内力、抗拔力及表面应力	锚杆测力计及拉拔器	必要时进行	

表16-8　盾构法工程主要监测项目

<table>
<tr><th>类别</th><th>监测项目</th><th>监测仪器</th><th>测点布置</th><th>监测频率</th></tr>
<tr><td rowspan="2">必测项目</td><td>地表隆沉</td><td rowspan="2">水准仪和水准尺</td><td>每30m一个断面，必要时加密</td><td rowspan="5">开挖面距监测断面前后 <20m时1～2次/d；开挖面距监测断面前后<50m时1次/2d；开挖面距监测断面前后>50m时1次/周</td></tr>
<tr><td>隧道隆沉</td><td>每5～10m一个断面</td></tr>
<tr><td rowspan="3">选测项目</td><td>土体内部位移（垂直和水平位移）</td><td>水准仪、测斜仪、分层沉降仪</td><td>选择代表地段设监测断面</td></tr>
<tr><td>衬砌环内力与变形</td><td>压力计和应变传感器</td><td>选择代表地段设监测断面</td></tr>
<tr><td>土层应力</td><td>压力计和传感器</td><td>选择代表性地段设监测断面</td></tr>
</table>

四、监测控制基准的确定

1. 控制基准确定原则

（1）监测控制基准值应在监测工作实施前，由建设、设计、监理、施工、市政、监测等相关部门共同确定，列入监测方案；

（2）有关结构安全的监测控制基准值应满足设计计算中对强度和刚度的要求，一般应小于或等于设计值；

（3）有关环境保护的控制基准值，应考虑被保护对象（如建筑物、地下工程、管线等）主管部门所提出的确保其安全和正常使用的要求；

（4）监测控制基准值的确定应具有工程施工可行性，在满足安全的前提下，应考虑提高施工速度和减少施工费用；

（5）监测控制基准值应满足现行的相关设计、施工法规、规范和规程的要求；

（6）对一些目前尚未明确规定控制基准值的监测项目，可参照国内外类似工程的监测资料确定。

在监测实施过程中，当某一监测值超过控制基准值时，除了及时报警外，还应与有关部门共同研究分析，必要时可对控制基准值进行调整。

2. 地表沉降控制基准确定方法

通常地表沉降控制基准值应综合考虑地表建筑物、地下管线及地层和结构稳定等因素，分别确定其允许地表沉降值，并取其中最小值作为控制基准值。

（1）按环境保护要求确定最大允许地表沉降值；

（2）从考虑地下管线的安全角度确定最大允许地表沉降值；

（3）从考虑地层及支护结构稳定角度确定最大允许地表沉降值。

3. 地下工程支护结构（围岩）稳定控制基准确定方法

（1）根据支护结构的稳定性确定；

（2）根据地表沉降控制要求确定；

（3）利用现场监测结果和工程经验对预先确定的位移值进行修正。

参考文献

［1］廖红建 王铁行．岩土工程数值分析［M］．机械工业出版社，2006.

［2］林鲁生．岩土工程的研究与实践［M］．湖北科学技术出版社，2005.

［3］建设部标准定额研究所．岩土工程强度与稳定计算及工程应用［M］．中国建筑工业出版社，2005.

［4］吴世明，杨挺．岩土工程新技术［M］．中国建筑工业出版社，2001.

［5］高大钊．岩土工程勘察与设计［M］．人民交通出版社，2010.

［6］唐春安，李连崇，李常文，等．岩土工程稳定性分析RFPA强度折减法［J］．岩石力学与工程学报，2006.

［7］王成龙．工程物探技术在岩土工程中的应用及前景［J］．住宅与房地产，2017，000（018）：294.

［8］郭超英，凌浩美，段鸿海．岩土工程勘察：地质出版社 2007.

［9］戴一鸣．探讨解决岩土工程勘察中存在的技术问题［J］．福建建设科技，2005（01）：320–320.

［10］李坚．岩土工程勘察中的水文地质问题分析［J］．中国新技术新产品，2012，000（008）：76–76.

［11］钟汉华，黄泽钧，沈维明．土木工程施工技术［M］．中国水利水电出版社，2016.

［12］王爱中．浅析建筑土木工程施工技术控制的重要性［M］．中国建材工业出版社，2015.

［13］苏有文，古松，王明月主审．土木工程施工技术［M］．电子科技大学出版社，2010.

［14］赵真珍，张继鑫，张同会．土木工程施工技术［M］．武汉大学出版社，2015.

［15］姚刚．土木工程施工技术与施工组织［M］．重庆大学出版社，2013.

［16］陈光宇．探究土木工程施工技术及其未来发展［J］．黑龙江科技信息，

2012，5（019）：204–204.

［17］安逸群．土木工程施工技术中存在的问题与创新［J］．江西建材，2016，000（001）：64–64.

［18］甘长林．土木工程施工技术的创新及发展探讨［J］．城市建筑，2014（11）：150–150.

［19］周晓敏．土木工程施工技术的重要性与创新分析［J］．建材与装饰，2018，000（001）：33–33.

［20］王俊坤．土木工程施工中混凝土施工技术要素分析［J］．品牌（下半月），2014.